高等职业教育“十二五”规划教材

化工设备及技术

主　编　王　磊
副主编　孙明华　张鸿晨　蔡　凤
参　编　王　敏　杨林娟　张爱娟
　　　　王叶萍
主　审　李业农　何晓春

机械工业出版社

本书根据教育部示范性高职院校建设项目要求，结合多年校企合作与工学结合人才培养经验编写而成。本书主要介绍了化工设备受力与承载能力分析，化工设备的类型和应用、常用材料、标准规范，压力容器的基本理论和工程计算，典型化工工艺设备及其主要零部件的结构类型、选择、使用和维护，其他常用化工设备的结构及用途，设备的安全运行及典型事故案例分析等内容，基本概括了化工设备设计、结构选型、使用维护所必需的机械基础知识和专业知识及技能要求，涉及面广、工程实践性强。

本书采用了近期颁布实施的国家及行业标准规范，内容丰富、层次清晰，采用项目导入、任务驱动的方法组织教学内容，深入浅出，适用性、实用性强。

本书适用于高职高专化工类专业及相关专业的教学用书，也可作为应用型本科、电大、各类成人院校的相关专业教材和企业员工的培训教材，还可作为相关工程技术人员的参考用书。

图书在版编目（CIP）数据

化工设备及技术/王磊主编. —北京：机械工业出版社，2011.10

高等职业教育“十二五”规划教材

ISBN 978-7-111-35930-2

Ⅰ.①化… Ⅱ.①王… Ⅲ.①化工设备-高等职业教育-教材 Ⅳ.①TQ05

中国版本图书馆CIP数据核字（2011）第193646号

机械工业出版社（北京市百万庄大街22号 邮政编码100037）
策划编辑：王英杰 责任编辑：王英杰 武 晋
版式设计：霍永明 责任校对：任秀丽
封面设计：鞠 杨 责任印制：杨 曦
北京京丰印刷厂印刷
2011年10月第1版·第1次印刷
184mm×260mm·21印张·521千字
0 001—3 000册
标准书号：ISBN 978-7-111-35930-2
定价：38.00元

凡购本书，如有缺页、倒页、脱页，由本社发行部调换

电话服务
社服务中心：（010）88361066
销售一部：（010）68326294
销售二部：（010）88379649
读者购书热线：（010）88379203

网络服务
门户网：http://www.cmpbook.com
教材网：http://www.cmpedu.com
封面无防伪标均为盗版

前　言

本书以教育部关于国家示范性高职院校建设精神为指导，以培养生产一线高技能型人才为目标，结合多年校企合作与工学结合人才培养经验编写而成。

全书共分九个单元，每个单元又由若干模块和项目任务组成，重点单元以综合性典型项目的实施为主线组织内容。为方便教学，每个单元开篇提出了本单元的学习要点和要达到的能力目标；每个模块又提出了具体的学习目标，以提出问题的方式引导本模块的学习。每个单元末编排了一定数量的具有工程实践性的思考与练习题，注重培养学生的职业岗位技能。

本书内容与工程实际紧密结合，突出了以下几点特色：

1）根据国家示范性高职院校建设项目要求，结合校企合作人才培养经验，企业专家全程深度参与编写，紧紧围绕专业的职业能力安排内容。

2）结合典型工作任务，针对实际工程项目的实施所需要的知识点和技能展开分析，工程实用性强，注重培养学生的工程概念，便于学生体验化工设备工作的全过程，有利于学生掌握职业技能和顺利就业。

3）本着服务教学、与时俱进的原则，本书参考了近期颁布实施的国家及行业标准、规范，便于学生掌握新知识、新技术、新标准，尽快适应工作岗位。

4）本书是为示范性建设重点专业精化专业的重点课程“化工设备及技术”而编写，同时也适用于应用化工、材料、环境、自动化设备等相关专业，因此本书叙述较为详尽，教师可根据具体情况进行删减，而且更适于自学。

本书第三、四、五单元由南通职业大学王磊副教授编写；第七单元由企业专家孙明华高级工程师编写，他同时为全书提供了大量工程项目实例，并为全书内容设计提供了宝贵意见；第一单元、第二单元的模块一、二、四由南通职业大学张鸿晨副教授编写；第八单元由蔡凤副教授编写；第二单元的模块三由杨林娟教授编写，并负责新标准的采纳和更新工作；第九单元的模块一由王叶萍副教授编写，模块二由张爱娟副教授编写；第六单元由徐州工业职业技术学院王敏副教授编写。全书由王磊任主编，并负责统稿和最终定稿；孙明华、张鸿晨、蔡凤任副主编。本书由南通职业大学机械学院李业农教授、化工学院何晓春教授主审，两位教授详细审阅了本书初稿，提出了很有价值的修改意见，并对本书的出版给予了大力支持，在此表示衷心感谢！同时，对全体审稿人员以及所有对本书的出版给予支持和帮助的同志一并表示衷心的感谢！

本书编写过程中参阅了大量教材、书刊、标准规范以及网络资源，并引用了部分内容，在此谨向相关作者表示衷心谢意！

由于编写时间仓促，书中难免存在错漏之处，敬请读者提出批评指正。

编　者

目 录

第一单元　化工设备受力状况与承载能力分析

学习要点：

◆ 熟悉力与力矩、力偶的基本概念和基本性质；掌握平衡状态下物体的受力分析和平衡计算。

◆ 熟悉杆件拉伸与压缩、剪切与挤压、圆轴扭转、直梁弯曲四种基本变形的受力特点；掌握构件受力时的应力与强度计算。

◆ 了解复杂应力状态下的应力特点和强度理论的内容。

◆ 了解压杆稳定的概念，熟悉压杆的稳定性计算。

◆ 熟悉典型材料的力学性能。

能力目标：

◆ 能对构件的受力状况和承载能力进行正确的分析和计算。

化工设备（过程设备）及其零部件大都是在各种载荷下工作，为了使它们安全可靠地工作，从力学角度，一般提出三个方面的要求：

1. 能抵抗载荷引起的破坏，即要有一定的强度。

2. 在载荷作用下不发生超出许可的变形，即要有一定的刚度。

3. 在载荷作用下构件不会突然失去自身的几何形状，即具有可靠的稳定性。

强度问题、刚度问题和稳定问题，都属于力学基础内容。

化工设备构件的几何形状，既有杆件，也有平板和回转壳体。杆件的变形与应力分析比较简单，但它却是分析平板与回转壳体的基础，所以是力学问题中的基础内容。此处讨论等截面直杆的应力分析、强度计算与变形计算。在复杂应力状态下工作的构件的强度问题，是平板、壳体等受压构件的强度计算所必需的理论基础。

模块一　构件的受力状况分析与平衡计算

【学习目标】　掌握力的基本概念、静力学公理、物体的受力分析，正确画出物体的受力图；掌握平面力系建立静力平衡方程并求解的方法，以建立静力平衡条件的方法解决静态或准静态化工机械及设备构件的受力求解问题。

【问题引导】

1. 静力学的基本概念和基本性质有哪些？什么是平衡？有何特点？

2. 工程上常见的约束类型有哪些？如何确定约束反力的方位？

3. 如何进行物体的受力分析？画受力图的步骤是什么？
4. 平面汇交力系、平面力偶系和平面任意力系的平衡方程各是什么？

任务1　受力分析与受力图的绘制

一、受力分析的基本概念

1. 力与力系的概念

力的概念是人们在长期生产、生活实践中通过观察和抽象而得到的。力是物体间的相互的机械作用，如推车、投射猎物等。

力作用于物体会产生力的外效应，即使物体的运动状态发生变化，如人用力划船时船由静止到运动；力作用于物体也会使其外形和尺寸发生改变，即产生力的内效应，如拉伸弹簧将使弹簧伸长。

工程上，集中作用在很小面积上的力可以近似看作是作用于该点的集中力，该很小的作用区域可简化为力的作用点。连续分布较大区域的力可简化为分布力，分布形式可以是沿某直线或曲线分布的线分布力，也可以是沿某构件表面分布的面分布力和或存在于工程构件形体各处的体分布力。

集中力的常用单位为 N 或 kN；线性分布力的常用单位为 N/m；面分布力的常用单位是 N/m^2；体分布力的常用单位是 N/m^3。

力的大小、方向、作用点称为力的三要素。力的三要素中只要有一个改变，力对物体作用的效果随之改变。力的三要素可用带箭头的有向线段表示于物体作用点上，如图 1-1a 所示。线段的长度表示力的大小，箭头指向表示力的方向，力的作用位置可能是线段的起点也可能是线段的终点，称为力的作用点。力系是指作用在物体上的一组力。如图 1-1b 所示，以黄山挑山工为研究对象，则其左肩是挑担的主力系，而右肩则是为减轻左肩负荷的辅助力系。

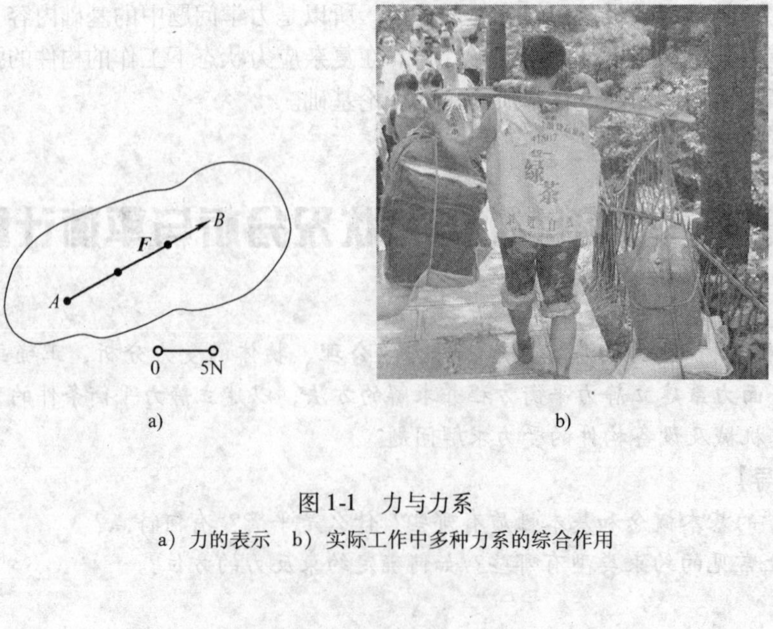

a)　　　　b)

图 1-1　力与力系

a）力的表示　b）实际工作中多种力系的综合作用

2. 刚体的概念

在静力学研究中，着重于分析力的大小而非构件的变形，在力作用下很多构件的变形量与构件本身的尺寸相比显得很小，略去变形不会影响力学研究的结果，这时近似地认为物体在力作用下形状和大小都保持不变，这种物体称为刚体。在静力分析中，将实际物体理想化为刚体，更能简单而准确地反映待求问题的本质。

3. 平衡的概念

物体的平衡，是指物体相对于地球或固结在地球上的物体保持静止或作匀速直线运动的状态。平衡是相对的、有条件的、暂时的，是物体机械运动的一种特殊形式。

刚体在一个力系作用下处于平衡状态，则此力系称为平衡力系。

二、受力分析的基本规律

力的基本性质由静力学公理来说明。

公理 1　二力平衡公理　刚体受两力作用时的平衡的充要条件是：这两个力大小相等，方向相反，且作用在同一直线上，如图 1-2 所示，此时 $\boldsymbol{F}_1 = -\boldsymbol{F}_2$。

工程中当构件自重与构件受力相比很小时，可不计自重。对不计自重并只受两个力作用而平衡的构件，称为二力构件。当构件呈杆状时，则称为二力杆。图 1-2 所示的曲杆 *AB*、图 1-3 所示的杆 *AB* 和杆 *BC* 均是二力杆。在结构中找出二力构件会大大简化工程结构的受力分析。

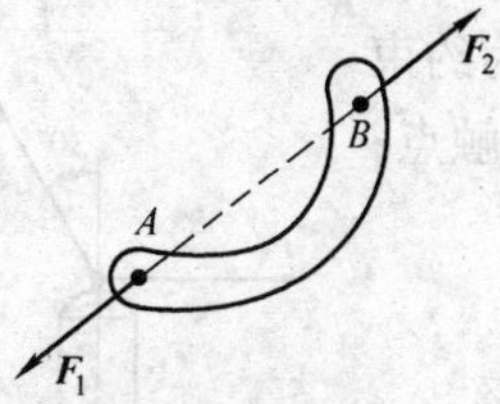

图 1-2　二力平衡

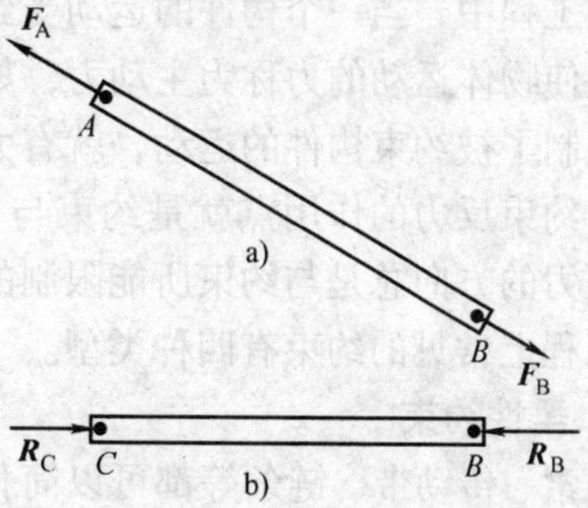

图 1-3　二力构件

公理 2　加减平衡力系公理　在刚体的原有力系中，加上或减去任意的平衡力系，并不改变原力系对刚体的作用效果。

这个公理常被用来简化已知力系。由公理 2 可得到下面的推论。

推论　力的可传性原理　作用于刚体上的力可以沿其作用线移至刚体内任一点，而不改变原力对刚体的作用效应，这称为力的可传性原理。

例如，实践中用力推小车，与用等量同方向的力拉小车，二者的作用效果是相同的。应注意，该公理及其推论只适用于刚体，而不适用于变形体。

公理 3　力的平行四边形公理　作用于物体上同一点的两个力，其合力也作用于该点，合力的大小和方向，由以这两个分力为邻边所作的平行四边形的对角线确定。如图 1-4 所示，合力矢 $\boldsymbol{R}$ 可用矢量式来表示

$$\boldsymbol{R} = \boldsymbol{F}_1 + \boldsymbol{F}_2$$

该公理说明了力的可加性，可根据工程的需要而简化力系。

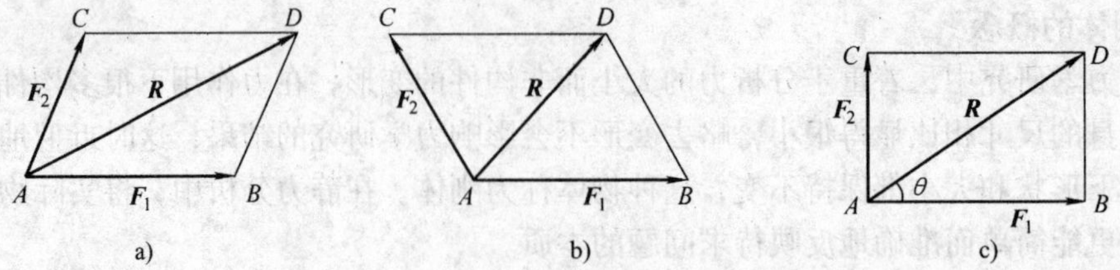

图 1-4　力的合成

推论　三力汇交定理　如果刚体受同一平面内的三个互不平行的力作用而平衡，设其中两力的作用线相交于某点，则第三力的作用线必定也通过这个点，这称为三力平衡汇交定理，如图 1-5 所示。

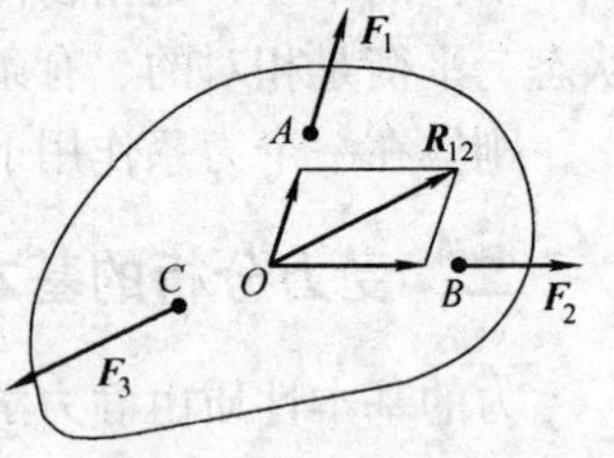

图 1-5　三力汇交

公理 4　作用与反作用公理　两个构件间存在力的作用时，作用力与反作用力总是同时出现，并且大小相等、方向相反、沿同一直线分别作用在两个构件上。

作用力与反作用力不是一对平衡力，不能互相抵消，而是分别作用在两个物体上。两个物体间互为施力体和受力体。

三、约束与约束反力

在工程中，当一个构件的运动受到周围构件的限制时，即称周围构件是该构件的约束。

促使物体运动的力称为主动力，如地球的引力、拉力等。而约束限制了被约束构件的运动，就有力的作用，这种力称为约束反力。约束反力的作用点就是约束与被约束物体的相互接触点；约束反力的方向总是与约束所能限制的构件运动趋势相反。

工程上常见的约束有四种类型。

1. 柔性约束

绳索、传动带、链条等都可以简化为柔性约束，该约束的特点是只能承受拉力。如图 1-6 所示，约束反力的作用点在两物体的接触点，约束反力的方向沿柔性约束体轴线，背离被约束物体。

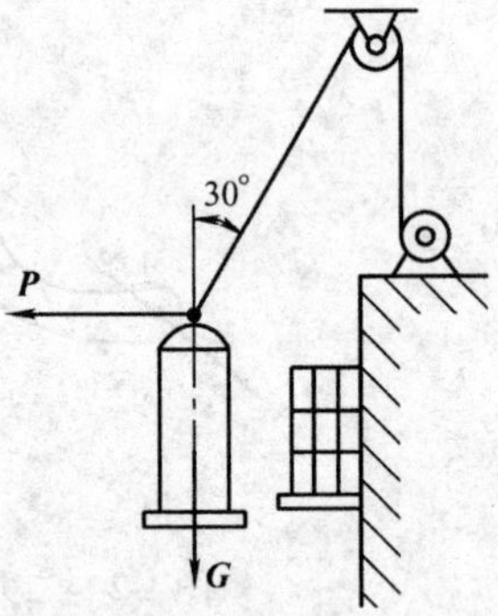

图 1-6　柔性约束

2. 光滑面约束

如果两个物体接触面之间的摩擦力很小，在工程上即可简化为光滑面约束。这种约束只能限制物体沿着接触点处的公法线朝接触面方向运动，约束反力方向必定沿接触面的公法线方向，并且指向物体，如图 1-7 所示。

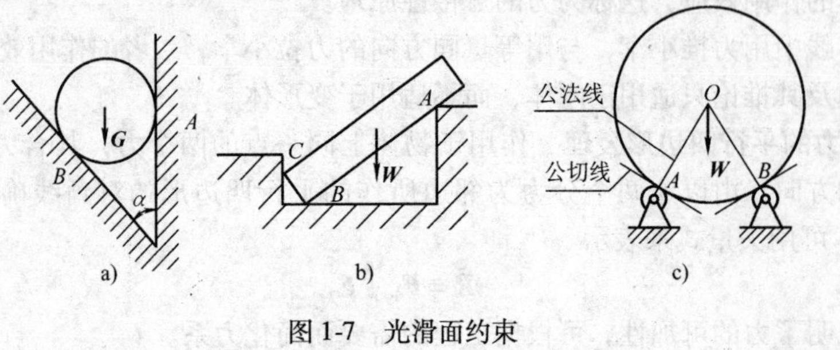

图 1-7　光滑面约束

3. 铰链约束

如图 1-8 所示，两个带有圆孔的构件 A、B 的连接可通过圆柱销 C 来实现，形成的约束称为铰链约束。这类约束只能绕销轴转动，限制构件垂直于销轴方向的相对位移。铰链约束反力的特点是销钉对构件的约束反力应沿着接触点处的公法线方向，且通过销钉的中心。

工程上常用的固定铰链支座如图 1-9 所示，活动铰链支座如图 1-10 所示。

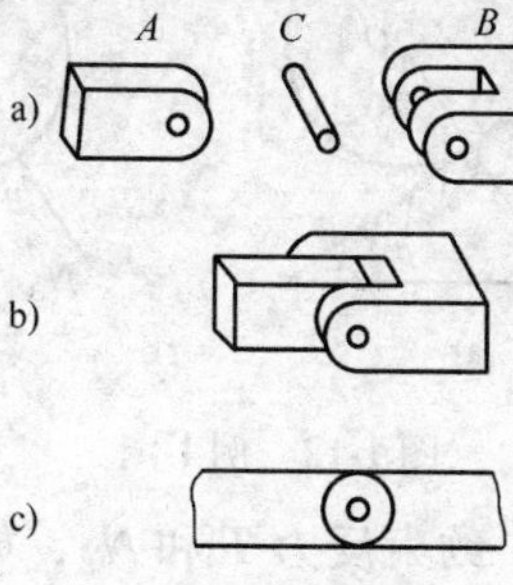

图 1-8　铰链约束

图 1-9　固定铰链支座

4. 固定端约束

如图 1-11 所示，固定端约束经常位于工程构件的端部，既限制构件任意方向的移动，又限制全部转动，使其不能产生任何相对运动。固定端约束的约束反力一般在平面力系中简化为三个分量，即限制移动的反力 N_x、N_y 与限制转动的反力偶 m。

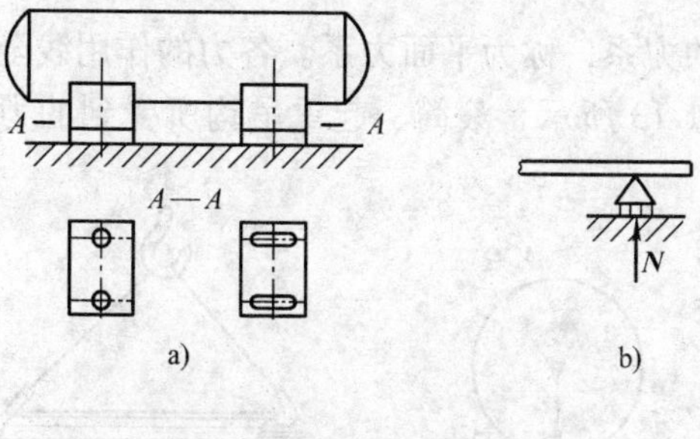

图 1-10　活动铰链支座

a）活动铰链支座视图　b）约束反力简图

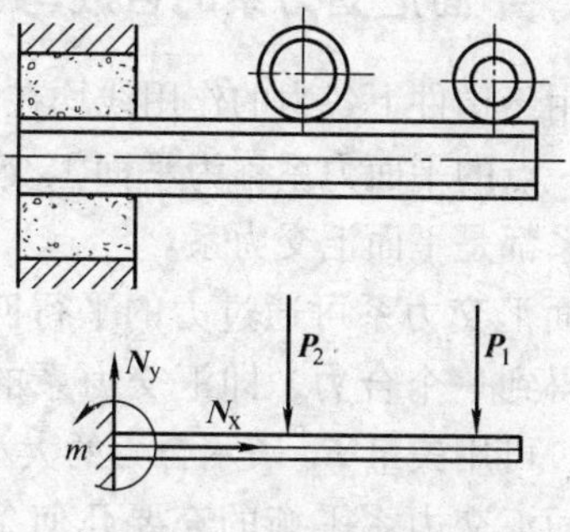

图 1-11　固定端约束

四、任务实施

任务内容：分析构件受力状况并画出构件受力图。

任务分析：为了具体算出所研究构件的受力大小，需要把所研究的构件对象从周围机器体系的约束中分离出来，单独画出构件分离体，然后画出构件的受力（而非构件对外的“施力”），这包括构件所受的主动力和约束反力。画出分离体上所有“受力”的图，称为构件的受力图。

实施步骤：

1）明确具体的构件对象，分析其所受的约束反力。

2）解除约束，取出分离体，画分离体受主动力和约束反力作用的受力图。若机构中有二力杆，应优先分析二力杆的受力。

【例1】 重量为G的小球放置在光滑的斜面上，并用一根绳子拉住，如图1-12a所示。试画小球的受力图。

【解】

1）取小球为研究对象，解除斜面和绳索的约束，画出分离体。

2）作用在小球上的主动力为作用点在球心、方向为铅垂向下的重力G。作用在小球上的约束力包括绳索和斜面的约束力。绳索为柔性约束，对小球的约束力为过O点沿绳索的拉力T。斜面为光滑接触面约束，对小球的约束力为过球与斜面接触点B、垂直于斜面并指向小球的压力N_B。

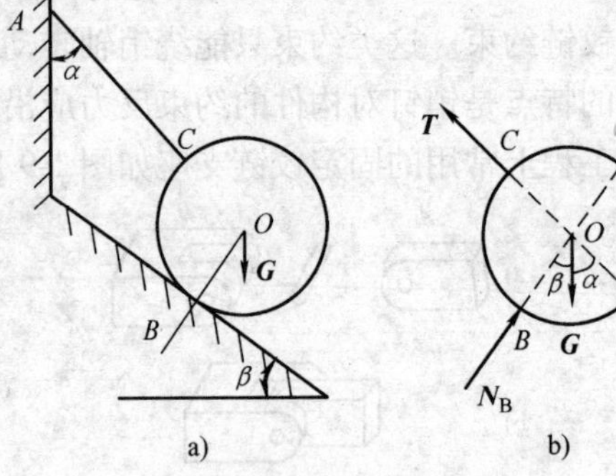

图1-12 例1图

3）根据以上分析，在分离体相应位置上画出主动力G，约束反力T和N_B，如图1-12b所示。

任务2 各种平面力系的平衡计算

本任务主要完成机械设备的构件在平面力系作用下的平衡计算。

一、平面汇交力系的合成与平衡计算

作用于构件上各力的作用线均在同一平面内的力系，称为平面力系。各力的作用线全部相交于一点的平面力系称为平面汇交力系。如图1-13所示，滚筒、起重吊钩所受到的力组成的力系都是平面汇交力系。

平面汇交力系可通过力的平行四边形公理最终合成得到一个合力，即汇交力系的简化结果是一个力，可用矢量F_R表示合力的大小和方向。

平面汇交力系平衡的充要几何条件是：力系中各力构成的力多边形自行封闭，用矢量式表示为

$$F_R = F_1 + F_2 + F_3 + \cdots + F_n = \sum F_i = 0 \tag{1-1}$$

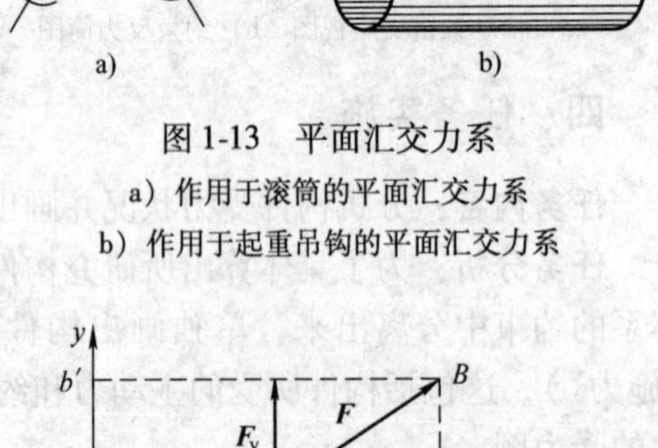

图1-13 平面汇交力系

a）作用于滚筒的平面汇交力系

b）作用于起重吊钩的平面汇交力系

1. 力在坐标轴上的投影

如图1-14所示，设力F作用于物体的A点。在力F作用线所在的平面内取直角坐标系xoy，从力F的两端A和B分别向选定坐标轴作垂线，垂足间的距离，即线段ab和线段$a'b'$就是力F在该轴上的投影。用F_x表示力F在x坐标轴上的投影；同理，力F在y轴上的投影用F_y表示。其正负号规定如下：若从a（a'）到b（b'）方向与坐标轴的正方向一致时，力的投影取正值；反之，

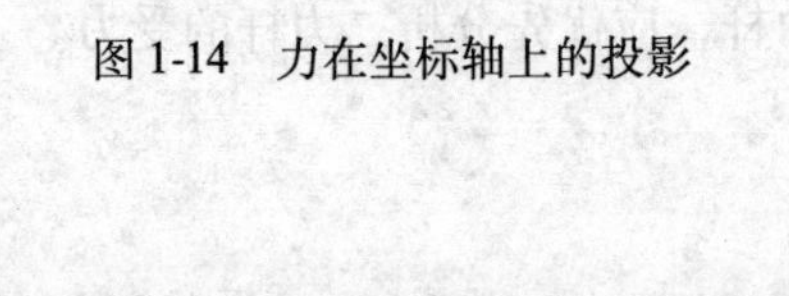

图1-14 力在坐标轴上的投影

取负值。力在坐标轴上的投影的计算公式为

$$\begin{aligned} F_x &= \pm F\cos\alpha \\ F_y &= \pm F\sin\alpha \end{aligned} \tag{1-2}$$

式中　α——力 $\boldsymbol{F}$ 与 x 轴正向所夹的角。

当力在坐标轴上的投影 F_x 和 F_y 均已知时，力 $\boldsymbol{F}$ 的大小和它与 x 轴所夹锐角 α 可按下式计算

$$\begin{aligned} F &= \sqrt{F_x^2 + F_y^2} \\ \tan\alpha &= |F_y / F_x| \end{aligned} \tag{1-3}$$

力 $\boldsymbol{F}$ 的指向可根据其投影 F_x 和 F_y 的正负号决定。

可以证明，合力在任一轴上投影，等于各分力在同一轴上投影的代数和。这就是合力投影定理，即

$$\begin{aligned} F_{Rx} &= F_{1x} + F_{2x} + \cdots + F_{nx} = \sum F_{ix} \\ F_{Ry} &= F_{1y} + F_{2y} + \cdots + F_{ny} = \sum F_{iy} \end{aligned} \tag{1-4}$$

2. 平面汇交力系的平衡方程

平面汇交力系平衡的充要条件是力系的合力等于零。要使合力 $\boldsymbol{F}_R = 0$，必须是

$$\left.\begin{aligned} \sum F_x &= 0 \\ \sum F_y &= 0 \end{aligned}\right\} \tag{1-5}$$

式（1-5）说明，平面汇交力系中所有分力在每个坐标轴上投影的代数和分别等于零。式（1-5）称为平面汇交力系的平衡方程，它包括两个独立的方程，可以求解两个未知量。当然，这两个独立的未知量，可以是某力的大小，也可以是某力的角度等。

【例 2】 如图 1-15a 所示，起重机用绕过滑轮 A 的钢绳吊起 $G = 20\text{kN}$ 的重物，绞盘 D 固定在墙垛上，已知 $\angle CAD = \angle ACB = 30°$，$\angle ABC = 60°$，试求杆 AB 和 AC 所受的力。

【解】 建坐标系，如图 1-15b 所示，列平衡方程求解

$\Sigma F_y = 0$：$T\sin30° + N_{AB} - G\sin30° = 0$，

由 $T = G$ 得

$$N_{AB} = 0$$

$$\Sigma F_x = 0\text{：}N_{AC} = (T + G)\cos30° = 40 \times 0.866\text{kN} = 34.64\text{kN}$$

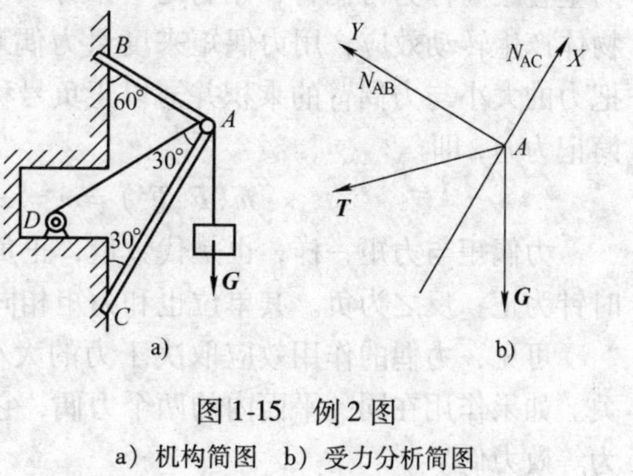

图 1-15　例 2 图

a）机构简图　b）受力分析简图

二、力矩及平面力偶系的平衡

（一）力矩和合力矩定理

1. 力对点之矩

在生产实践中，用扳手紧固螺母，形成了力对点之矩这一概念。如图 1-16 所示，平面上有一作用力 $\boldsymbol{F}$，在同平面内任取一点 O，O 点称为矩心，其到力 $\boldsymbol{F}$ 的作用线的垂直距离 d

称为力臂，则在力的作用下物体的转动效应用力的大小乘以力臂即力矩来度量，F 与 d 的乘积越大，转动效应越强。

力对点之矩是一个代数量，其绝对值等于力的大小与力臂的乘积，正负号按下述方法确定：力使物体绕矩心逆时针转动时为正，反之为负。记作

$$m(\boldsymbol{F}) = \pm Fd \tag{1-6}$$

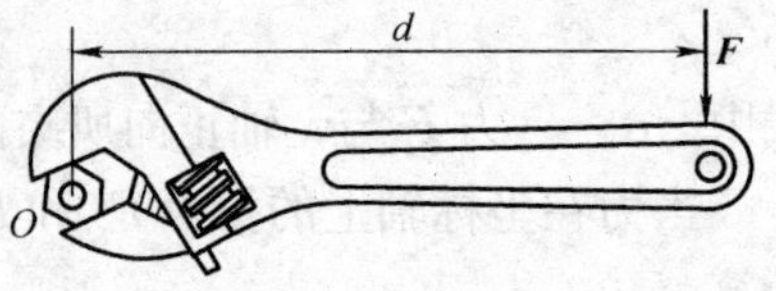

图 1-16　力矩的定义

力矩是相对于某一矩心而言的。当力沿作用线移动时，力对点之矩保持不变；当力的作用线过矩心，则它对矩心的力矩为零。

在国际单位制中，力矩的单位是 N · m 或 kN · m。

2. 合力矩定理

合力对力作用平面内任一点的力矩等于该平面内各分力对同一点力矩的代数和。这称为合力矩定理，其表达式为

$$m_o(\boldsymbol{F}_R) = \sum m_o(\boldsymbol{F}_i) \tag{1-7}$$

合力矩定理对平面汇交力系、平面一般力系均适用。

(二) 平面力偶理论

1. 力偶、力偶矩、等效力偶

力学上把一对大小相等、方向相反、作用线平行且不重合的力组成的力系称为力偶。力偶用符号（$\boldsymbol{F}$，$\boldsymbol{F}'$）表示。工程中，钳工用螺钉旋具旋紧螺钉、汽车驾驶人用双手转动方向盘等，都是施加力偶的实例。

力偶中两力作用线所确定的平面称为力偶作用面，两力作用线之间的垂直距离称为力偶臂，用符号 h 表示，如图 1-17 所示。力偶只能使物体产生转动效应，用力偶矩来度量力偶对物体的转动效应。力学中，把力的大小与力偶臂的乘积并冠以正负号称为力偶矩，记作 $m(\boldsymbol{F},\boldsymbol{F}')$，简记为 m，即

$$m(\boldsymbol{F},\boldsymbol{F}') = m = \pm Fh \tag{1-8}$$

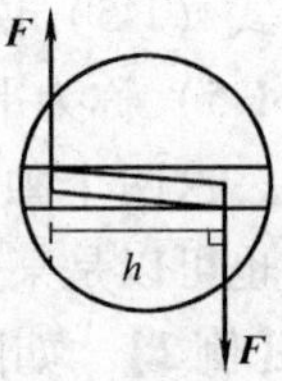

图 1-17　旋紧螺钉时的力偶矩

力偶矩与力矩一样，也是代数量，正负号表示力偶的转向，规定逆时针为正，反之为负。其单位也和力矩相同。

可见，力偶的作用效应取决于力的大小和力偶臂的长短以及转向，而与矩心的位置无关。如果作用在同一平面内的两个力偶，它们的力偶矩大小相等、转向相同，则称此两力偶为等效力偶。

力偶具有如下性质：

1）力偶无合力。一个力偶在任何情况下不能与一个力等效，也就不能与一个力平衡。

2）力偶可以在其作用面内任意地移动和转动，而不会改变它对刚体的作用效应。

3）同时改变力偶中力的大小和力偶臂的长短，但只要保持力偶矩的大小和转向不变，就不会改变力偶对刚体的作用效应，这称为力偶的等效性如图 1-18 所示。

2. 力偶的合成与平衡

作用于刚体上的一组力偶具有共同的作用面，则称这组力偶为平面力偶系。力偶既然没有合力，平面力偶系合成的结果只能是一个合力偶，其合力偶矩等于力偶系中各分力偶矩的代数和。

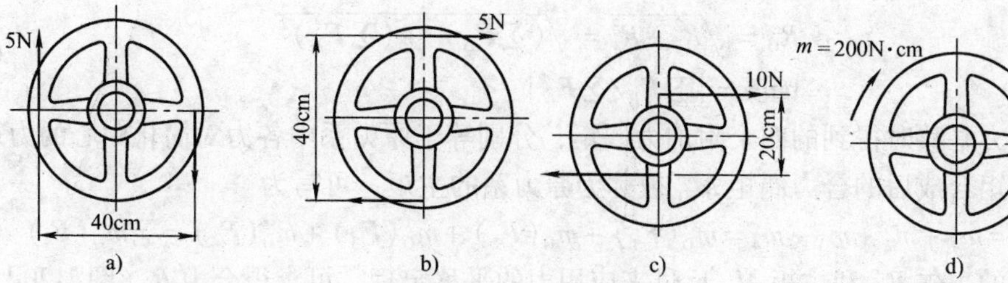

图 1-18　力偶等效性

由平面力偶系的合成结果可知，平面力偶系平衡的充分必要条件是：力偶系的合力偶矩等于零，即各分力偶矩的代数和等于零。有

$$M = m_1 + m_2 + \cdots + m_n = \sum_{i=1}^{n} m_i = 0 \tag{1-9}$$

这就是平面力偶系的平衡方程。应用这个平衡方程可以求解一个未知量（力、力臂或者力偶矩）。

三、平面任意力系的平衡计算

1. 力线平移定理

作用在刚体上的力可以从原来的作用点平移到刚体内任一点，但须附加一个力偶，附加力偶的矩等于原来的力对新作用点的矩，如图 1-19 所示。

该定理指出，一个力可以等效为一个力和一个力偶的联合作用，或者说一个力可以分解为作用在同一平面内的一个力和一个力偶。

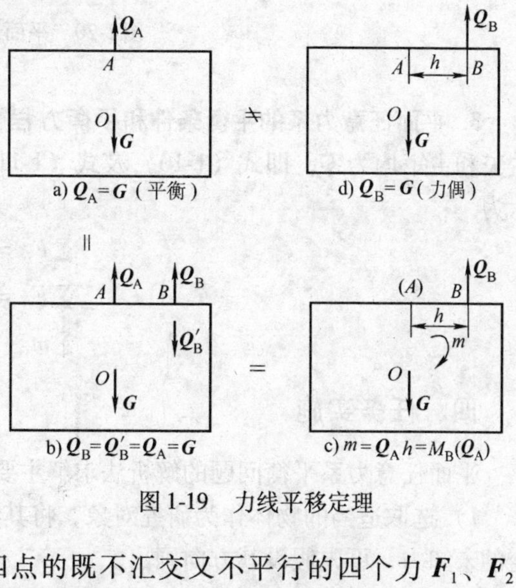

图 1-19　力线平移定理

2. 平面任意力系向平面内任一点的简化

平面内各力的作用线既不汇交于一点又不都平行的力系称为平面任意力系或平面一般力系，如图 1-20a 所示。现将该力系向平面内某一点进行简化，可以得到一个力和一个力偶。这个力等于力系中各力的矢量和，作用于简化中心，称为原力系的合力或主矢；这个力偶的矩等于原力系中各力对简化中心之矩的代数和，称为原力系的主矩。

设刚体上有分别作用在 A_1、A_2、A_3、A_4 四点的既不汇交又不平行的四个力 $\boldsymbol{F}_1$、$\boldsymbol{F}_2$、$\boldsymbol{F}_3$、$\boldsymbol{F}_4$，构成平面一般力系，如图 1-20a 所示。选取物体上任意一点 O 作为简化中心，如图 1-20b 所示，根据力线平移定理，将此四个力同时向 O 点平移，则把原来的平面一般力系等效变换成一个汇交于 O 点的平面汇交力系和一个平面附加力偶系。将平面汇交力系和平面力偶系分别合成，就得到作用于 O 点的合力 $\boldsymbol{R}_0$ 和合力偶矩 M_0，如图 1-20c 所示，$\boldsymbol{R}_0$ 和 M_0 分别称为该力系的主矢和主矩。

利用解析法求主矢，可通过简化中心建立直角坐标系 xOy，则主矢 $\boldsymbol{R}_0$ 的大小和方向为

$$R_O=\sqrt{R_x^2+R_y^2}=\sqrt{(\sum F_{ix})^2+(\sum F_{iy})^2}$$
$$\tan\alpha=|\sum F_{iy}/\sum F_{ix}| \qquad (1\text{-}10)$$

力系各力平移时得到的四个附加力偶矩，分别等于原力系中各力对简化中心的力矩。四个附加力偶矩合成后的合力偶矩 $\boldsymbol{M}_O$ 被称为原力系的主矩，可写为

$$M_O=m_1+m_2+m_3+m_4=m_O(\boldsymbol{F}_1)+m_O(\boldsymbol{F}_2)+m_O(\boldsymbol{F}_3)+m_O(\boldsymbol{F}_4)=\sum m_O(\boldsymbol{F}_i) \qquad (1\text{-}11)$$

将得到的主矢 $\boldsymbol{R}_O$ 和主矩 M_O 反过来应用力的平移定理，可求得合力 $\boldsymbol{R}$（图 1-20d、e）。

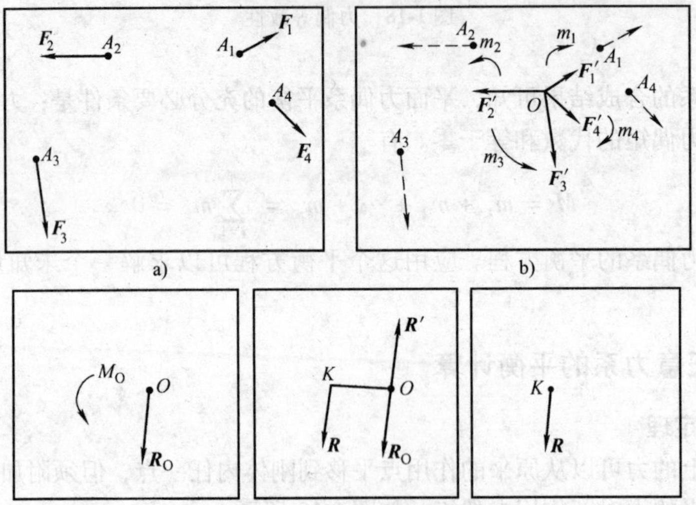

图 1-20　平面一般力系的简化

3. 平面任意力系的平衡条件和平衡方程　平面任意力系平衡的充分必要条件是力系的主矢和主矩均为零，即式（1-10）及式（1-11）均为零。于是平面一般力系的平衡方程可表示为

$$\left.\begin{aligned}\sum F_{ix}=0\\ \sum F_{iy}=0\\ \sum m_O(F_i)=0\end{aligned}\right\} \qquad (1\text{-}12)$$

四、任务实施

平面任意力系平衡问题的解析法求解主要步骤如下：

1）选取适当的物体作为研究对象，将其独立出来，正确地画出其受力图，对于指向未定的未知力，可先假设其方向画出。

2）根据式（1-12），正确地列出平衡方程，注意代数量的正负号。

3）正确地求解平衡方程，并根据结果判断实际的力的方向。

【例 3】　悬臂吊车如图 1-21a 所示，横梁 AB 长 $l=2.5\text{m}$，自重 $G_1=1.2\text{kN}$，拉杆 BC 的倾角为 $\alpha=30°$，不计自重。电葫芦连同重物共重 $G_2=7.5\text{kN}$，求其在图示位置 $a=2\text{m}$ 时，拉杆的拉力和铰链 A 处的约束反力。

【解】　选横梁 AB 为研究对象。BC 杆为二力杆，BC 作用于梁 AB 的力方向沿 BC 杆轴

线，其大小用 $\boldsymbol{T}$ 表示；梁 A 点为固定铰支座，反力为一对正交力 $\boldsymbol{R}_{Ax}$、$\boldsymbol{R}_{Ay}$；梁受到自重 $\boldsymbol{G}_1$ 及载荷 $\boldsymbol{G}_2$ 的作用，AB 梁的受力及直角坐标系 xAy 如图 1-21b 所示。

由 $\Sigma M_A=0$ 得　$Tl\sin\alpha-G_1l/2-G_2a=0$

解得　$T=13.2\text{kN}$

由 $\Sigma F_x=0$ 得　$R_{Ax}-T\cos\alpha=0$

解得　$R_{Ax}=11.4\text{kN}$

由 $\Sigma F_y=0$ 得　$R_{Ay}-G_1-G_2+T\sin\alpha=0$

解得　$R_{Ay}=2.1\text{kN}$

本题采用一矩二力平衡式解算，还可以用一力二矩平衡式或三矩平衡式解算，请读者自行验证。

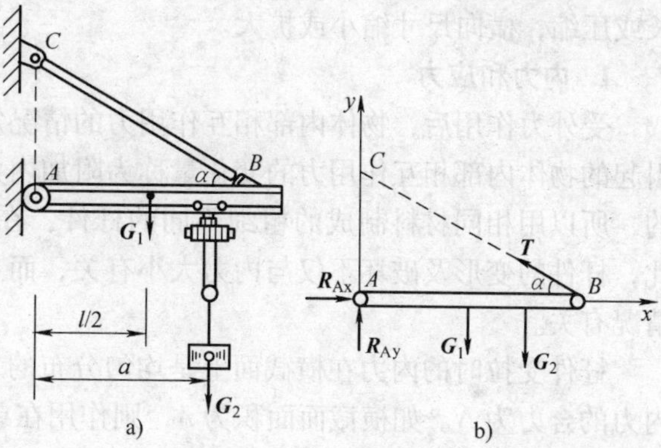

图 1-21　例 3 图

a）悬臂吊车工作示意图　b）横梁 AB 受力图

模块二　直杆拉伸和压缩的强度计算

【学习目标】　熟悉直杆受拉、受压时的内力、应力、强度计算以及变形计算，熟悉典型材料的力学性能；重点掌握拉、压杆的强度计算及拉伸和压缩时材料的力学性能。

【问题引导】

1. 拉压杆的受力特点是什么？变形有何特点？
2. 如何确定拉压杆的内力和应力？
3. 拉压杆的强度条件是什么？

任务 1　拉伸与压缩时的强度计算

工程中有很多构件承受轴向拉伸与压缩。如图 1-22a 所示，压力容器法兰的连接螺栓是受拉伸的杆件，而容器的支脚则是受压缩的杆件；如图 1-22b 所示，发动机中的活塞杆在爆破压力下工作时受拉伸作用，而在工作阻力下工作时受压缩作用。

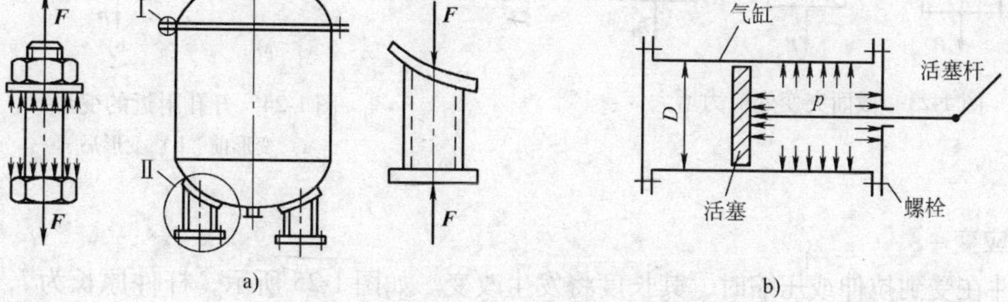

图 1-22　工程中的拉、压杆件

a）压力容器中的拉、压杆件　b）承受拉、压的活塞杆如果作用于杆件上的外力合力的作用线与杆轴线重合，其变形特点是杆件沿轴线方向伸长或压缩，横向尺寸缩小或扩大。

1. 内力和应力

受外力作用后，物体内部相互作用力的情况发生变化，同时物体产生变形。这种由外力引起的物体内部相互作用力的变化量称为附加内力，简称内力。工程中假设材料是各向均匀的，所以用相同材料制成的粗细不同的杆件，在相同的拉力作用下，细杆比粗杆易断。因此，杆件的变形及破坏不仅与内力大小有关，而且与杆件的横截面大小及力在截面上的分布情况有关。

杆件受拉时的内力在横截面上是均匀分布的，它的方向与横截面垂直。这些均匀分布的内力的合力为 N。如横截面面积为 A，则作用在单位横截面面积上的内力为

$$\sigma = N/A \tag{1-13}$$

式中　σ——截面上的正应力，方向垂直于横截面。

应力的单位在国际单位制中是 N/m^2，称帕斯卡（简称帕，用 Pa 表示）。应力是单位面积上的内力，它的大小可以表示内力分布的密集程度。用相同材料制成的粗细不同的杆件，在相等的拉力作用下，细杆易断，就是因为横截面上的正应力较大的缘故。

式（1-13）是根据杆件受拉伸时推得的，但在杆件受压缩时也能适用。杆件受拉时的正应力称为拉应力，为正值；受压时的正应力称为压应力，为负值。

另外，当横截面尺寸有急剧改变时，则在截面突变附近局部范围内，应力数值也急剧增大，离开这个区域稍远，应力即大大降低并趋于均匀，如图 1-23 所示。这种在截面突变处应力局部增大的现象称为应力集中。图 1-24 所示为具有圆孔的橡皮，在受轴向拉伸时，孔附近的网格变形显著不均，说明圆孔附近产生了应力集中。由于应力集中，零件容易从最大应力处开始发生破坏，在设计时必须采取某些补救措施。例如，容器开孔以后要采取开孔补强的措施。

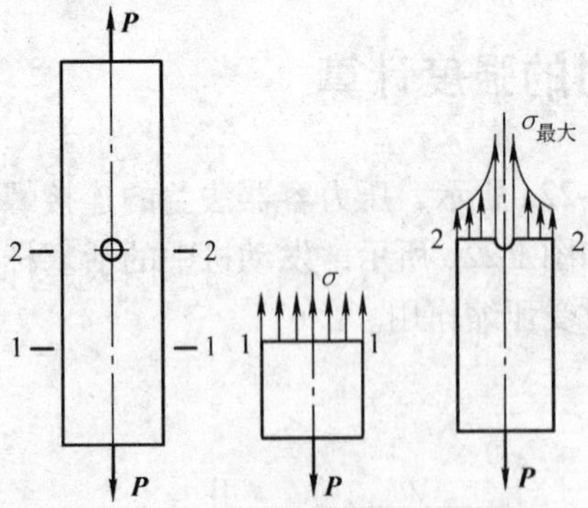

图 1-23　截面突变处应力增大

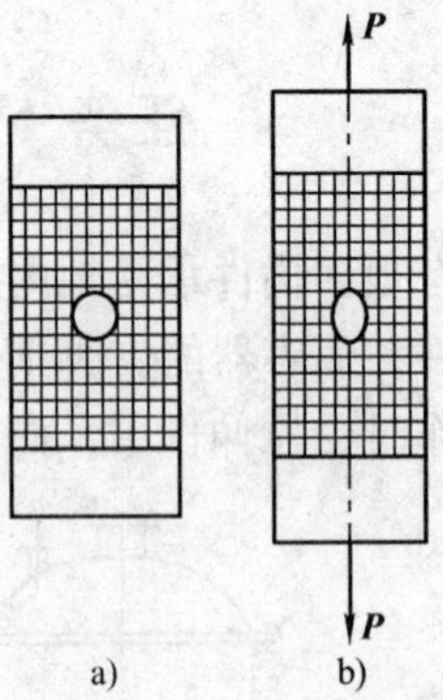

图 1-24　开孔附近的变形

a）变形前　b）变形后

2. 应变

杆件在受到拉伸或压缩时，其长度将发生改变。如图 1-25 所示，杆件原长为 l，受轴向拉伸后其长度变为 l_1，$\Delta l = l_1 - l$ 称为绝对伸长。实验表明，用同样材料制成的杆件，其变形量与应力的大小及杆件原长有关。截面积相同、受力相等的条件下，杆件越长，绝对伸长

越多。为了确切地表示变形程度，引入单位长度上的伸长量

$$\varepsilon = \Delta l / l \tag{1-14}$$

式中　ε——线应变，简称应变，是一个无因次量。

拉伸时 ε 为正值；压缩时 ε 为负值。

实验表明，在轴向拉伸或压缩时，杆件不但有纵向变形，同时，横向也发生变形。当纵向伸长时，横向就缩小；而在纵向缩短时，横向就增大。如图 1-25 所示，假设 b 和 b_1 分别为杆件变形前和变形后的横向尺寸，横向应变 ε' 为

$$\varepsilon' = \frac{\Delta b}{b} = \frac{b_1 - b}{b} = -\frac{b - b_1}{b}$$

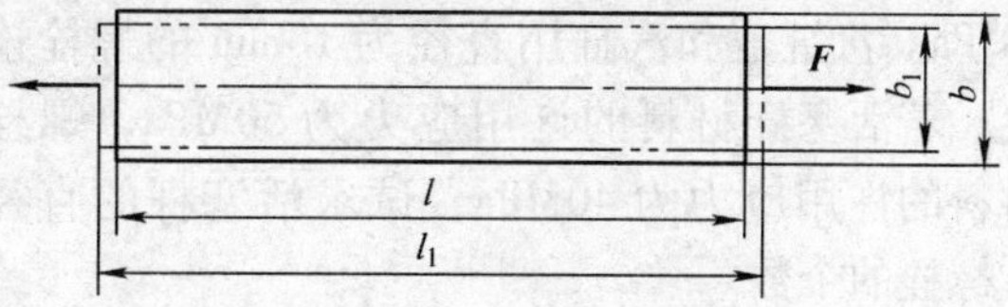

图 1-25　拉杆的纵向变形与横向变形

实验表明，当应力不超过比例极限时，横向应变与纵向应变之比的绝对值为一常数，即

$$\mu = \left| \frac{\varepsilon'}{\varepsilon} \right|$$

式中　μ——横向变形系数或泊松比，它是无因次的量，仅与材料有关。

3. 拉伸和压缩的强度条件

如果直杆受到的是简单拉伸作用，其轴力大小 N 将等于外力大小 P，式（1-13）也可以写成用外力表达的形式

$$\sigma = P/A \tag{1-15}$$

随着外力 P 增大，杆内应力值跟着增加。因此，从保证杆的安全工作出发，对杆的工作应力应规定一个最高的允许值，这个允许值是建立在材料力学性能基础之上的，称为材料的许用应力，用$[\sigma]$表示。

为了保证拉（压）杆的正常工作，必须使其最大工作应力不超过材料在拉伸（压缩）时的许用应力，即

$$\sigma \leqslant [\sigma] \tag{1-16}$$

或

$$N/A \leqslant [\sigma] \tag{1-17}$$

式（1-16）和式（1-17）都称作受拉伸（压缩）直杆的强度条件，是保证杆在强度上安全工作所必须满足的条件。

根据上述强度条件，可以解决以下三类强度计算问题：

1）校核强度。若已知构件尺寸、载荷大小和材料的许用应力，即可用强度条件验算构件是否满足强度要求。

2）设计截面尺寸。若已知构件所承受的载荷及材料的许用应力，可把强度条件改写为

$$A \geqslant P_{\max} / [\sigma] \tag{1-18}$$

由此可确定构件所需要的横截面面积，从而得到相应的截面尺寸。

3）确定许可载荷。若已知构件的尺寸和材料的许用应力，由强度条件有

$$P_{\max} \leqslant [\sigma] A \tag{1-19}$$

由此就可以确定构件所能承担的最大轴力。根据构件的最大轴力又可以确定杆件的许可载荷。

因此，如能减少构件拉/压载荷、采用较大截面尺寸、采用较强材料将使强度条件更易

得到满足。

实际工程中，仅用拉、压杆即可组成非常复杂的工程结构，图 1-26 所示为由拉、压杆件系统组成的埃菲尔铁塔。

图 1-26　拉、压杆件系统组成的埃菲尔铁塔

【例 4】　蒸汽机的汽缸如图 1-22b 所示，汽缸的内径 $D = 400\text{mm}$，工作压力 $P = 1.2 \times 10^6\text{Pa}$。汽缸盖和汽缸用直径为 18mm 的螺栓连接。若活塞杆材料的许用应力为 50MPa，螺栓材料的许用应力为 40MPa，试求活塞杆的直径及螺栓的个数。

【解】　设活塞受力面积为 A，活塞杆面积为 A_s，则

$$F = PA = 1.2\text{MPa} \times (\pi D^2/4 - A_s) \qquad (a)$$

$$F/A_s = 50\text{MPa} \qquad (b)$$

联立（a）、（b）求解

$$1507\text{cm}^2 - 1.2A_s = 50A_s$$

$$A_s = 29.43\text{cm}^2$$

$$d = (4A_s/\pi)^{1/2} = 6.12\text{cm} = 61.2\text{mm}$$

取 $d = 62\text{mm}$

由（b）式得

$$F = 50 \times 2943\text{N}$$

查螺栓小径 $d_{b0} = 1.637\text{cm} = 16.37\text{mm}$（已知螺栓为 M18×1.5），设螺栓个数为 n，则有

$$F/(nA_b) = 40$$

$$n = F/(40A_b) = 50 \times 2943/(40 \times 0.785 \times 16.37^2) = 17.49\ (\text{个})$$

取 $n = 20$（4 的倍数）。

任务 2　实验——材料在轴向拉伸和压缩时的力学性能

材料在外力作用下所表现出来的变形和破坏方面的特性，称为材料的力学性能，如强度、硬度、弹性、塑性、韧性、断裂韧度等。材料的力学性能通常都是通过实验测得。通过常温、静载下材料的轴向拉伸和压缩实验，可以较全面地测定材料的力学性能指标，这些性能指标对材料力学的分析计算、工程设计、材料选择和新材料开发有极其重要的作用。

试验前，将待测试的金属材料事先加工成两端较粗而中间有一段等直部分的标准试件，如图 1-27 所示。等直部分长度 l 称为标距，为工作段，较粗的两端是装夹部分。对于圆截面标准试件，取 $l = 10d$ 或 $l = 5d$，d 为试件直径；对于方形截面标准试件，取 $l = 11.3\sqrt{A}$ 或 $l = 5.63\sqrt{A}$，A 为试件中段的横截面面积。前者为长试件（10 倍试件），后者为短试件（5 倍试件）。

图 1-27　拉伸试件

压缩试验通常采用圆截面或方形截面的短

试件。为了避免试件在试验过程中因失稳而变弯，其长度 l 与横截面直径 d 或边长 b 的比值一般规定为 1~3。

一、典型材料在拉伸时的力学性能

1. 低碳钢拉伸时的力学性能

低碳钢（碳的质量分数小于 0.25% 的碳素钢）是工程中使用很广的塑性材料，它在拉伸试验中所表现的力学性能最为典型，具有很好的代表性。

试件装夹在材料试验机上进行常温、静载拉伸试验，直到把试件拉断，试验机的自动绘图装置会把试件所受的拉力 P 和试件工作段的伸长量 Δl 之间的关系自动记录下来，绘出一条 P-Δl 曲线，称为拉伸图，如图 1-28 所示。

显然，拉伸图中 P 与 Δl 的对应关系与试件的原始尺寸有关，试件的原始尺寸不同，所得到的 P-Δl 图也不同，因而它不能表征拉伸时材料的性能。为了消除试件尺寸的影响，获得能确切反映材料本身性能的曲线，可以将拉力 P 除以试件的原横截面积 A，即用应力 $\sigma = \dfrac{P}{A}$ 来表示材料的受载情况；而将绝对伸长量 Δl 除以试件原长 l，即用应变 $\varepsilon = \dfrac{\Delta l}{l}$ 来表示材料的变形情况。这样，P-Δl 图就变成以应力 σ 为纵坐标、以应变 ε 为横坐标的 σ-ε 曲线，称为应力-应变图。显然 σ-ε 曲线的形状与 P-Δl 曲线的形状相似，反映了材料的本身特性，只要材料相同，则试验所得到的 σ-ε 曲线也相同。图 1-29 所示为典型低碳钢 Q235 的应力-应变曲线，可以看出，整个拉伸过程大致分为四个阶段。

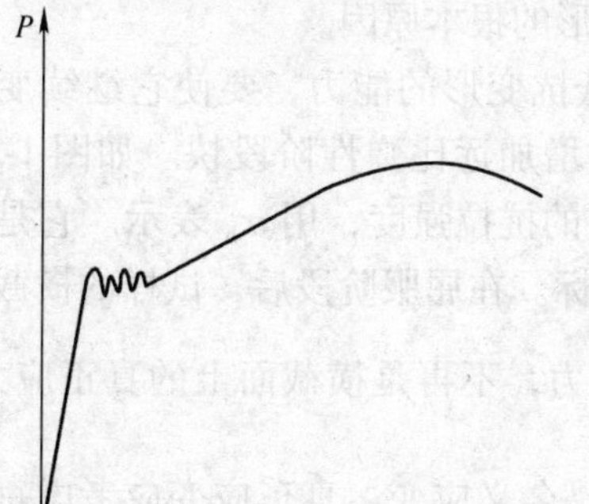

图 1-28　低碳钢拉伸图

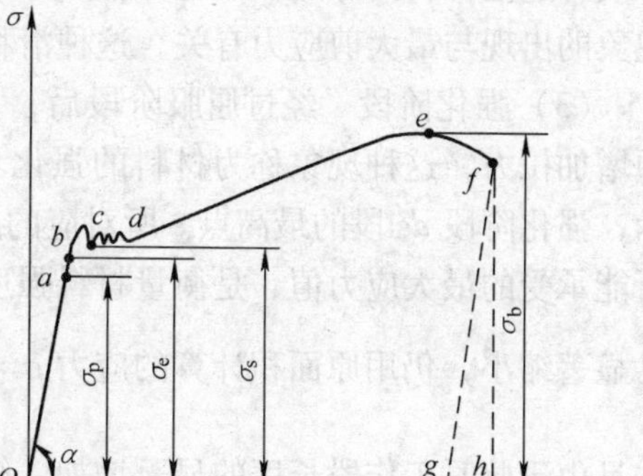

图 1-29　低碳钢 Q235 的应力-应变曲线

（1）弹性阶段　在拉伸的初始阶段，变形完全是弹性的，应力 σ 与应变 ε 的关系为直线 Oa，表示在这一阶段内 σ 与 ε 成正比，即 $\sigma = E\varepsilon$，这就是拉伸或压缩的胡克定律。从 σ-ε 曲线的直线部分可以得出

$$E = \frac{\sigma}{\varepsilon} = \tan\alpha \tag{1-20}$$

式中　E——仅与材料有关的弹性模量。

　　α——直线 Oa 的倾角。

因此，E 就是直线 Oa 的斜率。直线 Oa 的最高点 a 所对应的应力 σ_P 称为比例极限。可见，当应力低于比例极限时，应力与应变成正比，材料服从胡克定律。

当应力超过比例极限后，*ab* 段不再是直线，表明应力与应变不再保持正比关系，材料不满足胡克定律。但当应力不超过点 *b* 所对应的应力 σ_e 时，变形仍然是弹性的，即将外力卸去，变形则完全消失，试件仍能恢复原有的形状和尺寸，此种变形称为弹性变形，σ_e 称为弹性极限，即材料只产生弹性变形的应力最大值。由于 *a* 与 *b* 两点非常接近，所以工程上对弹性极限和比例极限并不严格区分。因此，只要应力低于弹性极限 σ_e 时，都可以认为应力与应变成正比，材料服从胡克定律。

（2）屈服阶段　当应力超过弹性极限后，试件不仅产生弹性变形，还产生部分塑性变形。因此，过了 *b* 点后，图线弯曲明显，直至 *c* 点，然后出现一段接近水平的小锯齿形波段 *cd*，说明此时应力仅在很小的范围内波动，而应变却迅速增加，即材料暂时失去了抵抗变形的能力。这种应力变化不大而变形显著增加的现象称为材料的屈服或流动。*cd* 段称为屈服阶段，在屈服段内的最高应力和最低应力分别称为上屈服强度和下屈服强度。上屈服强度的大小与试样形状、加载速度等因素有关，一般是不稳定的；而下屈服极限则比较稳定，能够反映材料的性能。通常把下屈服强度称为屈服强度，用 σ_s 表示。这时如果卸去载荷，试件变形的一部分消失，但仍残留一部分变形，即塑性变形（也称永久变形或残余变形）。材料屈服时将产生显著的塑性变形，致使构件不能正常工作，因此就把屈服强度 σ_s 作为衡量材料强度的重要指标。

表面磨光的塑性材料试件屈服时，其表面将出现与轴线大致成45°倾角的条纹，称为滑移线。这是材料内部晶粒沿与杆轴成45°倾角的最大剪应力方向相对滑移的结果。可见屈服现象的出现与最大剪应力有关，这种滑移是造成塑性变形的根本原因。

（3）强化阶段　经过屈服阶段后，材料又恢复了抵抗变形的能力，要使它继续变形必须增加拉力，这种现象称为材料的强化。此时，变形的增加远比弹性阶段快。如图 1-29 所示，强化阶段 *de* 段的最高点 *e* 所对应的应力值称为材料的抗拉强度，用 σ_b 表示。它是材料所能承受的最大应力值，是衡量材料强度的另一重要指标。在屈服阶段后，试样的横截面积已显著缩小，仍用原面积计算的应力 $\sigma=\dfrac{P}{A}$ 只是名义应力，不再是横截面上的真正应力值；并且由于此时工作段长度的显著增加，线应变 $\varepsilon=\dfrac{\Delta l}{l}$ 也是名义应变，真正应变应考虑每一瞬时工作段的长度。

（4）缩颈阶段　当应力达到抗拉强度后，在试件某一局部范围内，横截面发生急剧的局部收缩，产生缩颈现象，如图 1-30 所示。由于缩颈处横截面面积迅速减小，塑性变形迅速增加，试件承载能力下降，载荷随之下降，直至断裂。从出现缩颈到试件断裂这一阶段称为缩颈阶段。按名义应力和名义应变得到的应力-应变曲线如图 1-29 所示的 *ef* 段。

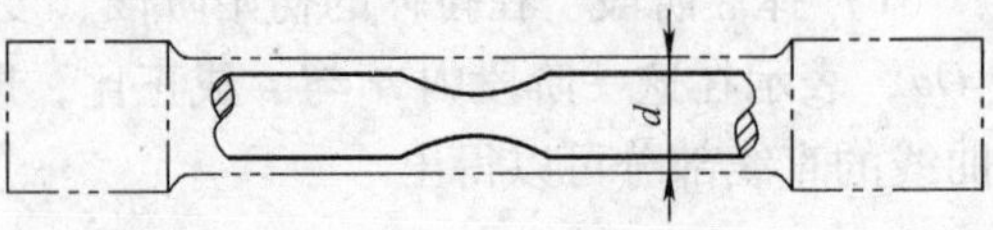

图 1-30　试样缩颈现象

总之，在上述拉伸过程中，应力增大到屈服强度时，材料出现了明显的塑性变形；当应力增大到抗拉强度时，材料就发生断裂。所以 σ_s 和 σ_b 是衡量塑性材料的两个重要指标。

试件断裂后，弹性变形消失，塑性变形依然保留。标距段的长度由原始的 l 变为 l_1，残

余变形 $(l_1 - l)$ 与原长 l 的比值称为材料的断后伸长率，以符号 δ 表示，即

$$\delta = \frac{l_1 - l}{l} \times 100\% \tag{1-21}$$

断后伸长率是材料塑性性能指标之一，它是衡量材料塑性变形程度的重要标志。在工程中，通常将断后伸长率 $\delta \geqslant 5\%$ 的材料称为塑性材料，如低合金钢、碳素钢等；将 $\delta < 5\%$ 的材料称为脆性材料，如铸铁、混凝土、高碳工具钢等。

衡量材料塑性变形的另一指标是断面收缩率 ψ。设试件横截面积原为 A，断裂后断口的横截面积为 A_1，则断面收缩率为

$$\psi = \frac{A - A_1}{A} \times 100\% \tag{1-22}$$

2. 其他材料拉伸时的力学性能

合金钢和硬铝等材料拉伸时的应力-应变曲线如图 1-31 所示。可以看出，它们与 Q235 钢的应力-应变曲线基本相似，即都存在弹性阶段，而且断裂时都具有较大的残余变形。不同的是，有的材料没有明显的屈服阶段，有的材料不存在缩颈现象。

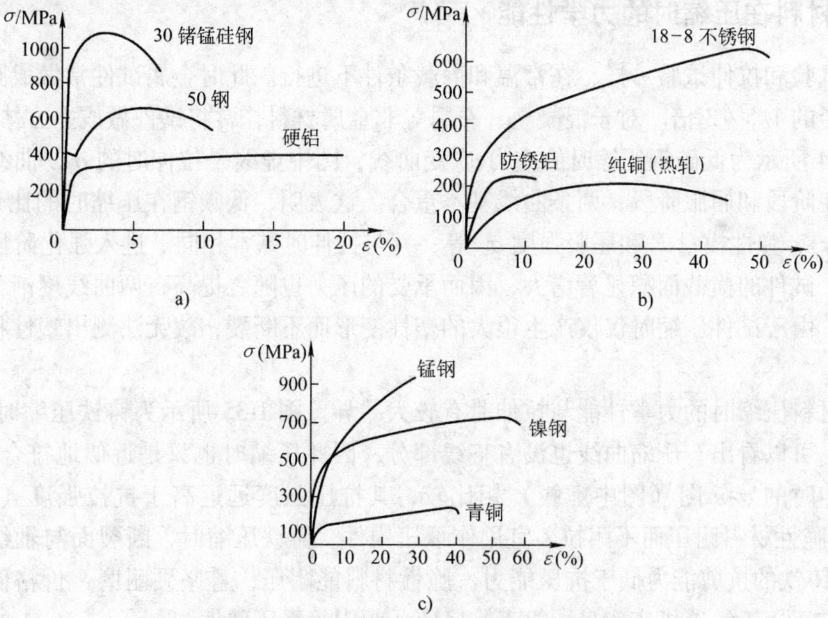

图 1-31　几种塑性材料拉伸时的 σ-ε 曲线

对于没有明显屈服阶段的塑性材料，工程中通常以产生 0.2% 塑性应变时的应力值作为屈服应力，称为材料的条件屈服强度，用 $\sigma_{0.2}$ 表示。如图 1-32 所示，在 ε 轴上取 $OC = 0.2\%$，自 C 点作直线平行于 OA，并与应力-应变曲线相交于 D 点，与 D 点对应的应力即为条件屈服强度 $\sigma_{0.2}$。

脆性材料如铸铁等，从受拉到断裂，变形始终很小，无明显的屈服阶段和缩颈现象，只能在拉断时测得抗拉强度 σ_b，且其值远低于低碳钢的抗拉强度。图 1-33 所示为灰铸铁、玻璃钢拉伸时的应力-应变曲线。灰铸铁拉伸时应力-应变曲线没有明显的直线部分，直至断裂时变形都很小，应变只有 0.4% ~0.5%，且当应力不大时，应力和应变一开始就不成正比。

在实际使用的应力范围内，应力-应变曲线的曲率很小，可近似地以直线代替，如图1-33所示的虚线部分，材料近似遵循胡克定律。玻璃钢的应力-应变曲线直到试件拉断几乎都是直线，即弹性阶段一直延续到接近于断裂。

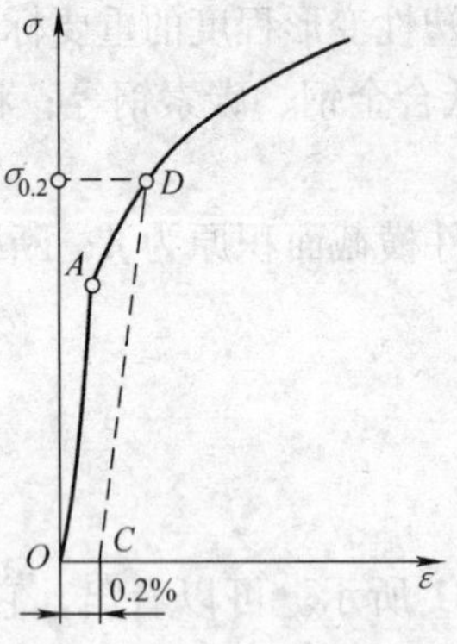

图1-32 材料的条件屈服强度

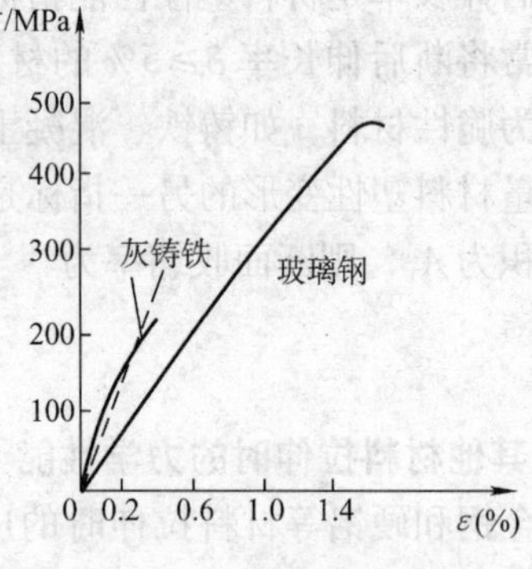

图1-33 灰铸铁、玻璃钢拉伸时的 σ-ε 曲线

二、材料在压缩时的力学性能

压缩试验和拉伸试验一样，在常温和静载条件下进行。此时金属试件常做成圆柱体，高度约为直径的1.5~3倍。对于混凝土、石料等非金属材料，常将试件做成立方体形。

图1-34所示为低碳钢压缩时的应力-应变曲线，图中虚线是拉伸时的 σ-ε 曲线。可以看出，在弹性阶段和屈服阶段，两条曲线基本重合。这表明，低碳钢在压缩时的比例极限 σ_P、弹性极限 σ_e、弹性模量 E 和屈服强度 σ_s 等，都与拉伸时基本相同。进入强化阶段后，试件越压越扁，试件的横截面积显著增大，因而承受的压力也随之提高，两曲线逐渐分离，压缩曲线上升。由于试件压缩时仅仅产生很大的塑性变形而不断裂，故无法测出塑性材料的抗压强度。

脆性材料压缩时的力学性能与拉伸时有较大差异。图1-35所示为铸铁压缩时的应力-应变曲线图，可以看出，压缩曲线也没有直线部分，因此压缩时也只是近似地符合胡克定律。与铸铁拉伸时的 σ-ε 图（图中虚线）相比较，其抗压强度远远高于抗拉强度（约为3~4倍），所以脆性材料耐压而不耐拉，宜用作承压构件。铸铁压缩时，断裂面与轴线夹角约为45°，说明铸铁的抗剪能力低于抗压能力。脆性材料能耐压，且坚硬耐磨，价格低廉，易于浇铸，故广泛用于铸造机床床身、机壳、底座、阀门等受压部件。

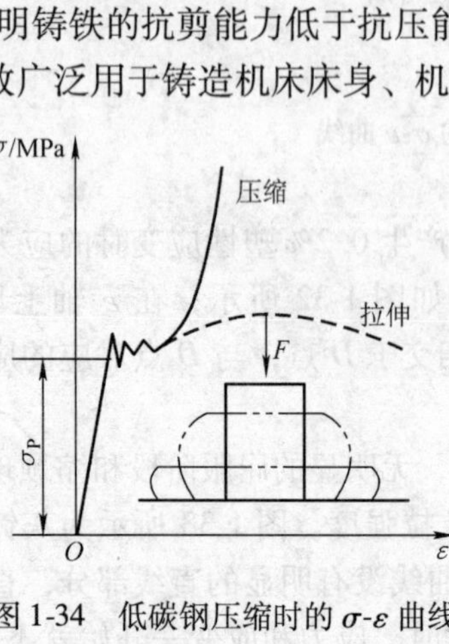

图1-34 低碳钢压缩时的 σ-ε 曲线

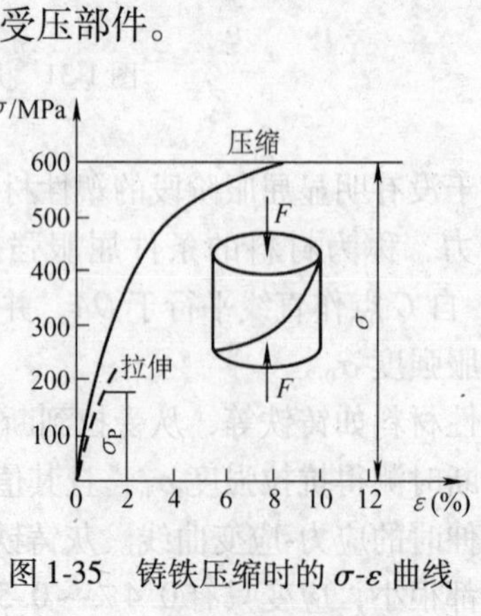

图1-35 铸铁压缩时的 σ-ε 曲线

综上所述，衡量材料力学性能的主要指标有：强度指标即屈服强度 σ_s 和抗拉强度 σ_b；弹性指标即比例极限 σ_P（或弹性极限 σ_e）和弹性模量 E；塑性指标即断后伸长率 δ 或断面收缩率 ψ。对很多材料来说，这些指标往往会受温度、热处理等因素的影响。

模块三　剪切与挤压的实用计算

【学习目标】 了解剪切和挤压的概念，重点掌握剪切和挤压的实用计算。

【问题引导】

1. 剪切和挤压变形有何特点？
2. 剪切变形的内力和应力如何确定？强度条件是什么？
3. 挤压变形的内力和应力如何确定？强度条件是什么？

任务1　剪切的实用计算

工程中受到剪切的构件是很多的。图 1-36 所示为一吊钩，在其链环与拉杆之间用销钉连接。图 1-37a 所示为销钉的受力简图，由于销钉的受力长度 $2t$ 和其直径 d 相比并不很大，因而销钉的弯曲变形很小，其主要变形是沿受剪面 m-m 和 n-n 发生错动。图 1-37b 所示为受剪面 m-m 附近的错动情况，这种相邻截面间的相互错动称为剪切变形。受剪面 n-n 附近的错动与此类似。伴随剪切变形而产生的内力称为剪力，剪力的方向与受剪面平行。

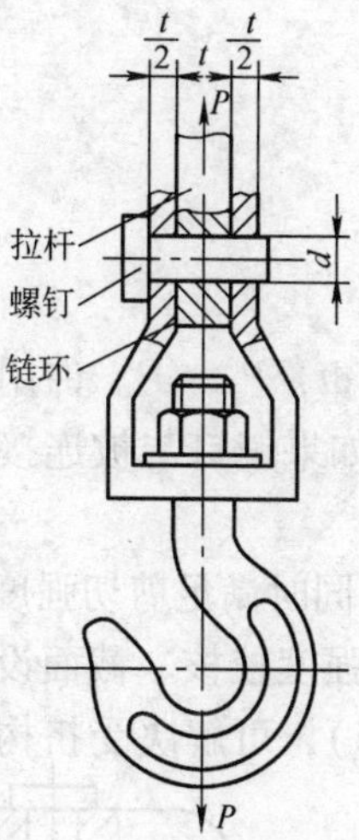

图 1-36　吊钩

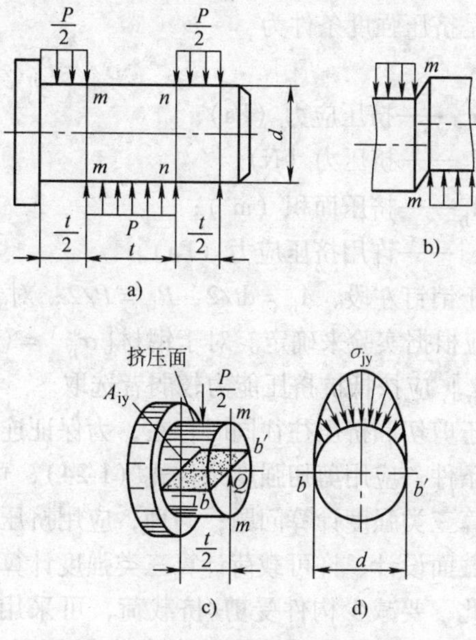

图 1-37　受剪切和挤压的吊钩销钉

利用截面法求剪切面上的剪力。假想沿 m-m 切开，考虑左边部分（图 1-37c），由于它受有向下的力 $P/2$，所以，从受力平衡的条件可知，销钉 m-m 截面右边部分作用给销钉左边部分截面 m-m 上的内力 Q 应等于 P/2，这个力是剪力，它是截面 m-m 上剪应力τ合成的结果。工程实际中，销钉是种短粗零件，其受剪面附近的变形极为复杂，剪应力τ在截面上的分布规律很难确定，因此工程上为简化计算，假设剪应力τ在受剪面上均匀分布，则

$$\tau = Q/A \tag{1-23}$$

式中的剪力 Q 等于所讨论截面一侧所有横向外力之和，即 P/2。为保证销钉不被剪断，必须使受剪面上剪应力不超过材料的许用剪应力［τ］。于是剪切强度条件为

$$\tau = Q/A \leqslant [\tau] \tag{1-24}$$

许用剪应力要通过材料剪切试验来确定。试验时试件的形状和受力情况就像吊钩、销钉那样，把试件放在试验机上加力，直到剪断。根据试验测得的破坏载荷，再用式（1-23）式找出剪断时的名义剪应力，这就是剪切强度τ_b，再将τ_b除以安全系数即得该种材料的许用剪应力［τ］。对于钢材，工程上常取$[\tau]=(0.75\sim0.80)[\sigma]$，$[\sigma]$是钢材的许用拉应力。

任务2　挤压的实用计算

对销钉除了进行剪切计算外，还要进行挤压计算。图 1-37 所示的销钉左段，它的上半个圆柱面同拉杆圆孔表面互相挤压着，这部分表面就叫挤压面。挤压表面上每点处单位面积的挤压力称为挤压应力，用σ_{jy}表示，其方向垂直于挤压表面，沿半圆周挤压应力的分布大致如图 1-37d 所示。为保证销钉和拉杆在挤压面处不产生显著的塑性变形，要求挤压应力不超过许用挤压应力［σ_{jy}］。工程实际中，对于圆柱面的挤压计算，用该圆柱表面的投影面积（即图 1-37c 所示的 bb′截面）作为挤压面积，并假设挤压应力在挤压计算面积上是均匀分布的，于是挤压强度条件为

$$\sigma_{jy} = P_{jy}/A_{jy} \leqslant [\sigma_{jy}] \tag{1-25}$$

式中　σ_{jy}——挤压应力（Pa）；

P_{jy}——挤压力（N）；

A_{jy}——挤压面积（m^2）；

$[\sigma_{jy}]$——许用挤压应力（Pa）。

对于销钉左段，$A_{jy}=dt/2$，$P_{jy}=P/2$；对于销钉中段，$A_{jy}=dt$，$P_{jy}=P$。许用挤压应力［σ_{jy}］应根据实验来确定。对于钢材$[\sigma_{jy}]=(1.7\sim2.0)[\sigma]$。如果销钉与被连接件材料不同，［$\sigma_{jy}$］应按抵抗挤压能力较弱者选取。

由于剪切和挤压往往同时存在，为保证连接件的强度，必须同时满足剪切强度条件和挤压强度条件。应用剪切强度条件式（1-24），可解决受剪构件的强度校核、截面设计、许可载荷计算三类强度计算问题；同理，应用挤压强度条件式（1-25），可解决受挤构件的强度校核、截面设计、许可载荷计算三类强度计算问题。

因此，要减少构件受剪/挤载荷，可采用较大抗剪/抗挤截面尺寸，采用较强材料，使剪切/挤压强度条件更易得到满足。

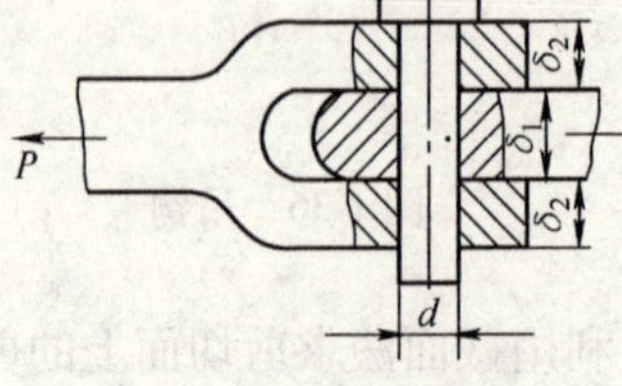

图 1-38　例 5 图

【例 5】 图 1-38 所示销钉连接，已知 P = 18kN，板厚$\delta_1 = 8$mm，$\delta_2 = 5$mm，销钉与板的材料相同，许用剪应力

$[\tau]=60\times10^6\text{Pa}$，许用挤压应力$[\sigma_{jy}]=200\times10^6\text{Pa}$，销钉直径$d=16\text{mm}$。试校核销钉强度。

【解】

（1）剪切强度校核

$A=2\times0.785d^2=2\times0.785\times16^2\text{mm}^2=401.9\text{mm}^2$

$\tau=P/A=18000\text{N}/401.9\text{mm}^2=44.79\text{MPa}<[\tau]=60\text{MPa}$

（2）挤压强度校核

因$A_{jy2}=2\delta_2 d$，$A_{jy1}=\delta_1 d$，故校核δ_1处

$\sigma_{jy}=P/A_{jy1}=18000\text{N}/(8\times16)\text{mm}^2=140.6\text{MPa}<[\sigma_{jy}]=200\text{MPa}$

模块四　圆轴扭转的实用计算

【学习目标】　了解圆轴扭转的受力和变形特点；熟悉圆轴扭转的内力计算；掌握圆轴扭转时横截面上的应力计算和圆轴扭转的强度计算。

【问题引导】

1. 圆轴扭转时的受力有何特点？变形有何特点？
2. 如何确定圆轴扭转的应力？圆轴扭转的强度条件是什么？

任务1　圆轴扭转的特点

工程上受扭转的构件是很常见的。例如反应釜（图1-39a）中的搅拌轴，如图1-39b所示，轴的上端受到由减速机输出的转动力偶矩m_C，下端搅拌桨上受到物料的阻力形成的阻力偶矩m_A，当轴匀速转动时，这两个力偶矩大小相等，方向相反，都作用在与轴线垂直的平面内。搅拌轴的这种变形就是扭转。

圆轴扭转的受力特点是：在垂直杆轴的截面上作用着大小相等、方向相反的力偶矩。

圆轴扭转的变形特点是：构件发生扭转变形时，各横截面绕轴线产生相对转动，如图1-40所示。φ角B端面相对于A端面的转角，称为扭转角。

工程上，将以扭转变形为主要变形的构件通称为轴。对传动轴而言，往往已知轴的功率和转速，由此可以求出作用于轴上的外力偶矩，它们的关系式为

$$M_e=9549P/n \tag{1-26}$$

式中　M_e——作用在轴上的转矩（N·m）；

P——轴所传递的功率（kW）；

n——轴的转速（r/min）。

作用在功率输入端的外力偶矩是带动轴转动的主动力偶矩，它的方向与轴的转向一致，而作用在功率输出端的外力偶矩是被带动零件传来的反力偶矩，它的方向与轴的转向相反。

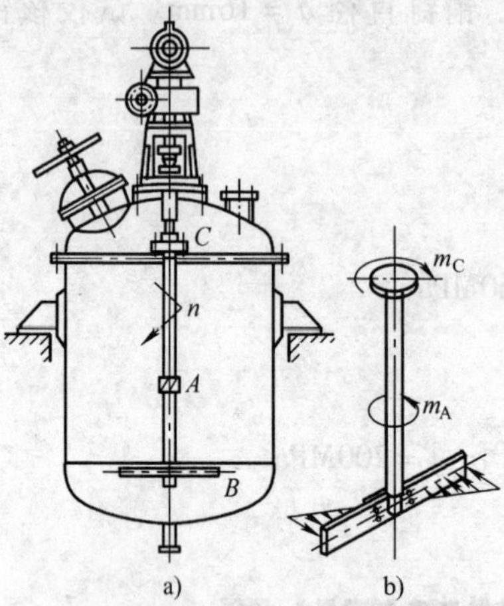

图 1-39　反应釜搅拌轴

a）反应釜　b）搅拌轴受力偶矩作用图

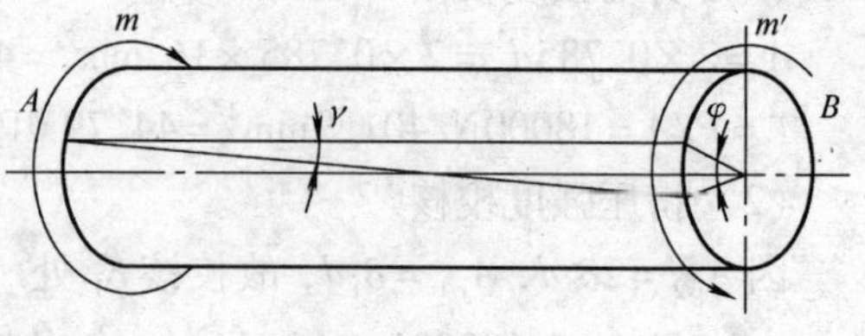

图 1-40　圆轴扭转变形特点

任务 2　圆轴扭转的应力和强度计算

发生扭转变形时，圆轴横截面上产生与外力偶矩大小相等的内力扭矩 M_n，即 $M_n=M_e$，且扭矩在轴的全长上是一个常数。

可以证明横截面上各点的剪应力的大小与该点到圆心的距离成正比，在圆心处剪应力为零，在圆轴外表面剪应力最大，最大剪应力为

$$\tau_{\max}=\frac{M_n}{W_\rho} \tag{1-27}$$

式中　W_ρ——抗扭截面模量（m^3），它是与截面尺寸和形状有关的一个几何量，可查有关机械设计手册或工程力学手册确定。

当轴的危险截面上的最大剪应力不超过材料的扭转许用剪应力［τ］时，轴就能安全正常地工作，故轴的抗扭强度条件为

$$\tau_{\max}=\frac{M_n}{W_\rho}\leqslant[\tau] \tag{1-28}$$

式中　M_n——危险截面的扭矩（N·m）；

$\tau_{\max}$——危险截面上最大剪应力（Pa）；

W_ρ——抗扭截面模量（m^3）；

［τ］——材料的许用扭转剪应力（Pa）。

圆轴扭转时，除了考虑强度外，有时要考虑满足刚度的要求。例如，对精密机器上的轴，要限制扭转变形不得超过规定的数值，用许用单位长度上的扭转角［θ］加以限制，有兴趣的同学可参阅有关工程力学著作。

【例 6】　一实心轴直径为 18mm，长为 1m，两端受力偶矩 $m=16N\cdot m$ 作用，轴材料许用剪切应力$[\tau]=40MPa$，试校核轴的强度。

【解】

$$\tau_{\max}=\frac{M_n}{W_\rho}=\frac{16\times10^3}{\frac{1}{16}\pi\times18^3}\text{MPa}=13.98\text{MPa}<[\tau]$$

故强度安全。

模块五　直梁的弯曲

【学习目标】　了解平面弯曲的概念；掌握梁弯曲时内力计算，即剪力和弯矩的求解；重点掌握弯曲正应力和弯曲强度计算；了解提高梁的弯曲强度和刚度的主要措施。

【问题引导】

1. 平面弯曲时的受力有何特点？变形有何特点？
2. 如何确定梁弯曲时的内力和正应力？弯曲强度条件是什么？
3. 提高梁的弯曲强度的措施有哪些？

任务1　认识直梁的弯曲变形

在工程实际中，承受弯曲的构件很多，如桥式吊车起吊重物时，吊车梁就会发生弯曲变形，如图1-41所示。这种以弯曲为主要变形的构件在工程上统称为梁。

以上这些构件的受力特点是：在梁的纵向对称平面内，受到垂直于梁的轴线的力或力偶作用（包括主动力与约束反力）。变形时梁的轴线变成一条该平面内的曲线，称为平面弯曲。平面弯曲问题较为简单，工程中也常见到，因此这里讨论平面弯曲问题。

从梁的支座结构形式来分，梁可以简化为：

①简支梁，一端是固定铰链，另一端是活动铰链，如图1-42a所示。

②外伸梁，用一个固定铰链和一个活动铰链支承，但有一端或两端伸出支座以外，如图1-42b所示。

③悬臂梁，一端固定，另一端自由，如图1-42c所示。

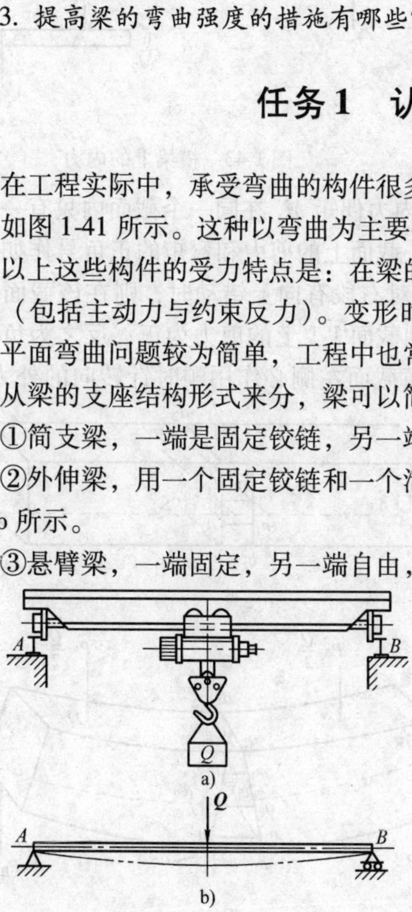

图1-41　桥式吊车

a）桥式吊车工作示意图　b）吊车梁的弯曲变形

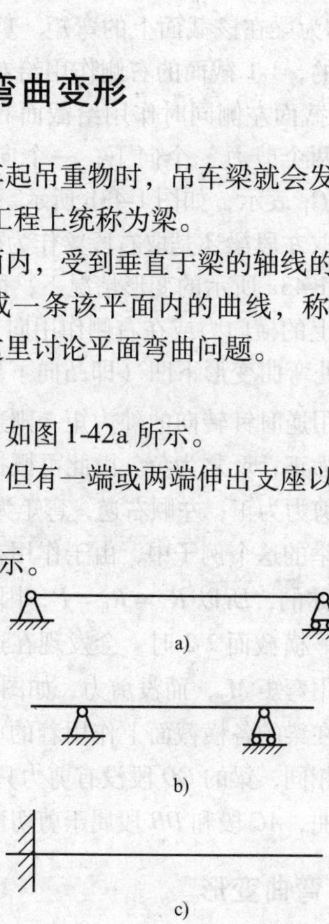

图1-42　梁的三种力学模型

a）简支梁　b）外伸梁　c）悬臂梁

一、弯曲内力——剪力和弯矩

作用在梁上的载荷，通过梁把力传递给支座，使支座产生与外力相抗衡的支座反力。在载荷传递的过程中，力所经过的梁的各个横截面都将产生相应的内力。

以图 1-43 所示的横梁为例，P 为对称作用在梁上的设备重力，支座反力 $R_A = R_B = P$，如图 1-43a 所示。假想切开 1-1 截面，取其左边一段，在这段梁上只作用有一个向上的外力 R_A，如图 1-43b 所示，而这段梁单受这一外力作用不可能平衡，所以从这段梁事实上处于平衡状态这一点出发，在假想切开的截面 1-1 的左侧，必作用有一个与截面平行的力 Q_1，它的方向与 R_A 相反，大小与 R_A 相等；同时，在这个截面上还必定作用着一个力矩为 $M_1 = R_A x_1$ 的内力偶矩，这个力偶矩作用在梁的纵向对称平面内。切下来的 1-1 截面左边这段梁就是在外力 R_A、内力 Q_1 和力矩为 M_1 的内力偶作用下处于平衡。这里的内力 Q_1 称为梁在该截面上的剪力，M_1 称为梁在该截面上的弯矩。剪力和弯矩都是成对出现的，1-1 截面的右侧作用给左侧一个向下的剪力 Q_1，截面左侧同时作用给截面右侧一个向上的剪力，这两个剪力一个向下，一个向上，可看成是一个，用 Q_1 表示，如图 1-43b 所示。同样，也认为内力偶矩 M_1 在同一个截面内只有一个。

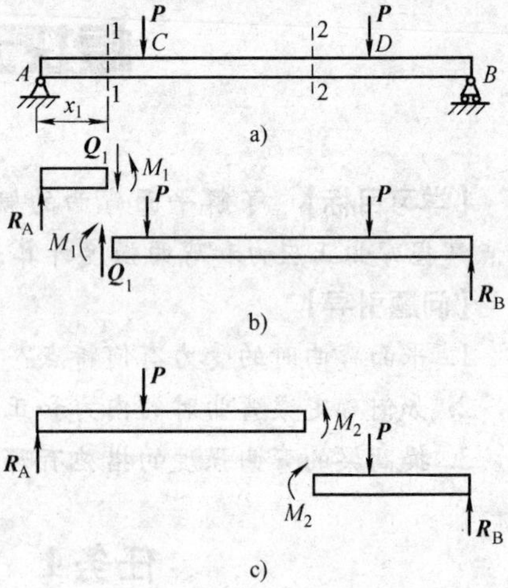

图 1-43　横梁上的内力

无论取左段梁还是取右段梁作为研究对象，同一截面上的剪力和弯矩的正负号作如下规定：在图 1-43a 所示的变形情况下，截面 1-1 的左段对右段有向上错动时，则在该截面左侧必作用向上的横向力或在右侧作用向下的横向力，则截面 1-1 上的剪力为正；反之为负。横截面 1-1 处弯曲变形下凹（即凸向下）时，则在该横截面左侧必作用顺时针转向的外力矩，在右侧作用逆时针转向的外力矩，则这一截面上的弯矩为正；反之为负。由此可概括为“左上右下，剪力为正；左顺右逆，弯矩为正”。

在所举的这个例子中，由于作用在梁上的载荷是对称的，所以 $R_A = R_B = P$，因此在 CD 段内任取一横截面 2-2 时，会发现在这个截面上将只作用弯矩 M_2，而没剪力，如图 1-43c 所示。可见在梁的各横截面上作用着的剪力和弯矩并不都相同，梁的 CD 段没有剪力只有弯矩，属于纯弯曲，AC 段和 DB 段属于剪切弯曲。

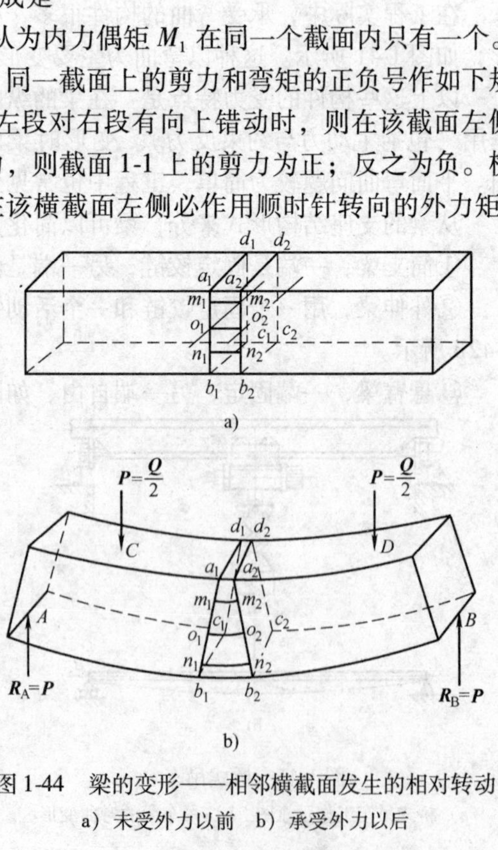

图 1-44　梁的变形——相邻横截面发生的相对转动

a）未受外力以前　b）承受外力以后

二、弯曲变形

由图 1-44 所示，未受外力以前，在梁的 CD 段内任取两个相邻的横截面 $a_1b_1c_1d_1$ 和

$a_2b_2c_2d_2$，如图 1-44a 所示，并画出各条横向线（a_1b_1，c_1d_1，…）和三条纵向线 m_1m_2，n_1n_2，o_1o_2。其中，o_1o_2 画在梁的 1/2 高度处。

如图 1-44b 所示，横向线 a_1b_1 与 a_2b_2 由互相平行变为不再平行。这说明所取的这两个相邻的截面 $a_1b_1c_1d_1$ 和 $a_2b_2c_2d_2$ 发生了相对转动。转动轴的位置通过各截面的 o 点并垂直于梁的对称平面。这根轴叫截面的中性轴。将梁的所有横截面的中性轴连起来就形成了梁的中性层。在梁发生弯曲变形时，中性层内的纵向纤维长度未变。

可以证明，梁任一横截面的中性轴均通过该截面的形心，并与该截面的对称轴线垂直。

正是由于梁的一系列相邻横截面之间都发生了绕各自中性轴的相对转动，才导致了梁的由直变弯，以及梁的纵向纤维有了伸长和缩短。

任务 2　弯曲应力和弯曲强度计算

既然梁的纵向纤维发生了伸长和缩短，那么在梁的横截面上就必然有垂直于此横截面的拉伸与压缩应力产生。如图 1-45 所示，这一正应力在横截面上沿梁的横向高度是不相等的。中性层以上的纵向纤维，其长度有不同程度的缩短，所以相应有大小不同的压应力产生。中性层以下的纵向纤维，其长度有不同程度的伸长，所以相应有大小不同的拉应力产生。中性层处的纵向纤维，在梁弯曲时其长度没有改变，所以横截面中性轴上各点的正应力为零。

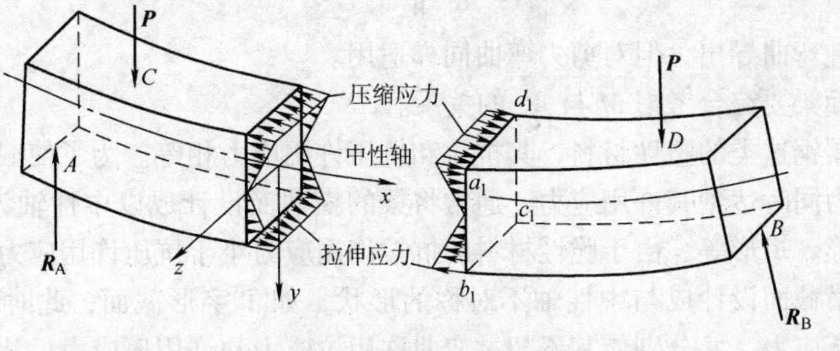

图 1-45　纯弯曲时梁横截面上的正应力

根据变形现象及平面假设，从变形的几何关系、物理关系、静力学平衡条件可以推导出纯弯曲时横截面上任一点的正应力计算公式为

$$\sigma = \frac{My}{I_z} \tag{1-29}$$

式中　M——横截面上的弯矩（N·m）；

y——所求的正应力点到中性轴距离（m）；

I_z——横截面对中性轴 z 的惯性矩（m^4），是一个仅与截面形状和尺寸有关的量，反映了截面的抗弯能力。

由式（1-29）可知，梁弯曲变形时，横截面上任意点的正应力与该点到中性轴的距离成正比，亦即横截面上的正应力沿截面高度按直线规律变化，沿截面宽度方向（距中性轴等距的各点）相同；中性轴上各点（$y=0$），正应力为零；离中性轴最远的各点（$y=y_{max}$），弯曲正应力最大（图 1-45），其值为

$$\sigma_{\max} = \frac{My_{\max}}{I_z}$$

令

$$W_z = \frac{I_z}{y_{\max}}$$

则

$$\sigma_{\max} = \frac{M}{W_z} \quad (1\text{-}30)$$

式中 W_z——横截面对中性轴的抗弯截面模量（m^3），它是一个仅与截面尺寸和形状有关的几何量。

当梁弯曲时，横截面上既有拉应力又有压应力。若梁的横截面关于中性轴对称，如矩形、圆形、工字形等截面，其最大拉应力和最大压应力在数值上相等，可用式（1-30）求得。关于中性轴不对称的横截面，如 T 字形截面，其最大拉应力与最大压应力在数值上不相等，设 y_1 和 y_2 分别表示受拉与受压边缘到中性轴的距离，这时分别把 y_1 和 y_2 代入式(1-29)，计算最大拉应力和最大压应力。

梁截面上的弯矩 M 是随截面位置而变化的。因此，在进行等截面梁的强度计算时，应使在危险截面上（即最大弯矩截面）上的最大正应力不超过材料的弯曲许用应力［σ］，即梁的抗弯强度条件为

$$\sigma_{\max} = \frac{|M|_{\max}}{W_z} \leqslant [\sigma] \quad (1\text{-}31)$$

此公式由纯弯曲导出，但对剪力弯曲同样适用。

对于变截面梁要综合考虑 M 与 W_z 的关系。

对于像低碳钢这类的塑性材料，其抗拉和抗压许用应力相等。为了使截面上的最大拉应力和最大压应力同时达到其许用应力，通常将梁的横截面设计成以中性轴为对称轴的形状，如工字形、圆形、矩形等。由于脆性材料的抗拉许用应力小于抗压许用应力，为充分利用材料，常将梁的横截面设计成与中性轴不对称的形状，如 T 字形截面，此时应分别计算最大拉应力和最大压应力，并分别使其不超过弯曲许用拉应力和许用压应力，从而得到横截面不对称梁的强度条件。

材料的弯曲许用应力，可近似地用单向拉伸或压缩的许用应力来代替，或按设计规范选取。

【例 7】 图 1-46 所示为一圆形截面的简支梁，承受均布载荷 $q = 45\text{kN/m}$，跨度 $l = 200\text{mm}$，梁的直径 $d = 25\text{mm}$，弯曲许用应力$[\sigma] = 150\text{MPa}$，试校核梁的抗弯强度。

【解】 1）求支反力。对 B 点列出力矩平衡方程式

$$\sum M_B = 0$$

$$-R_{AY} l + ql^2/2 = 0$$

$$R_{AY} = ql/2$$

2）求最大弯矩。显然，最大弯矩在梁的中间处，其值为

$$M_{\max} = R_{AY} l/2 - ql/2 \times l/4$$

$$= ql/2 \times l/2 - ql^2/8 = ql^2/8$$

$$= 45 \times 0.2^2 \text{kN} \cdot \text{m}/8 = 225\text{N} \cdot \text{m}$$

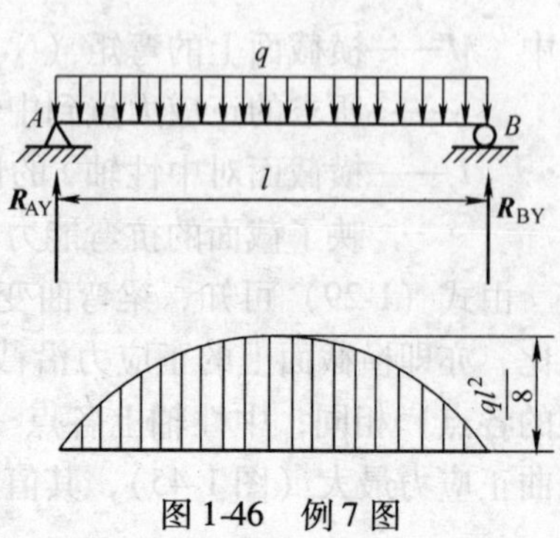

图 1-46 例 7 图

3）校核梁的强度。梁的抗弯截面模量为

$$W_z = \pi d^3/32 = \pi \times 0.025^3 m^3/32 = 1.533 \times 10^{-6} m^3$$

梁的最大正应力发生在横截面的上、下边缘，上边缘为负值，下边缘为正值，最大应力为

$$\sigma_{max} = M_{max}/W_z = 225Pa/(1.533 \times 10^{-6}) = 147MPa < [\sigma] = 150MPa$$

因此，该梁是安全的。

任务3　提高梁的抗弯强度的主要措施

在工程实际中，应充分发挥材料的潜力，以较少材料的消耗，获得较高的抗弯强度，满足工程上既安全又经济的要求。由式（1-31）可知，横截面上最大正应力与弯矩成正比，与抗弯截面模量成反比。因此，要提高梁的抗弯强度主要从两个方面考虑：一是合理安排梁的受力，以降低最大弯矩；二是采用合理的截面形状，提高抗弯截面模量，具体从以下几方面考虑。

1. 合理的截面形状

根据最大弯曲正应力公式，最合理的截面形状是采用尽可能小的横截面积，获得尽可能大的抗弯截面模量 W_z，也就是使比值 W_z/A 尽可能大。这可以从两方面来实现：

1）根据应力分布规律选择。从弯曲正应力的分布规律可知，在中性轴附近的正应力很小，该处材料的作用未充分发挥，因此，可将它们移到离中性轴较远的上下边缘作为翼板，使尽量多的材料分布到弯曲正应力较大的、远离中性层的边缘区域。中性层附近应力小，材料相应减少些，这样材料得到了充分利用。由此可见，工字钢和槽钢优于环形截面的钢材，而环形截面的钢材又优于矩形截面的钢材，矩形的优于圆形的。

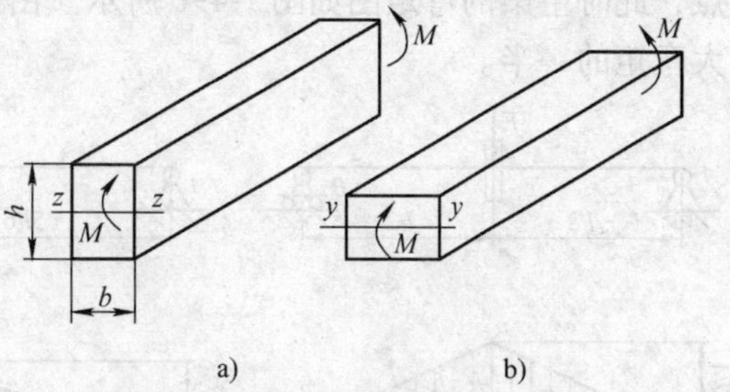

图1-47　矩形截面梁竖立和平放

a）矩形截面梁竖放　b）矩形截面梁平放

2）根据截面模量选择。对于一定的横截面积，通过选择合理截面形状，使其 W_z 值尽可能大。例如，一根 $b=40mm$，$h=90mm$ 的矩形截面梁，如图1-47所示，承受弯曲时，直立时抗弯截面模量为 W_z，而平放时抗弯截面模量为 W_y，二者的比值为

$$W_z/W_y = (bh^2/6)/(hb^2/6) = h/b = 2.25$$

由此可见，矩形截面梁竖立放置比平放要合理。

3）根据材料的特性选择。对于抗拉强度与抗压强度相等的塑性材料，采用对称于中性轴的截面，使截面上下边缘的最大拉应力和最大压应力相等，而同时达到满足强度条件，如矩形、工字形、槽形、圆形截面等。对于抗拉、抗压强度不等的脆性材料，选择截面时，最好使中性轴偏于强度较弱的一边，如铸铁能抗压但不能抗拉，受弯构件多采用T字形截面，使大头受拉，以使最大压应力和最大拉应力同时满足铸铁的抗压和抗拉强度条件。

2. 合理的支座布置和载荷配置

1）合理布置梁的支座。图1-48a所示为均布载荷作用下的简支梁，梁跨中的最大弯矩

值为 $M_{max}=0.125ql^2$；若将梁两端支座各向内移动 0.2l，原简支梁就变成了外伸梁，如图 1-48b 所示，则最大弯矩减小为 $M_{max}=0.025ql^2$，只有前者的 1/5。卧式容器的支座就是这样布置的。

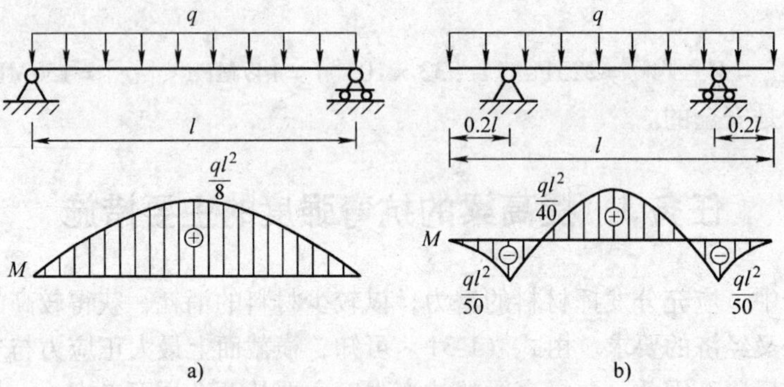

图 1-48　合理布置梁的支座
a）简支梁　b）外伸梁

2）合理配置载荷。图 1-49a 所示为传动轴，当齿轮位于轴中点时，其最大弯矩为 $Fl/4$；若将齿轮尽量安装在靠近轴承的位置，如图 1-49b 所示，轴的最大弯矩为 $5Fl/36$。相比之下，后者的弯矩小了很多。另外增加副梁（或称辅助梁）也能降低最大弯矩值。同样是图 1-49a 所示的简支梁，若在此梁中部安置一根长为 $l/2$ 的副梁，如图 1-49c 所示，则副梁便将集中力 $\boldsymbol{F}$ 分成为两个大小相等的集中力 $\boldsymbol{F}/2$，再加到主梁上，同时改变了主梁上力的作用点，此时主梁的弯矩图如图 1-49c 所示。由此图可知，最大弯矩值 $M_{max}=Fl/8$，仅为原来最大弯矩的一半。

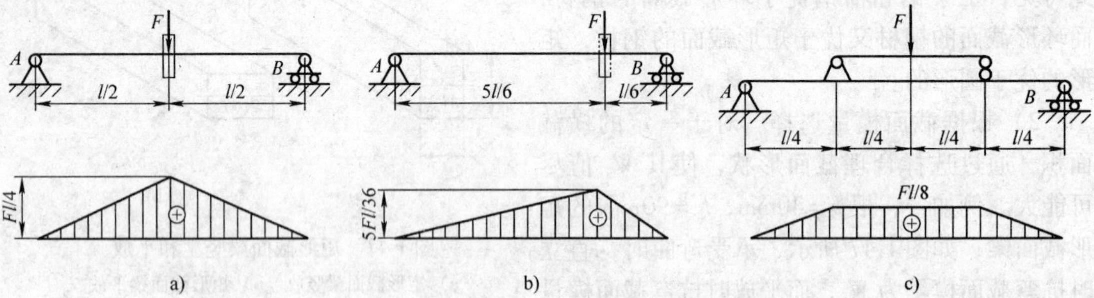

图 1-49　合理布置载荷

3. 等强度梁的采用

以上讨论的都是等截面梁，梁的截面尺寸由最大弯矩确定，其他截面上的弯矩小，材料未能得到充分利用。工程中为了节约材料和减轻自重，常常根据弯矩沿轴线的变化情况，将梁做成变截面的，使所有横截面上的最大正应力都大致等于许用应力［σ］，这样的梁称为等强度梁。等强度梁的外形是曲线，较难加工。考虑到构造上的需要和便于加工，工程实际中通常是将梁设计成近似等强度的，如飞机机翼、阶梯轴，以及桥梁和

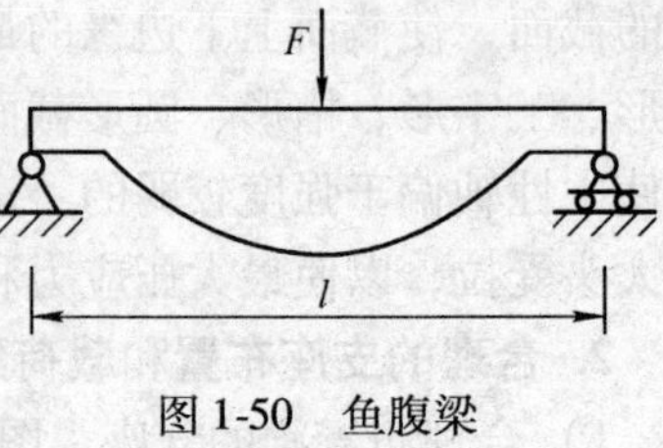

图 1-50　鱼腹梁

厂房中广泛采用的图 1-50 所示的“鱼腹梁”等，都是等强度梁的实例。

知识扩展

在有些重要的工况下，梁不仅要满足强度条件，同时还要满足刚度条件。也就是说，梁的变形不能超过许可的范围，否则就会影响正常的工作。例如轧钢机的轧辊，若变形过大，轧出的钢板厚薄就不均匀；又如齿轮传动轴，若变形过大，将影响齿轮的啮合、轴与轴承的配合，造成磨损不均匀，严重影响它们的寿命。梁的弯曲变形与梁的抗弯刚度 EI、梁的跨度 l 以及梁的载荷等因素有关。降低梁的弯曲变形，提高梁的刚度等有关内容请同学们在需要时自行扩展学习。

模块六　组合变形和强度理论

【学习目标】 了解组合变形下的复杂应力状态分析；熟悉四种常用的强度理论的基本概念和主要结论及其应用。

【问题引导】

1. 组合变形有何特点？复杂应力状态下的应力特点是怎样的？
2. 四种强度理论的基本内容是什么？如何应用？

任务 1　认识组合变形和复杂应力状态

1. 组合变形

在工程实际中，许多构件在外力作用下会同时产生两种或两种以上的基本变形，这种变形称为组合变形。例如，图 1-51a 所示的齿轮传动轴在外力的作用下，将同时产生扭转变形和水平、垂直平面内的弯曲变形；图 1-51b 所示的立柱在偏心载荷作用下将产生轴向压缩和弯曲的组合变形。

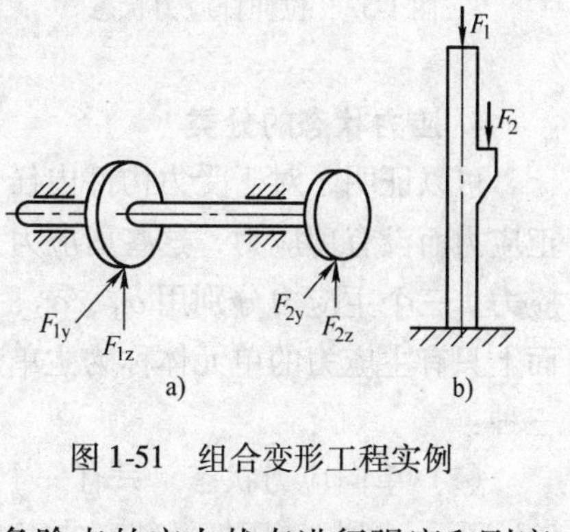

图 1-51　组合变形工程实例

工程实际中，构件的变形大多数属于弹性范围内的小变形。因此，可以根据叠加原理，将组合变形分解为几种基本变形，或将载荷适当简化或分解为几个简单的载荷，使每个简单载荷只产生一种基本变形，分别计算每一种基本变形及相应的应力，然后根据具体情况进行叠加，就得到组合变形情况下的应力和变形，最后再根据危险点的应力状态进行强度和刚度设计。

2. 一点处的应力状态

在工程中，有许多破坏现象需要用斜截面上的应力加以解释。实验表明，斜截面上也存在着应力，有时还比较大，致使杆件首先沿斜截面破坏。另外，仅仅根据横截面上的应力，不能建立既有正应力又有剪应力（如弯扭组合变形）存在时的强度准则。因此，为了解决上述问题，必须首先研究受力构件内一点处的所有截面上应力的大小和方向情况，即一点处的应力状态。

3. 应力状态的表示方法

为了描述构件内一点处的应力状态，围绕该点截取边长均无穷小的正六面体为单元体，可以认为在它的各个面上应力是均匀分布的，且任意一对平行平面上的应力大小近似认为相等，于是可用单元体的三个互相垂直平面上的应力来表示一点处的应力状态。例如，在矩形截面拉杆上任意取一点，如图 1-52a 所示 *A* 点，取出单元体如图 1-52b 所示，其左、右两个面为横截面，该面上只有正应力，上、下与前、后四个面均平行于杆轴线，在这些面上都没有应力。因此，单元体也可简化为平面图形，如图 1-52c 所示。这种应力状态称为“单向应力状态”。

承受横力弯曲的矩形截面梁，如图 1-53a 所示，在梁上任一点 *B* 处，用同样的方法截取单元体，该单元体左、右面上既有正应力又有剪应力作用，剪应力方向与横截面上的剪力相同，由于 *B* 点位于中性轴之上，正应力则为拉应力，对应的应力状态如图 1-53a 所示。这种应力状态称为复杂应力状态。又如，只受扭转的圆轴，轴表面各点的应力状态如图 1-53b 所示。因为横截面只有剪应力而无正应力，于是单元体左、右两侧面只有剪应力。根据剪应力互等定理，上、下面上也有剪应力作用，这种应力状态称为“纯剪应力状态”。

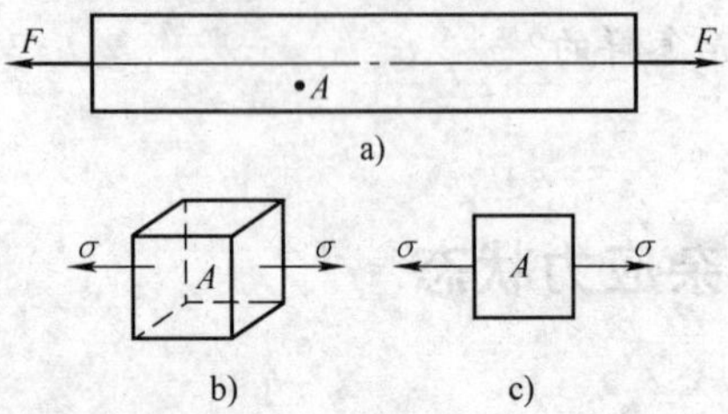

图 1-52　拉伸杆应力状态

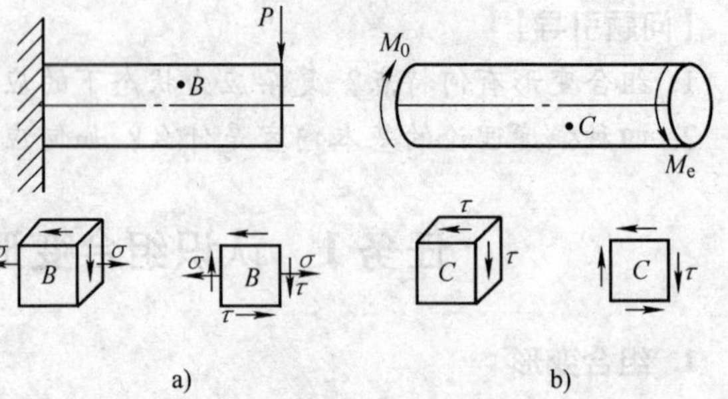

图 1-53　横力弯曲应力状态和扭转应力状态

4. 应力状态的分类

可以证明，对于受力构件内任一点，总可以找到三个互相垂直的平面，在这些面上只有正应力而没有剪应力，这些剪应力为零的平面称为主平面，作用在主平面上的正应力称为主应力。三个主应力分别用 σ_1、σ_2、σ_3 表示，并按代数值大小排序为 $\sigma_1 \geqslant \sigma_2 \geqslant \sigma_3$。这种在各面上只有主应力的单元体称为主单元体。根据主应力不为零的个数，应力状态可以分为以下三种：

（1）单向应力状态　只有一个主应力不等于零的应力状态称为单向应力状态，如图 1-52b 所示，如拉、压杆及纯弯曲直梁上各点（中性轴上的点除外）的应力状态。

（2）二向应力状态　有两个主应力不等于零的应力状态，亦称为平面应力状态，如圆轴扭转、横力弯曲各点（中性轴上的点除外）的应力状态。

（3）三向应力状态　三个主应力都不等于零的应力状态称为三向应力状态。例如，钢硬模具内的金属块，顶部在压力作用下，金属块中任一点就处于三向应力状态下。

一般把单向应力状态称为简单应力状态，而把二向和三向应力状态称为复杂应力状态。

在单元体上，虽然主平面上的剪应力为零，但在其他方向截面上还存在剪应力。可以证

明，单元体上的最大剪应力τ_{max}可由主应力值求得，其值为

$$\tau_{max}=\frac{\sigma_1-\sigma_3}{2} \tag{1-32}$$

应力状态分析的主要任务是求一点处任意斜截面上的应力和求一点处的主应力和最大剪应力。

任务2　强度理论及应用

一、强度理论概述

四种基本变形的强度条件可以概括为最大工作应力不超过材料的许用应力，即$\sigma_{max}\leqslant[\sigma]$或$\tau_{max}\leqslant[\tau]$。这种直接根据试验结果建立强度条件的方法，不适用于危险点处于复杂应力状态的情况。因此，需要找出能够根据轴向拉压试验所求得的σ_s或σ_b值，来确定复杂应力状态下的强度准则的办法，需要考虑材料破坏的原因。

尽管材料破坏的表面现象很复杂，但破坏形式无非是塑性屈服或脆性断裂两种类型。材料断裂或屈服失效，是应力、应变或变形等其中某一因素或几个因素引起的。人们根据试验和观察，对材料破坏现象提出了各种不同的假说，认为材料在各种不同的应力状态下导致某种类型破坏的原因是由某一个决定性因素引起的。这样便可利用简单应力状态下的拉压试验结果，去建立复杂应力状态时的强度条件。关于材料强度破坏决定性因素的各种假说称为强度理论。至于某种强度理论是否成立，在什么条件下成立，还必须经过试验和生产实践的检验。

二、四种常用强度理论

1. 最大拉应力理论（第一强度理论）

该理论认为，最大拉应力是引起材料断裂失效的主要因素，即无论是什么应力状态，只要最大拉应力达到单向拉伸断裂时的抗拉强度σ_b，材料就会发生脆性断裂。由于复杂应力状态下的最大拉应力为σ_1，因此材料发生断裂的条件是

$$\sigma_1=\sigma_b$$

将抗拉强度σ_b除以安全系数n_b得到许用应力$[\sigma]$，于是相应的强度条件为

$$\sigma_1\leqslant\frac{\sigma_b}{n_b}=[\sigma] \tag{1-33}$$

试验表明，铸铁等脆性材料在单向拉伸时，断裂发生于拉应力最大的横截面，即该理论与试验结果基本一致。但是，该理论没有考虑其他两个主应力的影响，而且在没有拉应力的应力状态下也无法应用。

2. 最大伸长线应变理论（第二强度理论）

该理论认为，最大伸长线应变是引起材料断裂失效的主要因素，即无论什么应力状态，只要最大伸长线应变ε_1达到单向拉伸时的极限值ε_b，材料就会发生断裂。因此，在复杂应力状态下，发生断裂失效的条件是

$$\varepsilon_1 = \frac{\sigma_b}{E}$$

由广义胡克定律得

$$\varepsilon_1 = \frac{1}{E}[\sigma_1 - \mu(\sigma_2 + \sigma_3)]$$

代入上式得到断裂破坏条件

$$\sigma_1 - \mu(\sigma_2 + \sigma_3) = \sigma_b$$

将抗拉强度 σ_b 除以安全系数得到许用应力 $[\sigma]$，于是相应的强度条件为

$$\sigma_1 - \mu(\sigma_2 + \sigma_3) \leqslant [\sigma] \tag{1-34}$$

最大伸长线应变理论能够很好地解释石料、混凝土等脆性材料的压缩试验结果。对于铸铁，在二向拉-压应力，且压应力大于拉应力时，与试验结果较接近；其他情况则与试验结果不符。

3. 最大剪应力理论（第三强度理论）

该理论认为，最大剪应力是引起材料屈服失效的主要因素，即无论是什么应力状态，只要最大剪应力τ_{max}达到单向应力状态下的极限剪应力τ_s，材料就会发生屈服破坏，即认为危险点处于复杂应力状态的构件发生塑性屈服失效的条件为

$$\tau_{max} = \tau_s$$

对于任意应力状态，均有$\tau_{max} = \dfrac{\sigma_1 - \sigma_3}{2}$，而单向拉伸屈服时，主应力为 $\sigma_1 = \sigma_s$，$\sigma_2 = \sigma_3 = 0$，所以，$\tau_s = \dfrac{\sigma_s}{2}$，由此可得到屈服条件为

$$\sigma_1 - \sigma_3 = \sigma_s$$

将屈服强度 σ_s 除以安全系数 n_s 得到许用应力 $[\sigma]$，于是相应的强度条件为

$$\sigma_1 - \sigma_3 \leqslant \frac{\sigma_s}{n_s} = [\sigma] \tag{1-35}$$

该理论较好地解释了塑性材料的屈服现象。例如，低碳钢试件在轴向拉伸时，沿与轴线成45°角的方向出现滑移线，是材料内部沿这一方向滑移的痕迹，沿这一方向的斜截面上的剪应力是最大剪应力。很多塑性材料在大多数受力形式下的实验结果与该理论相吻合。这一理论在工程中得到广泛应用。

4. 形状改变比能理论（第四强度理论）

该理论认为，形状改变比能是引起材料屈服失效的主要因素，即无论在什么应力状态下，只要构件内一点处的形状改变比能达到单向应力状态下的极限值，材料就会发生屈服破坏。按照这一理论建立起来的结果，即危险点处于复杂应力状态的构件发生屈服的条件为

$$\sqrt{\frac{1}{2}[(\sigma_1 - \sigma_2)^2 + (\sigma_2 - \sigma_3)^2 + (\sigma_3 - \sigma_1)^2]} = \sigma_s$$

将屈服强度 σ_s 除以安全系数 n_s 得到许用应力 $[\sigma]$，于是相应的强度条件为

$$\sqrt{\frac{1}{2}[(\sigma_1 - \sigma_2)^2 + (\sigma_2 - \sigma_3)^2 + (\sigma_3 - \sigma_1)^2]} \leqslant \frac{\sigma_s}{n_s} = [\sigma] \tag{1-36}$$

形状改变比能理论是从反映受力和变形综合影响的应变能出发来研究材料强度的，因此比较全面和完善。大量塑性材料的试验结果表明，这一理论比最大剪应力理论更加接近实

际，并且由此设计出的构件尺寸比由最大剪应力理论得到的要小，但计算较复杂。

三、强度理论的应用

上述各个强度理论只适用于某些特定的失效形式。因此，在实际应用中，应先根据材料性能和应力状态判断可能的失效形式，选用相应的强度条件。一般来说，在常温和静载条件下的脆性材料，失效表现为断裂，所以通常采用第一或第二强度理论。第三和第四强度理论都可以用来建立塑性材料的屈服破坏条件，其中第三强度理论虽然不如第四强度理论更适合于塑性材料，但其误差不大且计算简便，所以对于塑性材料也经常采用。

上述四种强度理论的强度条件可写成统一的形式

$$\sigma_{xd} \leqslant [\sigma] \tag{1-37}$$

式中　σ_{xd}——相当应力，它由三个主应力按强度理论计算而得，由式（1-33）~（1-36）得

$$\left.\begin{aligned} \sigma_{xd1} &= \sigma_1 \\ \sigma_{xd2} &= \sigma_1 - \mu(\sigma_2 + \sigma_3) \\ \sigma_{xd3} &= \sigma_1 - \sigma_3 \\ \sigma_{xd4} &= \sqrt{\frac{1}{2}[(\sigma_1 - \sigma_2)^2 + (\sigma_2 - \sigma_3)^2 + (\sigma_3 - \sigma_1)^2]} \end{aligned}\right\} \tag{1-38}$$

应用强度理论进行强度计算时，应遵循以下步骤：

1）对构件进行受力分析，画出构件受力图。

2）计算内力并由内力图判断可能的危险截面。

3）对危险截面进行应力分析，确定危险点及其应力状态。

4）根据可能的失效形式选择合适的强度理论进行强度计算。

模块七　压杆稳定

【学习目标】 了解压杆稳定的概念；熟悉压杆临界力和临界应力的计算；掌握压杆稳定性的计算方法；熟悉提高压杆稳定性的措施。

【问题引导】

1. 压杆在什么情况下会失稳？
2. 如何确定细长压杆的临界压力和临界应力？如何进行稳定性计算？
3. 提高压杆稳定性的措施有哪些？

任务1　认识压杆失稳及稳定

杆件不仅会由于强度或刚度不够而引起破坏，也会由于稳定性不够而失效。工程中有许多细长的轴向压缩杆件，如气缸或液压缸中的活塞杆、内燃机连杆、建筑结构中的立柱等，在材料力学中被统称为压杆。在研究直杆轴向压缩时，认为杆是在直线形态下维持平衡，杆的失效是由于强度不足而引起的。事实上，对于细长的压杆，当它们所受到的轴向外力远未

达到发生强度失效时，可能会突然变弯而丧失了原有直线形态下的平衡，从而引起失效。这是不同于强度失效的另一种失效形式。

为说明这种失效形式，先做如下试验：取图 1-54a 所示的两端铰支均质等直细长杆，施加轴向压力 F，压杆呈直线形态平衡。若此压杆受到一很小的横向干扰力，则压杆弯曲，如图 1-54b 中双点画线所示。当横向干扰力去除后，会出现下述两种情况：

1）当轴向压力 F 小于某一数值时，压杆又恢复到原来的直线形态平衡，如图 1-54b 中直线所示。

2）当轴向压力 F 增加到某一数值时，虽然干扰力已去除，但压杆不再恢复到原来的直线形态平衡，而在微弯曲的形态下平衡，如图 1-54c 所示。

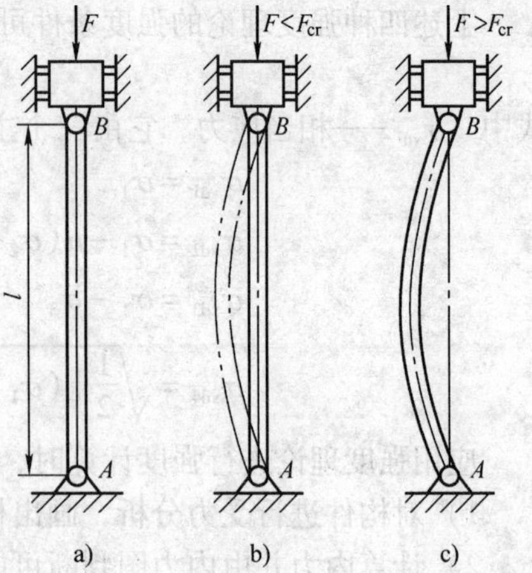

图 1-54　两端铰支压杆的失稳

第一种情况表明压杆的直线形态平衡是稳定的；而第二种情况表明压杆的直线形态平衡是不稳定的。可见，压杆的原来直线形态平衡是否稳定，与所受轴向压力 F 的大小有关；当轴向压力 F 逐渐增加到某一个数值时，压杆的直线形态平衡由稳定过渡到不稳定，此时，轴向压力 F 的极限值称为压杆的临界压力，用 F_{cr} 表示。当压杆所受的轴向压力 F 达到临界力 F_{cr} 时，其直线形态平衡开始丧失，称压杆丧失了稳定性，简称失稳。研究压杆稳定性的关键就是寻求其临界力的大小。

除压杆外，还有许多薄壁构件同样存在着稳定性问题，如图 1-55a、b、c 所示，左边各图分别表示狭长矩形截面悬臂梁、受均匀外压作用的薄壁圆筒以及轴向受压的薄壁圆柱壳，它们会分别发生右边各图所示的失稳失效。

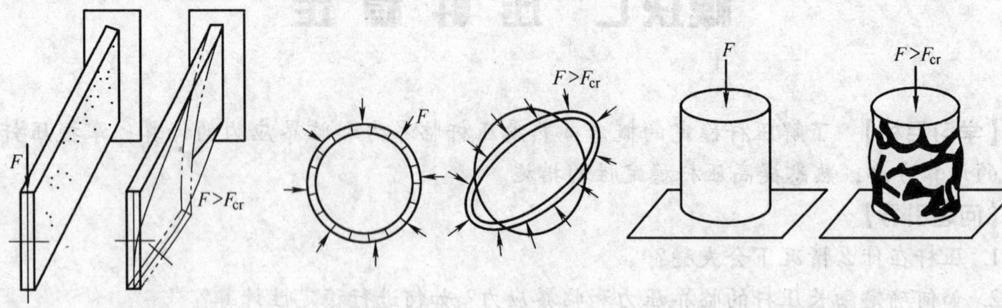

图 1-55　存在失稳失效的构件

任务 2　细长压杆的临界压力和临界应力

1. 细长压杆的临界压力——欧拉公式

压杆的临界压力大小的计算公式可由理论推导得出，此公式又称为欧拉公式。而工程实际中，细长压杆有各种支承形式，于是得到欧拉公式的普遍形式

$$F_{cr}=\frac{\pi^2 EI}{(\mu l)^2} \tag{1-39}$$

式中　μ——长度系数，μl 为相当长度，几种常见约束情况下的长度系数 μ 见表 1-1。

表 1-1　压杆的长度系数

杆端约束形式	两端铰支	一端固定 一端铰支	两端固定	一端固定 一端自由
失稳后挠曲线形状		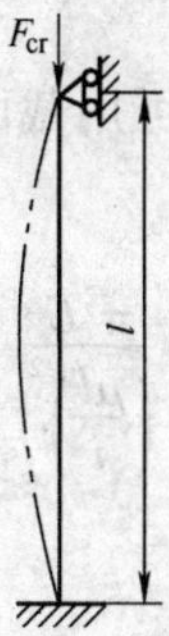		
长度系数	$\mu=1$	$\mu=0.7$	$\mu=0.5$	$\mu=2$

由表 1-1 中数据可知，杆端约束越强，μ 值越小，则相应的临界压力越高；反之，杆端约束越弱，μ 值越大，压杆临界压力越低。

表 1-1 中所列的只是几种经简化后的典型的理想约束情况。在实际工程中，杆端的约束情况往往比较复杂，需根据具体情况进行分析。对于那些复杂约束的长度系数可从有关设计手册或规范中查找。

【例 8】 如图 1-56 所示，细长压杆一端固定，另一端自由。已知弹性模量 $E=10\text{GPa}$，长度 $l=2\text{m}$。试求（1）$h=160\text{mm}$，$b=90\text{mm}$；（2）$h=b=120\text{mm}$ 两种情况下压杆的临界力。

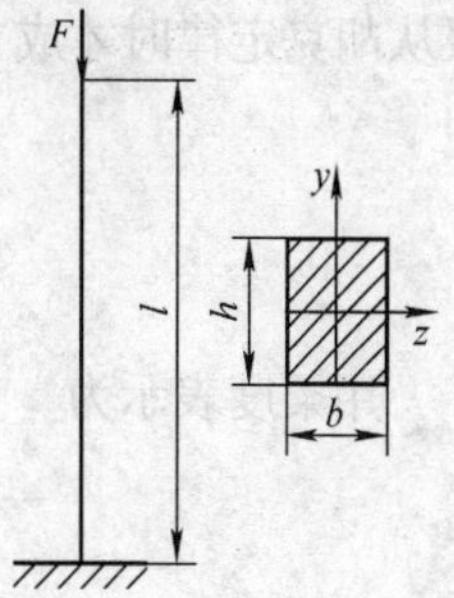

图 1-56　例 8 图

【解】（1）截面对 y、z 轴的惯性矩分别为

$$I_y=\frac{hb^3}{12}=\frac{160\times90^3}{12}\text{mm}^4=972\times10^4\text{mm}^4$$

$$I_z=\frac{bh^3}{12}=\frac{90\times160^3}{12}\text{mm}^4=3072\times10^4\text{mm}^4$$

由于 $I_y<I_z$，所以压杆必然绕 y 轴弯曲失稳，应将 I_y 代入计算临界压力，根据杆端约束，取 $\mu=2$，即

$$F_{cr}=\frac{\pi^2 EI}{(\mu l)^2}=\frac{\pi^2\times10\times10^9\times972\times10^4\times10^{-12}}{(2\times2)^2}\text{N}=60\text{kN}$$

（2）截面对 y、z 轴的惯性矩相等，均为

$$I_y=I_z=\frac{hb^3}{12}=\frac{120^4}{12}\text{mm}^4=1728\times10^4\text{mm}^4$$

$$F_{cr}=\frac{\pi^2 EI}{(\mu l)^2}=\frac{\pi^2\times10\times10^9\times1782\times10^4\times10^{-12}}{(2\times2)^2}\text{N}=106.5\text{kN}$$

由计算结果可以看出，两种压杆的材料用量相同，但情况（2）的临界力是情况（1）的1.78倍。很显然，杆件的合理截面形状是提高杆件临界压力的措施之一。

2. 细长压杆的临界应力

将压杆的临界力 F_{cr} 除以杆的横截面面积 A，得到压杆横截面上的应力，称为压杆的临界应力，用 σ_{cr} 表示，即

$$\sigma_{cr}=\frac{F_{cr}}{A}=\frac{\pi^2 EI}{(\mu l)^2 A}$$

上式中的 I 与 A 都是与截面有关的几何量，可用截面惯性半径 i 来表示。以 $i=\sqrt{\frac{I}{A}}$ 代入上式得

$$\sigma_{cr}=\frac{\pi^2 Ei^2}{(\mu l)^2}=\frac{\pi^2 E}{\left(\frac{\mu l}{i}\right)^2}$$

令

$$\lambda=\frac{\mu l}{i} \tag{1-40}$$

可得压杆临界应力公式为

$$\sigma_{cr}=\frac{\pi^2 E}{\lambda^2} \tag{1-41}$$

上式为计算细长杆临界应力的欧拉公式。式中，λ 称为压杆的柔度或长细比，没有量纲，它反映了压杆长度、杆端约束情况、截面的形状和尺寸等因素对临界应力的综合影响。由式（1-41）看出，压杆的临界应力与其柔度的平方成反比，压杆的柔度越大，其临界应力越小，压杆越容易失稳。可见，柔度 λ 在压杆稳定计算中是一个非常重要的参数。

3. 欧拉公式的适用范围

欧拉公式是根据压杆挠曲线的近似微分方程导出的，而该微分方程只有在小变形及材料服从胡克定律时才成立，所以欧拉公式也只能在杆内应力不超过材料的比例极限时才适用，即

$$\sigma_{cr}=\frac{\pi^2 E}{\lambda^2}\leqslant\sigma_P$$

用柔度表示为

$$\lambda\geqslant\sqrt{\frac{\pi^2 E}{\sigma_P}}$$

令

$$\lambda_P=\sqrt{\frac{\pi^2 E}{\sigma_P}} \tag{1-42}$$

则欧拉公式的适用范围又可写为

$$\lambda\geqslant\lambda_P \tag{1-43}$$

λ_P 是对应于材料比例极限时的柔度值，称为压杆的极限柔度，也就是适用欧拉公式的最小柔度值。因此，只有压杆的实际柔度 $\lambda\geqslant\lambda_P$ 时，欧拉公式才适用，这类压杆称为大柔度杆或细长杆。λ_P 值取决于材料的力学性能，以低碳钢Q235为例，$\lambda_P\approx100$。这表明用低

碳钢 Q235 制成的压杆，仅在柔度 $\lambda \geqslant 100$ 时，才能应用欧拉公式计算其临界应力或临界压力。

任务 3　压杆稳定性计算

临界压力和临界应力是压杆丧失工作能力时的极限值。为了保证压杆具有足够的稳定性，不但要求压杆的轴向压力或工作应力小于其极限值，而且还应考虑适当的安全储备。因此，压杆的稳定条件为

$$F \leqslant \frac{F_{cr}}{n_{cr}} \tag{1-44}$$

式中　n_{cr}——稳定安全系数。

由于考虑压杆的初曲率、加载的偏心以及材料不均匀等因素对临界力的影响，n_{cr} 值一般比强度安全系数规定得高些。静载下，其值一般为

钢类　$n_{cr} = 1.8 \sim 3.0$

铸铁　$n_{cr} = 4.5 \sim 5.5$

木材　$n_{cr} = 2.5 \sim 3.5$

若将式（1-44）的两边同时除以压杆的横截面面积 A，则可得

$$\sigma \leqslant \frac{\sigma_{cr}}{n_{cr}} = [\sigma_{cr}] \tag{1-45}$$

式（1-45）为用应力形式表示的压杆稳定条件。式中 $[\sigma_{cr}]$ 为压杆的稳定许用应力。由于临界应力 σ_{cr} 随柔度 λ 而变化，所以稳定许用应力 $[\sigma_{cr}]$ 也随 λ 而变。

任务 4　提高压杆稳定性的措施

提高压杆的稳定性，即提高压杆的临界压力或临界应力，从式（1-41）可以看出，压杆的临界应力与压杆的柔度及材料的机械性质有关。因此，提高压杆稳定性的措施也必须从这两方面考虑。

1. 减小压杆的柔度

从柔度的计算公式 $\lambda = \mu l / i \left(i = \sqrt{I/A} \right)$ 可知，柔度与杆长、端部约束形式及截面惯性半径有关。减小柔度可从以下几方面着手：

1）减小压杆的支承长度。在条件允许的情况下，尽量减小压杆的实际长度，以减小 λ 值，从而提高压杆的稳定性。若实际条件不允许减小压杆的长度，则可以采取增加中间支承的方法来减小压杆的支承长度。

2）加固杆端约束。杆端约束越强，压杆的 μ 值就越小，从而使压杆的临界应力提高。例如工程结构中有的支柱，除两端要求焊接牢固之外，还需要设置肘板以加固端部约束。

3）选择合理的截面形状。当压杆在各个方向的端部约束相同时，失稳总是发生在最小惯性矩平面内。因此，使截面在各个方向具有相等的惯性矩较合理；并且在面积一定的前提下，应尽可能加大惯性矩。例如，在同样面积下，采用空心环截面比实心圆截面更为合理。但应注意，空心截面的壁厚不能太薄，以免出现局部失稳。又如由四根角钢组成的起重臂，

其四根角钢分散放置在截面的四角而不是集中地放置在截面形心附近，能加大截面惯性矩，从而减小压杆柔度。当压杆在两个纵向平面内约束不同时，如发动机的连杆，则可采用两个主惯性矩不同的截面，如矩形、工字形等，使压杆在两个主惯性矩平面的柔度大致相等，从而使压杆在各个方向具有相近的稳定性。

2. 合理选择压杆的材料

从欧拉公式可知，细长杆的临界应力与材料的弹性模量 E 成正比，因此选择弹性模量较高的材料，可以提高杆件的抗失稳能力。但由于各种钢材的弹性模量差别不大，因此对于大柔度杆选用优质钢材并不能提高构件的临界应力。工程上一般用普通碳素钢制造细长压杆。

对于中长杆，其临界应力与材料强度有关，强度越高的材料，其临界应力越大。可见，对于中长杆，选用高强度钢，将有利于提高压杆的稳定性。对于短粗杆，本来就是强度问题，因而选用高强度钢的优越性是明显的。

思考练习题

1-1　填空

1. 为使在载荷作用下的机械设备能安全工作，从材料力学的角度要求，它们要有足够的________。

2. 作用于物体上的外力基本上可以分为两类：一类叫________，另一类叫________；使刚体处于平衡的条件是作用于刚体上所有的合力等于________。

3. 力偶矩只能用一个与其等值而异号的________来平衡；在平面汇交力系中；若作用于平面上的三个力处于平衡，则此三个力________。

4. 单位长度杆的伸长（或缩短）的线变形量叫________；在弹性阶段拉（压）杆的横向应变 ε' 与轴向应变 ε 之比的绝对值叫________，对钢材其泊松比 $\mu=$________。

5. 受拉杆件中轴力的计算法则是________。

6. 对于脆性材料，失效的主要形式是________，塑性材料常因为________而失去工作能力；碳钢在低温下强度提高而塑性下降，倾向于________。

7. 金属材料的常用强度性能指标有________，常用塑性性能指标有________，α_k 是材料的________指标。

8. 低碳钢拉伸试验所经历的四个阶段是________、________、________和________。

9. 一销钉受力简图如图 1-57，其受剪面积________，剪力________，挤压面积________，挤压力________。

10. 受弯曲的梁的内力有________和________；梁在弯曲时，其横截面上任一点的正应力与该点到中性轴的距离 y 成________。在计算梁弯曲应力时，W_z 称为梁横截面对 Z 轴的________。

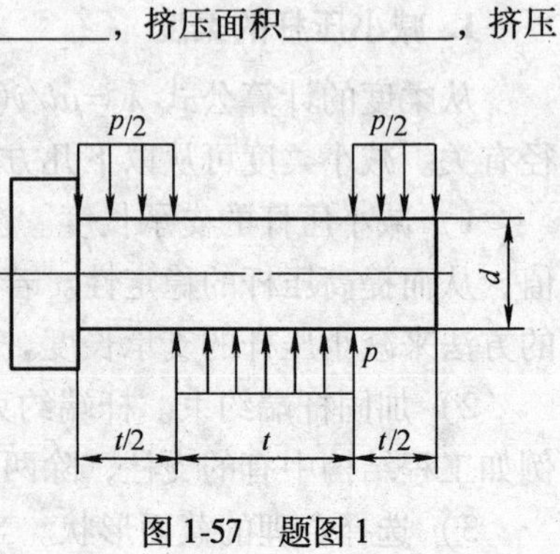

图 1-57　题图 1

11. 弯曲梁设计计算中，按照梁的支撑情况不同，可以将梁抽象简化成________、________和________。

12. 在保证弯曲梁的承载能力不变的前提下，________的截面是梁的合理截面。在不改变截面金属面积前提下，将中性轴附近的金属截面尽量移到________位置，这是使梁的截面形状合理化的原则。

13. 压杆失去原有直线的平衡形式而变弯，以致丧失承载能力的现象叫做________。

1-2　选择题

1. 只作用有两个外力而处于平衡，且两个外力大小相等、方向相反、处于同一条作用线上的构件称为（　　）。

A. 力偶　　B. 平衡力　　C. 二力杆　　D. 力矩

2. 关于下列说法，正确的是：（　　）

A. 力是一个抽象概念，因此它是无法度量的。

B. 力作用于物体上总会引起物体运动状态的改变。

C. 力的成对性对各自物体的作用效应不能相互抵消。

D. 指向相反，相互平行的两个力的外效应互相抵消。

3. 在作用面内可以移动而又不改变其作用效果的是（　　）。

A. 力矩　　B. 力偶　　C. 力　　D. 力系

4. 杆在拉伸试验时，若载荷 P 一定，在弹性范围内，其应变（　　）

A. 随着弹性模量 E 的减小而变大。

B. 随着杆横截面积 A_0 的变大而减小。

C. 随着杆原长度 L_0 的增长而减小。

D. 不变。

5. 胡克定律 $\sigma = E\varepsilon$ 的适用条件：（　　）。

A. 应力小于屈服强度　　B. 应力小于抗拉强度　　C. 应力小于比例极限

D. 应力小于断裂极限　　E. 应力小于弹性极限

6. 将已经发生过塑性变形的试件重新进行拉伸，那么试件在弹性范围内所能承受的最高应力值（　　）。

A. 增大　　B. 降低　　C. 不变　　D. 视变形情况而定

7. 一根两端受到轴向拉力 P 作用的等直杆，（　　）上的正应力最大。

A. 纵截面　　B. 横截面　　C. 与轴线成 45°的斜截面　　D. 任意截面

8. 两端受轴向拉力 P 作用的等直杆（　　）上的剪应力最大。

A. 横截面　　B. 纵截面　　C. 与轴线成 45°的斜截面　　D. 视载荷大小而定

9. 轴在受扭转时，横截面上产生的应力为（　　）。

A. 拉应力　　B. 压应力　　C. 正应力　　D. 切应力

10. 圆轴受扭转作用的安全条件是（　　）

A. 危险截面上最大剪应力不超过材料的许用剪应力。

B. 轴的单位长度扭转角不超过许用转角。

C. 危险截面上最大正应力不超过材料的许用应力。

D. 同时满足 A，B 两条件。

11. 在对工字梁的横截面计算弯曲正应力时，其绝对值最大值应在（　　）。

A. 横截面的上、下边缘　　B. 中性轴线 z 轴上　　C. 横截面上均等　　D. 无法估算

12. 图 1-58 所示的矩形截面梁应如何放置才为合理？（　　）

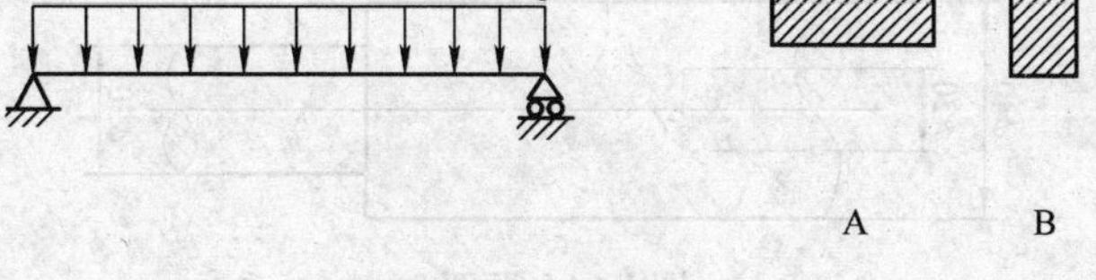

图 1-58　题图 2

13. 如图 1-59 所示，一 T 形截面铸铁梁，应如何放置较为合理？(   )

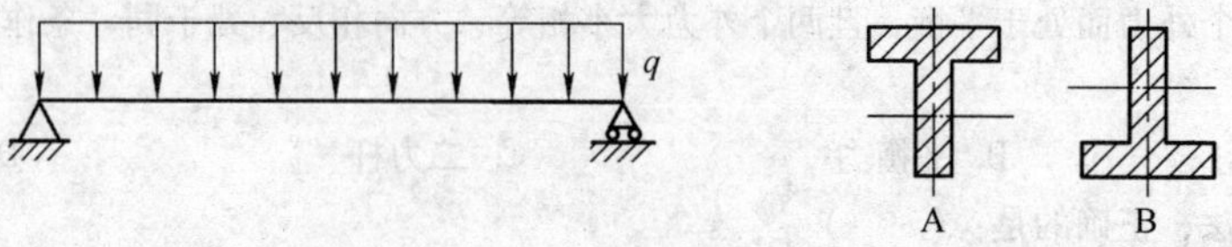

图 1-59　题图 3

1-3　工程应用题

1. 起重机重 $G=10\text{kN}$，可绕铅垂轴 AB 转动，起重机的挂钩上挂一重 $P=40\text{kN}$ 的重物，起重机的重心 C 到转轴的距离为 1.5m，其他尺寸如图 1-60 所示。求平衡时向心推力轴承 A 和向心轴承 B 处的约束反力。

2. 如图 1-61 所示，由三角架构成悬臂式吊车。斜杆 AB 由两根 5 号等边角钢组成，每根角钢的横截面面积 $A_1=4.8\text{cm}^2$。材料为 Q235A，许用应力 $[\sigma]=120\text{MPa}$。若起重的载荷 $G=55\text{kN}$，AB 杆与 BC 杆的夹角 $\alpha=30°$，试校核 AB 杆的强度。

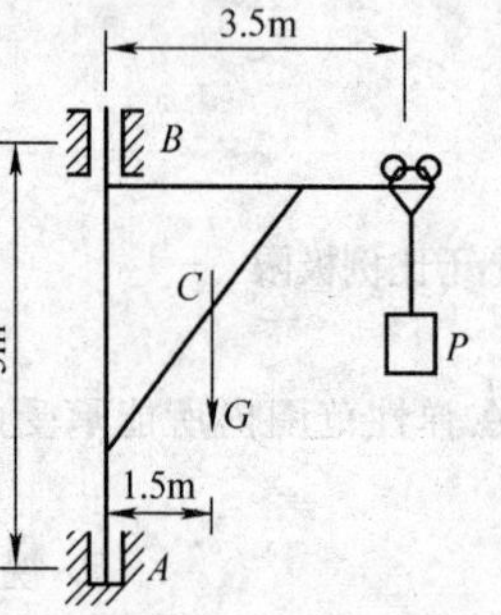

图 1-60　题图 4

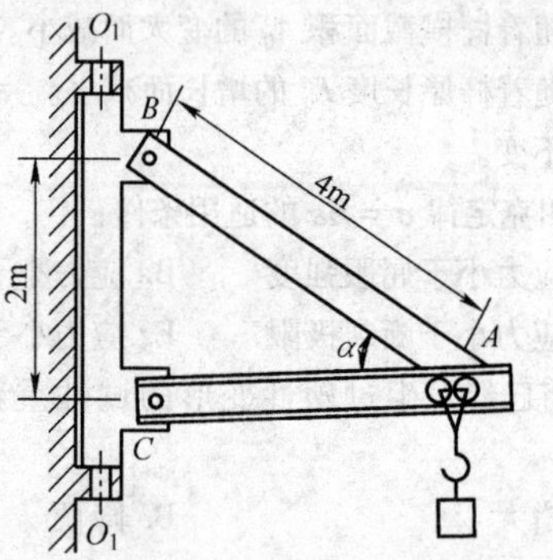

图 1-61　题图 5

3. 变截面直杆的受力如图 1-62 所示，已知 $A_1=8\text{cm}^2$，$A_2=4\text{cm}^2$，$E=200\text{GN/m}^2$，总伸长量为 0.075mm，求出力 P 的大小。

4. 试求图 1-63 所示钢杆两段内横截面上的应力以及杆的总伸长。钢的 E 值为 $200\times10^9\text{N/m}^2$，$\sigma_p=210\text{MPa}$，$\sigma_s=240\text{MPa}$。若将拉力 P 增至 80kN，是否还可算出杆的伸长量？

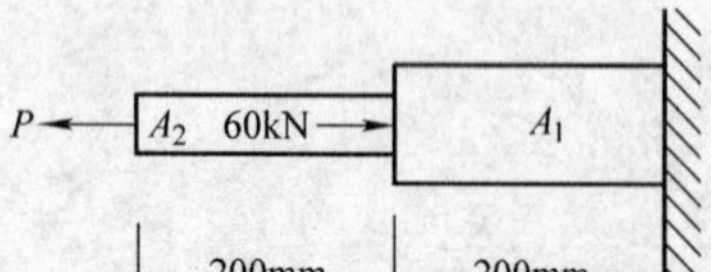

图 1-62　题图 6

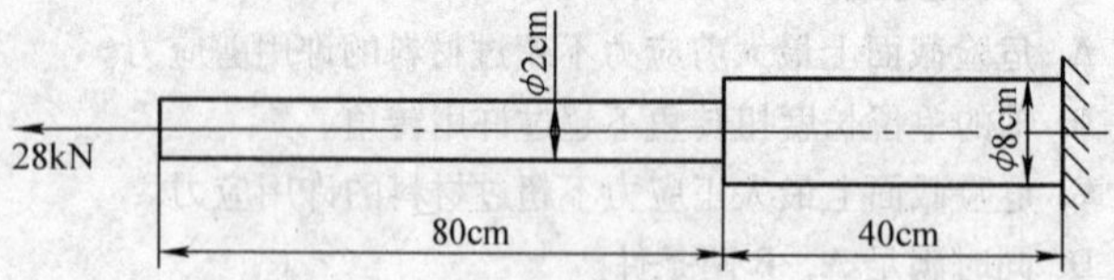

图 1-63　题图 7

5. 轴的尺寸如图 1-64 所示，外力偶矩 $m=500\text{N}\cdot\text{m}$，轴材料的许用剪切应力 $[\tau]=60\text{MPa}$，试校该轴的强度。

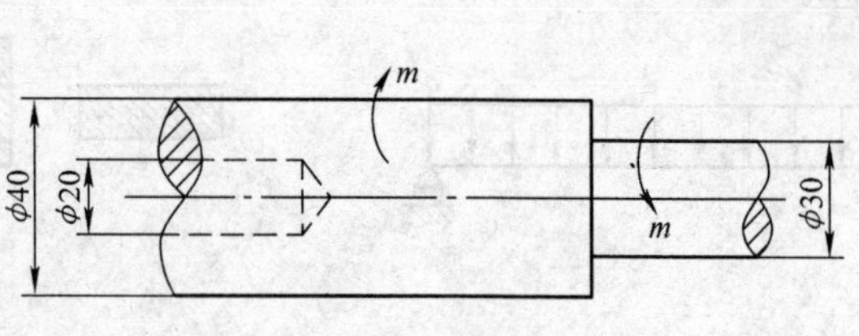

图 1-64　题图 8

6. 如图1-65所示，一反应釜重 $P=30\text{kN}$，安放在长度为1.6m的两根横梁中央，若梁的横截面采用10号工字钢，其抗弯断面模量 $W=49\text{cm}^3$，梁的材料为Q235A，许用弯曲应力 $[\sigma]=120\text{MPa}$，试校核梁的强度。

7. 如图1-66所示，已知 $E=200\text{GPa}$，梁的直径为50mm，求危险横截面上最大正应力。

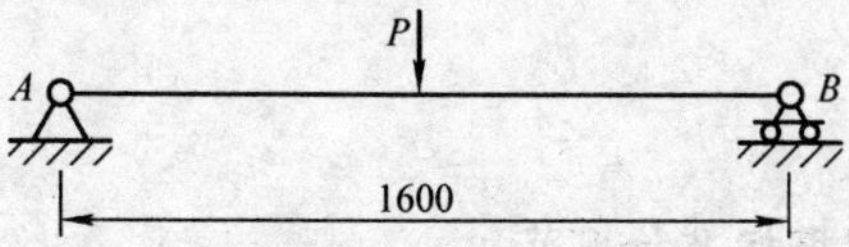

图1-65　题图9

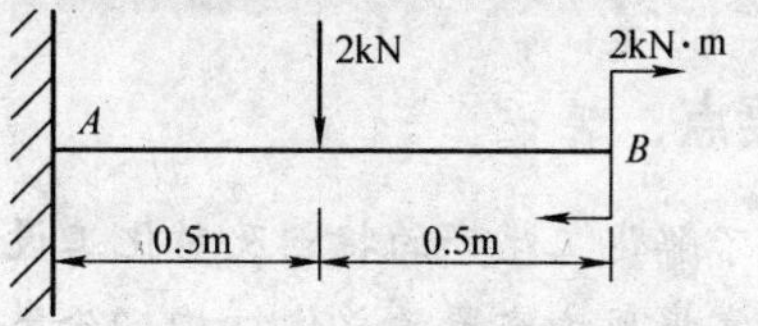

图1-66　题图10

8. 如图1-67所示，车床的传动光杠装有安全联轴器，当超过一定载荷时，安全销即被剪断。已知安全销的平均直径 d_0 为5mm，材料为45钢，其极限剪应力为 $\tau=370\text{MPa}$，传动杆的直径 $D=20\text{mm}$，求安全联轴器转速 $n=100\text{r/min}$ 时所能传递的最大轴功率为多少？此时传动杆横截面上所受到的最大应力是多少？

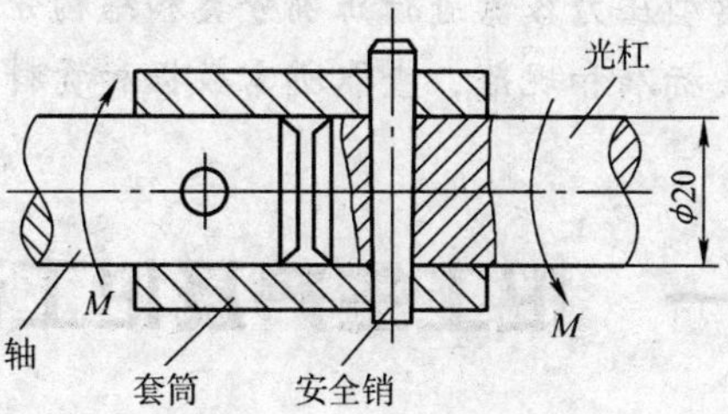

图1-67　题图11

第二单元　化工设备基本常识

学习要点：

◆了解化工生产的特点及对化工设备的基本要求。

◆掌握压力容器的总体结构、分类、压力容器常用标准和规范。

◆熟悉压力容器常用材料及选材要求，了解金属材料腐蚀的概念、机理，掌握防腐措施。

能力目标：

◆能根据工艺条件，对典型压力容器进行正确分类和结构分析，正确选择材料。

◆能利用压力容器的相关标准和规范，查取所需数据和资料。

模块一　化工生产及化工设备

【学习目标】 了解化工生产的特点及对化工设备的基本要求。

【问题引导】

1. 化工生产过程有哪些特点？
2. 用于化工生产的设备有哪些基本要求？

化工生产是将流程性原料（气体、液体、粉体）或化学半成品，经过化学过程（包括生化过程）或物理过程从而改变其组成、结构与性质，以获得设计规定的产品为目的的工业生产。化工生产过程不仅取决于化工工艺过程，而且与化工机械装备密切相关。化工机械是化工生产得以实现的外部条件和物质保证。例如物料的粉碎、混合、输送、储存、分离、传热、反应等操作，都需要在相应的设备中完成。随着近代科学与工程技术的发展，化学工程与化工机械已不仅只为化学工业服务，它们已广泛地应用于炼油、轻工、交通、食品、制药、冶金、纺织、城建、海洋工程等传统部门，也是航空航天技术、能源技术、先进防御技术等高新技术领域不可缺少的技术与装备。为了广义地表达化学工程及化工机械在各类生产过程中的适用性与广泛性，国内外亦将其称为过程工程及过程装备。因此，过程装备必须满足过程工程的要求，过程装备是为过程工程服务的，没有相应的装备，过程工程也就无法实现。

广义范围上，化工设备（过程设备）就是化工装备，包括静设备和动设备；狭义上讲，化工设备仅指静设备，即指设备中没有相对运动的机构（有些静止设备上带有运动的传动装置，如夹套反应釜），如储存设备、换热设备、塔设备、反应设备等。动设备即过程机器，机器中有相对运动的机构，如泵、压缩机、离心机等。

任务1　了解化工生产的特点

化工生产与其他工业生产相比具有以下特点：

1）化工生产使用的原料、半成品和成品种类繁多，绝大部分是易燃、易爆、有毒害、有腐蚀性的危险化学品。这给生产中的这些原材料、燃料、中间产品和成品的贮存和运输都提出了特殊的要求。

2）化工生产要求的工艺条件苛刻。有些化学反应在高温、高压下进行，如在由轻柴油裂解制乙烯的生产过程中，轻柴油在裂解炉中的裂解温度为800℃，高温条件是引起工艺物质着火爆炸的重要因素。高压操作使可燃气体的爆炸极限加宽，爆炸危险性加大，同时高压操作给设备选材、制造及维护带来许多问题，易发生事故。此外，有的化学反应要在低温、高真空度下进行，如裂解气要在深冷（－96℃）条件下进行分离；纯度为99.99%的乙烯气体在294kPa压力下聚合，制取聚乙烯树脂。

3）生产规模大型化。近年来，国际上化工生产采用大型生产装置是一个明显的趋势。如我国的化肥生产装置和乙烯生产装置都实现了大规模生产。但大型化会带来重大的潜在危险性。规模越大，储存的危险物料量越多，潜在的危险能量也越大，事故造成的后果往往也越严重。

4）生产方式高度自动化与连续化。化工生产已经转变为高度自动化、连续化生产；生产设备由敞开式变为密闭式；生产装置从室内走向露天；生产操作由分散控制变为集中控制，同时，也由人工手动操作变为仪表自动操作，进而又发展为计算机控制、DCS集散型控制系统，对生产过程的各种参数及开停机实行监视、控制、管理，从而有效地提高了控制的可靠性。

化工产品生产从原料输入到产品输出具有高度的连续性，前后单元息息相关，相互制约，某一环节发生故障常常会影响到整个生产的正常进行。由于化工生产装置规模大且生产工艺流程长，因此使用设备的种类和数量都相当多。例如，某厂年产30万吨乙烯装置含有裂解炉、加热炉、反应器、换热器、塔、槽、泵、压缩机等设备共500多台件，管道上千根，还有各种控制和检测仪表，这些设备如果维修保养不良，很容易引发事故。

连续化与自动化生产是大型化的必然结果，但控制设备也有一定的故障率。据美国石油保险协会统计，控制系统发生故障而造成的事故占炼油厂火灾爆炸事故的6.1%。

5）生产工艺过程和辅助系统庞大复杂。化工生产从原料到产品，一般都需要经过许多生产工序和复杂的加工单元，通过多次反应或分离才能完成。化工产品生产的工艺参数前后变化很大。工艺条件的复杂多变，再加上许多介质具有强腐蚀性，在温度应力、交变应力等作用下，受压容器常常因此而遭到破坏。有些反应过程要求的工艺条件很苛刻，如用丙烯和空气直接氧化生产丙烯酸的反应，各种物料比就处于爆炸范围附近，且反应温度超过中间产物丙烯醛的自燃点，控制上稍有偏差就有发生爆炸的危险。

正因为化工生产具有以上特点，安全生产在化工行业就更为重要。

任务2　了解化工生产对化工设备的基本要求

化工设备的新技术、新材料是在化工生产的要求下发展起来的，化工生产对化工设备的基本要求有以下几个方面。

1. 安全可靠性要求

安全是核心问题，只有在充分保证安全的前提下，才可能做到经济。当然，充分保证安全并不等于保守，不必要地采用过厚的壁厚，不仅浪费材料，而且厚板的材质与焊接质量效果比薄板差。强度、刚度、韧性和密封性是影响化工设备安全可靠性的主要因素。

1）材料的强度高、韧性好。材料强度是指载荷作用下材料抵抗永久变形和断裂的能力。例如，气体储罐不应爆炸，搅拌轴不可扭断。屈服强度和抗拉强度是钢材常用的强度指标，化工设备的安全性与材料强度紧密相关，设备应满足强度要求。韧性是指材料断裂前吸收变形能量的能力。由于原材料制造和使用等方面的原因，化工设备的构件常带有如裂纹、气孔、夹渣等各种各样的缺陷。当然，并不是所有的缺陷都会危及化工设备的安全运行，但是如果材料韧性差，设备可能会因其本身的缺陷或在波动载荷作用下而发生脆性断裂。材料韧性一般随着强度的提高而降低。在选择材料时，应特别注意材料强度和韧性的合理匹配。在满足强度要求的前提下，尽可能选用高韧性材料，追求强度而忽略韧性是非常危险的。

2）材料与介质相容。化工设备的介质往往是腐蚀性强的酸、碱、盐等。材料若被介质腐蚀，不仅会壁厚减小，而且其组织和性能也有可能会改变。因此，材料必须与介质相容，必须具有较强的耐腐蚀性能。

3）结构有足够的刚度和抗失稳能力。刚度是化工设备在载荷作用下保持原有形状的能力。刚度不足是化工设备过度变形的主要原因之一。例如螺栓、法兰和垫片组成的连接结构中，若法兰因刚度不足而发生过度变形，将导致密封失效而泄漏。失稳是指容器在外压作用下突然失去原有形状的现象，失稳是外压容器失效的主要形式。例如在真空下工作和承受外压的化工设备，若壳体刚度不够，将引起失稳破坏。因此，化工设备应有足够的刚度和抗失稳能力。

4）密封性能好。密封性能是指化工设备防止介质泄漏的能力。由于化工生产中的介质往往具有危害性，若发生泄漏不仅影响产品品质，可能造成环境污染，还可能引起中毒、燃烧和爆炸。因此，密封的可靠性是化工设备安全运行的必要条件。

2. 工艺过程要求

1）满足化工设备的功能要求。化工设备都有一定的工艺指标要求，以满足生产的需要，如储罐的储存量、换热器的传热量和压力降、反应器的反应速率、塔设备的传质效率等。化工设备若达不到工艺指标的要求，将影响整个过程的生产效率。

2）满足化工设备的寿命要求。化工设备都有一定的使用年限，腐蚀、疲劳、蠕变是影响化工设备寿命的主要因素。设计时应综合考虑温度和压力的高低及波动情况、介质的腐蚀性、环境对材料性能的影响、流体与结构的相互作用，要采取有效措施确保化工设备在设计寿命内安全可靠地运行。

3. 综合经济性好的要求

经济性包括材料的节约、经济的制造过程、经济的安装维修。容器的长期安全运行，就是最大的经济。设备的综合经济性好才具有市场竞争力，主要从以下几个方面考虑：

1）生产效率高、能耗低。工艺流程和结构形式都对化工设备经济性有显著影响，因此应从工艺、结构两方面综合考虑，以提高设备的生产效率，降低消耗。

2）结构合理、制造简便。结构紧凑，充分利用材料的性能，尽量避免采用复杂或质量难以保证的制造方法。此外，通过实现机械化或自动化生产，降低制造成本。

3）便于运输和安装。化工设备往往先在车间内制造，再运至使用单位安装或组装，因此必须考虑运输的可能性和安装的方便性。

4. 操作简单、易于维护和控制的要求

1）操作简单、安全。化工设备要易于操作，而且一旦误操作可发出报警信号，甚至防止误操作的发生。

2）可维护性和可修理性好。化工设备需要定期检验其安全状态、更换易损零部件、清洗易结垢表面，因此结构设计时应充分考虑清洗、装拆和检修的便利性，维修周期应长。

3）便于控制。化工设备一般都带有测量、报警和自动调节装置，能手动或自动检测流量、温度、压力、浓度、液位等状态参数，防止超温、超压和异常振动、噪声，适应操作条件的波动。

5. 优良的环境性能要求

这主要是减少化工生产中设备的跑、冒、滴、漏现象和噪声。

模块二　压力容器的结构与分类

【学习目标】　掌握压力容器的总体结构和分类方法。

【问题引导】

1. 压力容器基本结构由哪几部分组成？

2. 压力容器如何进行分类？

任务1　压力容器的总体结构认知

化工设备通常是在一定温度和压力下工作的，虽然形式繁多，但是一般都由限制其工作空间且能承受一定压力的外壳和各种各样的内件组成。这种外壳就属于容器，容器是设备外部壳体的总称。不言而喻，能承受压力的密闭容器就是压力容器，或者称为受压容器。

压力容器是工业生产过程中不可缺少的一种设备。随着国民经济的发展和人民生活水平的提高，压力容器的使用越来越广泛，它不仅用于工农业、科研、国防、医疗卫生和文教体育等国民经济各部门，而且已深入到千家万户之中。压力容器不仅数量多，发展速度快，而且类型复杂，发生事故的可能性较大。本任务将较详细地介绍一些与压力容器有关的基本知识。

一、压力

压力是压力容器的一个最主要的工作参数。通俗地讲，把垂直作用在物体表面上的力称为压力。当人们在烂泥路上行走时，两脚常会陷得很深，如果在路面上铺一块木板，人从木板上走，两脚就不会下陷。由此可见，是否会陷入路面不仅与路面承受的压力大小有关而且与受力的面积有关。因此，应以单位面积上所受到的压力来进行比较。单位面积上承受的力称为压强。若用 p 表示压强，F 表示压力；S 表示受力面积，则

$$p = F/S \tag{2-1}$$

其中，力的单位用“N”表示；面积的单位用“m^2”和“cm^2”表示；压强的法定计量单位是“帕斯卡”，简称“帕”，用“Pa”表示。$1Pa = 1N/m^2$。

从上述分析可知，压力与压强是两个概念不同的物理量，但在压力容器上或一般工程技术上，人们习惯于将压强称为压力。因此，在未加说明时，本书中以后所说的压力实际上就是压强。

地球表面被一层很厚的大气包裹着。大气受地心的吸引产生重力，所以包围在地球外面的大气层对地球表面及其上的物体便产生了大气压力，即所谓大气压。将海平面上的大气压 $1.033kgf/cm^2$（相当于 0.1MPa），或 760mmHg 称为 1 个标准大气压，或一个物理大气压。

容器内介质（液体或气体）的压力高于大气压时，介质处于正压状态；如低于大气压时，则介质处于负压状态。容器内的实际压力称为绝对压力，用符号“$p_{绝}$”表示。

绝对压力、表压力及大气压力三者之间的关系为

$$p_{绝} = p_{表} + p_{大气} \tag{2-2}$$

由上式可知，只有当表压力为负数时，绝对压力才有可能小于大气压力，而出现负压力 $p_{负}$

$$p_{负} = p_{大气} - p_{绝} \tag{2-3}$$

人们通常所说的容器压力或介质压力均指表压力而言。

二、压力容器的总体结构

压力容器的结构形式是多种多样的，它是根据容器的作用、工艺要求、加工设备和制造方法等因素确定的。

图 2-1 所示为卧式压力容器的总体结构图，图 2-2 所示为较常见的厚壁圆筒形容器的结构，图 2-3 所示为球形容器的结构。完整的压力容器结构一般由六大基本部件组成，即由筒体、封头、开孔与接管、密封装置、支座、安全附件等主要部件组成，其功能是提供能承受一定温度和压力的密闭空间。

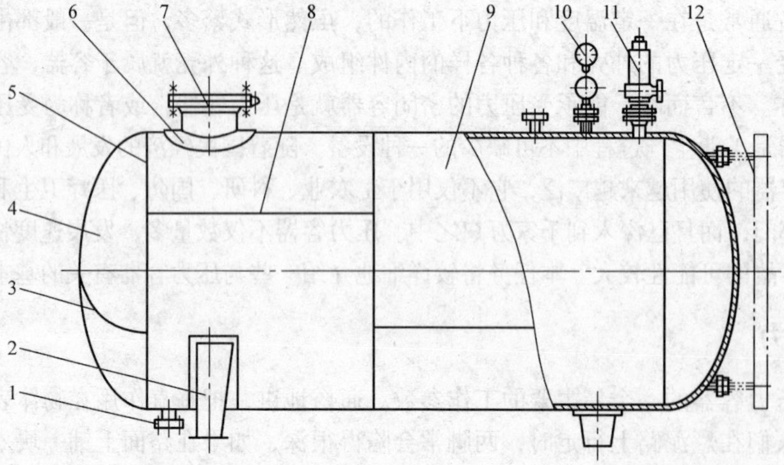

图 2-1　卧式压力容器的总体结构

1—法兰　2—支座　3—封头拼接焊缝　4—封头　5—环焊缝　6—补强圈　7—人孔　8—纵焊缝　9—筒体　10—压力表　11—安全阀　12—液面计

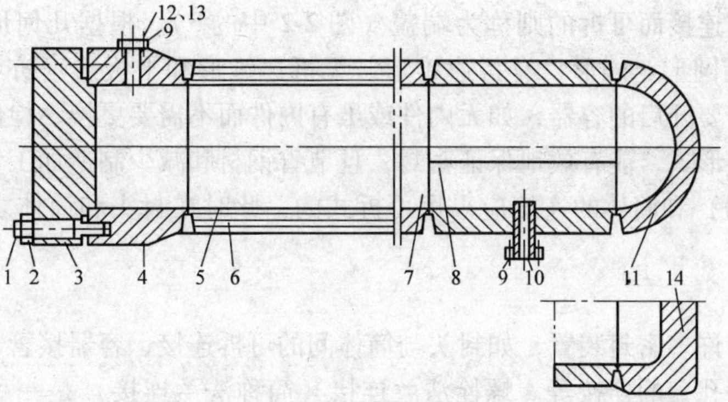

图 2-2　厚壁圆筒形容器

1—主螺栓　2—主螺母　3—端盖　4—筒体端部　5—内筒　6—层板层　7—环焊缝　8—纵焊缝
9—管法兰　10—接管　11—球形封头　12—管道螺栓　13—管道螺母　14—平封头

1. 筒体

压力容器结构中，筒体是压力容器最主要的组成部分，是储存物料或完成化学反应所需要的压力空间，其形状有圆筒形、球形、锥形和组合形等数种，但最常用的是圆筒形和球形两种。

圆筒形筒体的形状特点是轴对称，圆筒体表面是一个平滑的曲面，应力分布比较均匀，承载能力较高，且易于制造，便于内件的设置和装拆，因而获得广泛的应用。

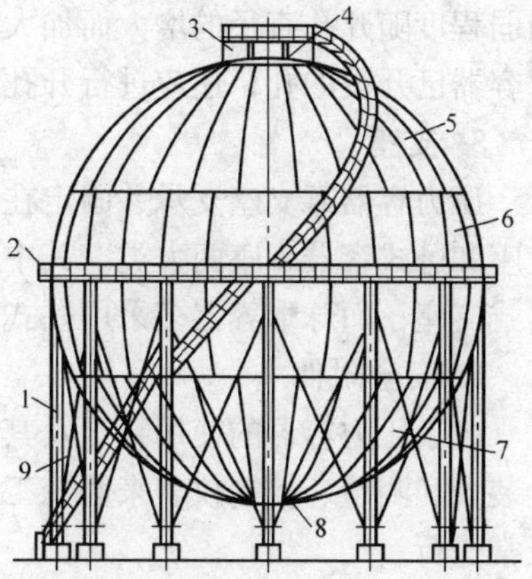

图 2-3　球形容器

1—支柱　2—中部平台　3—顶部操作平台
4—北极板　5—北温带　6—赤道带
7—南温带　8—南极板　9—拉杆

筒体直径较大时，可用钢板在卷板机上卷成圆筒或用钢板在水压机上压制成两个半圆筒，再用焊缝将两者焊接在一起，形成整圆筒。焊缝的方向与圆筒的纵向平行，即轴向平行，因此称为纵焊缝。随着容器直径的增大，钢板需要拼接，因而筒体的纵焊缝条数增多。筒体直径较小（一般小于 500mm 时），可用无缝钢管制作，此时筒体上没有纵焊缝。

当筒体较长时，因受钢板尺寸的限制，需要先用钢板卷焊成若干段筒体（此时每个筒体称为一个筒节），再将两个或两个以上的筒节组焊成所需长度的筒体。筒节与筒节之间、筒体与端部封头之间的连接焊缝，由于其方向与筒体轴向垂直，因此称为环焊缝。为便于成批生产，筒体直径已标准化，对焊接筒体，筒体公称直径（*DN*）指它的内径；而用无缝钢管制作的筒体，筒体公称直径则是指它的外径。

圆筒形筒体按其结构又可分为整体式和组合式两大类。

球形容器壳体呈球形，又称球罐。其形状特点是中心对称，具有以下优点：受力均匀；在相同的壁厚条件下，球形壳体的承载能力最高，即在同样的内压下，球形壳体所需要的壁厚最薄，仅为同直径、同材料圆筒形壳体壁厚的 1/2（不含腐蚀裕度）；在相同容积条件下，球形壳体的表面积最小，可以节省钢材。

2. 封头

凡与筒体经焊接连接而不可拆的，称为封头（图 2-1 中的 4、图 2-2 中的 11、14）；与筒体以法兰等形式连接而可拆的则称为端盖（图 2-2 中的 3）。根据几何形状的不同，封头可分为半球形、椭圆形、碟形、有折边锥形、无折边锥形和平板形（亦称平盖）等数种。对于组装后不再需要开启的容器，如无内件或虽有内件而不需要更换、检修的容器，封头和筒体采用焊接连接形式，能有效地保证密封，且节省钢材和减少制造加工量。对需要开启的容器，封头（端盖）和筒体的连接应采用可拆式的，此时在封头和筒体之间必须装置法兰和密封件。

3. 密封装置

压力容器上有许多密封装置，如封头与筒体间的可拆连接、容器接管与外管道间的可拆连接以及人孔、手孔盖的连接等。螺栓法兰连接（简称法兰连接）是一种应用最广的密封装置，它的作用是通过螺栓连接，并通过拧紧螺栓使密封元件压紧而保证密封。

4. 开孔与接管

由于工艺要求和检修的需要，常在压力容器的筒体或封头上开设各种大小的孔或安装接管，如人孔、手孔、视镜孔、物料进出口接管，以及安装压力表、液面计、安全阀、测温仪表等接管开孔。筒体或封头上开孔后，开孔部位的强度被削弱，并使该处的应力增大。这种削弱程度随开孔直径的增大而加大，因而容器应尽量减少开孔的数量，尤其要避免开大孔。对容器已开设的孔，还应进行开孔补强设计，以确保所需的强度。

5. 支座

压力容器靠支座支承并固定在基础上。随安装位置的不同，圆筒形容器支座分立式容器支座和卧式容器支座两大类。其中，立式容器支座又有腿式支座、支承式支座、耳式支座、裙式支座；而球形容器多采用柱式或裙式支座。

6. 安全附件

由于压力容器的使用特点及其内部介质的化学工艺特性，往往需要在容器上设置一些安全装置和测量、控制仪表来监控工作介质的参数，以保证压力容器的使用安全和工艺过程的正常进行。

压力容器的安全附件包括报警泄放装置、安全连锁装置、计量监测装置等，主要有安全阀、爆破装置、紧急切断阀、安全连锁装置、压力表、液面计、测温仪表等。

上述六大部件构成了一台压力容器的外壳。对于储存用的容器，这一外壳即为容器本身。对于用于化学反应、传热、分离等工艺过程的容器，则须在外壳内装入工艺所要求的内件，才能构成一台独立而完整的设备。在外载荷作用下，各部件中会产生相应的应力，容器设计时应考虑各零部件的结构、材料及应力分布状况，进行应力分析和计算，并进行合理的结构设计。

任务 2　压力容器的介质和分类

一、介质

1. 介质分组

压力容器的介质分为两组，包括气体、液化气体以及最高工作温度高于或者等于标准沸点的液体。其中第一组介质是毒性程度为极度危害、高度危害的化学介质，易爆介质，液化气体；第二组介质即为除第一组以外的介质。

2. 介质危害性

介质危害性指压力容器在生产过程中因事故致使介质与人体大量接触，发生爆炸或者因经常泄漏引起职业性慢性危害的严重程度，用介质毒性程度和爆炸危害程度表示。

（1）毒性程度　综合考虑急性毒性、最高容许浓度和职业性慢性危害等因素可将毒性程度划分为几种。其中，极度危害最高容许浓度小于 $0.1mg/m^3$；高度危害最高容许浓度为 $0.1 \sim 1.0mg/m^3$；中度危害最高容许浓度为 $1.0 \sim 10.0mg/m^3$；轻度危害最高容许浓度大于或等于 $10.0mg/m^3$。

（2）易爆介质　指气体或者液体的蒸气、薄雾与空气混合形成的爆炸混合物，并且其爆炸下限小于10%，或者爆炸上限和爆炸下限的差值大于或等于20%的介质。

（3）介质毒性危害程度和爆炸危险程度的确定　可按照 HG 20660—2000《压力容器中化学介质毒性危害和爆炸危险程度分类》来确定介质毒性危害程度和爆炸危险程度。HG 20660—2000 中没有规定的，由压力容器设计单位参照 GBZ 230—2010《职业性接触毒物危害程度分级》，决定介质组别。

二、压力容器的分类

压力容器使用范围广、种类多、工况条件复杂，发生事故所造成的危害程度各不相同。危害程度越高，压力容器材料、设计、制造、检验、使用和管理的要求也越高。因此，需要对压力容器进行合理分类。分类的原则不同会有不同的分类方法，常用的分类方法有以下几种。

1. 按承压方式分类

（1）内压容器　容器内部压力大于外部压力，容器设计时主要进行强度计算。

（2）外压容器　容器外部压力大于内部压力，容器设计时主要进行稳定性计算，如减压塔和真空容器。对于带有夹套的容器，当夹套内介质压力大于容器内压时，容器内筒也是外压容器。

2. 按压力等级分类

内压容器按设计压力大小又可分为4个压力等级，具体划分如下：

（1）低压（代号 L）容器　$0.1MPa \leqslant p < 1.6MPa$。

（2）中压（代号 M）容器　$1.6MPa \leqslant p < 10.0MPa$。

（3）高压（代号 H）容器　$10MPa \leqslant p < 100MPa$。

（4）超高压（代号 U）容器　$p \geqslant 100MPa$。

外压容器中，当容器的内压小于一个标准大气压（约0.1MPa）时，又称为真空容器。

设计压力是压力容器非常重要的一个参数，它与压力容器的用途和盛装介质的性质结合，可以比较综合地反应压力容器的安全性要求。因此，依据设计压力高低进行分类，可以确保不同压力等级的容器接受不同级别的安全监察和管理。

3. 按工艺作用原理分类

根据压力容器在工艺过程中的作用原理，可将其分为反应压力容器、换热压力容器、分离压力容器和储存压力容器。具体划分如下：

（1）反应容器（代号 R）　主要用于完成介质的化学反应，如各种反应釜。

（2）换热容器（代号 E） 主要用于实现介质的热量交换，如热交换器、冷却器、废热锅炉等。

（3）分离容器（代号 S） 主要用于对混合物料进行分离，如分馏塔、吸收塔等。

（4）储存容器（代号 C，其中球罐的代号为 B） 主要用于盛装物料，如储罐、槽车等。

一种压力容器如同时具备两个以上的工艺作用原理时，应按工艺过程中的主要作用来划分品种。

4. 按工作温度分类

根据压力容器工作温度的高低，容器一般可以分为以下几种：

（1）低温容器 设计温度≤ -20℃。

（2）常温容器 -20℃ < 设计温度≤200℃。

（3）中温容器 200℃ < 设计温度≤450℃。

（4）高温容器 设计温度 > 450℃。

5. 按安装方式分类

（1）固定式容器 有相对固定的安装、工作地点，工艺条件和操作人员也较为固定，如塔、反应器、储罐等。

（2）移动式容器 需经常搬运的容器，除承受介质压力外还要承受介质冲击力、外部撞击及振动载荷，在结构、使用、安全上有特殊要求。

6. 按容器形状分类

（1）方形或矩形容器 由平板焊制而成，制造简单，承压能力差，用于小型常压储罐。

（2）球形容器 由数块球瓣拼焊而成，承压能力好，内件安装不便，制造困难，常用作大型储罐。

（3）圆筒形容器 由圆柱形筒体和各种形状的成形封头组成，筒体制造简单，内件安装方便，承压能力较好，应用最普遍。

7. 按安全技术管理分类

指按综合因素，即压力高低、生产过程重要性、介质危险程度等分类。

上述几种分类方法都只是从压力容器的某个设计参数或使用状况来考虑的，并不能综合反映压力容器的整体危害水平。压力容器的危害性还与其设计压力 p 和容积 V 的乘积有关，pV 值越大，则容器破裂时爆炸能量越大，危害性也越大，对容器的设计、制造、检验、使用和管理的要求越高。为此，《固定式压力容器安全技术监察规程》采用既考虑介质危害程度又考虑容器压力与容积大小的综合分类方法，有利于安全技术监督和管理。

（1）基本划分 根据介质特性，按照以下要求选择类别划分图，再根据设计压力 p（单位为 MPa）和容积 V（单位为 L），标出坐标点，确定压力容器的类别。将压力容器分为三类。

1）对于第一组介质，压力容器类别的划分如图 2-4 所示。

2）对于第二组介质，压力容器类别的划分如图 2-5 所示。

（2）多腔压力容器的类别划分 多腔压力容器（如换热器的管程和壳程、夹套压力容器等）按照类别高的压力腔作为该容器的类别并按该类别进行使用管理，但应按照每个压力腔各自的类别分别提出设计、制造技术要求。对各压力腔进行类别划定时，设计压力取本压力腔的设计压力，容积取本压力腔的几何容积。

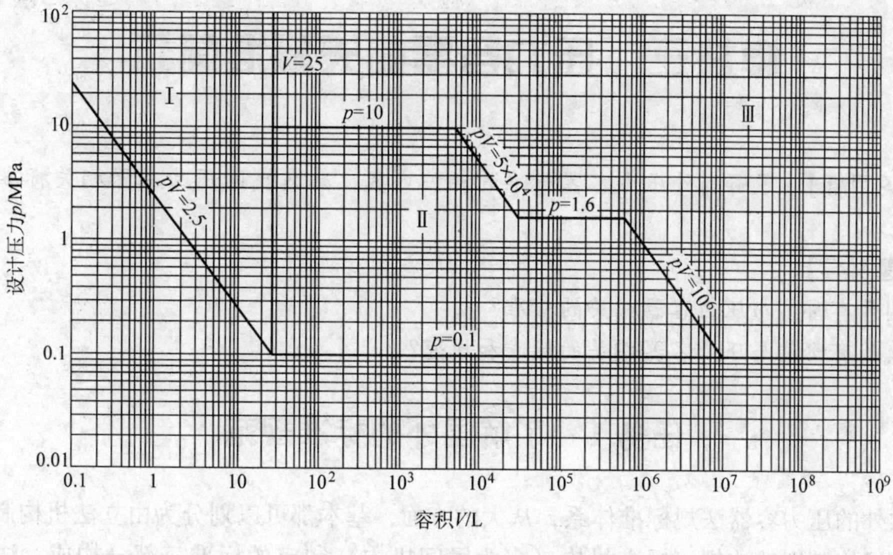

图 2-4　压力容器类别划分图——第一组介质

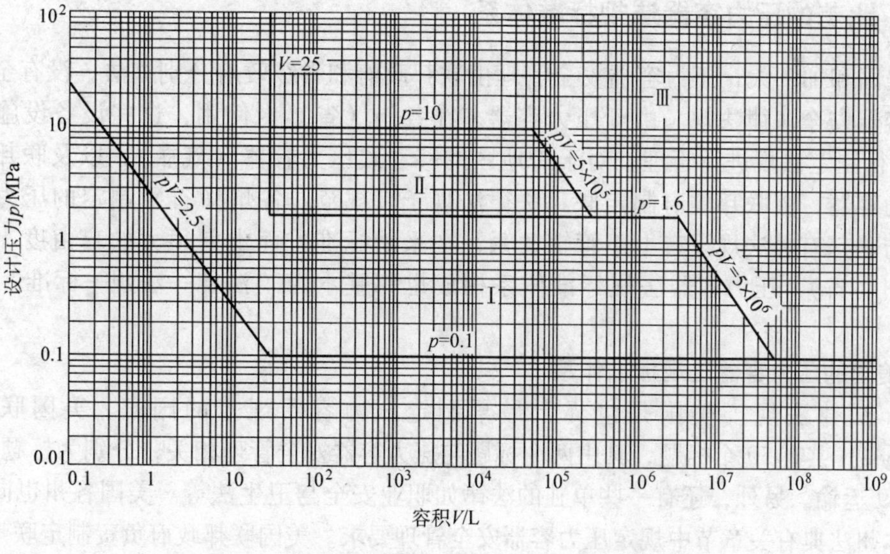

图 2-5　压力容器类别划分图——第二组介质

（3）同腔多种介质的压力容器类别划分　一个压力腔内有多种介质时，按组别高的介质分类。

（4）介质含量极小的压力容器的类别划分　当某一危害性物质在介质中含量极小时，应当根据其危害程度及其含量综合考虑，按照压力容器设计单位决定的介质组别划分类别。

模块三　压力容器相关标准简介

【学习目标】 了解国外压力容器标准的相关内容，熟悉我国压力容器相关标准和规范的基本内容。

【问题引导】

1. 国外有哪些与压力容器相关的标准？
2. 我国有哪些与压力容器相关的标准和规范？

任务1　了解国外的标准规范

国内外的压力容器法规标准体系，从大的方面，基本都可以划分为由立法机构制定的法律、政府机构制定的法规、标准机构（多为民间机构）制定的标准三部分构成。法律和法规属于强制性的，标准是自愿性的（中国和少数国家的部分标准强制执行）。下面对我国主要贸易伙伴北美和欧盟一些国家的压力容器法规标准体系进行简要介绍。

一、北美的压力容器法规标准体系

在美国和加拿大，压力容器安全管理由联邦政府和省级政府分别立法，没有全国统一的压力容器安全法律法规。由于压力容器多在各州（省）内使用，这些设备设施由各州（省）自行制定法规进行管理。对于跨地区的移动式压力容器（气瓶），以及联邦政府所属的压力容器，由联邦政府制定联邦法律法规予以规范。各州（省）制定的压力容器管理法规与联邦有关法规没有上下管辖关系，在采纳标准方面也有很大的自由度。无论联邦还是州（省），压力容器法规标准体系构成也都基本为“法律—法规—标准”三个层次。

1. 美国的压力容器法规标准体系

（1）法律法规　美国是世界上最早制定压力容器规范的国家。美国联邦法典（U. S. Code）共有50个标题，其中两个标题与压力容器安全管理相关，分别为标题29劳动和标题49运输。另外，还有一些单独的法律如职业安全与卫生法等。美国各州也同联邦一样，在本州法典有关章节中规定压力容器安全管理要求。美国联邦政府负责制定联邦政府规则法典，并采用与联邦法律法典相同的标题，如联邦政府规则法典标题29劳动和标题49运输。

（2）标准　美国联邦法规和各州法规所引用的标准主要是美国国家标准学会（ANSI）标准、美国机械工程师协会（ASME）标准、美国石油学会（API）标准和美国材料与试验协会（ASTM）标准。这些标准构成美国压力容器标准体系，包括材料、设计、制造与检验试验、使用维护、定期检验、修理改造、制造单位和检验机构审查认证、检验人员资格认可等方面。在这个标准体系中，ASME的压力容器标准和API标准是主体。

美国机械工程师协会（ASME）制定的《锅炉及压力容器规范》由于技术上的权威性，

现已正式成为美国的国家标准，在其封面上印有美国国家标准学会（ANSI）的标志。

ASME 规范是一部自成体系的封闭型的成套标准，规模庞大、内容完善，仅依靠 ASME 规范本身即可完成压力容器的选材、设计、制造、检验、试验、安装及运行等全部工作环节。现在 ASME 规范共有十一卷，总计二十二册，另外还有两册规范案例，全面包括了锅炉和压力容器质量保证的要求。其中，与压力容器密切相关的部分有：第Ⅱ卷《材料技术条件》、第Ⅴ卷《无损检验》、第Ⅷ卷《压力容器》、第Ⅸ卷《焊接及钎焊评定》和第Ⅹ卷《玻璃纤维增强塑料压力容器》。第Ⅹ卷是现有 ASME 规范中唯一的非金属材料卷，该卷对玻璃纤维增强塑料压力容器的材料、设计、检验等提出了要求。

ASME 规范中与容器设计工作有关的主要是第Ⅷ卷，它又分为 3 个分卷：第 1 分卷《压力容器》（简称为 ASMEⅧ-1）、第 2 分卷《压力容器——另一规则》（简称为 ASMEⅧ-2）和第 3 分卷《高压容器另一规则》（简称为 ASMEⅧ-3）。ASMEⅧ-1 为常规设计标准，适用压力小于或等于 20MPa，其指导思想是以压力容器主要部位的最大主应力不超过弹性范围为设计的安全准则，根据材料的许用应力对容器各部件的结构与尺寸作出具体的规定和计算。这一规范实质上是理论、实验和成功经验相结合的产物，具有较强的经验性，故许用应力较低而且不包括疲劳设计，但包括静载下进入高温蠕变范围的容器设计。ASMEⅧ-2 为分析设计标准，其指导思想是对压力容器各区域的应力进行详细的分析，并根据应力对容器失效的危害程度进行应力分类，再按不同的设计准则分别予以限制。与 ASMEⅧ-1 相比，ASMEⅧ-2 对材料的限制更严，对结构的规定更细，对制造、检验和测试的要求更高，允许采用较高的许用应力，所设计出的容器壁厚较薄。ASMEⅧ-2 的应用温度限制在蠕变温度以下，包括了疲劳设计。ASMEⅧ-3 主要适用于设计压力不小于 70MPa 的高压容器，它不仅要求对容器各零部件作详细的应力分析和分类评定，而且要作疲劳分析或断裂力学评估，是一个到目前为止要求最高的压力容器规范。

ASME 规范每年增补一次，每三年出一次新版，技术先进，修订及时，能迅速反映世界压力容器科技发展的最新成就，成为世界上影响最大的一部锅炉和压力容器规范。

其他常用的美国标准有：ANSI B31.1《动力管道》；ANSI B16《法兰、管件》；SNT-TC-IA-2001《无损检测人员的评定和资格证书》；TEMA《管式换热器制造协会标准》；EJMA《膨胀节制造商协会标准》；DOT《联邦法规》第 49 卷《运输部规范（移动式压力容器）》等。

2. 加拿大的压力容器法规标准体系

（1）法律法规　加拿大联邦法律法规由人力资源部（劳动部）、运输部和能源局的法律法规体系构成。法律方面主要有劳动规范（第二卷）、职业卫生与安全中心法、加拿大运输法、危险品运输法、安全容器协定法、能源管理法、油气经营法、国家能源局法、油气运营法等。法规主要有职业卫生与安全规则、危险品运输规则、液化石油气散装储存规则、铁路职业安全与卫生规则、能源局法第五卷（油气）规则、油气职业安全与卫生规则、加工处理工厂规则、油气安装规则等。

（2）标准　加拿大标准体系由加拿大国家标准（CAN）、加拿大标准协会（CSA）、加拿大气体协会制定的标准等本国标准和采纳的美国相关标准构成，形成了以 CSA B51《锅炉、压力容器与压力管道规范》为主体的标准体系。

在采纳标准方面，加拿大各省与联邦政府采纳的标准不完全相同，采纳形式也不一样，如安大略省采纳标准的方式是另行制定“规范采用文件”。这种“规范采用文件”是将有关加拿大标准、美国标准、有关行业标准和本省自己的技术安全和管理要求共同融合在一起形成的混合体，相当于安大略省自己制定的压力容器安全管理标准。因此，安大略省采纳的标准实际上是将采纳的某些条款内容通过直接写入“规范采用文件”的方式采纳的，而不是全部标准。

二、欧盟的压力容器法规标准体系

1. 概况

欧盟的压力容器法规标准体系是由欧盟指令和欧洲协调标准（EN）两层结构组成。欧盟指令是对成员国要达到的目的具有约束力的法律，由成员国转化为成员国本国法律后执行。这些指令规定了压力容器安全方面的基本要求。为使这些基本要求能够得到有效的贯彻实施，欧洲标准化组织（CEN）负责起草制定与欧盟指令配套、将指令具体细化的协调标准（Harmonized Standards）。

以承压设备指令 PED 为例，CEN 计划为其配套的协调标准共有 700 多个。PED 指令侧重于产品生产环节，目的是保障安全和减少贸易技术壁垒。因此，支持欧盟指令的协调标准中，产品标准居多（在低温容器和液化气体容器方面涉及安装、使用和检验后续环节）。EN 标准属自愿性标准，由欧盟成员国将 EN 标准转化为本国标准后（如德国标准 DIN EN 13445）由企业自愿采用。若企业采用了 EN 标准，则被认为其产品满足了指令的基本安全要求，有利于产品进入欧盟市场。

这些 EN 标准包括有关锅炉、压力容器和工业管道材料、部件（附件）、设计、制造、安装、使用、检验等诸多方面。

对于压力容器投入使用以后的各环节（使用、检验、修理改造等），欧盟 PED 指令没有涉及，EN 固定式压力容器标准中除低温容器和液化气体容器外，也涉及较少，主要由欧盟各成员国自行制定压力容器法律法规（以下简称法规）和标准予以规范。因此，欧盟成员国的压力容器法规标准体系是由欧盟压力容器法规标准和本国法规标准共同构成的体系，大致分为由议会制定的法律、政府制定的法规（包括有关政府部门制定的规章）和标准三个层次构成。

2. 欧盟成员国的压力容器法规标准体系

欧盟成员国的有关压力容器安全管理法律或法规，均采纳了欧盟有关指令要求。而本国标准体系则由转化为本国标准的 EN 标准、本国标准和本国一些协会标准构成，废除了与 EN 标准相冲突的其他国家标准。在法律法规方面，德国压力容器（包括其他特种设备）法律主要有设备安全法、能源经济法等。在欧盟有关指令颁布后，德国结合欧盟有关指令修改了设备安全法中的设计、制造、检验机构等内容，保留了安装、使用、检验和修理改造等环节的安全管理要求。按照设备安全法的授权，由政府负责制定有关法规。

在标准方面，德国压力容器标准主要有将欧洲协调标准和 ISO 标准转化为本国标准的 DIN EN 和 DIN ISO 标准、AD 规范、DIN 标准三类。其中 AD 压力容器规范是由德国承压设备协会发布的一个与 PED 指令相配套的规范。在技术上有许多独特的观点，它在世界上也是具有广泛影响的规范。

AD 规范与美国的 ASME 规范相比，具有如下的特点：

1）AD 规范只对材料的屈服强度取安全系数，且取数较小，因此，产品厚度薄、重量轻。

2）AD 规范允许采用较高强度级别的钢材。

3）在制造要求方面，AD 规范没有 ASME 详尽，这样可使制造厂具有较大的灵活性，易于发挥各厂的技术特长和创新。

英国压力容器规范 BS 5500《非直接火焊接压力容器》是由英国标准协会（BSI）负责制定的。它是由两部规范合并而成：一部相当于 ASME 第Ⅷ卷第一册的 BS 1500《一般用途的熔融焊压力容器标准》，另一部是近似于德国 AD 规范的 BS 1515《化工及石油工业中应用的熔融焊压力容器标准》。

法国压力容器标准主要有《CODAP 非直接火压力容器建造规范》。

三、日本压力容器标准

日本在 20 世纪 70 年代末期开始对欧美各国的压力容器标准体系进行了全面深入的调研，提出了全国统一的 JIS 压力容器标准体系的构想，并于 20 世纪 80 年代初制定了两部基础标准。其中一部是参照 ASME 第Ⅷ卷第 1 分卷制定的 JIS B 8243《压力容器的构造》，另一部是参照 ASME 第Ⅷ卷第 2 分卷制定的 JIS B 8250《特定压力容器的构造》。此外，还有与压力容器相关的标准 JIS B 8271 ~ 8285《压力容器（单项标准）》、JIS B 8240《冷冻压力容器》、JIS B 8241《无缝钢制气瓶》及 JIS B 8242《圆筒形液化石油气储罐（卧式）构造》等。

任务 2 熟悉国内的主要标准规范

一、概况

我国压力容器行业从 20 世纪 50 年代到 60 年代初开始着手制订较为完整的压力容器设计规范。第一部是 1959 年颁布的《多层高压容器设计与检验规程》，1960 年又颁布了适用于中低压容器的《石油化工设备零部件标准》，1967 年完成了《钢制石油化工压力容器设计规定》（草案），后经修订，于 1977 年颁发实施，随后又修订过两次，即 82 版和 85 版，至 1989 年正式颁布了第一版的国家标准，即 GB 150—1989《钢制压力容器》。1998 年颁布了第一次全面修订后的新版 GB 150—1998《钢制压力容器》，使中国压力容器的设计、制造、检验、验收、包装、运输等工作走上了规范化的道路。与此同时，在 GB 150 的基础上，又先后制定和修订了 GB 151—1999《管壳式换热器》、GB 12337—1998《钢制球形储罐》、JB 4732—1995《钢制压力容器分析设计标准》及 JB 4710—2005《钢制塔式容器》等一系列国家标准和行业标准。

我国压力容器规范是以设计规范为统率的，在多年的生产实践中形成了一种多种标准组合的质保体系，即在设计规范中同时规定了材料、制造检验所必须遵守的部颁标准和国家标准。因此，与 ASME 规范的封闭型标准体系不同，我国压力容器规范属于开放型标准体系。其特点是本规范包括若干种既独立又相互联系的标准，其中某一标准只能提出某一方面的特定的技术要求，许多标准如不借助于其他标准，则无法独立使用，所有各种标准的总和才构成了一个完整的体系。

我国现有与压力容器相关的标准与规范近300个，其数量之多、涉及面之广远远超过一般的工业产品。这些标准与规范中，一部分是技术性标准（如材料标准、容器零部件标准、专用产品标准和化工单元设备标准等），是产品质量特性中一系列技术参数和产品质量要求的技术文件，是衡量产品质量的尺度，规定相当具体，是产品加工、检验、质量分级等过程中所必须遵循的；另一部分是法规性的规定（如《特种设备安全监察条例》、《容规》等），具有强制性，是压力容器设计、制造、使用中必须遵循的，由政府及其权力机关颁发，也是国家压力容器监察机构和压力容器安全监察员对压力容器实行安全监察的依据。

二、主要标准和规范

1. GB 150—1998《钢制压力容器》

这是我国最重要的一部压力容器国家标准，其基本思路与 ASMEⅧ-1 相同，属常规设计标准，适用于内压力0.1～35MPa、真空度≥0.02MPa 的钢制压力容器的设计、制造、检验与验收，适用的设计温度范围根据钢材允许的使用温度确定，从 -196℃到钢材的蠕变限用温度。

GB 150—1998 只适用于固定的承受恒定载荷的容器，也考虑了风载荷和地震载荷的作用。它不适用于以下几种压力容器：直接用火焰加热的容器；核能装置中的容器；旋转或往复运动的机械设备（如泵、压缩机、涡轮机、液压缸等）中自成整体或作为部件的受压器室；经常搬运的容器；设计压力低于0.1MPa 的容器；真空度低于0.02MPa 的容器；内直径小于150mm 的容器；要求作疲劳分析的容器等。

GB 150—1998 管辖的范围除壳体本体外，还包括容器与外部管道焊接连接的第一道环向接头坡口端面、螺纹连接的第一个螺纹接头端面、法兰连接的第一个法兰密封面，以及专用连接件或管件连接的第一个密封面。此外，其他如接管、人孔、手孔等承压封头、平盖及其紧固件，以及非受压元件与受压元件的焊接接头，直接连在容器上的超压泄放装置均应符合 GB 150—1998 的有关规定。

GB 150—1998 的技术内容包括圆柱形筒体和球壳的设计计算、零部件结构和尺寸的具体规定、密封设计、超压泄放装置的设置，以及容器的制造、检验与验收要求等。该标准在中国具有法律效用，是强制性的压力容器标准，它包括10章正文，9个附录，其中5个标准的附录，4个提示的附录。

该标准是以第一强度理论为设计准则的，将最大主应力限制在许用应力之内，只是以抗拉强度为基准的安全系数，取值与 ASMEⅧ-1 不同，GB 150 取 $n_b=3$，而 ASMEⅧ-1 取 $n_b=3.5$。另外，GB 150 对局部应力参照应力分析设计法作了适当的处理，采用第三强度理论，允许一些特定的局部应力值超过材料的屈服强度。

2. JB 4732—1995《钢制压力容器分析设计标准》

该标准是基于塑性失效准则分析的设计标准，其基本思路与 ASMEⅧ-2 相同。与 GB 150—1998 相比，JB 4732—1995 允许采用较高的设计应力强度，所设计的容器厚度较薄，重量较轻，可节约材料20%～30%，但分析设计的计算工作量大，对容器的材料、制造、检验、质量等提出了更严格的要求，有时综合经济效益不一定高，只推荐用于重量大、结构复杂、操作参数较高和需作疲劳分析的压力容器设计。

JB 4732—1995 包括 11 章正文和 6 个补充件、5 个参考件。其中，正文和补充件是强制性的，参考件是非强制性的。该标准的适用范围是：设计压力小于或等于 100MPa；设计温度低于以钢材蠕变强度（经 10×10^4h 蠕变率为 1% 的蠕变强度）控制其设计应力强度的相应温度（最高 475℃）。

JB 4732—1995 与 GB 150—1998 相互覆盖范围较广，应综合考虑容器设计压力、设计温度、操作特性等多种因素，可以选用其中的任一个作为所遵循的设计规范，但绝对不可以将二者混用。

3.《固定式压力容器安全技术监察规程》

我国的 GB 150—1998 和 JB 4732—1995 等规范是以设计为主的规范，不同于包含了质量保证体系的 ASME 规范。但实践表明，保证压力容器的安全运行仅靠设计和制造方面的标准和规范是远不够的，为此我国于 1981 年颁布了《压力容器安全监察规程》，1990 年对此法规进行修订并更名为《压力容器安全技术监察规程》（以下简称《容规》），1999 年再次修订，颁发了新版《容规》。2009 年又一次修订并将其转化为特种设备安全技术规范（TGS），确立了其在特种设备法规标准体系中的地位，并更名为《固定式压力容器安全技术监察规程》。

压力容器标准是设计、制造压力容器产品的依据；《容规》是政府对压力容器实施安全技术监督和管理的依据，属技术法规范畴。并由法定的压力容器安全检验机构（目前是国家质量监督检验检疫总局及其各地质量技术监督部门），根据压力容器产品所使用的标准及有关技术法规来控制、监督压力容器的设计、制造、安装、改造、维修、使用、检验检测等各个环节。压力容器标准和安全技术法规同时实施，就构成了我国压力容器产品完整的国家质量标准和安全管理法规体系。

《容规》和压力容器标准的适用范围并不完全相同，固定式压力容器是指安装在固定位置，或者仅在使用单位内部区域使用的压力容器，本规程适用于同时具备下列条件的固定式压力容器（以下简称压力容器）：

1）工作压力大于或者等于 0.1MPa㊀。

2）工作压力与容积的乘积大于或者等于 2.5MPa · L㊁。

3）盛装介质为气体、液化气体以及介质最高工作温度高于或者等于其标准沸点的液体㊂。

其中，超高压容器应当符合《超高压容器安全技术监察规程》的规定；非金属压力容器应当符合《非金属压力容器安全技术监察规程》的规定；简单压力容器应当符合《简单压力容器安全技术监察规程》的规定。

本规程不适用的压力容器有：移动式压力容器、气瓶、氧舱；锅炉安全技术监察规程适用范围内的余热锅炉；正常运行工作压力小于 0.1MPa 的容器（包括在进料或者出料过程中需要瞬时承受压力大于或者等于 0.1MPa 的容器）；旋转或者往复运动的机械设备中自成整

㊀ 工作压力，是指压力容器在正常工作情况下，其顶部可能达到的最高压力（表压力）。

㊁ 容积，是指压力容器的几何容积，即由设计图样标注的尺寸计算（不考虑制造公差）并且圆整。一般应当扣除永久连接在压力容器内部的内件的体积。

㊂ 容器内介质为最高工作温度低于其标准沸点的液体时，如果气相空间的容积与工作压力的乘积大于或者等于 2.5MPa · L 时，也属于本规程的适用范围。

体或者作为部件的受压器室（如泵壳、压缩机外壳、涡轮机外壳、液压缸等）；可拆卸垫片式板式热交换器（包括半焊式板式热交换器）、空冷式热交换器、冷却排管。

模块四　化工设备常用材料

【学习目标】 熟悉化工设备材料的特点及选材的基本要求；了解金属材料腐蚀的机理和类型，掌握材料防腐的措施。

【问题引导】

1. 化工设备常用材料有哪些？如何选材？

2. 金属腐蚀有哪些类型？其机理是什么？如何防腐？

任务1　化工设备常用材料及选用

一、化工设备的选材要求

化学工业是国民经济的基础产业，各种化学生产工艺的要求不尽相同，如压力从真空到高压甚至超高压，温度从低温到高温，以及腐蚀性、易燃、易爆物料等，使得设备在极其复杂的操作条件下运行。由于不同的生产条件对设备材料有不同的要求，因此，合理地选用材料是设计化工设备的主要环节。

首先，化工设备的选材受到设备操作条件的限制。化工设备在特定压力（从高真空度到几千大气压）、温度（－250～2000℃）和介质（酸碱、核反应堆中子照射）工况下，有可能发生强度破坏、脆性破坏、疲劳破坏、腐蚀破坏、蠕变变形及断裂、局部或整体弹性失稳或刚性不足以及超载破坏等。

其次，化工设备选材受到设备制造条件的限制。设备在制造过程中，要进行各种冷、热加工，如下料、卷板、焊接、热处理等，要求材料的加工性能要好。当然，化工设备选材还受到材料自身性能的限制。

化工设备选材过程中，要抓住主要矛盾，遵循适用、安全和经济的原则，详细考虑具体操作条件（压力、温度、介质、使用环境等），确定材料相应的性能要求。对化工设备用钢的一般要求如下：

1）材料品种应符合我国资源和供应情况。

2）材料质量和规格必须符合现行标准或规范，能保证使用寿命；安全可靠性是化工设备最重要的质量特性，其选材、制造必须符合有关标准、规范。

3）具备优良的综合力学性能。要有足够的强度（屈强比 σ_s/σ_b 不能过大）；良好的塑性和韧性（抵抗超负荷），耐腐蚀（内部介质腐蚀速度应≤0.1～1mm/a）；较小应变时效敏感性（容器冷成形后不变脆）。

4）应具备良好的加工工艺性能（焊接性、压力加工性和热处理性能）。

5）成本低。

二、化工设备常用材料及性能

钢铁材料是工程中应用最广泛、最重要的金属材料，它们是由95%以上的铁和0.05%~4%的碳及1%左右的杂质元素所组成的合金，称“铁碳合金”。一般碳的质量分数为0.02%~2%者称为钢；大于2%者称为铸铁；当碳的质量分数小于0.02%时，称纯铁（工业纯铁）；碳的质量分数大于4.3%的铸铁极脆，其和纯铁的工程应用价值都很小。

金属组织结构及性能随材料成分及热处理工艺不同会发生极大变化，相关知识可查阅有关专业书籍。

1. 金属的分类

金属的分类如图2-6所示。

- 金属
  - 黑色金属
    - 生铁
      - 炼钢生铁
      - 铸造生铁
      - 合金生铁
    - 钢
  - 有色金属
    - 铜及铜合金
      - 纯铜
      - 铜锌合金（黄铜）
      - 铜锡合金（锡青铜）
      - 无锡合金（铝青铜等）
    - 轻金属及其合金
      - 铝及铝合金
      - 钛及钛合金
      - 镁及镁合金
    - 其他有色金属及其合金
      - 铅、锡及其合金
      - 锌及锌合金
      - 镍、钴及其合金

图2-6　金属的分类

2. 钢的分类

钢的分类如图2-7所示。

- 按冶炼方法分类
  - 平炉钢、转炉钢、电炉钢
  - 及：酸性钢、碱性钢
  - 和：沸腾钢、镇静钢、半镇静钢
- 按化学成分分类
  - 碳素钢
    - 低碳钢（碳的质量分数<0.25%）
    - 中碳钢（碳的质量分数为0.25%～0.6%）
    - 高碳钢（碳的质量分数>0.6%）
  - 合金钢
    - 低合金钢（一般合金元素总的质量分数<5%）
    - 中合金钢（合金元素总的质量分数为5%～10%）
    - 高合金钢（合金元素总的质量分数>10%）
- 按质量分类
  - 普通钢
  - 优质钢
  - 高级优质钢
- 按用途分类
  - 建筑钢
  - 结构钢
    - 碳素结构钢
    - 合金结构钢
  - 弹簧钢
  - 轴承钢
  - 工具钢
  - 特殊性能钢（如不锈钢、耐热钢等）

图2-7　钢的分类

3. 钢号表示法

目前制造压力容器所用的钢材一般有三大类别：碳钢、合金钢和特殊性能钢，其中碳钢又分为普通碳素结构钢与优质碳素结构钢。

（1）普通碳素结构钢　钢号冠以“Q”，代表钢材屈服强度，后面的数字表示屈服强度数值（MPa），如Q235钢，其屈服强度值为235MPa。必要时钢号后面可标出表示质量等级和冶炼时脱氧方法的符号。质量等级符号分为A，B，C，D。表示脱氧方法的符号有F，b，Z，TZ。脱氧方法符号F是指只用弱脱氧剂Mn脱氧且脱氧不完全的沸腾钢。这种钢当钢液往钢锭中浇注后，钢液在锭模中发生自脱氧反应，钢液中放出大量CO气体，出现“沸腾”现象，故称为沸腾钢；若在熔炼过程中加入硅、铝等强氧化剂，钢液完全脱氧，则称镇静钢，以Z表示，一般情况Z省略不标；脱氧情况介于以上二者之间时，称半镇静钢，用符号b表示；采用特殊脱氧工艺冶炼时脱氧完全，称特殊镇静钢，以符号TZ表示。化工压力容器用钢一般选用镇静钢。普通碳素结构钢有Q195、Q215、Q235及Q275四个钢种。各个钢种的质量等级可参见GB/T 700—2006。在化工容器与设备中应用最多的是Q235B和Q235C。

（2）优质碳素结构钢　优质碳素结构钢含硫、磷等有害杂质元素较少，其冶炼工艺严格，钢材组织均匀，表面质量高，同时可保证钢材的化学成分和力学性能，但成本较高。优质碳素结构钢的编号仅用两位数字表示，钢号顺序为08、10、15、20、25、30、35、40、45、50、55、60、65、70、80等。钢号的两位数字表示钢中平均碳的质量分数的万分数，如45钢表示优质碳素结构钢，钢中碳的质量分数平均为0.45%（$w_C=0.42\%\sim0.50\%$）。锰含量较高的优质碳素结构钢应将锰元素标出，如45Mn。依据含碳量的不同，可分为：优质低碳钢（$w_C<0.25\%$），如08、10、15、20、25；优质中碳钢（$w_C=0.3\%\sim0.60\%$），如30、35、40、45、50与55；优质高碳钢（$w_C>0.6\%$），如60、65、70、80。优质低碳钢的强度较低，但塑性好，焊接性能好，在化工设备制造中常用来制造热交换器列管、设备接管、法兰的垫片包皮（08、10）。优质中碳钢的强度较高、韧性较好，但焊接性能较差，不适宜做化工设备的壳体，但可用来制造换热设备管板、强度要求较高的螺栓螺母等。45钢常用于制造化工设备中的传动轴（搅拌轴）。优质高碳钢的强度与硬度均较高，60、65钢主要用来制造弹簧，70、80钢用来制造钢丝绳等。

（3）合金结构钢　合金钢是在碳素钢的基础上加入某些合金元素，如Si，Mn，Cu，Ti，V，Nb，P等，从而提高钢的强度、耐腐蚀性、低温性能。例如，大型化工容器常用16MnR、15MnTi来代替碳素结构钢制造容器，可以在保证强度的情况下，使容器壁厚减小，从而节省30%~45%左右的钢材。

低合金钢是指钢中合金元素总质量分数不超过5%。低合金钢的品种较多，其中低合金高强度结构钢广泛用于桥梁、船舶、车辆、锅炉、化工容器和输油管等。低合金高强度结构钢牌号表示方法与碳素结构钢相同，有Q345、Q390、Q420等，最常用的是Q345钢。

合金钢牌号的表示方法有两种，一种是用汉字牌号，如35铬钼；另一种是用国际化学符号，由含碳量数字、合金元素符号、合金元素含量数字顺序组成，如35CrMo。其中含碳量数字为两位数时表示平均含碳量（质量分数）的万分数，为一位数时表示平均含碳量的千分数；合金元素符号后面的数字表示合金元素含量（平均质量分数）的百分数。当合金元素含量小于1.5%时，可不标含量。例如，35CrMo表示这种钢的平均碳质量分数为万分之三十五（即 $w_C=0.35\%$），Cr、Mo 的平均质量分数在1%左右。但在特殊情况下易混淆者，在元素符号后亦可标以数字“1”；当合金元素平均质量分数≥1.5%、≥2.5%，≥3.5%时，在元素符号后面应标明含量，可相应表示为2、3、4，如36Mn2Si。

在锅炉和化工压力容器制造中，经常采用专门用途的锅炉钢和容器钢，在钢号后面分别以g和R表示，低温压力容器用钢则以DR标识，如20g、22g、16Mng和20R、16MnR、16MnDR等。锅炉钢和压力容器钢都是采用优质碳素结构钢，且要求钢的质地均匀，无时效倾向，因此选用杂质及有害气体含量较低（$w_S \leqslant 0.015\%$，$w_P \leqslant 0.025\%$）的低碳镇静钢。锅炉钢和容器钢都有板材和管材，可用于锅炉和压力容器的壳体等承压构件，有高、低温性能要求，出厂保证项目多。

标准GB/T 713—2008《锅炉和压力容器用钢板》将旧标准GB/T 713—1997《锅炉用钢板》和GB 6654—1996《压力容器用钢板》合并后规定：锅炉和容器用碳钢或碳锰钢和不含铬钼的低合金高强度钢统一在牌号后面用“R”表示，并更改合并部分牌号名称，淘汰落后牌号，纳入先进材料牌号，调整了部分钢板尺寸范围和厚度偏差。如20R和20g合并为Q245R；16MnR、16Mng和19Mng合并为Q345R；16MnDR改为Q345DR；15CrMoR和15CrMog合并为15CrMoR；13MnNiMoNbR和13MnNiCrMoNbg合并为13MnNiMoR；淘汰15MnVR、15MnVNR、22Mng等牌号。

由于现在执行的仍是GB 150—1998，其中材料牌号和尺寸范围未及更新，所以为叙述统一起见，本书中有些牌号仍按GB 150—1998的提法，新纳入的材料牌号按新材料标准，淘汰的牌号不再出现，下同。关于新旧材料牌号对照可参见相关标准。

（4）特殊性能钢　特殊性能钢主要指不锈耐酸钢。不锈指耐大气腐蚀；耐酸指抗酸和其他强腐蚀性介质。一般耐酸钢都具有不锈的性能。不锈耐酸钢根据合金元素的不同，可分为三类，一类是以铬为主的铬不锈钢，另一类是以铬、镍为主的铬镍不锈钢，第三类是我国自行研制的节镍（无镍）不锈钢。

以铬镍为主要合金元素的奥氏体不锈钢是应用最为广泛的一类不锈钢，典型钢号为0Cr18Ni9（GB/T 4237—2007中新牌号为06Cr19Ni10），其中含C≤0.08%，Cr17%～19%，Ni8%～11%，故常以Cr、Ni平均含量“18-8”来表示这种钢的代号。此类钢包含“18-8”系不锈钢以及在此基础上发展起来的含铬镍更高、并含钼、硅、铜等合金元素的奥氏体类不锈钢。这类钢的特点是，具有优异的综合性能，包括优良的力学性能，良好的冷、热加工性和成形性、可焊接性和在许多介质中的良好耐蚀性，是目前用来制造各种储槽、塔器、反应釜、阀件等化工设备最广泛的一类不锈钢材。

铬镍不锈钢除像铬不锈钢一样具有氧化铬薄膜的保护作用外，还因镍能使钢形成单一奥氏体组织而得到强化，使得其在很多介质中比铬不锈钢更具耐蚀性，如对浓度在65%以下，温度低于70℃或浓度60%以下、温度低于100℃的硝酸，以及对苛性碱（熔融碱除外）、硫酸盐、硝酸盐、硫化氢、醋酸等都很耐蚀，但对还原性介质如盐酸、稀硫酸则是不耐蚀的。此外，它在含氯离子的溶液中，有发生晶间腐蚀的倾向，严重时往往引起钢板穿孔腐蚀。

4. 钢材的品种和规格

钢材的品种有钢板、钢管、型钢、铸钢和锻钢等。

（1）钢板　板材一般分冷轧与热轧薄钢板（厚度≤4mm）和热轧厚钢板（厚度>4mm）两种，冷轧薄钢板的尺寸精度（指厚度允许偏差）比热轧钢板高。

（2）无缝钢管　无缝钢管有冷拔和热轧两种。冷拔无缝钢管外径和厚度的尺寸精度均较热轧无缝钢管的高。化工设备常用的普通无缝钢管材料有 10、15、20、16Mn 等，另外还有专门用途的无缝钢管，如热交换器用钢管、化肥设备用高压无缝钢管、石油裂化用无缝钢管和锅炉用无缝钢管等。

（3）型钢　型钢有圆钢、方钢（GB/T 702—2008）、扁钢（GB/T 702—2008）、等边角钢（GB/T 706—2008）、不等边角钢（GB/T 706—2008）、工字钢（GB/T 706—2008）及槽钢（GB/T 702—2008）等。

（4）铸钢和锻钢　铸钢有 ZG200-400，ZG230-450，ZG310-570 等，可用来做泵壳、阀门、泵叶轮及齿轮等。

5. 有色金属

有色金属及其合金的种类很多，常用的有铝、铜、铅、钛等及其合金。

在化工生产中，由于耐腐蚀、低温、高温、高压等特殊工艺条件的要求，设备的材质也经常采用有色金属及其合金。这种材料具有很多优越性能，如铜有良好的导电性和低温韧性；铝的相对密度小，耐硝酸腐蚀；铅能防辐射，耐稀硫酸等多种介质的腐蚀。

6. 非金属材料

非金属材料具有优良的耐腐蚀性能，品种多样，原料来源丰富，适宜就地取材，有着广阔的发展前途。非金属材料既可以用作单独的结构材料，也可以用作化工设备的保护衬里、涂层，还可用作设备的密封材料、保温材料和耐火材料。

非金属材料用作化工设备时，除要求具有良好的耐腐蚀性外，还应有足够的强度，渗透性、孔隙及吸水性要小，热稳定性好，易于加工制造，成本低且取材方便。

非金属材料分为无机非金属材料（陶瓷、搪瓷、岩石、玻璃等）及有机非金属材料（塑料、涂料、不透性石墨等）两大类。

任务 2　化工设备的腐蚀与防护措施

腐蚀是影响金属设备及其构件使用寿命的主要因素之一。腐蚀不仅影响设备的使用寿命，而且会加剧设备及管道的跑、冒、滴、漏现象，造成原料和成品的大量损失，污染环境，危害人的健康甚至危及人的生命。因此，对于化工设备，必须正确地选材和采取有效的防腐蚀措施，以保证设备的正常运转，延长其使用寿命，节约金属材料，这对促进化学工业的迅速发展有着十分重大的意义。

金属与周围介质之间发生化学或电化学作用而引起破坏的现象称为腐蚀（如铁生锈、铁在酸中溶解等）。金属腐蚀的分类方法较多，按腐蚀机理即腐蚀过程中有无电流产生可将腐蚀分为两类：化学腐蚀（如氢腐蚀）和电化学腐蚀（如晶间腐蚀、应力腐蚀）。按照金属腐蚀的形式又可将腐蚀分为全面腐蚀和局部腐蚀两大类。

一、化学腐蚀

金属遇到干燥的气体或非电解质溶液而发生化学作用所引起的腐蚀称为化学腐蚀。化学腐蚀的产物直接生成在金属的表面上，腐蚀过程中不产生电流。

如果化学腐蚀生成的化合物稳定，不易挥发或溶解，且组织致密，与金属本体结合牢固，那么，这种腐蚀产物附着在金属表面上有钝化腐蚀的作用，称为“钝化膜”，起保护作用，或称钝化作用。

如果化学腐蚀生成的化合物不稳定，易挥发或溶解，且与金属结合不牢固，则腐蚀产物就会一层层脱落（氧化皮即属此类），这种腐蚀产物不能保护金属不再继续受到腐蚀，这种作用称为“活化作用”。

1. 金属的高温氧化及脱碳

化工生产中，很多设备是在高温下操作的，如氨合成塔、硫酸氧化炉等。金属的高温氧化及脱碳是一种高温下的气体腐蚀，是常见的化学腐蚀之一。当温度高于300℃时，钢和铸铁在表面会出现可见的氧化皮；并且随着温度的升高，钢铁的氧化速度大大增加。在570℃以下时，形成的氧化物组织致密、稳定，附着在铁的表面不易脱落，起到保护膜的作用；在570℃以上时，形成的氧化物结构疏松、容易脱落，即常见的氧化皮。冶金工业中，在钢里加入适量的合金元素铬、硅或铝是抗氧化、不起皮钢的有效方法。

脱碳作用会降低钢的力学性能，特别是降低了表面硬度和疲劳强度，因而对高温工作的设备和零部件要注意这一问题。

2. 氢腐蚀

氢气在较低温度和压力（<200℃，<5.0MPa）下对普通碳钢及低合金钢不会有明显的腐蚀，但是在高温、高压下则会对它们产生腐蚀，使材料的机械强度和塑性显著下降，甚至损坏，这种现象常称为“氢腐蚀”。铁碳合金在高温高压下的氢腐蚀过程可分为氢脆阶段和氢侵蚀阶段。

氢脆阶段是物理过程。在此阶段，溶在钢中的氢并未与钢材发生化学作用，也未改变钢材的组织，钢材的抗拉强度和屈服强度也无大的改变。但是溶解在钢中的氢使钢材显著变脆，塑性减小，这种脆性与氢在钢中的溶解度成正比。

氢侵蚀阶段是化学反应过程。溶解在钢中的氢气与钢中的渗碳体发生化学反应，生成甲烷气，从而改变了钢材的组织。这一化学反应常在晶界处发生，生成的甲烷气聚集在晶界原有的微观孔隙内，形成局部高压，引起应力集中，使晶界变宽，产生更大的裂纹，或在钢材表层夹杂等缺陷中聚集形成鼓泡，使钢材力学性能降低。又由于渗碳体还原为铁素体时，体积减小，由此而产生的组织应力与前述内应力叠加在一起使裂纹扩展，而裂纹的扩展又为氢和碳的扩散提供了有利条件。这样反复不断进行下去，最后使钢材完全脱碳，裂纹形成网格，严重降低了钢材的力学性能，使材料遭到破坏。

铁碳合金的氢腐蚀随着压力和温度的升高而加剧，因为高压有利于氢气在钢中的溶解，而高温则增加氢气在钢中的扩散速度及脱碳反应的速度。通常衡量钢材抵抗氢腐蚀能力的指标是其产生氢腐蚀的开始温度和开始压力。

通过降低钢中的含碳量，使其无法产生碳化物（Fe_3C）析出，可以防止氢腐蚀的发生。此外，在钢中加入合金元素，如铬、钛、钼、钨、钒等，形成稳定的碳化物，不易与氢作用，可以避免氢腐蚀。

二、电化学腐蚀

电化学腐蚀是指金属在电解质溶液中，由于各部位电位不同，形成微电池，在电子交换过程中产生电流，其中电位较负的金属部分（阳极）失去电子而遭受腐蚀，如金属在酸、碱、盐溶液、水或海水中的腐蚀，金属在潮湿空气中的大气腐蚀，地下金属管线的腐蚀以及电解质溶液中不同金属接触处的电偶腐蚀等均属电化学腐蚀。

电化学腐蚀进行的过程中必须具备三个条件：同一金属上有不同电位的部分之间存在电位差，或不同金属之间存在电位差；阳极和阴极互相连接；阳极和阴极处在相互连通的电介质溶液中。

1. 晶间腐蚀

晶间腐蚀是一种常见的局部腐蚀，腐蚀破坏沿金属晶粒边界和它的邻近区域产生和发展，而晶粒本身的腐蚀则很轻微。晶间腐蚀破坏了金属晶粒之间的结合力，使材料的强度和塑性几乎完全丧失，从表面上看不出异样，但内部已经瓦解，破坏突然发生，危害极大。

在黑色金属中，只有部分铁素体不锈钢和奥氏体不锈钢才有可能产生晶间腐蚀。

奥氏体不锈钢含有少量的碳，在高温（1050℃）时，碳可以完全溶解于合金中，但在450～850℃的温度（敏化温度）范围内加热或缓慢冷却时，碳从奥氏体中以碳化铬（$Cr_{23}C_6$）的形式沿晶界析出，如图2-8所示。此时，这种钢就有晶间腐蚀的敏感性。在敏化温度内，奥氏体不锈钢中的碳很快向晶界扩散，并优先与铬化合成上述碳化物析出；而铬的扩散速度比碳慢，就使得晶界附近一带形成铬含量减少的贫铬区。当铬含量降低到耐腐蚀所需的最低含量（12.5%）以下，腐蚀就在此贫铬区产生。贫铬区成为电化学作用中的阳极区，不断地被腐蚀，而晶粒本身是阴极，晶间腐蚀迅速进行。发生晶间腐蚀后，钢材会变得很脆、强度很低，破坏无可挽回。为了防止晶间腐蚀，可采取以下几种方法：

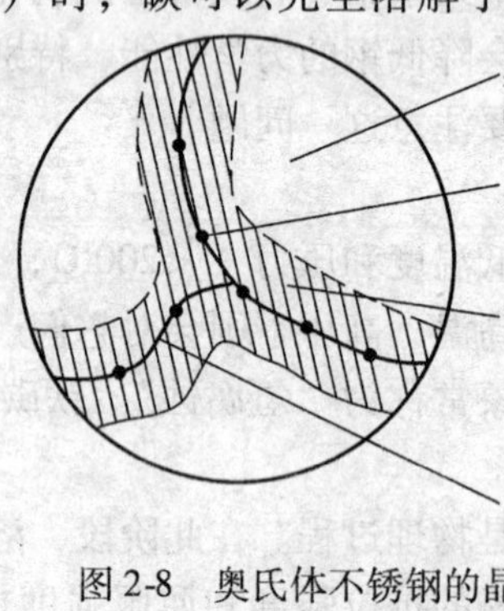

图2-8　奥氏体不锈钢的晶间腐蚀

1）在钢中加入与碳亲合力比铬更强的钛、铌等元素，以形成稳定的TiC、NbC等，将碳固定在这些化合物中，使铬的碳化物难以在晶间生成，可大大减少产生晶间腐蚀的倾向。例如，0Cr18Ni10Ti、0Cr18Ni11Nb等钢种具有较高的抗晶间腐蚀能力。

2）减少不锈钢中的含碳量，采用低碳和超低碳不锈钢。当钢中的含碳量降低后，铬的析出也将减少，如0Cr18Ni9钢。当$w_C < 0.02\%$时，即使在缓冷条件下，也不会析出碳化铬，这就是超低碳不锈钢，如00Cr19Ni10。但超低碳不锈钢冶炼困难、价格很高。

3）对某些焊接件可重新进行热处理，使碳、铬再固溶于奥氏体中。另外，为了提高对氯离子Cl^-的耐蚀能力，可在铬镍不锈钢中加入合金元素Mo，如1Cr18Ni12Mo3Ti。同时加入Mo、Cu元素，则在室温、浓度为50%以下的硫酸中也具有较高的耐蚀性，也可提高在低浓度盐酸中的抗腐蚀性，如0Cr18Ni18Mo2Cu2Ti。

2. 应力腐蚀

应力腐蚀是金属在腐蚀介质和拉应力的共同作用下产生的一种破坏形式，也称为腐蚀裂开。腐蚀与拉应力起互相促进的作用。一方面，腐蚀减少金属的有效截面积，形成表面缺口，产生应力集中；另一方面拉应力加速腐蚀的进程，使表面缺口向深处扩展，最后导致断裂。因此，应力腐蚀可使金属在平均应力低于它的屈服强度的情况下断裂。

化工中使用的压力容器，一般都承受较大的拉应力，在结构上不可避免存在着应力集中的部位，同时工作介质大多具有腐蚀性，这就具备了应力腐蚀发生的条件。因此，在压力容器的腐蚀破坏形式中，应力腐蚀是较常见的，也是最危险的。应力腐蚀如图2-9所示。

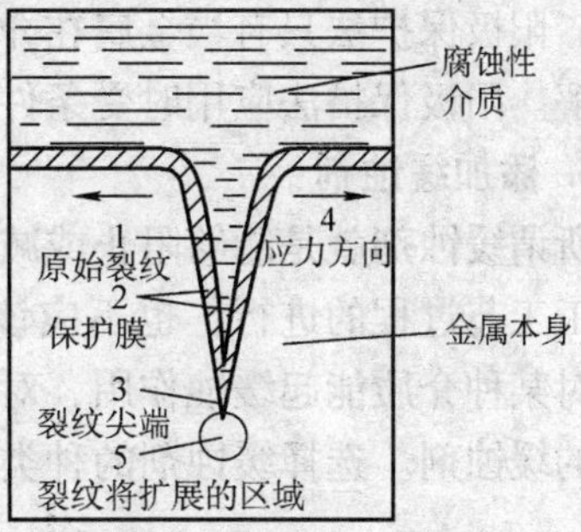

图2-9　应力腐蚀的裂纹扩展

三、金属设备的防腐措施

为了防止化工生产设备被腐蚀，除选择合适的耐腐蚀材料制造设备外，还可以采用多种防腐蚀措施。金属设备常用的防腐措施包括：

1. 衬覆保护层

通过某种方法在金属表面生成一保护性覆盖层，可以使金属与腐蚀介质隔开，是防止金属腐蚀而普遍采用的方法。保护性覆盖层分为金属涂层和非金属涂层两大类。

金属涂层采用电镀（镀铬、镀镍等）或热镀（镀铝、镀锌等）的方法制备。常见的其他方法还有喷镀法、渗镀法、化学镀及衬不锈钢衬里等。由上述各方法制备的金属涂层一般都是有空隙的。

非金属涂层大多数是隔离性涂层，它的作用是把被保护金属与腐蚀介质隔开。非金属涂层可分为无机涂层和有机涂层。

无机涂层指搪瓷或玻璃涂层、硅酸盐水泥涂层和化学转化涂层等。搪瓷涂层用以制作化学工业的各种容器衬里，玻璃涂层在制药工业、酒厂、食品厂中应用很广泛。采用硅酸盐水泥涂层的铸铁管和钢管在水溶液和土壤中使用寿命可达数十年。化学转化涂层又称化学膜，主要应用铬酸盐处理膜、磷酸盐处理膜等。有机涂层包括涂料涂层、塑料涂层和硬橡皮涂层。涂料是一种流动性物质，能够在金属表面展开成连续的薄膜，固化后即能将金属与介质隔开。塑料涂层是用层压法将塑料薄膜直接粘接在钢材表面加工而成。常用的塑料薄膜有丙烯酸树脂薄膜、聚氯乙烯薄膜等。硬橡皮涂层是将硬橡皮覆盖于钢材及其他金属表面，使其具有耐酸、耐腐蚀的特性，在许多化工设备中得到应用。硬橡皮涂层的缺点是受热后变脆，因此只能在50℃以下使用。

此外，还有在金属设备内部衬砖、板等非金属防腐方法。

2. 电化学保护法

根据金属腐蚀的电化学原理，如果把处于电解质溶液中的某些金属的电位提高，使金属钝化，人为地使金属表面生成难溶而致密的氧化膜，降低金属的腐蚀速度；同样，如果使某些金属的电位降低，使金属难于失去电子，也可大大降低金属的腐蚀速度，甚至使金属的腐蚀完全停止。这种通过改变金属—电解质的电极电位来控制金属腐蚀的方法称为电化学保护。电化学保护法包括阴极保护法与阳极保护法。

阴极保护法是通过外加电流使被保护的金属阴极极化以控制金属腐蚀的方法。阴极保护法用来防止在海水或河水中的金属设备的腐蚀非常有效，并已应用到石油、化工生产中受海水腐蚀的冷却设备和各种输送管道，如碳钢制海水箱式冷却槽、卤化物结晶槽、真空制盐蒸发器等。

阳极保护法是把被保护设备与外加的直流电源阳极相连，在一定的电解质溶液中，把金属的阳极极化到一定电位，使金属表面生成钝化膜，从而降低金属的腐蚀作用，使设备受到保护。阳极保护法只有当金属在介质中能钝化时才能应用，否则，阳极极化会加速金属的阳极溶解。阳极保护法应用时受条件限制较多，且技术复杂，使用得不多。

3. 添加缓蚀剂

所谓缓蚀剂就是能够阻止或减缓金属在环境介质中腐蚀的物质。加入的缓蚀剂不应该影响化工工艺过程的进行，也不应该影响产品质量。一种缓蚀剂对各种介质的效果是不一样的，对某种介质能起缓蚀作用，对其他介质则可能无效，甚至是有害的。因此，需严格选择合适的缓蚀剂。选择缓蚀剂的种类和用量，须根据设备所处的具体操作条件，通过试验来确定。

缓蚀剂有重铬酸盐、过氧化氢、磷酸盐、亚硫酸钠、硫酸锌、硫酸氢钙等无机缓蚀剂，有机胶体、氨基酸、酮类、醛类等有机缓蚀剂。

缓蚀剂的使用情况有三种：在酸性介质中常用硫脲、若丁（二邻甲苯硫脲）、乌洛托品（六亚甲基四胺）；在碱性介质中常用硝酸钠；在中性介质中用重铬酸钠、亚硝酸钠；磷酸盐等。

思考练习题

2-1 名词解释

1. 优质碳素钢； 2. 低合金钢； 3. 不锈钢和不锈耐酸钢； 4. 镇静钢； 5. 锅炉钢；
6. 容器钢； 7. 耐热钢； 8. 低温用钢； 9. 腐蚀速度； 10. 化学腐蚀；
11. 电化学腐蚀； 12. 氢腐蚀； 13. 晶间腐蚀； 14. 应力腐蚀； 15. 阴极保护法

2-2 填空

1. 容器机械设计的基本要求主要有______、______、______、______、______、______、______、______八条。

2. 压力容器主要由______、______、______、______、______、______等主要部件组成。

3. 我国现有与压力容器相关的标准与规定有近______个。

4. 我国现行的关于压力容器具有强制性的、法规性的规定主要有______、______、______三个。

5. GB150—1998《钢制压力容器》是我国压力容器标准体系中的______标准。

6. GB150—1980 采用了______设计准则，其适应范围是______。

7. 目前我国纳入安全技术监察范围的压力容器须同时具备的三个条件是①______；②______；③______。

8. 对于铁基合金，其屈服强度随着温度的升高而______，弹性模量 E 随温度的升高而______。

9. w_C 小于 0.25% 的钢叫______。低碳钢由于具有良好的______，所以适于用来制造容器。

10. 氢腐蚀属于化学腐蚀与电化学腐蚀中的______腐蚀；而晶间腐蚀与应力腐蚀属于______腐蚀。

2-3 判断是非题（是者画✓，非者画×）

1. 对于均匀腐蚀、氢腐蚀和晶间腐蚀，采取增加腐蚀裕度的方法，都能有效地解决设备在使用寿命内的腐蚀问题。( )

2. 材料的屈强比（σ_b/σ_s）越高，越有利于充分发挥材料的潜力。因此，应极力追求高的屈强比。（　　）

3. 材料的冲击韧性 α_K 值高，则其塑性指标 δ_5 也高；反之当材料的 δ_s 高，则 α_K 值也一定高。（　　）

4. 只要设备的使用温度在 0～250℃范围内，设计压力不超过 1.6MPa，且容器壁厚不超过 12mm，不论处理何种介质，均可采用 Q235AF 钢板制造。（　　）

5. 弹性模量 E 和泊松比 μ 是材料的重要力学性能，一般钢材的 E 和 μ 都不随温度的变化而变化，所以都可以取为定值。（　　）

6. 蠕变强度表示材料在高温下抵抗发生缓慢塑性变形的能力；持久强度表示材料在高温下抵抗断裂的能力；而冲击韧度则表示材料在外加载荷突然袭击时及时和迅速塑性变形的能力。（　　）

7. 不锈钢含碳量都很低。（　　）

2-4　指出下列钢材的种类、碳的质量分数及合金元素的质量分数，见表 2-1。

表 2-1　几种钢材的种类及碳、合金元素质量分数

钢　号	种　类	碳的质量分数(%)	合金元素的质量分数(%)	符号意义
Q235AF		—	—	A： F： Q：
20g			—	g：
16Mn R				R：
20MnMo				—
16MnDR				D：
14Cr1Mo				—
12Cr2Mo1				—
0Cr13				—
1Cr18Ni9Ti				—
00Cr19Ni10				—
0Cr18Ni12Mo2Ti				—

2-5　根据所给条件选择材料，见表 2-2。

表 2-2　材 料 选 择

设　备	介　质	设计温度/℃	设计压力/MPa	供选材料	应选材料
氨合成塔外筒	氮、氢、少量氨	≤200	15	0Cr18Ni9Ti，20，Q235AF，18MnMoNbR，13MnNiMoNbR	

（续）

设　备	介　质	设计温度/℃	设计压力/MPa	供选材料	应选材料
氯化氢吸收塔	氯化氢气体，盐酸，水	80～120	0.2	Q235AR，1Cr18Ni9Ti，铜，铝，硬聚氯乙烯塑料，酚醛树脂漆浸渍的不透性石墨	
溶解乙炔气瓶蒸压釜	水蒸气	≤200	15	Q235A，0Cr19Ni10，20，16MnR，18MnMoNbR，07MnCrMoVR	
高温高压废热锅炉的高温气侧壳体内衬	转化气（H_2，CO_2，N_2，CO，H_2O，CH_4，Ar）	890～1000	3.14	18MnMoNbR，0Cr13，Q235AR，1Cr25Ni20，0Cr18Ni9Ti，Cr22Ni14N	

2-6　指出下列压力容器温度与压力分级范围，见表 2-3。

表 2-3　压力容器温度及压力分级选择

温度分级	温度范围/℃	压力分级	压力范围/MPa
常温容器		低压容器	
中温容器		中压容器	
高温容器		高压容器	
低温容器		超高压容器	
浅冷容器		真空容器	
深冷容器		—	—

2-7　指出下列容器属于一、二、三类容器的哪一类，见表 2-4、表 2-5。

表 2-4　容器类别选择（一）

序号	容器（设备）及条件	类　别
1	ϕ1500mm，设计压力为 10MPa 的管壳式余热锅炉	
2	设计压力为 0.6MPa，容积为 1m^3 的氯化氢气体储罐	
3	ϕ2000mm，容积为 20m^3 的液氨储罐	
4	压力为 10MPa，容积为 800L 的乙烯储罐	
5	设计压力为 2.5MPa 的糖玻璃容器	

表 2-5　容器类别选择（二）

序号	容器（设备）及条件	类　别
1	压力为 4MPa 的毒性程度为极度危害介质的容器	
2	ϕ800mm，设计压力为 0.6MPa，介质为非易燃和无毒的管壳式余热锅炉	
3	用抗拉强度规定值下限为 σ_b = 620MPa 材料制造的容器	
4	工作压力为 2.5MPa 的尿素合成塔	
5	汽车罐车和铁路罐车	

第三单元　压力容器设计

学习要点：

◆了解薄膜理论的基本概念和应用条件。

◆掌握典型壳体的强度计算方法，正确理解和选用公式中各参数。

◆熟悉压力试验的种类、方法及相关要求。

◆了解外压容器的失效形式，掌握外压薄壁容器的工程图算法。

能力目标：

◆能根据工艺条件，对内、外压薄壁容器进行强度、稳定性计算及结构设计。

典型项目：

◆项目引入　设计一液氨储罐。储罐内径 $D_i = 2600$mm，储罐（不包括封头）长度 $L = 4800$mm。使用地点为上海。

◆项目分析　压力容器设计的核心问题是保证容器在各种外载荷作用下具有足够的强度、刚度和稳定性，以确保容器具备有效抵抗变形和破坏的能力，从而保证容器能安全稳定地运行。本项目中液氨储罐属中低压的薄壁容器，根据给定的工艺条件确定各种参数，通过强度计算以确定容器的壁厚，从而设计出符合工艺条件的安全、经济的过程设备。

模块一　压力容器的应力分析

【学习目标】　了解压力容器受内压作用后的变形和应力分布特点，熟悉薄壁容器的无力矩理论及其应用；了解边缘效应和边缘应力的特点。

【问题引导】

1. 薄壁回转壳体在均匀内压作用下，器壁上任意点的应力特点是什么？
2. 薄壁内压容器的无力矩理论适用条件是什么？
3. 在什么情况下需要考虑边缘应力？

压力容器按厚度可分为薄壁和厚壁容器。工程上一般把壳体厚度与其最大截面圆的内径之比小于0.1，即 $\delta/D_i < 0.1$ 或 $K = D_o/D_i \leqslant 1.2$（$\delta$ 为容器厚度，D_o 和 D_i 分别为容器的外径和内径）的容器称为薄壁容器，否则称为厚壁容器。在化学工业等过程工业中，应用最多的是中低压的薄壁容器。我国对薄壁容器的设计是以 GB 150 为依据、以弹性失效为准则的常规设计方法。分析容器在载荷作用下的应力和变形是压力容器强度设计首先要解决的问题。

任务1　回转薄壳的薄膜应力分析

多数压力容器由回转壳体组成：圆柱壳、球壳、椭球壳、锥形壳和由它们构成的组合壳。这些壳体多属于回转薄壳。

壳体是一种以两个同轴曲面为界，且曲面之间的距离比其他方向尺寸小得多的构件。两曲面之间的法向距离即是壳体的厚度，用δ表示。与壳体内、外两个曲面等距离的中曲面称为壳体的中面，中面代表壳体的几何特性。

回转薄壳指壳体的中面是由直线或平面曲线绕同平面的固定轴旋转一周而形成的回转曲面体。平面曲线形状不同便得到不同形状的回转薄壳。例如，圆柱壳体是由一根直线围绕与其平行的回转体中心轴旋转一周而形成的，球形壳体是由一根半圆曲线绕其直径旋转一周而成的，圆锥壳体是由一根直线绕着与之相交的中心轴旋转一周而成的，如图3-1所示。

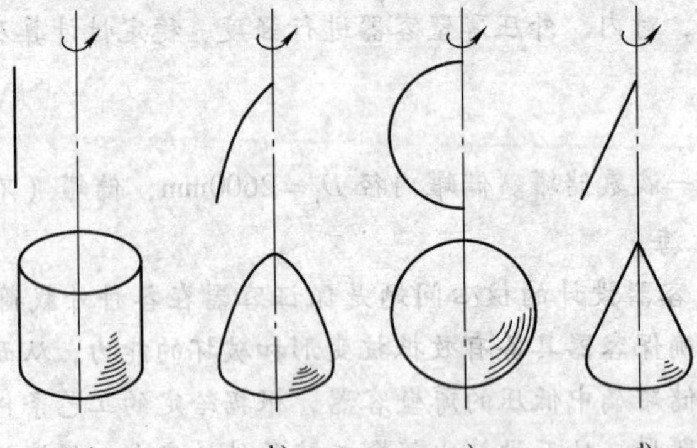

图3-1　回转薄壳的形成

a）圆柱壳体的形成　b）椭圆壳体的形成　c）球形壳体的形成　d）圆锥壳体的形成

不同形状的壳体，受载后的应力分布规律也不相同，在此首先分析薄壁圆筒（其外、内径之比$D_o/D_i \leqslant 1.2$），然后分析一般形状的回转薄壳，最后应用所得到的结论，去解决球壳、椭球壳以及锥形壳等其他各种形状薄壁壳体的应力分析问题。对由内压引起的回转壳体的薄膜应力分析为确定容器壳体所需的最小壁厚奠定了基础。同时，容器的实际（所需）厚度也取决于容器承受的其他载荷所引起的应力。

一、薄壁圆筒的应力特点

锅炉锅筒和化工、炼油及反应堆工程中的换热器、塔器等设备均由两端封头和作为主体的薄壁圆筒组成，如图3-2所示。根据材料力学的分析方法，内压p作用于薄壁圆筒，在圆筒壁上任一点将产生两个方向的应力：一是由于容器两端是封闭的，内压作用于封头上使筒体发生轴向拉伸变形而产生的轴向拉应力，称为“经向应力”或“轴向应力”，用σ_φ表示；二是由于内压作用使圆筒均匀向外膨胀，产生直径增大的变形，在圆周的切线方向产生拉应力，称为“周向应力”或“环向应力”，用σ_θ表示。除上述两个应力外，圆筒壁中沿壁厚方向还存在着径向应力σ_r，但它相对σ_φ、σ_θ要小得多，所以在薄壁圆筒中不予考虑。于是，对于薄壁容器，可以认为筒壁上任意一点均处于二向应力状态，如图 3-2 所示的 B 点。

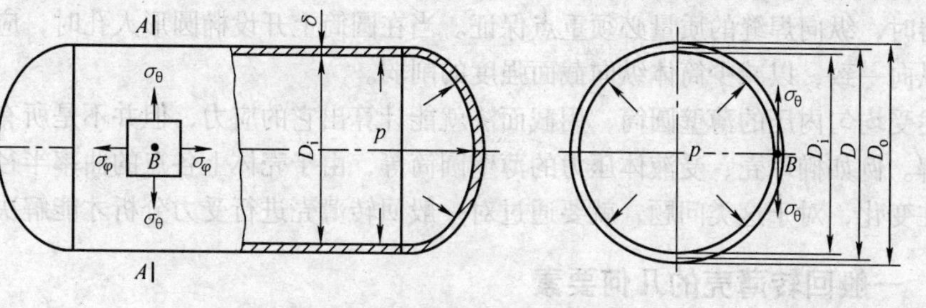

图 3-2　薄壁圆筒在内压作用下的应力

求解 σ_φ 和 σ_θ 可采用材料力学中的“截面法”。假想一垂直于圆筒轴线的横截面将圆筒分成两部分，保留右面部分，如图 3-3 所示，首先计算筒体的轴向外力，即作用于封头的内压 p 产生的合力 P。由理论推导得知：作用在任一曲面上的介质压力，其合力等于压力 p 与该曲面沿合力方向所得投影面积 A 的乘积，而与曲面形状无关。此处，内压作用于封头的合力沿筒体轴线水平向右，故右侧封头曲面的投影面积 $A=\frac{\pi}{4}D_i^2$，则作用于封头的内压 p 产生的合力为 $P=pA=p\frac{\pi}{4}D_i^2$，P 使右面部分有向右移动之趋势，为了保持原来的平衡，被除去的左面部分必然会给右面部分以作用力（内力），即在筒体器壁的横截面内产生轴向应力。根据平衡条件，其轴向合外力 $p\frac{\pi}{4}D_i^2$ 必与轴向合内力 $\pi D\delta\sigma_\varphi$ 相等。对于薄壁壳体，近似认为内径 D_i 等于壳体的中面直径 D，即

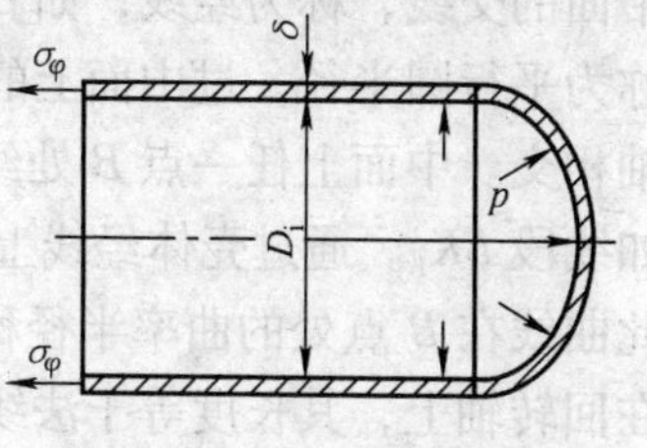

图 3-3　轴向应力计算

$$p\frac{\pi}{4}D^2=\pi D\delta\sigma_\varphi$$

由此得

$$\sigma_\varphi=\frac{pD}{4\delta} \tag{3-1}$$

计算环向应力时，为简便起见，由筒体中取出长为 l 的一段进行分析，用通过筒体轴线的水平面将筒体截成上、下两部分，保留下面部分（图 3-4）。与作用于封头的合力 P 的计算相似，作用在下面部分上的内压 p 的合力 $P=pA$，其中，A 为下面部分在轴平面上的投影面积，$A=D_i l(D_i\approx D)$，所以有 $P=pDl$。P 使下面部分有向下移动之趋势，为了保持原来的平衡，被移去的上面部分必然会给下面部分施以作用力（内力），即在筒体器壁的纵截面内产生环向应力。根据平衡条件有 $pDl=\sigma_\theta 2l\delta$，整理后得

$$\sigma_\theta=\frac{pD}{2\delta} \tag{3-2}$$

由上述分析可见，内压薄壁圆筒的器壁，在其轴向和环向都有拉应力存在，而且筒体的环向应力较大，是经向应力的两倍，即 σ_θ

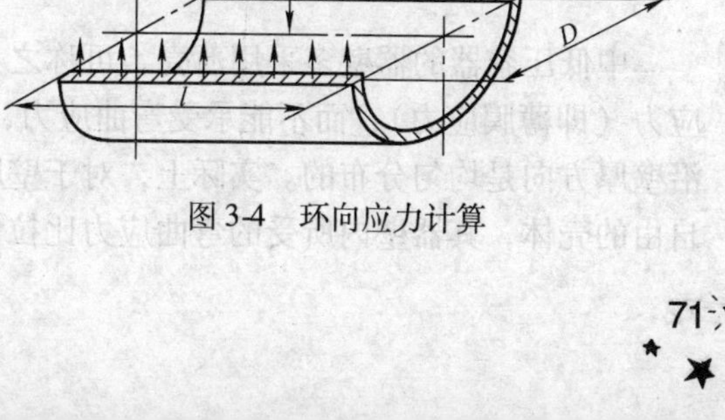

图 3-4　环向应力计算

$=2\sigma_{\varphi}$。实践证明，圆筒形内压容器往往是强度薄弱的纵向破裂。根据这个特点，在焊接或检验容器时，纵向焊缝的质量必须重点保证。当在圆筒上开设椭圆形人孔时，应使其短轴与筒体的纵向一致，以减少筒体纵向截面强度的削弱。

上述受均匀内压的薄壁圆筒，用截面法就能计算出它的应力，但并不是所有的问题都能这样求解。例如椭球壳、受液体压力的薄壁圆筒等，由于壳体上各点的曲率半径或承受液体静压存在变化，对于这类问题，就要通过对一般回转薄壳进行受力分析才能解决。

二、一般回转薄壳的几何要素

一个一般回转壳体如图 3-5a 所示。绕轴线回转形成中面的平面曲线 OA 称为母线，OO' 为回转轴，中面与回转轴 OO'的交点称为极点。通过回转轴的平面为经线平面，经线平面与中面的交线，称为经线，如 OA'。垂直于回转轴的平面与中面的交线称为平行圆，其半径 r 称为平行圆半径。过中面上的点且垂直于中面的直线称为中面在该点的法线。法线必与回转轴相交。中面上任一点 B 处经线的曲率半径为中面在该点的“第一曲率半径”，用 R_1 表示，如线段 BK_1。通过壳体经线上一点 B 的法线，作垂直于经线的平面与中面相交形成的曲线，此曲线在 B 点处的曲率半径称为该点的第二曲率半径，用 R_2 表示。第二曲率半径的中心落在回转轴上，其长度等于法线段 BK_2，即 $R_2=BK_2$，如图 3-5b 所示。

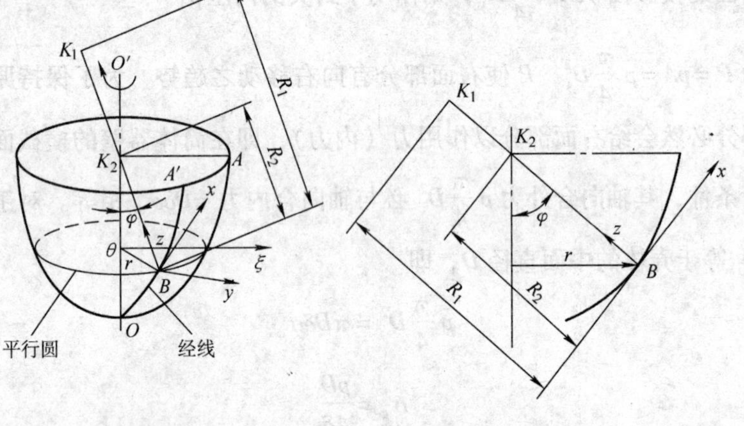

图 3-5　一般回转壳体的几何要素

回转壳体的第一和第二曲率半径可以是常数，如圆柱壳和球壳；也可以是逐点变化的，如锥壳和椭球壳等。同一点的第一和第二曲率半径都在该点的法线上，且任意点的平行圆半径为 $r=R_2\sin\varphi$（φ 为回转轴与第二曲率半径之夹角）。

三、无力矩理论及应用

中低压容器的器壁多采用薄壳，可称之为“薄膜”。无力矩理论认为薄膜只能承受拉压应力（即薄膜应力），而不能承受弯曲应力，类似于气球的球壁，并假定器壁上的薄膜应力沿壁厚方向是均匀分布的。实际上，对于壁厚很薄、几何曲面和所受外载荷连续、边界支承自由的壳体，其器壁内所受的弯曲应力比拉压应力小得多，可忽略不计，这样可以大大简化工程计算。这种只考虑拉压应力而忽略弯曲应力影响的分析问题的方法称为无力矩理论，又称为薄膜理论。用薄膜理论求得壳体中的应力（σ_φ、σ_θ）称为薄膜应力。

1. 无力矩理论的基本方程

化工过程容器就其整体而言通常是轴对称的，即壳体的几何形状、约束条件和所受外载荷都对称于回转轴。根据无力矩理论求解轴对称回转薄壳上任意点 B 处的薄膜应力有两个基本方程。

（1）微体平衡方程（拉普拉斯方程）

$$\frac{\sigma_\varphi}{R_1}+\frac{\sigma_\theta}{R_2}=\frac{p}{\delta} \tag{3-3}$$

（2）区域平衡方程

$$\sigma_\varphi=\frac{\int_0^{r_B} pr\mathrm{d}r}{r_B\delta\sin\varphi} \tag{3-4}$$

壳体仅受气体内压作用时，各处的压力相等，此时

$$\sigma_\varphi=\frac{pR_2}{2\delta} \tag{3-5}$$

式（3-3）、式（3-4）是无力矩理论的两个基本方程，也是薄壁壳体应力计算的基本公式。

2. 典型壳体的薄膜应力

（1）仅受气体内压的薄壁圆筒　仅受气体内压作用的薄壁圆筒，中面直径为 D，第一、第二曲率半径分别为 $R_1=\infty$，$R_2=R=D/2$，代入式（3-3）、式（3-5），得圆筒薄膜应力为

经向应力
$$\sigma_\varphi=\frac{pR}{2\delta}=\frac{pD}{4\delta} \tag{3-6}$$

环向应力
$$\sigma_\theta=\frac{pR}{\delta}=\frac{pD}{2\delta} \tag{3-7}$$

显然，式（3-6）、式（3-7）与前面用截面法求得的结果相同。

（2）受气体内压的球形壳体　球形壳体上各点的第一、第二曲率半径相等，且等于球壳的半径，即 $R_1=R_2=R=D/2$，代入式（3-3）、式（3-5），得球壳薄膜应力为

$$\sigma_\varphi=\sigma_\theta=\frac{pR}{2\delta}=\frac{pD}{4\delta} \tag{3-8}$$

这说明球壳上各处应力相等，环向应力和经向应力也相等。同时比较式（3-7）和式（3-8）可见，在承受相同的内压力 p 作用时，球壳的环向应力只有同直径同厚度的圆筒壳的环向应力的一半，故球壳的承压能力比圆柱壳好，这是球壳显著的优点。

（3）受气体内压的圆锥形壳体　纯粹的锥形容器在工程上是少见的，一般用于容器的封头或变径段，以逐渐改变气体或液体的速度，或者便于固体或粘性物料的卸出。

图 3-6 所示的锥形壳体，受气体内压 p 作用，半锥角为 α，任一点 A 处的平行圆半径为 r，则 A 处的第一、第二曲率半径分别为

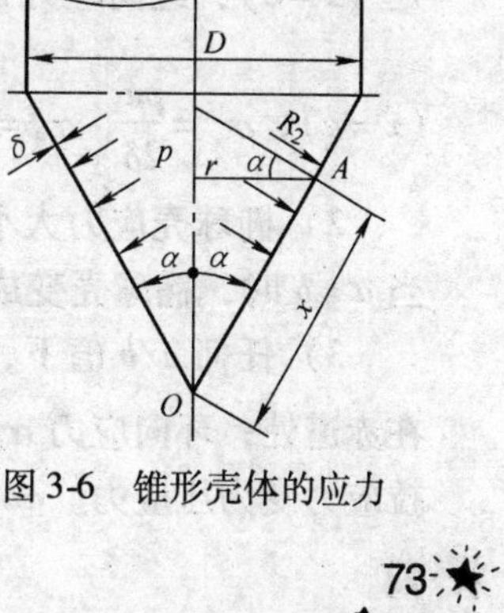

图 3-6　锥形壳体的应力

$R_1=\infty$，$R_2=r/\cos\alpha$，代入式（3-3）、式（3-5），得 A 点处的薄膜应力为

$$\sigma_\varphi=\frac{pR_2}{2\delta}=\frac{pr}{2\delta\cos\alpha} \tag{3-9}$$

$$\sigma_\theta=\frac{pR_2}{\delta}=\frac{pr}{\delta\cos\alpha} \tag{3-10}$$

由式（3-9）、式（3-10）可见，锥形壳中的应力随着 r 的增加而增加，在锥顶处应力为零；离锥顶越远应力越大，在锥底大端处（$r=D/2$）应力最大，且环向应力是经向应力的两倍。同时，锥壳应力随半锥角 α 的增大而增大，当 α 趋于零时，锥壳应力趋于圆筒的壳体应力，当 α 趋于 90°时，锥体变平板，其应力接近无限大。因此，α 角要选择合适，不宜太大。

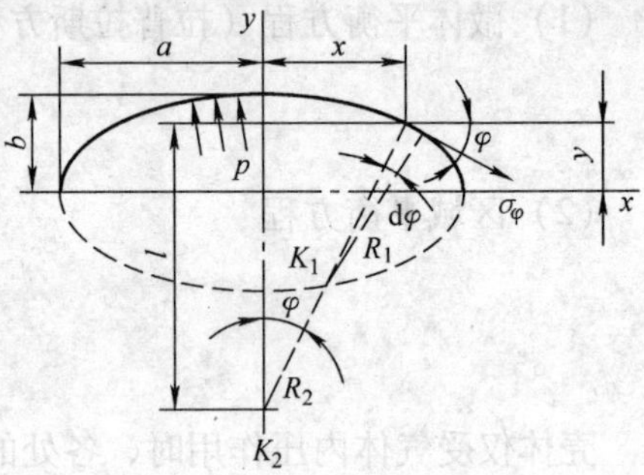

图 3-7　椭球壳体的应力

（4）受气体内压的椭球形壳体　椭球形壳体是由二分之一椭圆曲线作为母线绕回转轴旋转一周形成的。它的应力同样可以用无力矩理论求得，但椭球壳上任一点的第一曲率半径 R_1 和第二曲率半径 R_2 不是常量，是沿着椭球壳的经线连续变化的。如图 3-7 所示的椭球壳体，其椭圆曲线方程为

$$\frac{x^2}{a^2}+\frac{y^2}{b^2}=1$$

经理论推导，可确定椭球壳上任一点的 R_1 和 R_2，将其代入式（3-3）、式（3-5），从而得到椭球壳上任一点的薄膜应力为

$$\sigma_\varphi=\frac{pR_2}{2\delta}=\frac{p}{2\delta}\frac{[a^4-x^2(a^2-b^2)]^{1/2}}{b} \tag{3-11}$$

$$\sigma_\theta=\frac{p}{2\delta}\frac{[a^4-x^2(a^2-b^2)]^{1/2}}{b}\left[2-\frac{a^4}{a^4-x^2(a^2-b^2)}\right] \tag{3-12}$$

式中　a，b——椭球壳的长、短半轴（mm）；

x——椭球壳上任意点离椭球中心轴的距离（mm）；

其他符号意义与单位同前。

分析式（3-11）与式（3-12）可得出：

1）椭球壳上各点的薄膜应力是不等的，它与各点的位置（坐标）有关，且在壳体顶点处（$x=0$），经向应力 σ_φ 和环向应力 σ_θ 相等，$\sigma_\varphi=\sigma_\theta=\dfrac{pa^2}{2b\delta}$，均为拉应力；在壳体赤道处（$x=a$），$\sigma_\varphi=\dfrac{pa}{2\delta}$，$\sigma_\theta=\dfrac{pa}{\delta}\left(1-\dfrac{a^2}{2b^2}\right)$，应力值连续变化。

2）椭球壳应力大小除与内压 p、壁厚 δ 有关外，还与长轴与短轴之比 a/b 有很大关系。当 $a=b$ 时，椭球壳变成球壳，随着 a/b 比值的增大，椭球壳中应力增大。

3）任何 a/b 值下，经向应力 σ_φ 恒为正值，即为拉应力，且最大值在顶点处，最小值在赤道处；环向应力 σ_θ 在顶点处恒为正值且最大，在赤道处，当 $a/b>\sqrt{2}$时，$\sigma_\theta<0$，即从拉应力变为压应力。a/b 值越大，赤道处环向压应力越大，设计时必须考虑此处的环向失稳

问题，可采取整体或局部增加厚度及局部采用环状加强构件措施加以预防。

4）工程上常用标准椭圆形封头，其 $a/b=2$，此时 σ_θ 值在顶点处和赤道处大小相等但符号相反，即顶点处为 pa/δ，赤道上为 $-pa/\delta$，如图 3-8a 所示；σ_φ 恒是拉应力，在顶点处达最大值 pa/δ，且顶点处的经向应力比赤道处的经向应力大一倍，如图 3-8b 所示。

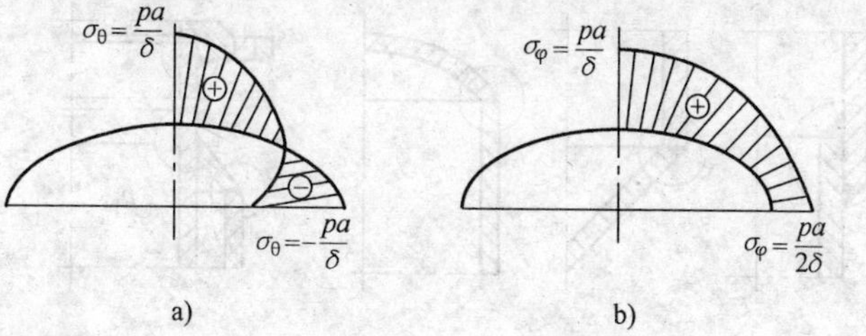

图 3-8　标准椭圆封头的应力分布

3. 无力矩理论的应用条件

无力矩理论是在回转薄壳的受力分析中忽略了弯矩的作用，此时应力状态和承受内压的薄膜相似。为保证回转薄壳处于薄膜状态，壳体形状、加载方式及支承等应满足以下条件。

1）回转壳体曲面在几何上是轴对称的，载荷分布也是轴对称的，壳体厚度、中面曲率和载荷连续，没有突变，构成壳体的材料是各向同性的，且物理性能相同。

2）壳体的边界处不受横向剪力、弯矩和扭矩作用。

3）壳体边界处的约束沿经线的切线方向，不限制边界处的转角和挠度。

上述条件中若有一个不能满足，则破坏了无力矩状态，就不能用无力矩理论求解，必须用有力矩理论求解。当然，理想的无力矩状态不容易实现，如在容器的支座、开孔接管处，存在载荷的突变和几何形状的不连续问题，存在较大的弯曲应力，不能用无力矩理论来求解。在远离支座、接管处，无力矩理论仍然适用。在工程实际中，理想的薄壁壳体是不存在的，因为即使壳壁很薄，壳体中还会或多或少地存在一些弯曲应力，所以无力矩理论有其近似性和局限性。由于弯曲应力一般很小，如果略去不计，其误差仍在工程计算的允许范围内，而计算方法大大简化，所以工程计算中常采用无力矩理论。

任务 2　回转薄壳的边缘应力及其处理

1. 有力矩理论及边缘应力

工程实际中，容器的壳体通常由圆筒、球形、椭圆形、圆锥形、平板等几种简单形状的壳体组合而成。在不同形状壳体的连接处，其几何形状或载荷有突变，或材料不连续以及边界条件等方面不再是理想无力矩状态，必须考虑弯矩和弯曲应力的影响，需用有力矩理论进行分析。有力矩理论又称弯曲理论，它认为壳体虽然很薄，但有一定的抗弯刚度，承受载荷的壳体内仍有弯矩和弯曲应力存在，不能忽略。该理论计算精确但比较复杂。在很多实际问题中，一般先按无力矩理论求出问题的解，再对弯矩较大的区域用有力矩理论进行修正。联合使用有力矩理论和无力矩理论，解决了工程实际中大量的薄壳问题。

容器壳体一部分与另一部分相连接的边缘称为连接边缘，也称不连续处，主要是几何不连续处或载荷不连续处、温度不连续处以及材料不连续处等。由于相邻两段性能不同，或所受温度、压力不同，导致两部分变形量不同，但又相互约束，从而产生较大的剪力与弯矩，如图 3-9 所示。

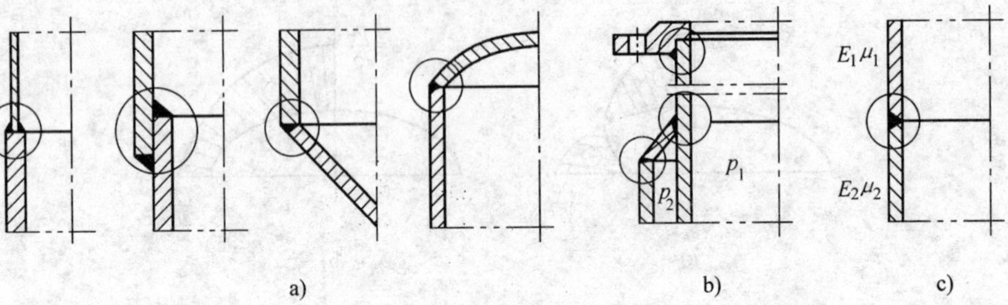

图 3-9　连接边缘

a）几何形状不连续　b）几何形状与载荷不连续　c）材料不连续

如图 3-10a 所示，圆筒体与平封头相连，受内压后，平封头 1 刚度大，变形小，筒体 2 刚度小，变形大，若让其自由变形，必因两者位移不同发生边界分离现象。而实际上两个壳体是连接在一起的，即两壳体在连接处的位移和转角必须相等，形成了变形协调，如图 3-10b 所示。这样在两个壳体连接处附近形成一种约束，迫使连接处壳体发生局部的弯曲变形，在连接边缘引起了附加的边缘力和边缘力矩，局部将产生较大的弯曲应力，使这一区域的总应力增大，使连接边缘处产生了比薄膜应力大得多的边缘应力。研究表明，虽然这些附加应力只限于连接边缘处附近的区域内，并且随距离的增加而迅速衰减，但其数值有时相当大。容器这种由于结构的不连续而在连接边缘的局部区域出现衰减很快的应力增大的现象，称为不连续效应或边缘效应，由此引起的局部应力称为不连续应力或边缘应力。边缘应力的大小与连接边缘的形状、尺寸、材料等因素有关。

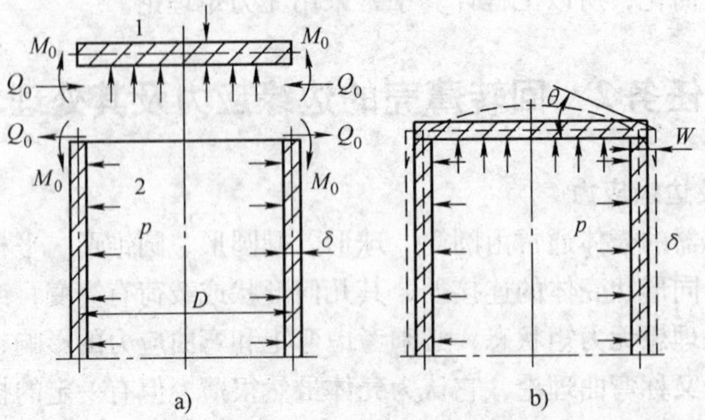

图 3-10　平板与圆筒体连接的边缘效应

2. 边缘应力的特征

（1）局部性　不同性质的连接边缘产生不同大小的边缘应力，但它们都有一个明显的衰减波特性，随离开边缘的距离增大，边缘应力迅速衰减。以圆筒壳体为例，其沿轴向的衰减经过一个周期之后，即离开边缘距离 $2.5\sqrt{R\delta}$（R 与 δ 分别为圆筒的半径与厚度）之处边缘应力已经基本衰减完了。

（2）自限性　发生边缘弯曲的原因是由于薄膜变形不连续。当然，这是指弹性变形。当边缘两侧的弹性变形相互受到约束时，必然产生附加边缘力和边缘弯矩，从而产生边缘应力，使应力增大。但是当边缘处的局部材料发生屈服进入塑性变形阶段时，上述这种弹性约束就会缓解，因而原来不同的薄膜变形便趋于协调，于是边缘应力就自动受到限制，不再增加。这就是边缘应力的自限性。

边缘应力与薄膜应力不同。薄膜应力是由介质压力直接引起的，随着介质压力的增大而增大，是非自限性的；而边缘应力则是由连接边缘两部分变形协调所引起的附加应力，它具有局部性和自限性。通常把薄膜应力称为一次应力，把边缘应力称为二次应力。根据强度设计准则，具有自限性的应力，使容器直接发生破坏的危险性一般较小。

3. 对边缘应力的处理

1）由于边缘应力具有局部性和自限性，在设计中一般不按局部应力来确定厚度，而是在结构上作局部处理。例如，改变连接边缘的结构，如图 3-11 所示；边缘应力区局部加强；保证边缘区内焊缝的质量；降低边缘区的残余应力（进行消除应力热处理）；避免边缘区产生附加局部应力或应力集中，如不在连接边缘区开孔等。

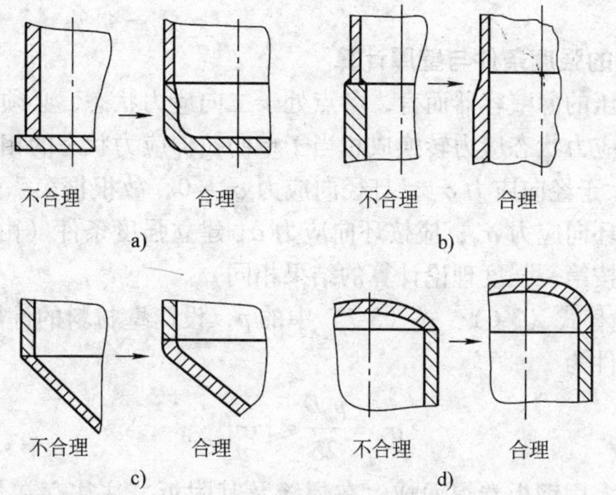

图 3-11　边缘连接改善结构

2）只要是塑性材料，即使边缘局部某些点的应力达到或者超过材料的屈服强度，邻近尚未屈服的弹性区也能够抑制塑性变形的发展，使塑性区不再扩展，故大多数塑性较好的材料制成的容器，如低碳钢、奥氏体不锈钢、铜、铝等压力容器，当承受静载荷时，除结构上作某些处理外，一般并不对边缘应力作特殊考虑。

但是某些情况则不然，如塑性较差的高强度钢制的重要压力容器、低温下铁素体钢制的重要压力容器、受疲劳载荷作用的压力容器等。这些压力容器如果不注意控制边缘应力，则在边缘高应力区有可能导致脆性破坏或疲劳破坏，因此必须正确计算边缘应力。

3）由于边缘应力具有自限性，属二次应力，它的危害性就没有薄膜应力大。当分清应力性质以后，在设计中对边缘应力的考虑可以不同于薄膜应力。例如，对薄膜应力一般取许用应力$[\sigma]=(0.6\sim0.7)\sigma_s$，而对边缘应力可取较大的许用应力，如某些设计规范规定一次应力与二次应力之和可控制在$2\sigma_s$以下。

以上只是对设计中考虑边缘应力的一般说明。实际上，无论设计中是否计算边缘应力，在边缘结构上作妥善处理显然都是必要的。

模块二　内压薄壁圆筒和球壳的强度计算

【学习目标】 掌握内压薄壁圆筒和球壳的强度计算方法，正确理解和选用公式中各参数；熟悉压力试验的种类、方法、操作及相关要求。

【问题引导】

1. 内压薄壁圆筒和球壳的强度计算方法是什么？如何确定公式中的各个参数？
2. 为什么要进行压力试验？说明液压试验的过程。

任务1　确定强度条件与计算壁厚

1. 内压薄壁圆筒的强度条件与壁厚计算

对于承受均匀内压的薄壁容器而言，各点处于二向应力状态，必须借助强度理论建立其强度条件，即将二向应力状态应力转换成相当于单向拉伸应力状态的相当应力。内压薄壁圆筒中环向应力σ_θ远大于经向应力σ_φ，且径向应力$\sigma_r\approx0$，故根据第一强度理论，该相当应力即最大主应力就是环向应力σ_θ，应按环向应力σ_θ建立强度条件（由于$\sigma_r\approx0$，按第三强度理论计算的结果与按第一强度理论计算的结果相同）。

以计算压力p_c代替式（3-6）、式（3-7）中的p，设筒壁材料的许用应力为$[\sigma]^t$，则内压薄壁圆筒的强度条件为

$$\sigma_\theta=\frac{p_cD}{2\delta}\leqslant[\sigma]^t$$

钢制化工容器大多用钢板卷焊而成，在焊缝及其附近，往往存在焊接缺陷（夹渣、气孔、未焊透等）以及加热冷却造成的内应力和晶粒粗大，使得焊缝及其附近材料的强度低于母材的强度。因此，要将钢板的许用应力适当降低，将许用应力乘以一个小于等于1的数值ϕ，称为焊接接头系数，即将钢板材料的许用应力打一个折扣，来弥补焊接对强度削弱的影响。引入焊接接头系数后的强度条件为

$$\sigma_\theta=\frac{p_cD}{2\delta}\leqslant[\sigma]^t\phi \tag{3-13}$$

此外，一般工艺条件确定的是圆筒内径D_i（符合公称直径的标准值）。在工程实际中，用内径比用中面直径方便，为此，可将中面直径$D=D_i+\delta$代入式（3-13）得

$$\sigma_\theta=\frac{p_c(D_i+\delta)}{2\delta}\leqslant[\sigma]^t\phi$$

解出式中的 δ，于是可得内压圆筒的计算壁厚 δ

$$\delta = \frac{p_c D_i}{2[\sigma]^t \phi - p_c} \tag{3-14}$$

式中 δ——圆筒的计算厚度（mm）；

p_c——圆筒的计算压力（MPa）；

D_i——圆筒的内直径（mm）；

$[\sigma]^t$——圆筒材料在设计温度下的计用应力（MPa）；

ϕ——圆筒的焊接接头系数。

式（3-14）又称为中径公式，适用条件：$p_c \leqslant 0.4[\sigma]^t \varphi$（工程上 $K \leqslant 1.5$）。

式（3-14）仅是考虑气体内压作用下的壁厚计算公式。当容器不仅承受内压，还承受较大的外部载荷时，如风载荷、地震载荷、偏心载荷、温差应力等，式（3-14）就不能作为确定圆筒壁厚的唯一依据，需要同时校核其他载荷作用所引起的筒壁应力。

2. 内压薄壁球壳的强度条件与壁厚计算

内压薄壁球壳的强度条件为

$$\sigma = \frac{p_c D}{4\delta} \leqslant [\sigma]^t \tag{3-15}$$

考虑焊缝的影响，并将中面直径 $D = D_i + \delta$ 代入上式，则有

$$\sigma = \frac{p_c (D_i + \delta)}{4\delta} \leqslant [\sigma]^t \phi$$

解出式中的 δ，于是可得承受内压的球壳的计算壁厚 δ

$$\delta = \frac{p_c D_i}{4[\sigma]^t \phi - p_c} \tag{3-16}$$

式（3-16）中各项参数的意义及单位与式（3-14）相同。

对比内压薄壁圆筒与球壳的壁厚计算公式（3-14）与式（3-16），当条件相同时，球壳的壁厚约为圆筒壁厚的一半。例如内压为0.5MPa，容积为5000m^3 的容器，若为圆筒形其材料用量是球形的1.8倍；而且在相同容积下，球体的表面积比圆柱体的表面积小，因而防护用剂和保温等费用也较少。因此，目前在化工、石油、冶金等过程工业中，许多大容量储罐都采用球形容器。但因球形容器制造比较复杂，所以通常直径小于3m 的容器仍为圆筒形。

3. 容器厚度的确定

（1）计算厚度 δ 按各强度条件公式计算得到的厚度称为计算厚度。必要时还应计入其他载荷对厚度的影响。计算厚度是保证容器强度要求的最小值。

（2）设计厚度 δ_d 计算厚度与腐蚀裕量 C_2 之和为设计厚度，即 $\delta_d = \delta + C_2$。

（3）名义厚度 δ_n 设计厚度加上钢材厚度负偏差 C_1 后向上圆整至钢材标准规格的厚度为名义厚度，即 $\delta_n = \delta_d + C_1 + \Delta$（$\Delta$ 为向上的圆整量）。常用钢板厚度（单位为 mm）为：3、4、5、6、8、10、12、14、16、18、20、22、25、28、30 等。δ_n 值应标注在设计图样上。

（4）有效厚度 δ_e 名义厚度减去厚度附加量 C（钢材厚度负偏差和腐蚀裕量之和）就得到有效厚度，即 $\delta_e = \delta_n - (C_1 + C_2) = \delta_n - C$。

（5）成形后厚度 制造厂考虑加工减薄量并按钢板厚度规格第二次向上圆整得到的坯

板厚度，再减去实际加工减薄量后的厚度即为成形后厚度，也为出厂时容器的实际厚度。一般，成形后厚度大于设计厚度就可满足强度要求。加工减薄量并非由设计人员确定，一般由制造厂根据具体制造工艺和板材实际厚度来确定。

（6）最小厚度δ_{min}　工作压力很低的容器，按强度公式计算所得的厚度往往是很小的，在焊接时无法获得较高的焊接质量，在运输、吊装过程中也不易保持它原来的形状，所以对常压或低压容器应该首先考虑它的刚度够不够，在 GB 150—1998 中对容器加工成形后满足刚度要求、不包括腐蚀裕量的最小厚度δ_{min}作了如下限制：

1）对碳素钢、低合金钢制容器，δ_{min}不小于 3mm。

2）对高合金钢制容器，δ_{min}不小于 2mm。

容器各厚度之间的关系如图 3-12 所示。

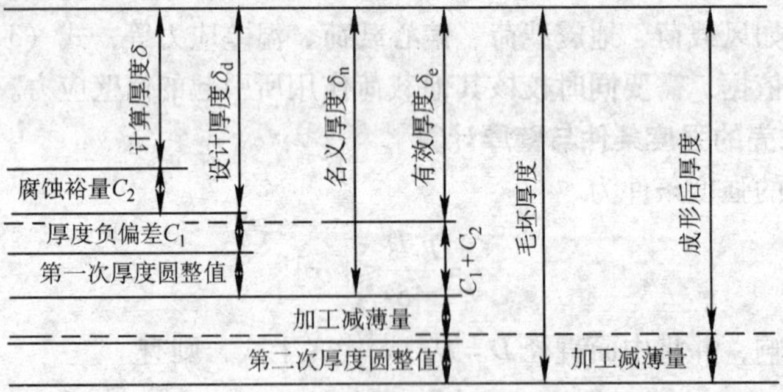

图 3-12　容器各种厚度之间的关系

4. 容器的校核计算

由设计条件求容器的厚度称为设计计算，但在工程实际中也有不少情况是属于校核性计算，如旧容器的重新启用，正在使用的容器改变操作条件等。这时容器的材料及厚度是已知的，对式（3-14）和式（3-16）稍加变形便可得到相应的校核公式。

圆筒形容器

$$[p_w]=\frac{2[\sigma]^t\phi\delta_e}{D_i+\delta_e} \tag{3-17}$$

球形容器

$$[p_w]=\frac{4[\sigma]^t\phi\delta_e}{D_i+\delta_e} \tag{3-18}$$

式中　$[p_w]$——容器的最大允许工作压力（MPa）。

其他符号意义同前。

任务 2　设计参数的确定

在内压薄壁圆筒与球壳的壁厚设计和强度校核公式中，直接或间接涉及设计压力、设计温度、许用应力、焊接接头系数及厚度附加量等参数，这些参数的值应按有关规定确定。

1. 设计压力

本书所涉及的压力，除注明者外，均指表压力。

（1）工作压力 p_w　工作压力 p_w 是指正常工作情况下容器顶部可能出现的最高表压力，也称为最高工作压力。

（2）设计压力 p　设计压力 p 是指设定的容器顶部的最高工作压力，与相应的设计温度一起作为设计载荷条件，其值不低于工作压力。

当容器上装有超压泄放装置时，其设计压力应根据不同形式的超压泄放装置来确定。当容器上装有安全阀时，考虑到安全阀开启滞后，不能及时泄压，容器的设计压力应大于等于安全阀的开启压力，为了避免安全阀不必要的泄放，通常预定的安全阀开启压力应略高于化工容器的工作压力，取其小于或等于（1.05～1.1）倍的工作压力。当容器上装有爆破片装置时，设计压力不得低于爆破片的爆破压力，其值随爆破片形式、载荷性质及爆破片的制造范围不同而不同，约为$(1.1\sim1.7)p_w$，具体数值可按 GB 150—1998 的有关规定进行详细计算。

对于盛装液化气体或混合液化石油气且无保冷设施的容器，其设计压力与介质的临界温度和工作温度密切相关。如果液化气的临界温度（指气体能在一定压力下被液化的最高温度）高于50℃，该液化气在50℃以下时可以被液化，当最高工作温度小于或等于50℃时可取该液化气在50℃时的饱和蒸气压为容器的设计压力；如果液化气的临界温度低于50℃，说明该液化气在50℃时是气体，最高工作温度小于或等于50℃时，取在最大充装量下50℃时气体的压力为设计压力。对于无实际组分数据的混合液化石油气容器，取其相关组分50℃时的饱和蒸气压力作为设计压力。

（3）计算压力 p_c　计算压力 p_c 是指在相应设计温度下，用以确定元件厚度的压力，其中包括液柱静压力，即计算压力等于设计压力加上液柱静压力 p_L。当元件各部位所受的液柱静压力小于5%的设计压力时，可忽略不计，此时计算压力 p_c 等于设计压力 p。

2. 设计温度

设计温度 t 是指容器在正常工作情况下，在相应的设计压力下设定的元件的金属温度。其中，金属温度是指沿元件金属截面厚度的温度平均值。设计温度与设计压力一起作为设计载荷条件。

设计温度虽不直接用于计算，但它对选择材料和确定许用应力却有直接的影响，是不可缺少的参数。对于0℃以上的金属温度，设计温度不得低于元件金属在工作状态可能达到的最高温度；对于0℃以下的金属温度，设计温度不得高于元件金属可能达到的最低温度。GB150—1998 规定：设计温度等于或低于－20℃的碳钢和低合金钢制容器属于低温容器。元件的金属温度可以通过传热计算求得，或在已使用的同类容器上实测得到；也可按内部介质的最高（最低）温度确定，或在此基准上增加（或减少）一定数值。当无法计算或实测壁温时，设计温度应按下列原则来确定：

1）容器内介质被热载体或冷载体间接加热或冷却时，按表3-1确定。

表3-1　设计温度的选用

传热方式	设计温度 t	传热方式	设计温度 t
外加热	热载体的最高工作温度	内加热	被加热介质的最高工作温度
外冷却	冷载体的最低工作温度	内冷却	被冷却介质的最低工作温度

2）容器内壁与介质直接接触且有外保温（保冷）时，按表3-2确定。

表 3-2 设计温度的选用

最高或最低工作温度①t_w	设计温度 t	最高或最低工作温度①t_w	设计温度 t
$t_w \leqslant -20℃$	$t_w - 10℃$	$15℃ < t_w \leqslant 350℃$	$t_w + 20℃$
$-20℃ < t_w \leqslant 15℃$	$-20℃ < t \leqslant t_w - 5℃$	$t_w > 350℃$	$t_w + (5 \sim 15)℃$②

① 当工作温度范围在0℃以下时，考虑最低工作温度；当工作温度范围在0℃以上时，考虑最高工作温度；当工作温度范围跨越0℃时，则按对容器不利的情况考虑。

② 当碳素钢容器的最高工作温度为420℃以上，铬钼钢容器的最高工作温度为450℃以上，不锈钢容器的最高工作温度为550℃以上时，其设计温度不再增加裕度。

3）容器内介质用蒸汽直接加热或被插入式电热元件间接加热时，其设计温度取被加热介质的最高工作温度。

4）对有可靠内保温层的容器及容器壁同时与两种温度的介质接触而不会出现单一介质接触的容器，应由传热计算求得容器壁温作为设计温度。

5）对液化气用压力容器，当设计压力确定后，其设计温度就是与其对应的饱和蒸气的温度。

6）对储存用压力容器（包括液化气储罐），当壳体温度仅由大气环境条件确定时，其设计温度的最低值可取该地区历年来月平均最低气温的最低值，或据实计算。

必须明确的是，设计温度与设计压力存在对应关系。当压力容器具有不同的操作工况时，应按最苛刻的压力与温度的组合设定容器的设计条件，而不能按其在不同工况下各自的最苛刻条件确定设计温度和设计压力。

3. 许用应力

许用应力是指容器壳体、封头等受压元件的材料允许的最高强度。GB150—1998 规定，材料各项强度指标分别除以相应的安全系数，取其中最小值作为许用应力。许用应力是容器设计的主要参数之一，它的选择是强度计算的关键，必须合理选择材料的许用应力值。若采用过大的许用应力，会使计算出来的部件过于单薄而强度不足发生破坏；若采用过小的许用应力，则会使部件过于笨重而浪费材料。

为了计算中取值方便和统一，在 GB150—1998 中，直接给出了常用钢板、钢管、锻件以及螺栓材料在设计温度下的许用应力值，可直接查用。表 3-3 为部分常用钢板的许用应力，当设计温度低于 20℃时，取 20℃时的许用应力。

4. 焊接接头系数

由焊接制成的容器，其焊缝的强度通常比较薄弱，这是由于焊缝中可能存在夹渣、未熔透、裂纹、气孔等缺陷而使焊缝及热影响区的强度或塑性降低。因此，为了补偿焊接时可能出现的焊接缺陷对容器强度的影响，引入焊接接头系数 ϕ，它等于焊缝金属与母材强度的比值，反映容器强度受削弱的程度，其值的大小由焊接接头形式和无损检测的要求及长度比例确定，可按表 3-4 选取。

双面焊对接接头的焊缝质量最好，因而焊接接头系数 ϕ 较高；单面焊对接接头不易焊透，ϕ 值稍低。

压力容器的焊缝一般都要作无损探伤（X 射线透视或超声波探伤），以检查其质量。按检验标准做无损探伤的焊缝可以保证质量，因而 ϕ 值可以相应提高；无损探伤的区域越大，ϕ 值越高。

表 3-3 常用钢板许用应力

钢号	钢板标准	使用状态	厚度/mm	常温强度指标		在下列温度(℃)下的许用应力/MPa																注
				σ_b/MPa	σ_s/MPa	≤20	100	150	200	250	300	350	400	425	450	475	500	525	550	575	600	
碳素钢钢板																						
Q235B	GB 912	热轧	3～4	375	235	113	113	113	105	94	86	77	—	—	—	—	—	—	—	—	—	①
	GB 3274		4.5～16	375	235	113	113	113	105	94	86	77	—	—	—	—	—	—	—	—	—	①
			>16～40	375	225	113	113	107	99	91	83	75	—	—	—	—	—	—	—	—	—	①
Q235C	GB 912	热轧	3～4	375	235	125	125	125	116	104	95	86	79	—	—	—	—	—	—	—	—	
	GB 3274		4.5～16	375	235	125	125	125	116	104	95	86	79	—	—	—	—	—	—	—	—	
			>16～40	375	225	125	125	119	110	101	92	83	77	—	—	—	—	—	—	—	—	
20R	GB6654	热轧，正火	6～16	400	245	133	133	132	123	110	101	92	86	83	61	41	—	—	—	—	—	
			>16～36	400	235	133	132	126	116	104	95	86	79	78	61	41	—	—	—	—	—	
			>36～60	400	225	133	126	119	110	101	92	83	77	75	61	41	—	—	—	—	—	
			>60～100	390	205	128	115	110	103	92	84	77	71	68	61	41	—	—	—	—	—	
低合金钢钢板																						
16MnR	GB 6654	热轧，正火	6～16	510	345	170	170	170	170	156	144	134	125	93	66	43	—	—	—	—	—	
			>16～36	490	325	163	163	163	159	147	134	125	119	93	66	43	—	—	—	—	—	
			>36～60	470	305	157	157	157	150	138	125	116	109	93	66	43	—	—	—	—	—	
			>60～100	460	285	153	153	150	141	128	116	109	103	93	66	43	—	—	—	—	—	
			>100～120	450	275	150	150	147	138	125	113	106	100	93	66	43						
07MnCrMoVR	—	调质	16～50	610	490	203	203	203	203	203	203	203	—	—	—	—	—	—	—	—	—	
16MnDR	GB 3531	正火	6～16	490	315	163	163	163	156	144	131	122	—	—	—	—	—	—	—	—	—	
			>16～36	470	295	157	157	156	147	134	122	113	—	—	—	—	—	—	—	—	—	②
			>36～60	450	275	150	150	147	138	125	113	106	—	—	—	—	—	—	—	—	—	
			>60～100	450	255	150	147	138	128	116	106	100	—	—	—	—	—	—	—	—	—	
07MnNrCrMoVDR	—	调质	16～50	610	490	203	203	203	203	203	203	203	—	—	—	—	—	—	—	—	—	②

（续）

钢号	钢板标准	使用状态	厚度/mm	常温强度指标		在下列温度(℃)下的许用应力/MPa																注
				σ_b/MPa	σ_s/MPa	≤20	100	150	200	250	300	350	400	425	450	475	500	525	550	575	600	
低合金钢钢板																						
15MnNiDR	GB 3531	正火，正火加回火	6～16	490	325	163	163	—	—	—	—	—	—	—	—	—	—	—	—	—	—	
			>16～36	470	305	157	157	—	—	—	—	—	—	—	—	—	—	—	—	—	—	
			>35～60	460	290	153	153	—	—	—	—	—	—	—	—	—	—	—	—	—	—	
09MnNiDR	GB 3531	正火，正火加回火	6～16	440	300	147	147	147	147	147	147	138					—	—	—	—	—	
			>16～36	430	280	143	143	143	143	143	138	128					—	—	—	—	—	
			>36～60	430	260	143	143	143	141	134	128	119					—	—	—	—	—	
15CrMoR	GB 713—2008	正火加回火	6～60	450	295	150	150	150	150	141	131	125	118	115	112	110	88	58	37	—	—	
			>60～100	450	275	150	150	147	138	131	123	116	110	107	104	103	88	58	37	—	—	
14Cr1MoR	—	正火加回火	16～120	515	310	172	172	169	159	153	144	138	131	127	122	116	88	58	37	—	—	②
15MnNbR	GB 6654	正火	10～16	530	370	177	177	177	177	177	169	159	—	—	—	—	—	—	—	—	—	
			>16～36	530	360	177	177	177	177	177	153	153										
			>36～60	520	350	173	173	173	173	169	159	150	—	—	—	—	—	—	—	—	—	
18MnMoNbR	GB 6654	正火加回火	30～60	590	440	197	197	197	197	197	197	197	197	197	177	117	—	—	—	—	—	
			>60～100	570	410	190	190	190	190	190	190	190	190	190	177	117						
13MnNiMoNbR	GB 6654	正火加回火	30～100	570	390	190	190	190	190	190	190	190	190									
			>100～120	570	380	190	190	190	190	190	190	190	180									

（续）

钢　号	钢板标准	使用状态	厚度/mm	在下列温度(℃)下的许用应力/MPa																				注
				≤20	100	150	200	250	300	350	400	425	450	475	500	525	550	575	600	625	650	675	700	
高合金钢钢板																								
0Cr13Al	GB 4237	退火	2～15	118	105	101	100	99	97	95	90	87	—	—	—	—	—	—	—	—	—	—	—	—
0Cr13	GB4237	退火	2～60	137	126	123	120	119	117	112	109	105	100	89	72	53	38	26	16	—	—	—	—	—
0Cr18Ni9	GB 4237	固溶	2～60	137	137	137	130	122	114	111	107	105	103	101	100	98	91	79	64	52	42	32	27	③
				137	114	103	96	90	85	82	79	78	76	75	74	73	71	67	62	52	42	32	27	
0Cr18Ni10Ti	GB 4237	固溶，稳定化	2～60	137	137	137	130	122	114	111	108	106	105	104	103	101	83	58	44	33	25	18	13	③
				137	114	103	96	90	85	82	80	79	78	77	76	75	74	58	44	33	25	18	13	
0Cr17Ni12Mo2	GB 4237	固溶	2～60	137	137	137	134	125	118	113	111	110	109	108	107	106	105	96	81	65	50	38	30	③
				137	117	107	99	93	87	84	82	81	81	80	79	78	78	76	73	65	50	38	30	
0Cr18Ni12Mo2Ti	GB 4237	固溶	2～60	137	137	137	134	125	118	113	111	110	109	108	107	—	—	—	—	—	—	—	—	③
				137	117	107	99	93	87	84	82	81	81	80	79	—	—	—	—	—	—	—	—	
0Cr19Ni13Mo3	GB 4237	固溶	2～60	137	137	137	134	125	118	113	111	110	109	108	107	106	105	96	81	65	50	38	30	③
				137	117	107	99	93	87	84	82	81	81	80	79	78	78	76	73	65	50	38	30	
00Cr19Ni10	GB 4237	固溶	2～60	118	118	118	110	103	98	94	91	89	—	—	—	—	—	—	—	—	—	—	—	③
				118	97	87	81	76	73	69	67	66	—	—	—	—	—	—	—	—	—	—	—	
00Cr17Ni14Mo2	GB 4237	固溶	2～60	118	118	117	108	100	95	90	86	85	84	—	—	—	—	—	—	—	—	—	—	③
				118	97	87	80	74	70	67	64	63	62	—	—	—	—	—	—	—	—	—	—	
00Cr19Ni13Mo3	GB 4237	固溶	2～60	118	118	118	118	118	118	113	111	110	109	—	—	—	—	—	—	—	—	—	—	③
				118	117	107	99	93	87	84	82	81	81	—	—	—	—	—	—	—	—	—	—	
00Cr18Ni5Mo3Si2	GB 4237	固溶	2～25	197	197	190	173	167	163	—	—	—	—	—	—	—	—	—	—	—	—	—	—	

注：中间温度的许用应力，可按本表的数值用内插法求得。

① 所列许用应力，已乘质量系数 0.9。

② 该钢板技术要求见 GB150—1998 标准的附录 A。

③ 该行许用应力仅适用于允许产生微量永久变形之元件，对于法兰或其他有微量永久变形就引起泄漏或故障的场合不能采用。

表 3-4 焊接接头系数 ϕ

焊接接头结构	焊接接头系数	
	100%无损检测	局部无损检测
双面焊对接接头或相当于双面焊的全焊透对接接头	1.0	0.85
单面焊对接接头(沿焊缝根部全长有紧贴基本金属的垫板)	0.9	0.8

5. 厚度附加量

对于常压、低压和压力不很大的中压容器，其壁厚较薄，圆柱形筒体通常是由钢板冷卷后焊成，钢板或钢管在轧制过程中，其厚度可能出现正偏差，也允许出现一定大小的负偏差，出现负偏差使其实际厚度略小于名义厚度，这将影响其强度。此外，化工容器在使用时会受到介质的腐蚀及机械磨损而使壁厚减薄。考虑到这些情况，在设计容器时预先给壁厚一个增量，这就是厚度附加量。厚度附加量 C 包括钢板或钢管的厚度负偏差 C_1 和腐蚀裕量 C_2，不包括加工减薄量，即 $C = C_1 + C_2$。

钢板或钢管厚度负偏差 C_1 应按照相应钢材标准的规定选取。钢材的厚度负偏差不大于 0.25mm，且不超过名义厚度的 6% 时，可取 $C_1 = 0$。其他常用钢板（如 20g、Q235 以及 0Cr18Ni9 等）的厚度负偏差见表 3-5。

表 3-5 其他常用钢板的厚度负偏差 （单位：mm）

钢板厚度 δ_n	2.0 ~ 2.5	2.8 ~ 3.0	3.2 ~ 3.5	3.8 ~ 4.0	4.5 ~ 5.5	6.0 ~ 7.0	8.0 ~ 25	26 ~ 30	32 ~ 34	36 ~ 40	42 ~ 50	52 ~ 60	62 ~ 80
负偏差 C_1	0.2	0.22	0.25	0.3	0.5	0.6	0.8	0.9	1.0	1.1	1.2	1.3	1.8

腐蚀裕量主要是防止容器受压元件由于均匀腐蚀、机械磨损而导致厚度削弱减薄。与腐蚀介质直接接触的筒体、封头、接管等受压元件，均应考虑材料的腐蚀裕量。腐蚀裕量 C_2 可根据钢材在介质中的腐蚀速率和容器的设计寿命确定。对介质为压缩空气、水蒸气及水的碳素钢、低合金钢制容器，$C_2 \geqslant 1$mm；对于不锈钢，当介质的腐蚀性极微时，可取 $C_2 = 0$。

腐蚀裕量只对防止均匀腐蚀破坏有意义。对于应力腐蚀、氢脆和缝隙腐蚀等非均匀腐蚀，用增加腐蚀裕量的方法来防腐，效果不佳，此时应着重选择耐腐蚀材料或进行适当的防腐蚀处理。

任务 3 实验——容器压力试验

容器制成或检修后，必须进行压力试验或增加气密性试验。压力试验的目的是验证容器在超过工作压力的条件下，器壁的宏观强度（主要指焊缝的强度）、焊缝的致密性和容器密封结构的可靠性，可以及时发现钢材、制造或检修过程中的缺陷，是对材料、设计、制造或检修的综合性检查，将压力容器的不安全因素在投产前充分暴露出来，防患于未然。因此，容器压力试验是保证设备安全运行的重要措施，应认真执行。容器经过压力试验合格以后才能投入生产运行。

压力试验包括液压试验和气压试验两种。

1. 液压试验

（1）试验介质及要求 凡是在压力试验时不会导致发生危险的液体，在低于其沸点温度下都可作为液压试验的介质。供试验用的液体一般为洁净的水，故又称为水压试验。

为了避免液压试验时发生低温脆性破坏，必须控制液体温度不能过低。容器材料为碳素钢、16MnR 钢时，液体温度不得低于 5℃；容器材料为其他低合金钢时液体温度不得低于 15℃。如由于板厚等因素造成材料脆性转变温度升高时，还要相应提高试验液体的温度。其他钢种的容器液压试验温度按图样规定。

（2）水压试验装置及过程 水压试验是将水注满容器后，再用泵逐步增压到试验压力，检验容器的强度和致密性。图 3-13 所示为水压试验示意图。试验时将装设在容器最高处的排气阀打开，灌水将气排尽后关闭。开动试压泵使水压缓慢上升，达到规定的试验压力后，关闭直通阀保持压力 30min，在此期间容器上的压力表读数应该保持不变。然后将压力降至规定试验压力的 80%，并保持足够长的时间，对所有焊缝和连接部位进行检查。在试验过程中，应保持容器观察表面的干燥，如发现焊缝有水滴出现，表明焊缝有泄漏（压力表读数下降），应作标记，卸压后修补（注意不得在承压状态下紧固螺栓）。修好后重新试验，直至合格为止。

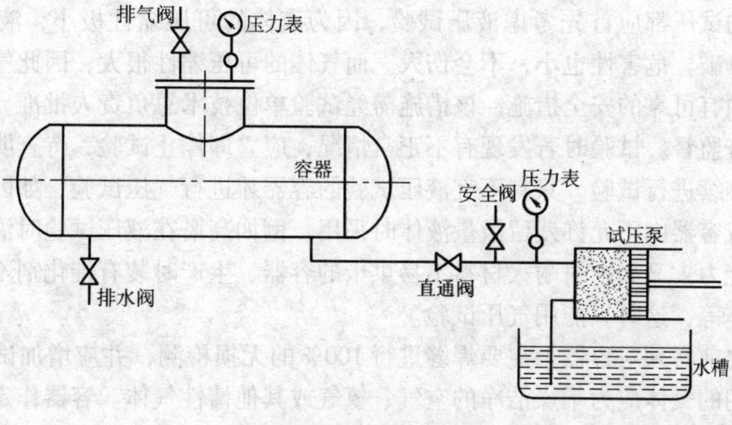

图 3-13 水压试验示意图

（3）试验应力的校核 由于液压试验的压力比设计压力高，所以在进行液压试验前应对容器在规定试验压力下的强度进行理论校核，满足要求时才能进行压力试验的实际操作。

试验压力是进行压力试验时规定容器应达到的压力，其值反映在容器顶部的压力表上。液压试验时试验压力为

$$p_T = 1.25p\frac{[\sigma]}{[\sigma]^t} \tag{3-19}$$

式中 p_T——容器的试验压力（MPa）；

p——容器的设计压力（MPa）；

$[\sigma]$——容器元件材料在试验温度下的许用应力（MPa）；

$[\sigma]^t$——容器元件材料在设计温度下的许用应力（MPa）。

在确定试验压力时应注意以下几点。

1）容器铭牌上规定有最大允许工作压力时，公式中应以最大允许工作压力代替设计压力。

2）容器各元件（圆筒、封头、接管、法兰及紧固件等）所用材料不同时，应取各元件材料的$[\sigma]/[\sigma]^t$比值中最小者。

3）立式容器（正常工作时容器轴线垂直地面）卧置（容器轴线处于水平位置）进行液压试验时，其试验压力应为按式（3-19）确定的值再加上容器立置时圆筒所承受的最大液柱静压力。容器的试验压力（液压试验时为立置和卧置两个压力值）应标在设计图样上。

液压试验时，要求容器在试验压力下产生的最大应力不超过圆筒材料在试验温度（常温）下屈服强度的90%，即

$$\sigma_T = \frac{(p_T + p_L)(D_i + \delta_e)}{2\delta_e} \leqslant 0.9\phi\sigma_s(\sigma_{0.2}) \tag{3-20}$$

式中 σ_T——试验压力下圆筒的应力（MPa）；

p_L——压力试验时圆筒承受的最大液柱静压力（MPa）；

$\sigma_s(\sigma_{0.2})$——圆筒材料在试验温度下的屈服强度（或条件屈服强度）（MPa）。

其他符号含义同前。

2. 气压试验

一般容器的试压都应首先考虑液压试验，因为液体的可压缩性极小，液压试验是安全的，即使容器爆破，危害性也小，不会伤人。而气体的可压缩性很大，因此气压试验比较危险，试验时必须有可靠的安全措施，该措施需经试验单位技术总负责人批准，并经本单位安全部门现场检查监督。试验时若发现有不正常情况，应立即停止试验，待查明原因采取相应措施后，方能继续进行试验。只有不宜液压试验的容器才进行气压试验，如因结构缘故排液或充液困难，或容器内不允许残留微量液体时采用。例如高塔在液压试验时液体重力可能会超过基础承受能力，又如内衬耐火材料不易烘干的容器、生产时装有催化剂不允许有微量残液的反应器壳体等，这时只能用气压试验。

气压试验之前必须对容器上主要焊缝进行100%的无损检测，并应增加试验场所的安全措施。试验所用的气体应为干燥洁净的空气、氮气或其他情性气体。容器作定期检查时，若其内有残留易燃气体存在将导致爆炸时，则不得使用空气作为试验介质。对高压及超高压容器不宜采用气压试验，对于碳素钢和低合金钢制成的容器，试验用气体温度不得低于15℃，其他钢种的容器按图样规定。

试验时压力应缓慢上升，当升压至规定试验压力的10%，且不超过0.05MPa时，保持压力5min，对容器的全部焊缝和连接部位进行初步泄漏检查，合格后再继续升压到试验压力的50%，其后按每级为试验压力10%的级差，逐级升到试验压力，保持压力10min。最后将压力降至规定试验压力的87%，并保持足够长时间，至少保持30min，同时进行全面检查，无渗漏为合格。若有渗漏，经返修后重新试验。试验过程中不得紧固螺栓。

气压试验经肥皂液或其他检漏液检查无渗漏、无宏观变形、容器无异常响声即可。

气压试验的试验压力应略低于液压试验的试验压力，其值为

$$p_T = 1.15p\frac{[\sigma]}{[\sigma]^t} \tag{3-21}$$

使用式（3-21）确定试验压力时应注意，如容器铭牌上规定有最大允许工作压力时，公

式中应以最大允许工作压力代替设计压力；当容器各元件（圆筒、封头、接管、法兰及紧固件等）所用材料不同时，应取各元件材料的$[\sigma]/[\sigma]^t$比值中最小者。

对于在气压试验时产生的最大应力，也应进行校核。要求最大应力不超过圆筒材料在试验温度（常温）下屈服强度的80%，即

$$\sigma_T = \frac{p_T(D_i+\delta_e)}{2\delta_e} \leqslant 0.8\phi\sigma_s(\sigma_{0.2}) \tag{3-22}$$

式中各符号的含义与液压试验中式（3-20）的相同。

3. 气密性试验

介质为易燃或毒性程度为极度、高度危害或设计上不允许有微量泄漏（如真空度要求较高时）的压力容器，必须进行气密性试验。气密性试验的压力大小视容器上是否配置安全泄放装置而定。若容器上没有安全泄放装置，其气密性试验压力一般取设计压力的1.0倍；但若容器上设置了安全泄放装置，为保证安全泄放装置的正常工作，其气密性试验压力值低于安全阀的开启压力或爆破片的设计爆破压力，建议取容器最高工作压力的1.0倍。

气密性试验的危险性大，应在压力试验合格后进行。在进行气密性试验前，应将容器上的安全附件装配齐全。

【例1】 设计压力为1.6MPa的液化气体储罐，材料Q235B，$D_i=1800$mm，罐体高度4500mm，液料高度3000mm，介质对钢材腐蚀性不大，罐体双面对接焊，全部无损检测，液体密度为1325kg/m³，罐内最高工作温度50℃。试计算罐体厚度并进行水压试验应力校核。

【解】

（1）各设计参数的确定

由题意知设计压力$p=1.6$MPa，液料高度$h=3000$mm，液体密度ρ为1325kg/m³，

则液柱静压力$p_L=\rho gh=1325\times9.8\times3.0\times10^{-6}\text{MPa}=0.0390\text{MPa}<5\%p=0.08\text{MPa}$，可忽略，

所以　$p_c=p=1.6$MPa

材料Q235B的许用应力$[\sigma]^{20}=113$MPa，$[\sigma]^{50}=113$MPa，屈服强度$\sigma_s=235$MPa

按表3-4，罐体双面对接焊，全部无损检测，焊接接头系数$\phi=1.0$。

按表3-5，$C_1=0.8$mm（假设其名义厚度为8～25mm），

取腐蚀裕量$C_2=1.5$mm，厚度附加量$C=C_1+C_2=0.8\text{mm}+1.5\text{mm}=2.3\text{mm}$

（2）罐体厚度的确定

计算厚度　$\delta=\dfrac{p_cD_i}{2[\sigma]^t\phi-p_c}=\dfrac{1.6\times1800\text{mm}}{2\times113\times1.0-1.6}\text{mm}=12.83\text{mm}$

名义厚度　$\delta_n=\delta+C_1+C_2+\Delta=12.83\text{mm}+0.8\text{mm}+1.5\text{mm}+0.87\text{mm}=16\text{mm}$

此值在最初假设的8～25mm之间。

所以罐体的名义厚度为16mm。

（3）水压试验应力校核

水压试验压力　$p_T=1.25p\dfrac{[\sigma]}{[\sigma]^t}=1.25\times1.6\text{MPa}=2.0\text{MPa}$，因为罐体高度$h'=4500$mm，

有　$\rho gh'=1000\times9.8\times4.5\times10^{-6}\text{MPa}=0.044\text{MPa}$，远小于$p_T$，

$$\delta_e = \delta_n - C = 16\text{mm} - 2.3\text{mm} = 13.7\text{mm}$$

于是 $$\sigma_T = \frac{p_T(D_i + \delta_e)}{2\delta_e} = 132.4\text{MPa} < 0.9\sigma_s\phi = 211.5\text{MPa}$$

所以壁厚满足要求。

【例2】 有一台搁置的旧换热器，其材料为Q235B，实测外径为$D_o = 800\text{mm}$，最小壁厚为$\delta_n = 7.5\text{mm}$。已知壳体设计温度为常温，$[\sigma] = 113\text{MPa}$，$\phi = 0.85$，$C_1 = 0$，$C_2 = 1\text{mm}$。现想使用这台换热器，其壳体工况为：使用温度为常温，工作压力为4.0MPa，介质为水，试判断这台旧换热器的壳体是否满足强度要求？如强度不够，该壳体的最大工作压力是多少？

【解】

（1）参数的确定

$p = 4\text{MPa}$，$D_o = 800\text{mm}$，$\delta_n = 7.5\text{mm}$，$[\sigma] = 113\text{MPa}$，$\phi = 0.85$

$C = C_1 + C_2 = 0\text{mm} + 1\text{mm} = 1\text{mm}$，$\delta_e = \delta_n - C = 7.5\text{mm} - 1\text{mm} = 6.5\text{mm}$

（2）强度校核

$$\sigma = \frac{p(D_o - \delta_e)}{2\delta_e\phi} = \frac{4\times(800-6.5)}{2\times6.5\times0.85}\text{MPa} = 287.2\text{MPa}$$

因为$\sigma = 287.2\text{MPa} > [\sigma] = 113\text{MPa}$，所以该壳体不满足强度要求，须降低使用压力。

（3）最高允许工作压力的确定

$$[p] = \frac{2[\sigma]^t\phi\delta_e}{D_o - \delta_e} = \frac{2\times113\times0.85\times6.5}{800-6.5}\text{MPa} = 1.57\text{MPa}$$

故该壳体的最大安全使用压力为1.57MPa。

模块三 内压容器封头的设计

【学习目标】 理解封头的结构和作用，掌握内压容器常用封头的强度计算和校核的方法，正确理解和选用公式中各参数。

【问题引导】

1. 内压容器封头有哪几种形式？其结构和受力有何特点？
2. 几种常用内压容器封头的强度计算方法是什么？如何确定公式中的各个参数？

任务1 认识常用封头的结构形式

容器封头又称端盖，是容器的重要组成部分，按其形状可分为三类：凸形封头、锥形封头和平板形封头。其中，凸形封头包括半球形封头、椭圆形封头、碟形封头（带折边的球形封头）和球冠形封头（无折边的球形封头）四种，如图3-14所示。锥形封头分为无折边的与带折边的两种。平板形封头根据它与筒体连接方式的不同也有多种结构。封头的结构形式是根据工艺过程、承载能力、制造技术等方面的要求而确定的。

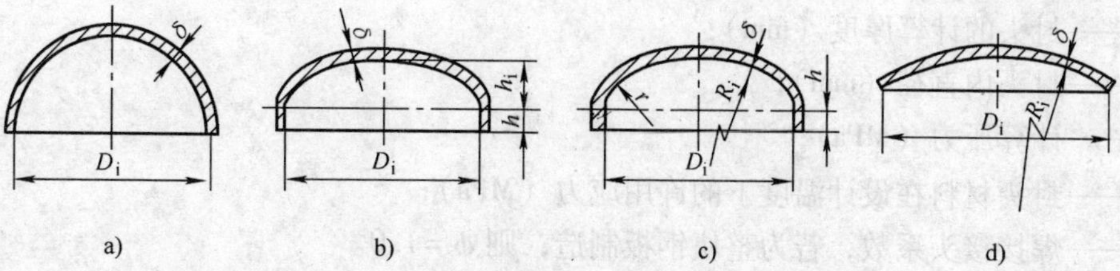

图 3-14　常见容器凸形封头的形式

a）半球形封头　b）椭圆形封头　c）碟形封头　d）球冠形封头

筒体与封头的连接处由于变形不协调，彼此相互约束限制了自由变形而产生边缘应力，其大小随封头形状不同而异，导致不同形状的封头承压能力也不同。

平板形、球冠形及无折边锥形封头加工制造比较容易，但当压力较高时，在封头与筒体连接处产生较大的边缘应力。因此，这几种封头只能用于低压的场合。在球冠形封头或无折边锥形封头与筒体相连接的地方加一段小圆弧过渡，就形成了碟形封头与带折边的锥形封头，较大地提高了承压能力。半球形封头与椭圆形封头承压能力更好，可用于压力较高的场合。

从承压能力的角度来看，半球形封头最好，椭圆形封头其次，碟形、带折边的锥形封头更次之，而球冠形封头、不带折边的锥形封头和平板形封头较差；从制造难易程度来看，平板形封头最容易，球冠形封头、锥形封头其次，碟形封头、椭圆形封头再次，半球形封头最难。

筒体与封头连接处的边缘应力，其影响范围都很小，只存在于连接边缘附近的局部区域，离开连接边缘稍远一些，边缘应力迅速衰减，并趋于零。因此，在工程设计中，依据内压薄膜应力建立厚度设计公式，将边缘应力的影响以应力增强系数的形式引入公式中，并在结构上作局部处理，如改善连接边缘的结构，对边缘局部区域进行加强，提高边缘区域焊接接头的质量及尽量避免在边缘区域开孔等。

封头设计时，一般应优先选用封头标准中推荐的形式和参数，然后根据受压情况进行强度或稳定性计算，确定合适的厚度。

任务 2　常用封头的强度计算及选用

1. 半球形封头

半球形封头即为半个球壳，如图 3-14a 所示，就单位容积的表面积来说为最小，故耗材最省，受力特点与球壳相同。从受力分析来看，半球形封头是最理想的结构形式，但因其深度大，当直径较小时采用整体冲压制造较困难，因此中小直径的容器很少采用半球形封头，大直径采用分瓣冲压其拼焊工作量也较大。对于直径 $D_i>2.5\ m$ 的半球形封头，通常将数块钢板先在水压机上用模具压制成形后，再在现场拼焊而成。半球形封头多用在高压容器上。

半球形封头的壁厚计算公式与球壳相同，即

$$\delta=\frac{p_c D_i}{4[\sigma]^t\phi-p_c} \tag{3-23}$$

式中 δ——封头的计算厚度（mm）；

D_i——封头内直径（mm）；

p_c——计算压力（MPa）；

$[\sigma]^t$——封头材料在设计温度下的许用应力（MPa）；

ϕ——焊接接头系数，若为整块钢板制造，则 $\phi = 1.0$。

公式的适用范围：$P_c \leqslant 0.6[\sigma]^t\phi$ 或 $K \leqslant 1.33$。

由式（3-23）可见，半球形封头的壁厚只有相同直径与压力的圆筒体壁厚的一半左右，但是在实际生产中，考虑封头上开孔对强度的削弱，封头与筒体对焊的方便，以及降低封头和筒体连接的边缘应力，半球形封头的壁厚通常取与圆筒体的壁厚相同。

2. 椭圆形封头

（1）结构组成　椭圆形封头如图 3-14b 所示，由两部分组成：半个椭球面和高度为 h 的短圆筒（直边）。设置直边使椭球壳和圆筒的连接边缘与封头和圆筒焊接连接的接头错开，避免了边缘应力与热应力叠加的现象，改善了封头与圆筒连接处的受力状况。直边高度 h 的大小按封头的直径和厚度不同，有 25mm、40mm、50mm 三种。由于封头的椭圆部分经线曲率变化连续，故应力分布比较均匀，且椭圆形封头深度较半球形封头小得多，易于冲压成形，是目前中、低压容器中应用较多的封头之一。

（2）强度计算　椭圆形封头中的应力，包括由内压引起的薄膜应力和封头与圆筒连接处的边缘应力。由前述知道，封头长短轴之比 $a/b(D_i/2h_i)$ 值不同，应力分布规律不同。研究表明，封头中最大总应力的位置和大小均随 a/b 值的改变而变化。容器标准中引入封头最大总应力与圆筒环向薄膜应力的比值 K 来反映 a/b 的影响。

椭圆形封头的计算厚度公式为

$$\delta = \frac{Kp_cD_i}{2[\sigma]^t\phi - 0.5p_c} \tag{3-24}$$

式中 K——应力增强系数或形状系数，与 $D_i/2h_i$ 有关，可按式（3-25）计算，也可按表 3-6 选取。

$$K = \frac{1}{6}\left[2 + \left(\frac{D_i}{2h_i}\right)^2\right] \tag{3-25}$$

式中 h_i——封头曲面高度（不含直边）（mm）。

表 3-6　椭圆形封头的形状系数 K

$D_i/2h_i$	2.6	2.5	2.4	2.3	2.2	2.1	2.0	1.9	1.8
K	1.46	1.37	1.29	1.21	1.14	1.07	1.00	0.93	0.87
$D_i/2h_i$	1.7	1.6	1.5	1.4	1.3	1.2	1.1	1.0	
K	0.81	0.76	0.71	0.66	0.61	0.57	0.53	0.50	

由椭球薄壳应力分析可知，当椭球壳的长短轴之比 $a/b>2$（即 $D_i/2h_i>2$）时，椭球壳赤道上出现很大的环向压应力，其绝对值远大于顶点的应力。因此，工程应用中 $K \leqslant 2.6$。

当 $D_i/2h_i=1$ 时，即为半球形封头；当 $D_i/2h_i=2$ 时，定义为标准椭圆形封头，$K=1.0$，则代入式（3-24）得到标准椭圆形封头的壁厚计算公式

$$\delta=\frac{p_c D_i}{2[\sigma]^t\phi-0.5p_c} \tag{3-26}$$

式（3-26）与圆筒体容器壁厚计算公式相似，说明标准椭圆形封头的壁厚与相连接的筒体壁厚大致相等，两者连接便于焊接，还可用同一厚度的钢板制造，且此时封头应力分布较好，经济合理。

标准椭圆形封头的校核计算公式为

$$[p_w]=\frac{2[\sigma]^t\phi\delta_e}{D_i+0.5\delta_e} \tag{3-27}$$

式中 $[p_w]$——封头最大允许工作应力（MPa）；

δ_e——封头的有效厚度（mm）。

按式（3-27），从强度上避免了封头发生屈服。但是根据应力分析，受内压的标准椭圆形封头在过渡转角区存在着较高的环向压应力，这样封头即使强度满足要求，但仍有可能发生周向皱褶而导致局部屈曲失效。特别是大直径、薄壁椭圆形封头，很容易在弹性范围内失去稳定而发生破坏。目前，工程上一般采用限制椭圆封头最小厚度的方法。GB 150—1998 规定，标准椭圆形封头的有效厚度应不小于封头内径的 0.15%，非标准椭圆形形封头的有效厚度应不小于封头内径的 0.30%。

3. 碟形封头

碟形封头如图 3-14c 所示，由三部分组成：以 R_i 为半径的部分球面、以 r 为半径的过渡圆弧（即折边）和高度为 h 的直边。在碟形封头中设置直边部分的作用与椭圆形封头相同。从几何形状看，碟形封头是一不连续曲面，在两个曲面连接处，经线曲率半径突变而存在着较大的边缘弯曲应力。该边缘弯曲应力与薄膜应力叠加，使该部位的应力远远高于其他部位，故受力状况不佳。但过渡环壳的存在降低了封头的深度，方便了成形加工，且压制碟形封头的钢模加工简单，使碟形封头的应用范围较为广泛。

碟形封头的球面区半径 R_i 越大，过渡圆弧的半径 r 越小，即 R_i/r 越大，则封头的深度将越浅，制造越方便，但是边缘应力也越大。因此，一般要求 $r\geq 0.1D_i$，且 $r\geq 3\delta$，球面部分内半径 $R_i\leq D_i$，通常取 $R_i=0.9D_i$。

由应力分析可知，碟形封头受内压后将产生很大的边缘应力，因此其厚度比相同条件下的椭圆形封头厚度要大些。考虑这一边缘应力的影响，同样在设计中引入应力增强系数 M（形状系数），得到碟形封头壁厚计算公式为

$$\delta=\frac{Mp_c R_i}{2[\sigma]^t\phi-0.5p_c} \tag{3-28}$$

式中 R_i——碟形封头球面部分内半径（mm）；

M——碟形封头形状系数，$M=\frac{1}{4}\left(3+\sqrt{\frac{R_i}{r}}\right)$，也可查表确定。

GB 150—1998 中推荐取 $R_i=0.9D_i$，$r=0.17D_i$（也称为标准碟形封头），这时球面部分的壁厚与圆筒相近，封头深度也不大，便于制造。此时，$M=1.33$，于是标准碟形封头的壁厚计算公式为

$$\delta=\frac{1.2p_c D_i}{2[\sigma]^t\phi-0.5p_c} \tag{3-29}$$

与椭圆形封头相似，内压作用下的碟形封头同样存在周向局部屈曲失效的问题，因而GB 150—1998 规定标准碟形封头的有效厚度应不小于封头内径的15%，其他碟形封头的有效厚度应不小于封头内径的30%。但确定封头厚度时已考虑了内压下的弹性失稳问题，可不受此限制。

碟形封头的校核计算公式为

$$[p_w]=\frac{2[\sigma]^t\phi\delta_e}{MR_i+0.5\delta_e} \tag{3-30}$$

各符号含义与前相同。

封头与筒体可用法兰连接，也可用焊接连接，但必须采用对接接头，如果封头与筒体厚度不同，须将较厚的一边切去一部分。

4. 球冠形封头

球冠形封头又称无折边球形封头。为了进一步降低凸形封头的深度，将碟形封头的直边和过渡圆弧部分去掉（$r=0$），只留下球面部分。并把它直接焊在筒体上，即成为球冠形封头。它结构简单、制造方便，常用作容器中两独立受压室的中间封头，也可用作端盖。由于球面与筒体连接处没有转角过渡，所以在连接处附近的封头和筒体上都存在相当大的不连续应力，其应力分布不甚合理。

关于承受内压的球冠形封头厚度计算，有兴趣的读者可参阅相关文献，此处不作叙述。

【例3】 某化工厂反应釜，内径 $D_i=1500$mm，工作温度为 $t_w=5\sim105$℃，工作压力 $p_w=1.5$MPa，釜体上装有安全阀，其开启压力为1.6MPa。接头采用双面对接焊、全部无损检测。介质对碳钢有腐蚀性，但对不锈钢腐蚀极微。试选材并分别确定半球形封头、椭圆形封头、碟形封头的厚度。

【解】

（1）钢材选择

根据题中条件，介质有一定的腐蚀性，故选定0Cr18Ni10Ti 钢板作为釜体材料。

（2）各设计参数的确定

因釜体上装有安全阀，所以取设计压力等于安全阀的开启压力，即 $p=1.6$MPa；计算压力等于设计压力加上液柱静压力，但题中未给出计算反应釜工作时液柱静压力的条件，故可不考虑，即 $p_c=p=1.6$MPa。

按表3-2，设计 温度 $t=125$℃。

按表3-3，0Cr18Ni10Ti 在125℃时的许用应力为 $[\sigma]^t=137$MPa。

按表3-4，双面对接焊，全部无损检测，焊接接头系数 $\phi=1.0$。

按表3-5，钢板厚度负偏差 $C_1=0.8$mm（假设其名义厚度为8～25mm）。

介质对不锈钢腐蚀极微，取腐蚀裕量 $C_2=0$。

所以各参数为：$p_c=1.6$MPa，$t=125$℃，$[\sigma]^t=137$MPa，$\phi=1.0$，$C_2=0$，$D_i=1500$mm。

（3）封头计算

1）半球形封头　按式（3-23）半球形封头的计算厚度为

$$\delta=\frac{p_cD_i}{4[\sigma]^t\phi-p_c}=\frac{1.6\times1500}{4\times137\times1.0-1.6}\text{mm}=4.39\text{mm}$$

$$\delta_d = \delta + C_2 = 4.39\text{mm}$$

$$\delta_d + C_1 = 4.39\text{mm} + 0.5\text{mm} = 4.89\text{mm}$$

按钢板厚度规格向上圆整后得名义厚度 $\delta_n = 5\text{mm}$（厚度为 4.5～5.5mm 时，$C_1 = 0.5\text{mm}$）。

2）椭圆形封头　采用标准椭圆形封头，按式（3-26）计算厚度为

$$\delta = \frac{p_c D_i}{2[\sigma]^t \phi - 0.5p_c} = \frac{1.6 \times 1500}{2 \times 137 \times 1.0 - 0.5 \times 1.6}\text{mm} = 8.78\text{mm}$$

$$\delta_d = \delta + C_2 = 8.78\text{mm}$$

$$\delta_d + C_1 = 8.78\text{mm} + 0.8\text{mm} = 9.58\text{mm}$$

按钢板厚度规格向上圆整后得名义厚度 $\delta_n = 10\text{mm}$。

3）碟形封头　采用现行国标中推荐的 $R_i = 0.9D_i$，$r = 0.17D_i$ 的标准碟形封头，其形状系数 $M = 1.33$，按式（3-29）计算厚度为

$$\delta = \frac{1.2p_c D_i}{2[\sigma]^t \phi - 0.5p_c} = \frac{1.2 \times 1.6 \times 1500}{2 \times 137 \times 1.0 - 0.5 \times 1.6}\text{mm} = 10.54\text{mm}$$

$$\delta_d = \delta + C_2 = 10.54\text{mm}$$

$$\delta_d + C_1 = 10.54\text{mm} + 0.8\text{mm} = 11.34\text{mm}$$

按钢板厚度规格向上圆整后得名义厚度 $\delta_n = 12\text{mm}$。

5. 锥形封头

锥形封头广泛用作许多化工设备（如蒸发器、喷雾干燥器、结晶器、沉降器等）的底盖，它的优点是便于收集并卸掉这些设备中的固体物料，避免凝聚物、沉淀等堆积和利于悬浮、粘稠液体的排放。此外，有一些塔设备上、下部分的直径不等，也常用圆锥形壳体将直径不等的两段塔体连接起来，它使气流均匀，这时的圆锥形壳体叫做变径段。

锥形封头分为两端都无折边（图 3-15a）、大端有折边而小端无折边（图 3-15b）、大小端都有折边三种形式（图 3-15c）。工程设计中根据封头半顶角 α 的不同采用不同的结构形式：当半顶角 $\alpha \leqslant 30°$时，大、小端均可无折边；当半顶角 $30° < \alpha \leqslant 45°$时，小端可无折边，大端须有折边；当 $45° < \alpha \leqslant 60°$时，大、小端均须有折边；当半顶角 $\alpha > 60°$时，按平板形封头考虑或用应力分析方法确定。折边锥形封头的受力状况优于无折边锥形封头，但制造困难。

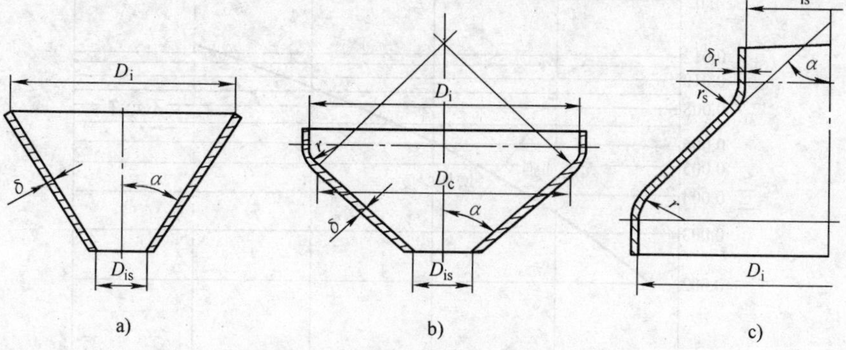

图 3-15　锥形封头的结构形式

a）无折边锥形封头　b）大端折边锥形封头　c）折边锥形封头

大端折边过渡段转角内半径 r 应不小于封头大端内直径 D_i 的 10%，且不小于该过渡段厚度的 3 倍。小端折边的过渡段转角内半径 r_s 应不小于封头小端内直径 D_{is} 的 5%，且不小于该过渡段厚度的 3 倍。

（1）受内压无折边锥壳

1）锥壳计算厚度。由锥壳体应力分析可知，受均匀内压的锥形封头的最大应力为锥壳大端的环向应力，据此可得锥壳体厚度计算公式为

$$\delta_c = \frac{p_c D_c}{(2[\sigma]^t \phi - p_c)\cos\alpha} \tag{3-31}$$

式中 δ_c——锥壳计算厚度（mm）；

D_c——锥壳计算内直径（mm）；

α——锥壳半顶角（°）。

当锥壳由同一半顶角的几个不同厚度的锥壳段组成时，式中的 D_c 分别为各锥壳段大端内径。

对无折边锥壳来说，锥体大、小端与筒体连接处存在着较大的边缘应力，由于边缘应力的影响，有时按式（3-31）计算的壁厚仍然强度不足，需要在连接处局部加强。

2）锥壳大端厚度。无折边锥壳大端与圆筒连接时，应按下述方法确定连接处锥壳大端的厚度。先根据半顶角 α 及 $p_c/[\sigma]^t\phi$ 查图 3-16，判断大端连接处是否需要加强。若无需加强，则大端无加强段，厚度仍按式（3-31）计算；如果需要加强，锥壳加强段与圆筒加强段厚度须相同。加强段计算厚度按计算公式

$$\delta_r = \frac{Q p_c D_i}{2[\sigma]^t \phi - p_c} \tag{3-32}$$

式中 Q——锥壳大端应力增值系数，由图 3-17 查取，中间值用内插法；

δ_r——锥壳大端及其相邻的圆筒加强段的计算厚度（mm）；

D_i——锥壳大端内直径（mm）。

在任何情况下，加强段的厚度不得小于相连接的锥壳厚度。锥壳加强段的长度 $L_1 \geqslant 2\sqrt{\frac{0.5D_i\delta_r}{\cos\alpha}}$；圆筒加强段的长度 $L \geqslant 2\sqrt{0.5D_i\delta_r}$。

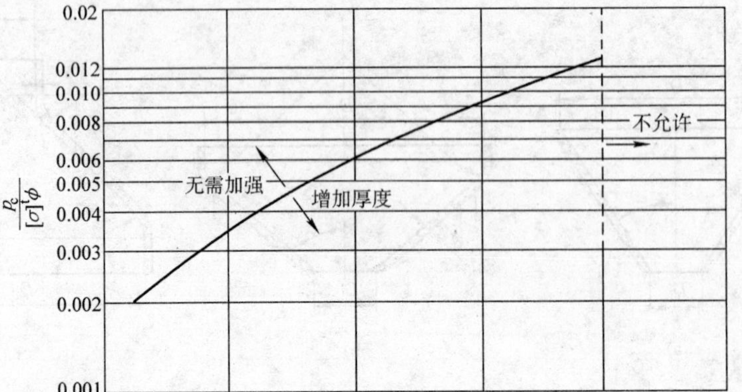

图 3-16 确定锥壳大端连接处的加强图

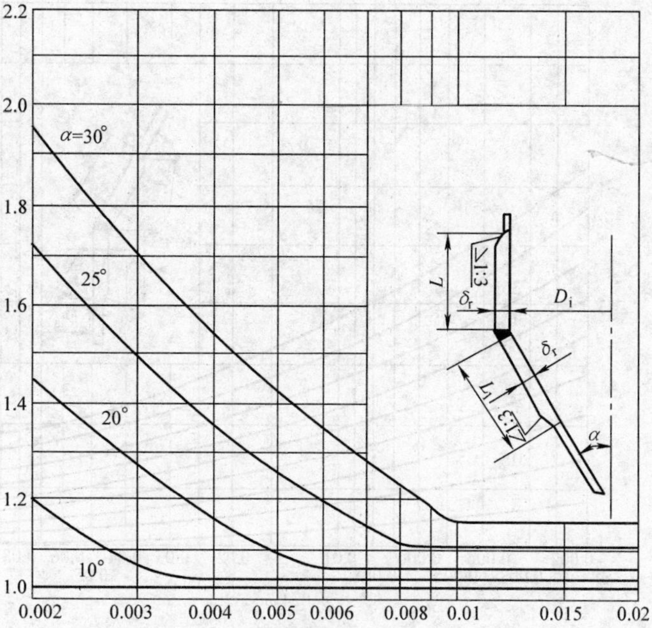

图 3-17　锥壳大端连接处的 Q 值

3）锥壳小端厚度。无折边锥壳小端与大端计算方法相似。根据半顶角 α 及 $p_c/[\sigma]^t\phi$ 查图3-18，判断小端连接处是否需要加强。若无需加强，厚度仍按式（3-31）计算；如果需要加强，锥壳小端加强段与圆筒加强段厚度须相同，加强段计算厚度计算的公式为

$$\delta_r=\frac{Qp_cD_{is}}{2[\sigma]^t\phi-p_c} \tag{3-33}$$

式中　Q——锥壳小端应力增值系数由图3-19查取，中间值用内插法；

δ_r——锥壳小端及其相邻的圆筒加强段的计算厚度（mm）；

D_{is}——锥壳小端内直径（mm）。

其他符号含义同前。

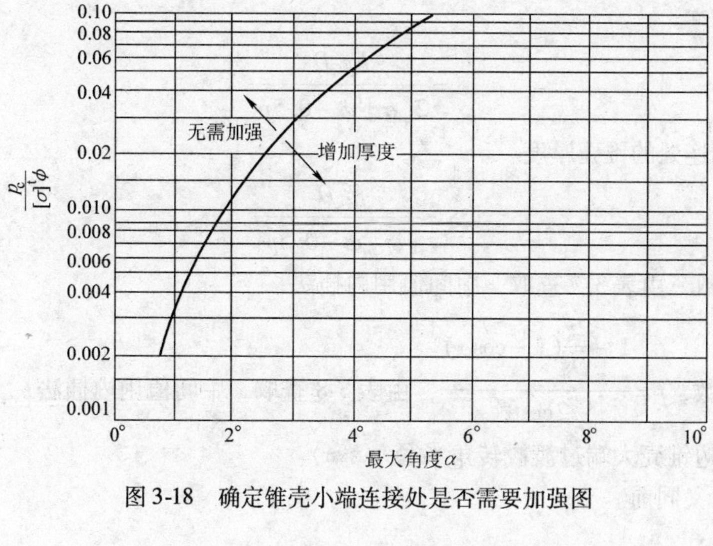

图 3-18　确定锥壳小端连接处是否需要加强图

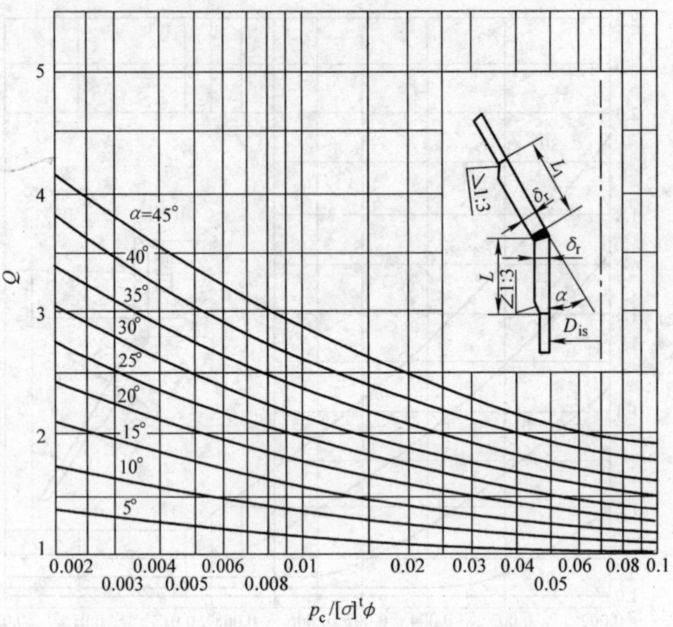

图 3-19　锥形封头小端的应力增值系数 Q 值

在任何情况下，加强段的厚度不得小于相连接的锥壳厚度。锥壳加强段的长度 $L_1 \geqslant \sqrt{\frac{D_{is}\delta_r}{\cos\alpha}}$；圆筒加强段的长度 $L \geqslant \sqrt{D_{is}\delta_r}$。

综上所述，对于无折边锥壳的厚度，当无折边锥壳的大端或小端具有加强段，或大、小端同时具有加强段时，应分别按上式（3-32）和式（3-33）确定锥壳各部分厚度。如果考虑只由一种厚度组成时，则取上述各部分厚度的最大值作为整个封头的厚度。

（2）受内压折边锥壳　锥体部分厚度仍按式（3-31）计算。

1）锥壳大端厚度。计算折边锥壳大端厚度时，按式（3-34）、式（3-35）分别计算过渡段厚度和与过渡段相连的锥壳厚度，取其较大值。

其中，过渡段厚度

$$\delta = \frac{Kp_c D_i}{2[\sigma]^t\phi - 0.5p_c} \tag{3-34}$$

与过渡段相连处的锥壳厚度

$$\delta = \frac{fp_c D_i}{[\sigma]^t\phi - 0.5p_c} \tag{3-35}$$

式中　K——系数，由表 3-7 查取，中间值用内插法；

f——系数，$f = \dfrac{1-\dfrac{2r}{D_i}(1-\cos\alpha)}{2\cos\alpha}$，由表 3-8 查取，中间值用内插法；

r——折边锥壳大端过渡段转角半径（mm）。

其他符号含义同前。

表 3-7　系数 K 值

α	R/D_i					
	0.10	0.15	0.20	0.30	0.40	0.5
10°	0.6644	0.6111	0.5789	0.5403	0.5168	0.5000
20°	0.6956	0.6357	0.5986	0.5522	0.5223	0.5000
30°	0.7544	0.6819	0.6357	0.5749	0.5329	0.5000
35°	0.7980	0.7161	0.6629	0.5914	0.5407	0.5000
40°	0.8547	0.7604	0.6981	0.6127	0.5506	0.5000
45°	0.9253	0.8181	0.7440	0.6402	0.5635	0.5000
50°	1.0270	0.8944	0.8045	0.6765	0.5804	0.5000
55°	1.1608	0.9980	0.8859	0.7249	0.6028	0.5000
60°	1.3500	1.1433	1.000	0.7923	0.6337	0.5000

表 3-8　系数 f 值

α	R/D_i					
	0.10	0.15	0.20	0.30	0.40	0.5
10°	0.5062	0.5055	0.5047	0.5032	0.5017	0.5000
20°	0.5257	0.5225	0.5193	0.5128	0.5064	0.5000
30°	0.5619	0.5542	0.5465	0.5310	0.5155	0.5000
35°	0.5883	0.5773	0.5663	0.5442	0.5221	0.5000
40°	0.6222	0.6069	0.5916	0.5611	0.5305	0.5000
45°	0.6657	0.6450	0.6243	0.5828	0.5414	0.5000
50°	0.7223	0.6945	0.6668	0.6112	0.5556	0.5000
55°	0.7973	0.7602	0.7230	0.6486	0.5743	0.5000
60°	0.9000	0.8500	0.8000	0.7000	0.6000	0.5000

2）锥壳小端厚度。当锥壳半顶角 $\alpha \leqslant 45°$时，若采用小端无折边，其小端厚度按无折边锥壳小端厚度的计算方法计算；如需采用小端有折边，其小端过渡段厚度仍按式（3-33）计算，式中的 Q 值由图 3-19 查取。当锥形封头半顶角 $\alpha > 45°$时，小端过渡段厚度仍按式（3-33）计算，但式中的 Q 值由图 3-20 查取。

与过渡段相接的锥壳和圆筒的加强段厚度应与过渡段厚度相同。锥壳加强段的长度 $L_1 \geqslant \sqrt{\dfrac{D_{is}\delta_r}{\cos\alpha}}$，圆筒加强段的长度 $L \geqslant \sqrt{D_{is}\delta_r}$。

在任何情况下，加强段的厚度不得小于相连接处的锥壳厚度。当考虑折边封头只由一种厚度组成时，为制造方便应取上述各部分厚度中的最大值作为整个封头的厚度。当锥壳的半顶角 $\alpha > 60°$时，其厚度可按平盖计算，也可以用应力分析方法确定。锥壳与圆筒的连接应采用全熔透结构。标准带折边锥壳有半顶角为 30°和 45°两种。锥壳大端过渡区圆弧半径 $r = 0.15D_i$。

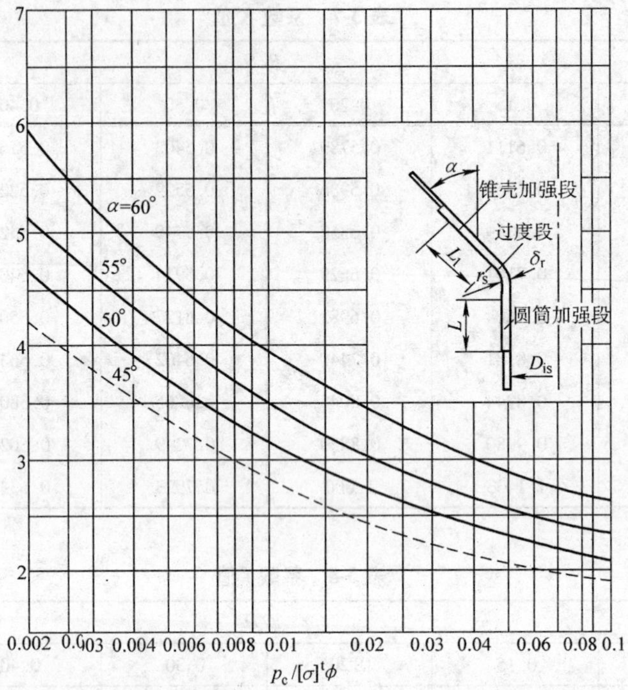

图 3-20　锥壳小端带过渡段连接的应力增值系数 Q 值

6. 平板形封头

平板形封头也称为平盖，是常用的一种封头，其几何形状有圆形、椭圆形、长圆形、矩形和方形等，最常用的是圆形平板封头。在各种封头中，平板是结构最简单、制造最容易的一种。

与承受内压的圆筒体和其他形状的封头不同，平板形封头在内压作用下发生的是弯曲变形，且封头内存在数值比其他形状的封头大得多且分布不均匀的弯曲应力。因此，在相同直径和压力下，平板形封头比各种凸形封头和锥形封头的厚度要大得多，其应用受到很大的限制，一般只用于小直径和压力低的容器。对于压力容器的人孔、手孔等在操作时需要用盲板封闭的地方，广泛采用平板盖。但有时在高压容器中，如合成塔中也用平盖，这是因为它的端盖很厚且直径较小，制造直径小厚度大的凸形封头很困难。

平盖厚度计算是以圆平板应力分析为基础的，真实的支承介于固定铰支和简支之间。因此，工程计算时常采用圆平板理论为基础的经验公式，通过系数 K 来体现平盖周边的支承情况。K 值越小平盖周边越接近固支；反之就越接近于简支。

平板形封头的壁厚计算公式为

$$\delta_p = D_c\sqrt{\frac{Kp_c}{[\sigma]^t\phi}} \tag{3-36}$$

式中　δ_p——平板形封头的计算厚度（mm）；

K——平盖系数，随平板形封头结构不同而不同，查有关标准确定；

D_c——平板形封头计算直径（mm）如图 3-21 所示。

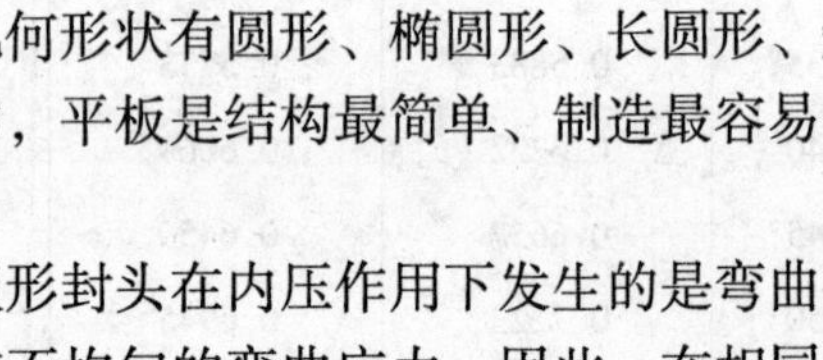

图 3-21　平板形封头

其他符号含义同前。

【例4】 某容器筒体内径 $D_i=1200$mm，上部为平板形封头，下边为半锥角 $\alpha=30°$的锥形封头，焊接接头系数 $\phi=0.85$，计算压力 $p_c=1$MPa，设计温度 $t=200$℃，腐蚀裕量 $C_2=1$mm，材料为16MnR。试设计上、下封头壁厚。平板形封头采用图3-21所示的结构形式，平盖系数 $K=0.27$。

【解】

(1) 平板形封头壁厚的设计

$$D_c=D_i=1200\text{mm}$$

按表3-3，16MnR在200℃时的许用应力 $[\sigma]^t=150$MPa（假设名义厚度为36～60mm），平板形封头的焊接接头系数 $\phi=1.0$。

按式（3-36），平板形封头的计算厚度为

$$\delta_p=D_c\sqrt{\frac{Kp_c}{[\sigma]^t\phi}}=1200\times\sqrt{\frac{0.27\times1}{150\times1.0}}\text{mm}=50.91\text{mm}$$

设计厚度

$$\delta_d=\delta_p+C_2=50.91\text{mm}+1\text{mm}=51.91\text{mm}$$
$$\delta_d+C_1=51.91\text{mm}+1.3\text{mm}=53.21\text{mm}$$

按钢板厚度规格向上圆整后得平板形封头名义厚度 $\delta_n=54$mm。

(2) 锥形封头的壁厚设计

按表3-3，16MnR在200℃时的许用应力为 $[\sigma]^t=170$ MPa（假设名义厚度为6～16mm）；

按表3-5，$C_1=0.8$mm；

由于半顶角为30°，所以大、小端都可无折边。

按式（3-31），锥体部分计算厚度为

$$\delta_c=\frac{p_cD_c}{(2[\sigma]^t\phi-p_c)\cos\alpha}=\frac{1.0\times1200\text{mm}}{2\times170\times0.85-1.0}\times\frac{1}{\cos30°}=4.81\text{mm}$$

设计厚度

$$\delta_d=\delta_c+C_2=4.81\text{mm}+1\text{mm}=5.81\text{mm}$$
$$\delta_d+C_1=5.81\text{mm}+0.8\text{mm}=6.61\text{mm}$$

按钢板厚度规格向上圆整后得名义厚度 $\delta_n=8$mm。

模块四　外压容器

【学习目标】 了解外压容器的失效形式，掌握外压薄壁容器筒体和封头的工程图算法；熟悉提高外压容器稳定性的措施。

【问题引导】

1. 与内压容器相比，外压容器的失效方式有何不同？其设计时考虑的因素是什么？

2. 外压容器的设计有几种方法？工程图算法的步骤是什么？

3. 提高外压容器稳定性的措施有哪些？

在化工、石油等过程生产中，除了大量使用内压容器，还常常使用一些外压容器。外压容器是指容器器壁外表面所受压力大于其内表面所受压力的容器，是处于外压下操作的容器，如真空储罐、石油分馏中的减压蒸馏塔、多效蒸发中的真空冷凝器、真空结晶器等。带有夹套加热或冷却的反应釜，当夹套中介质的压力高于容器内介质的压力时，对内筒而言，也构成一个外压容器。外压薄壁容器的主要失效形式为失稳，所以理论计算和结构设计的主要任务就是要确保容器的稳定性。

任务1　认识外压容器的稳定性并计算临界压力

1. 失稳与临界压力

当容器受到外压作用时，其强度计算与受内压作用时的强度计算一样，只是外压容器的筒体内将产生环向和轴向的压应力，其值与内压圆筒一样。这种压应力如果增大到材料的屈服强度或抗压强度时，将和内压圆筒一样，引起筒体破坏。然而这种情况是极为少见的，这是因为当外压圆筒壁内的压应力远低于材料屈服强度时，筒壁就已经被突然压瘪或发生褶皱，如图 3-22 所示。此时筒体的圆环形截面一瞬间变成了曲波形，波数最少为两个，有的可能为三个或者更多，如图 3-23 所示。在外压作用下，当外压载荷增大到某一值时，壳体会突然失去原来的形状，被压扁或出现波纹，载荷卸去后，壳体不能恢复原状，这种现象称为外压壳体的失稳。承受外压载荷的壳体，在壳体破坏之前，往往先失稳了。容器发生弹性失稳将使容器不能维持正常操作，造成容器失效。因此，保证壳体的稳定性是外压容器能够正常操作的必要条件。

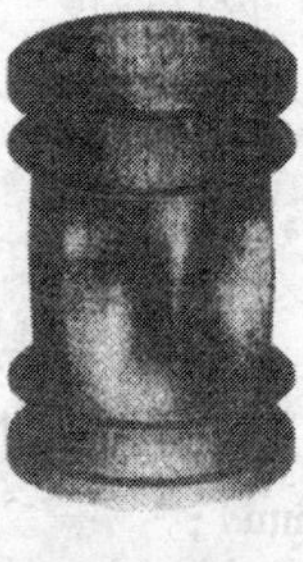

图 3-22　圆筒失稳后的情况

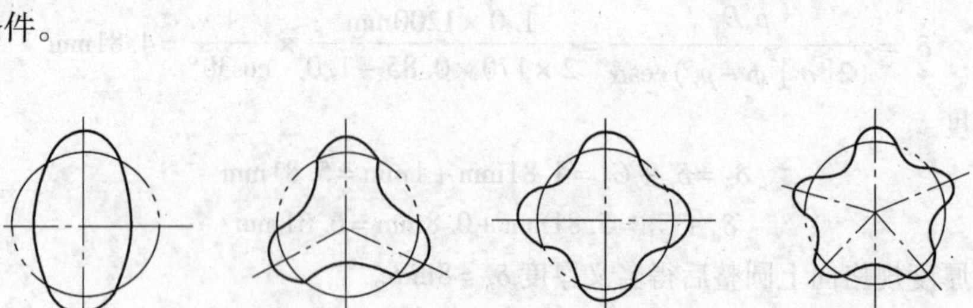

图 3-23　外压圆筒失稳后的形状

因此，对于外压容器，其失效形式有两种：一种是因强度不足而破坏；另一种是因刚度不足而失稳。其中，失稳是主要的问题。

外压容器失稳前，器壁内只有单纯的环向和轴向压应力；在失稳时，伴随着突然变形，筒壁内产生了以弯曲应力为主的附加应力，而且这种变形和附加应力一直迅速发展到筒体被压瘪或发生褶皱为止。外压容器的失稳，实质上是容器筒壁内的应力状态由单纯的压应力平衡跃变为主要受弯曲应力的新平衡。

外压容器的失稳是在外压达到某一临界值时发生的。当筒壁所承受的外压未达到某一临界值以前，增加外压并不引起筒体形状的改变；而当外压一旦增大到某一临界值时，筒体的形状就发生了突变，圆形的筒体被压成椭圆或出现波形。这个外压的临界值称为该筒体的临界压力，用 p_{cr} 表示。临界压力的大小反映了容器抵抗外压力能力大小。

筒体允许的工作外压（即筒体外部压力与筒体内部压力之差）应小于该筒体的临界压力。考虑到应使设备足够安全并能有一定的安全储备，规定外压圆筒的计算外压力应当满足如下条件

$$p_c \leqslant [p] = \frac{p_{cr}}{m} \tag{3-37}$$

式中 m——稳定安全系数，对圆筒取 $m=3$，对凸形封头取 $m=14.52$；

p_c——圆筒的计算外压力（MPa）；

$[p]$——许用外压力（MPa）；

p_{cr}——临界压力（MPa）。

2. 影响临界压力的因素

影响临界压力的因素主要是筒体尺寸。此外，材料性能、质量及圆筒形状精度等对临界压力也有一定的影响。

1）圆筒失稳时，筒壁材料环向纤维受到了弯曲。显然，增强筒壁抵抗弯曲的能力可提高临界压力。在其他条件相同的情况下，筒壁 δ_e 越厚，圆筒外直径 D_o 越小，即筒壁的 δ_e/D_o 越大，筒壁抵抗弯曲能力越强，圆筒的临界压力越高。

2）封头的刚性较筒体高，圆筒承受外压时，封头对筒壁能够起到一定的支承作用。这种支承作用的效果将随着圆筒几何长度的增长而减弱。因此，在其他条件相同的情况下，筒体短者临界压力高。

3）当圆筒长度超过某一极限值后，封头对筒壁中部的支承作用将全部消失。这种得不到封头支承作用的圆筒叫长圆筒；反之，叫短圆筒。显然，当两类圆筒的 δ_e/D_o 相同时，长圆筒的临界压力将低于短圆筒。为了在不变动圆筒几何长度的条件下，将长圆筒变为短圆筒，以便提高它的临界压力值，可在筒体外边（或内壁）焊上一至数个加强圈。只要加强圈有足够大的刚性，可以同样对筒壁起到支承作用，从而使原来得不到封头支承的筒壁，得到了加强圈的支承。筒体焊上加强圈以后，筒体的几何长度对于计算临界压力就没有直接意义了。这时需要的是所谓计算长度。这一长度是指两相邻加强圈的间距，对与封头相连的那段筒体来说，应把凸形封头中 1/3 的凸面高度计入（图 3-24）。

4）圆筒的失稳不是由于强度不足引起的，而是取决于刚度。材料弹性模量 E 值越大，则刚度越大，材料抵抗变形能力越强，因而其临界压力也就越高。但是由于各种钢的 E 值相差不大，所以选用高强度钢代替一般碳钢制造容器，并不能提高筒体的临界压力，反而提高了容器的成本。

5）材料的组织不均匀和圆筒形状不精确都会导致临界压力数值的降低。我国规定外压容器筒体的初始椭圆度（最大直径与最小直径之差）不能超过公称直径的 0.5%，且不大于 25mm。

除上述因素以外，载荷的不对称性、边界条件等因素亦对临界压力有一定的影响。

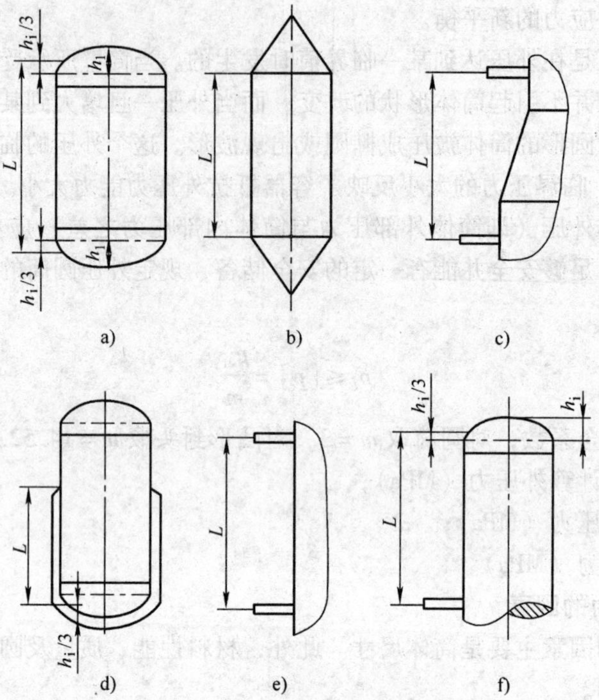

图 3-24　外压圆筒的计算长度

3. 临界压力的计算

圆筒的椭圆度和材料的不均匀等因素会使外压容器的失稳加剧，即能使失稳提前发生，但不是引起容器失稳的根本原因，而超过临界压力的外载荷的作用才是导致失稳的决定性因素。失稳是容器的固有性质，每一个具体的外压圆筒结构都客观上对应着一个固有的临界压力值。临界压力的大小与筒体的几何尺寸、材质及结构因素有关。

（1）长圆筒　长圆筒最容易被压扁，其失稳破坏时总是出现两个波形。长圆筒的临界压力计算公式为

$$p_{cr}=2.2E^t\left(\frac{\delta_e}{D_o}\right)^3 \tag{3-38}$$

式中　p_{cr}——临界压力（MPa）；

E^t——材料在设计温度下的弹性模量（MPa）；

δ_e——圆筒的有效厚度（mm）；

D_o——圆筒的外径（mm）。

由式（3-38）可知，长圆筒的临界压力仅与圆筒的相对厚度 δ_e/D_o 有关，而与圆筒的相对长度 L_{cr}/D_o 无关。

（2）短圆筒　短圆筒的临界压力计算公式为

$$p_{cr}=2.59E\frac{(\delta_e/D_o)^{2.5}}{L/D_o} \tag{3-39}$$

式中　L——圆筒的计算长度（mm）；

其他符号含义同式（3-38）。

由式（3-39）可以得出，短圆筒临界压力与厚径比 δ_e/D_o 有关，也随长径比 L/D_o 而变化。L/D_o 越大，封头的约束作用越小，临界压力越低。

（3）刚性圆筒　对于刚性圆筒，由于它的厚径比 δ_e/D_o 较大，而长径比 L/D_o 较小，所以它一般不存在因失稳而破坏的问题，只需要校验其强度是否足够就可以了。其强度校验公式与计算内压圆筒公式是一样的，只是式中的许用应力采用材料的许用压应力，即

$$\sigma^t_{压}=\frac{p_c(D_i+\delta_e)}{2\delta_e}\leqslant[\sigma]^t_{压}\phi \tag{3-40}$$

也可以写成

$$[p_w]=\frac{2\delta_e[\sigma]^t_{压}\phi}{(D_i+\delta_e)} \tag{3-41}$$

式中　$[\sigma]^t_{压}$——材料在设计温度下的许用压应力（MPa）；

D_i——圆筒的内径（mm）；

ϕ——焊接接头系数，在计算压应力时可取 $\phi=1$；

δ_e——筒体的有效厚度（mm）；

$[p_w]$——圆筒的最大允许工作外压力（MPa）；

p_c——计算外压力（MPa）。

4. 临界长度

外压圆筒的临界长度 L_{cr} 是长圆筒、短圆筒和刚性圆筒的分界线。常借此判断圆筒类型，以便选用不同外压圆筒厚度计算公式进行计算。

当圆筒长度等于临界长度 L_{cr} 时，则用长圆筒公式计算所得临界压力值和用短圆筒公式计算的临界压力值应相等，由此可以得到长、短圆筒的临界长度 L_{cr} 值，即

$$2.2E\left(\frac{\delta_e}{D_o}\right)^3=2.59E\frac{(\delta_e/D_o)^{2.5}}{L_{cr}/D_o}$$

得到

$$L_{cr}=1.17D_o\sqrt{\frac{D_o}{\delta_e}} \tag{3-42}$$

同理，可以得到短圆筒与刚性圆筒的临界长度 L'_{cr} 值，即

$$2.59E\frac{(\delta_e/D_o)^{2.5}}{L'_{cr}/D_o}=\frac{2\delta_e[\sigma]^t_{压}\phi}{(D_i+\delta_e)}\approx\frac{2\delta_e[\sigma]^t_{压}}{D_o}$$

得到

$$L'_{cr}=\frac{1.3E\delta_e}{[\sigma]^t_{压}\sqrt{\frac{D_o}{\delta_e}}} \tag{3-43}$$

当圆筒的计算长度 $L>L_{cr}$ 时，属长圆筒；若 $L'_{cr}<L<L_{cr}$ 时，属短圆筒；若 $L<L'_{cr}$ 时，属刚性圆筒。

此外，圆筒的计算方法还与其相对厚度有关。当 $\delta_e/D_o>0.04$ 时，一般在器壁应力达到屈服强度以前不可能发生失稳现象，故在这种条件下，任何长径比均可按刚性圆筒计算。

5. 外压容器设计参数的确定

对外压容器而言，计算外压力 p_c 是确定受压元件厚度的依据。因此，计算外压力应考虑正常工作条件下可能出现的最大内、外压力差。对于真空容器，其壳体厚度按外压容器的设计方法考虑。当装有真空泄放阀类安全控制装置时，设计外压力取 1.25 倍最大内、外压力差或 0.1MPa 两者中的较小值；当无安全控制装置时，设计外压力取 0.1MPa。在此基础上考虑相应的液柱静压力，可得计算外压力 p_c。对由两室或两个以上压力室组成的容器，如夹套容器，其计算外压力应考虑各室之间可能出现的最大压力差。

外压容器的其他设计参数，如设计温度、焊接接头系数、许用应力等与内压容器相同。

任务 2　外压圆筒图算法

外压薄壁圆筒的壁厚计算有解析法和图算法两种。

为计算筒体的许用外压力，先假设筒体的名义厚度 δ_n，算出有效厚度 δ_e，求出临界长度 L_{cr}，将圆筒的外压计算长度 L 与临界长度 L_{cr} 进行比较，判断圆筒属于长圆筒还是短圆筒；然后根据圆筒类型，选用相应公式计算临界压力 p_{cr}；选取合适的稳定性安全系数 m，计算许用外压力 $[p]$，比较设计外压力 p_c 和许用外压力 $[p]$ 的大小，若 $p_c \leqslant [p]$ 且较为接近，则假设的名义厚度 δ_n 满足要求；否则应重新假设 δ_n；重复以上步骤，直到满足要求为止。上述过程即是解析法的设计步骤，是一个反复试算的过程，比较烦琐，不适于工程应用。

图算法是借助特制的算图来确定壁厚的。这种方法比较简便，对长、短圆筒都适用，对弹性范围或非弹性范围也都适用，因此在国、内外的工程设计中得到了广泛的应用。

由式（3-38）、（3-39）可知，外压圆筒的临界压力只与 D_o/δ_e、L/D_o 和材料的弹性模量 E 有关，从而临界应力 $\sigma_{cr}=\dfrac{p_{cr}D_o}{2\delta_e}$ 也只与这三者有关。为避开 E（因其在塑性状态时为变量），采用失稳时的周向应变 $\varepsilon_{cr}=\dfrac{\sigma_{cr}}{E}$。可见，$\varepsilon_{cr}$ 仅与筒体结构特征参数 L/D_o、D_o/δ_e 有关。令 $A=\varepsilon_{cr}$，以 A 为横坐标，以 L/D_o 为纵坐标，D_o/δ_e 为参量绘成曲线，如图 3-25 所示。在该曲线图中，与纵坐标平行的直线簇表示长圆筒，失稳时周向应变 A 与 L/D_o 无关；图下方的斜平行线簇表示短圆筒，失稳时 A 与 L/D_o、D_o/δ_e 都有关。因该图与材料的 E 无关，因此适用于任何材料的外压圆筒和外压管子。

由 $p_{cr}=m[p]$，有临界应力公式 $\sigma_{cr}=\dfrac{p_{cr}D_o}{2\delta_e}=\dfrac{m[p]D_o}{2\delta_e}$，则失稳时的周向应变

$$A=\varepsilon_{cr}=\frac{\sigma_{cr}}{E}=\frac{m[p]D_o}{2E\delta_e} \tag{3-44}$$

令 $B=\dfrac{2}{m}EA$，取稳定性安全系数 $m=3$，代入式（3-44）中，可得

$$B=\frac{[p]D_o}{\delta_e}$$

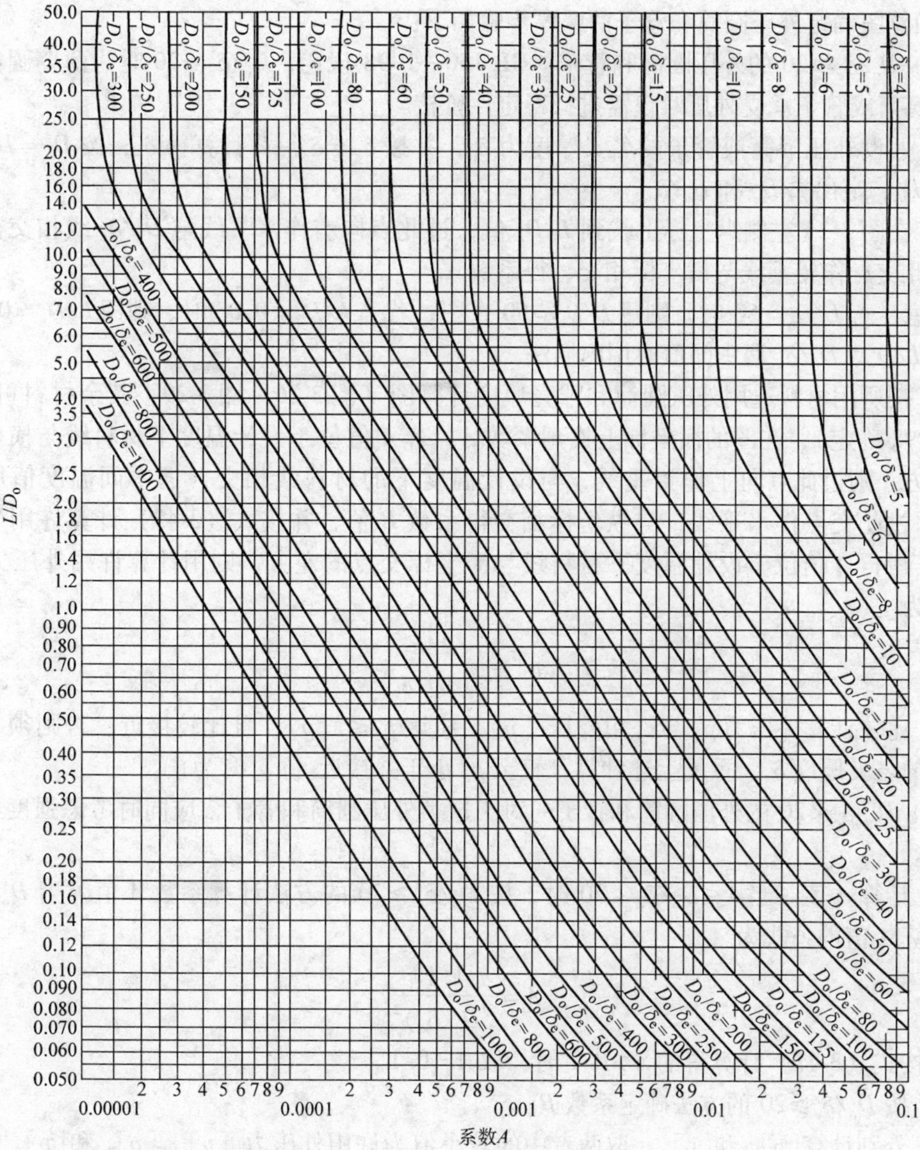

图 3-25　外压或轴向受压圆筒和管子的几何参数计算图（用于所有材料）

也即

$$[p] = \frac{B}{D_o/\delta_e} \tag{3-45}$$

以 A 为横坐标，以 $B=\frac{2}{3}EA$ 为纵坐标绘制曲线图，得到材料的厚度计算图（图 3-26 ~ 图 3-29）。它们实质是由材料单向拉伸时的应力-应变关系图（$\sigma=E\varepsilon$ 图），将其纵坐标 σ 按 $\frac{2}{3}$ 比例缩小后得到的。不同的材料有不同的算图。因同种材料在不同温度下 E 也不同，所以不同温度有不同的 B-A 曲线。由这组曲线图可以快速地由 A 找到 B，再由式（3-45）算出［p］。由算图确定外压圆筒和管子的壁厚步骤如下：

（1）$D_o/\delta_e \geqslant 20$ 的外压圆筒和管子　GB 150—1998 规定，$D_o/\delta_e \geqslant 20$ 时为薄壁圆筒，因此这类圆筒或管子承受外压时仅需进行稳定性校核。

1）假设外压圆筒或管子的名义厚度为 δ_n，并按 $\delta_e = \delta_n - C$ 计算得 δ_e，按 $D_o = D_i + 2\delta_n$ 计算得 D_o，定出 L/D_o 和 D_o/δ_e。

2）在图 3-25 左侧纵坐标上找到 L/D_o 值，过此点向右作水平线与 D_o/δ_e 线相交得一交点，过此交点作铅垂线与横坐标相交，得系数 A。

注意，若 $L/D_o > 50$ 时，则用 $L/D_o = 50$ 查图；若当 $L/D_o < 0.05$ 时、则用 $L/D_o = 0.05$ 查图；当 L/D_o、D_o/δ_e 遇中间值时用内插法。

3）按所用材料选用外压圆筒和球壳厚度计算图（图 3-26 ~ 图 3-29，其余材料可查 GB 150—1998 确定），在图的横坐标上找到系数 A。若 A 值位于设计温度下材料线与横坐标交点的右方，则过此点向上作铅垂线，与设计温度下的材料线相交（遇中间温度值用内插法），再过此交点作水平线，与纵坐标相交得系数 B 值，并按式（3-45）计算许用外压力［p］。若所得 A 值位于设计温度下材料线与横坐标交点的左方，则用计算许用外压力［p］的公式为

$$[p] = \frac{2AE}{3(D_o/\delta_e)} \tag{3-46}$$

4）比较计算外压力 p_c 与许用外压［p］，应该 $p_c \leqslant [p]$，且比较接近；否则须重新假设圆筒的名义厚度 δ_n，重复上述计算，直至 p_c 小于并接近［p］时为止。

（2）$D_o/\delta_e < 20$ 的外压圆筒和管子　对于这类外压圆筒和管子，应同时考虑强度和稳定性问题。

1）计算 A 值。当 $4 \leqslant D_o/\delta_e < 20$ 时，按 $D_o/\delta_e \geqslant 20$ 的方法计算系数 A 值。当 $D_o/\delta_e < 4$ 时，计算 A 值的公式为

$$A = \frac{1.1}{(D_o/\delta_e)^2} \tag{3-47}$$

若按式（3-47）计算得的 $A > 0.1$ 时，取 $A = 0.1$。

2）按 $D_o/\delta_e \geqslant 20$ 的方法确定系数 B。

3）分别计算$[p]_1$和$[p]_2$，取两者中的较小值为许用外压力［p］。$[p]_1$和$[p]_2$的计算公式分别为

$$[p]_1 = \left(\frac{2.25}{D_o/\delta_e} - 0.0625\right)B \tag{3-48}$$

$$[p]_2 = \frac{2\sigma_o}{D_o/\delta_e}\left(1 - \frac{1}{D_o/\delta_e}\right) \tag{3-49}$$

式中　σ_o——应力（MPa），按 $\sigma_o = \min\{2[\sigma]^t, \sigma_o = 0.9\sigma_s^t, \sigma_o = 0.9\sigma_{0.2}^t\}$ 计算；

σ_s^t——设计温度下圆筒材料的屈服强度（MPa）；

$\sigma_{0.2}^t$——设计温度下圆筒材料应变为 0.2% 时的屈服强度（MPa）。

其他符号意义同前。

4）比较 p_c 与［p］，应该 $p_c \leqslant [p]$，且比较接近；否则须重新假设圆筒的名义厚度 δ_n，

重复上述计算步骤，直到 p_c 小于且接近于［p］时为止。

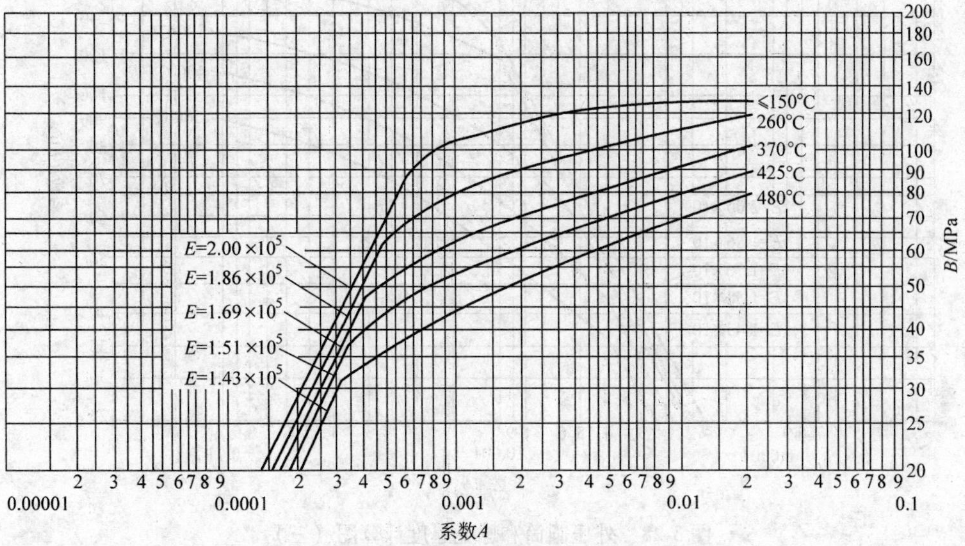

图 3-26　外压圆筒和球壳厚度计算图（一）

（屈服强度 σ_s <207MPa 的碳素钢）

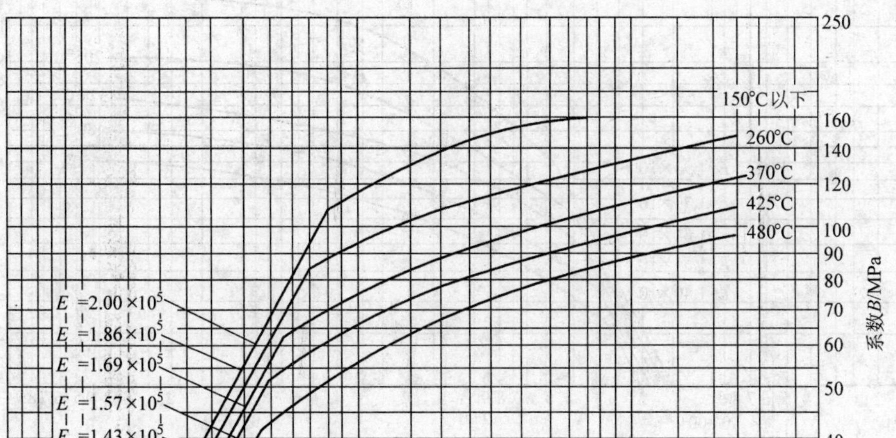

图 3-27　外压圆筒和球壳厚度计算图（二）

（屈服强度 σ_s >207MPa 的碳素钢和 0Cr13 钢、1Cr13 钢）

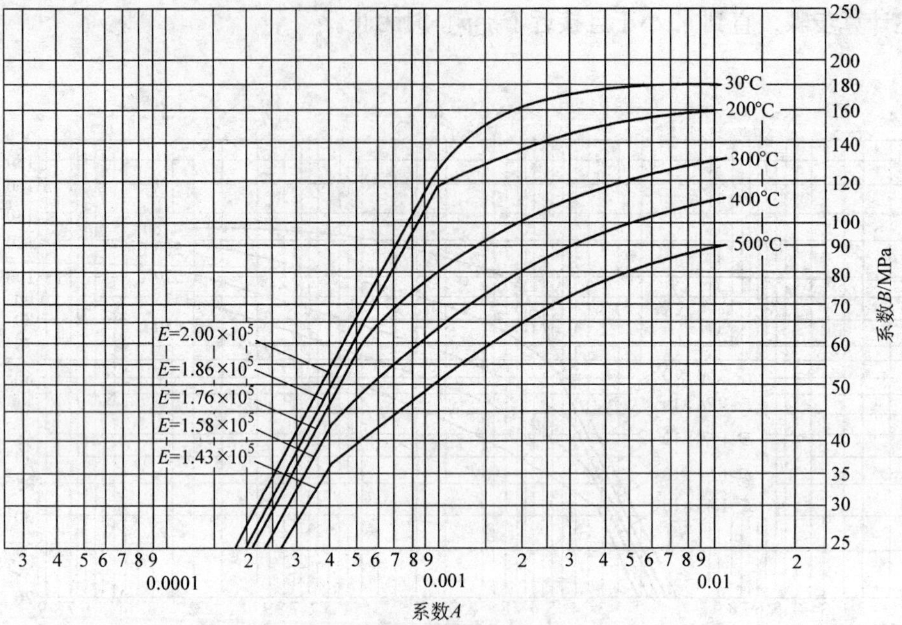

图 3-28　外压圆筒和球壳厚度计算图（三）
（16MnR 钢、15CrMo 钢）

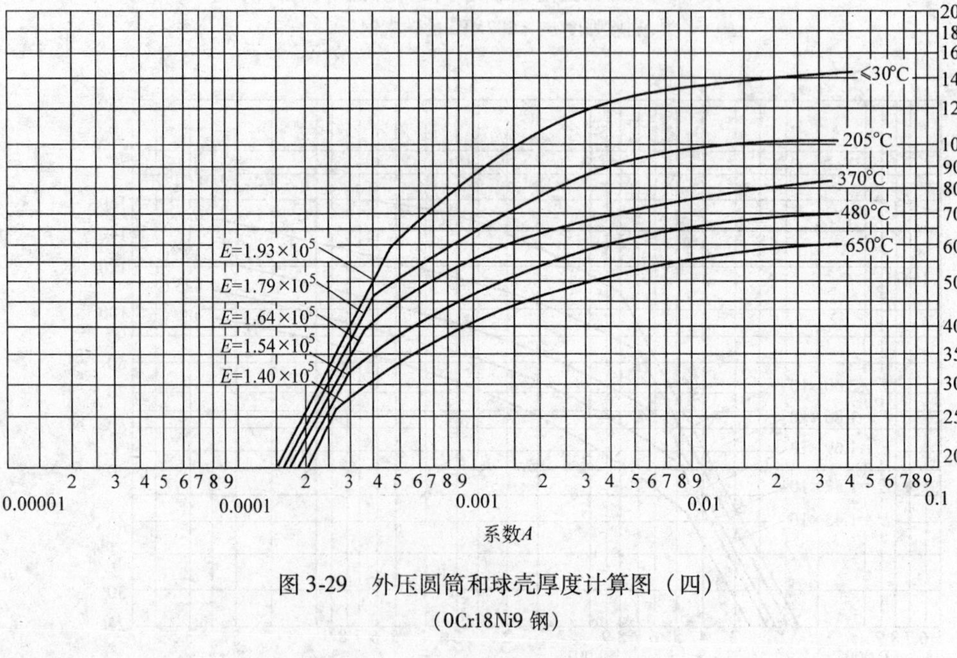

图 3-29　外压圆筒和球壳厚度计算图（四）
（0Cr18Ni9 钢）

任务 3　外压封头图算法

外压容器封头的结构形式与内压容器的相同，在外压力作用下的封头与圆筒一样，也存在失稳问题。采用图算法计算外压封头的壁厚时所用算图与外压圆筒相同。下面仅介绍采用图算法计算受外压的半球形封头、椭圆形封头、碟形封头及锥形封头的壁厚。

1. 半球形封头

受外压的半球形封头壁厚的设计步骤如下：

1）假设球壳名义厚度 δ_n，并按 $\delta_e=\delta_n-C$ 计算得 δ_e，按 $R_o=R_i+\delta_n$ 计算得球形封头的外半径 R_o，定出 R_o/δ_e。

2）计算 A 值

$$A=\frac{0.125}{R_o/\delta_e} \tag{3-50}$$

3）根据球壳材料，从图 3-26 ~ 图 3-29 中（其余材料查 GB 150—1998）选定壁厚计算图，在横坐标上找出系数 A。若 A 值落在设计温度下材料线与横坐标交点的右方，过此点作铅垂线与设计温度下材料线相交（遇中间温度值用内插法），再过此交点作水平线与纵坐标相交得 B 值。于是，许用外压力的计算公式为

$$[p]=\frac{B}{R_o/\delta_e} \tag{3-51}$$

若 A 值落在设计温度下材料线与横坐标交点的左方，则许用外压力 $[p]$ 的计算公式为

$$[p]=\frac{0.0833E}{(R_o/\delta_e)^2} \tag{3-52}$$

4）比较 p_c 与 $[p]$，应该 $p_c\leqslant[p]$，且比较接近；否则须增大所设名义厚度 δ_n，重复上述计算步骤，直到 p_c 小于且接近于 $[p]$ 时为止。

2. 椭圆形封头

受外压（凸面受压）椭圆形封头的厚度计算，其设计步骤与外压半球形封头设计相同，只是半径 R_o 为椭圆形封头的当量球壳外半径，即

$$R_o=K_1D_o \tag{3-53}$$

式中 K_1——由椭圆形长短轴之比值决定的系数，其值见表 3-9。

表 3-9 系数 K_1 值

$D_o/2h_o$	2.6	2.4	2.2	2.0	1.8	1.6	1.4	1.2	1.0
K_1	1.18	1.08	0.99	0.90	0.81	0.73	0.65	0.57	0.50

注：1. 中间值用内插法求得。

2. $K_1=0.9$ 为标准椭圆形封头。

3. $h_o=h_i+\delta_n$

3. 碟形封头

受外压（凸面受压）碟形封头的壁厚计算，采用与外压半球形封头相同的图算步骤，其中 R_o 为碟形封头球面部分外半径。

4. 锥形封头

锥形封头采用与半球形封头相同的图算步骤。受外压锥形封头或锥形筒体，其稳定性是一个在数学、力学上很复杂的问题。因此，工程上依赖试验结果，将其壁厚计算分两种近似情况：当锥壳半顶角 $\alpha\leqslant60°$时，按相当的外压圆筒计算，具体计算方法可参考有关设计标准；当 $\alpha>60°$时，按平盖计算，平盖计算直径取锥体的最大内直径。

任务4　实验——外压容器的压力试验

外压容器和真空容器以内压进行压力试验，其试验压力按下列方法确定。

液压试验

$$p_T = 1.25p \tag{3-54}$$

气压试验

$$p_T = 1.15p \tag{3-55}$$

式中　p_T——试验压力（MPa）；

p——设计外压力（MPa）。

对于由两室或两个以上压力室组成的容器，如夹套容器，进行压力试验时应考虑校核相邻壳壁在试验压力下的稳定性。如果不满足稳定要求，则应规定在做压力试验时，相邻压力室内必须保持一定压力，以使在整个试验过程中（包括升压、保压和卸压）的任何时间内，各压力室的压力差不超过允许压力差，这一点也应标注在设计图样上。

外压容器压力试验的方法、要求及试验前对圆筒应力的校核与内压容器相同。

【例5】 某一外压圆筒形塔体，内径为1000mm，筒体总长8000mm（不包括封头），标准椭圆形封头高（半椭球）为250mm，设计温度为150℃，材料为碳素结构钢Q235B，真空操作，无安全控制装置，取腐蚀裕量 $C_2 = 1.2\text{mm}$，试确定：①筒体的厚度；②椭圆形封头厚度。

【解】

用图算法计算。根据真空操作，无安全控制装置，假设塔外无液柱静压力，则计算外压力 $p_c = 0.1\text{MPa}$。

（1）筒体厚度的确定

1）假设筒体名义厚度 $\delta_n = 10\text{mm}$，由表3-5查得 $C_1 = 0.8\text{mm}$，则筒体有效厚度为

$$\delta_e = \delta_n - C = \delta_n - (C_1 + C_2) = 10\text{mm} - (0.8 + 1.2)\text{mm} = 8\text{mm}$$

筒体外直径　$D_o = D_i + 2\delta_n = 1000\text{mm} + 2 \times 10\text{mm} = 1020\text{mm}$

计算长度　$L = 8000\text{mm} + (1/3) \times 250 \times 2 + 25 \times 2\text{mm} = 8217\text{mm}$

故

$$L/D_o = 8217/1020 = 8.1$$

$$D_o/\delta_e = 1020/8 = 127.5 > 20$$

2）用内插法查图3-25，$L/D_o = 8.1$ 与 $D_o/\delta_e = 127.5$ 在图中交点处对应的 A 值为0.000099。

3）根据筒体材料Q235B钢、设计温度150℃及 $A = 0.000099$，查图3-27知，系数 A 落在设计温度下材料线与横坐标交点的左方，因此用式（3-46）计算许用外压 $[p]$

$$[p] = \frac{2AE}{3(D_o/\delta_e)} = \frac{2 \times 0.000099 \times 2 \times 10^5}{3 \times 127.5}\text{MPa} = 0.104\text{MPa}$$

4）因 $[p] > p_c$ 且接近 p_c，故假定壁厚符合设计要求，确定壁厚为10mm。

（2）椭圆形封头的厚度确定

1）假设封头名义厚度 $\delta_n = 4\text{mm}$，由表3-5查得 $C_1 = 0.3\text{mm}$，则封头有效厚度为

$$\delta_e = \delta_n - C = \delta_n - (C_1 + C_2) = 4\text{mm} - (0.3 + 1.2)\text{mm} = 2.5\text{mm}$$

查表 3-9 知标准椭圆形封头 $K_1=0.9$，则封头的当量球壳外半径

$$R_o=K_1D_o=0.9\times1020\text{mm}=918\text{mm}$$

计算可得 $R_o/\delta_e=918/2.5=367.2$

2）用式（3-50）计算系数 A

$$A=\frac{0.125}{R_o/\delta_e}=\frac{0.125}{367.2}=0.00034$$

3）查图 3-27 知，系数 A 落在材料线右方，因此由图中查得 $B=47$，用式（3-51）计算许用外压 $[p]$

$$[p]=\frac{B}{R_o/\delta_e}=\frac{47}{367.2}\text{MPa}=0.13\text{MPa}$$

4）因 $[p]>p_c$ 且接近 p_c，故假定壁厚符合设计要求，确定壁厚为 4mm。

任务 5　提高外压容器稳定性的途径

影响临界压力的因素都影响稳定性。如前所述，增大 δ_e/D_o、设置加强圈、选用 E 值大的钢种、提高材料的组织均匀性及圆筒形状精度等均可提高临界压力，因而可提高稳定性。

生产实践中一般从改变某些尺寸角度考虑提高稳定性。由式（3-39）可知，外压圆筒在材料和直径已定的条件下，增加筒体壁厚或者缩短筒体的计算长度，都能提高筒体的临界压力，因而可提高稳定性。从减轻容器质量、节约贵重金属出发，减小计算长度更有利。在结构上就是在筒体上焊接加强圈。

加强圈应具有足够的刚性，常用工字钢、角钢、扁钢等，如图 3-30 所示，这样材料供应方便且型钢具有较大的截面惯性矩。加强圈可设置在筒体的外部或内部，并应环绕容器整个圆周。加强圈与壳体的连接必须足够紧密。加强圈必须与壳体紧密贴合和焊牢，以保证加强圈和壳体一起承载，否则起不到加强作用。加强圈和壳体之间可采用连续焊或间断焊，加强圈两侧的间断焊缝可以错开或并排布置，如图 3-31 所示。如加强圈焊在容器外壁，焊缝总长度不应小于设备外圆周长度的 1/2，间断焊缝的最大间距为筒体壁厚的 8 倍；如加强圈焊在内壁，则焊缝总长度不应小于内圆周长度的 1/3，间断焊缝的最大间距为壁厚的 12 倍。

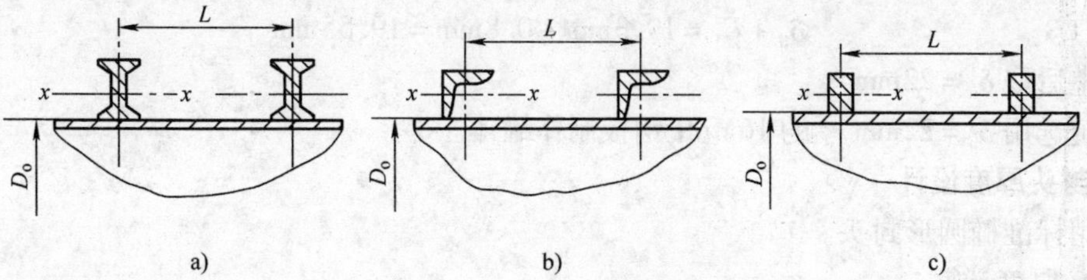

图 3-30　加强圈的结构

为保证筒体和加强圈的稳定性，加强圈不得被任意削弱或割断。装在筒体外面的加强圈，这一点是比较容易做到的。但是装在内部的加强圈有时就不能满足这一要求，例如在水平容器中的加强圈，往往必须开一个排液用的小孔。加强圈允许割开或削弱而不需补强的最大弧长间断值，可查有关标准。

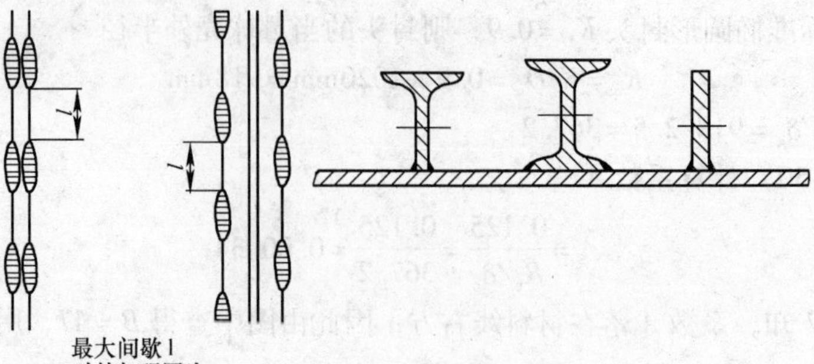

图 3-31　加强圈与圆筒的焊接连接

典型项目实施

本项目是设计一液氨储罐，工艺条件如前所述。

实施步骤

1. 罐体壁厚设计

根据选材所作的分析，本储罐选用 16MnR 制作罐体和封头。

壁厚计算

$$\delta=\frac{p_c D_i}{2[\sigma]^t\phi-p_c}$$

本储罐在使用地点夏季最高温度按 50℃考虑，这时氨的饱和蒸气压为 2.07MPa（绝对压力），储罐上需要安装安全阀，故取 $p_c=2.16\text{MPa}$

$$D_i=2600\text{mm};\ [\sigma]^t=163\text{MPa};\ \sigma_s=325\text{MPa}$$

$$\phi=1.0(\text{双面焊对接接头，100\%探伤})；\text{取 } C_2=2\text{mm}$$

所以
$$\delta=\frac{2.16\times2600}{2\times163\times1.0-2.16}\text{mm}\approx17.3\text{mm}$$

$$\delta_d=\delta+C_2=17.3\text{mm}+2\text{mm}=19.3\text{mm}$$

根据 $\delta_d=19.3\text{mm}$，由表 3-5 查得 $C_1=0.8\text{mm}$，则

$$\delta_d+C_1=19.3\text{mm}+0.8\text{mm}=19.55\text{mm}$$

圆整后取 $\delta_n=22\text{mm}$

确定选用 $\delta_n=22\text{mm}$ 厚的 16MnR 钢板制作罐体。

2. 封头厚度设计

采用标准椭圆形封头。

（1）厚度计算

$$\delta=\frac{p_c D_i}{2[\sigma]^t\phi-0.5p_c}$$

其中，$\phi=1.0$（钢板最大宽度为 3m，该储罐直径为 2.6m，故封头需将钢板拼焊后冲压），其他符号取值同前。

所以
$$\delta=\frac{2.16\times2600}{2\times163\times1.0-0.5\times2.16}\text{mm}\approx17.3\text{mm}$$

同前 $C=C_1+C_2=0.8\text{mm}+2\text{mm}=2.8\text{mm}$

故 $\delta_n=17.3\text{mm}+C=17.3+2.8=20.1\text{mm}$

圆整后，取 $\delta_n=22\text{mm}$。确定选用 $\delta_n=22\text{mm}$ 厚的16MnR钢板制作封头。

（2）罐体与封头水压试验强度的校核

根据式

$$\sigma_T=\frac{(p_T+p_L)(D_i+\delta_e)}{2\delta_e}\leqslant 0.9\phi\sigma_s(\sigma_{0.2})$$

其中，$p_T=1.25\times p=1.25\times 2.16\text{MPa}=2.7\text{MPa}$，$p_L$ 取0。

$$\delta_e=\delta_n-C=22\text{mm}-2.8\text{mm}=19.2\text{mm}$$

$$\sigma_s=325\text{MPa}$$

则 $$\sigma_T=\frac{2.7\times(2600+17.75)}{2\times 19.2}\text{MPa}\approx 199.10\text{MPa}$$

而 $$0.9\phi\sigma_S=0.9\times 1.0\times 325\text{MPa}=292.5\text{MPa}$$

可见 $\sigma_T<0.9\phi\sigma_S$，所以水压强度足够。

思考练习题

3-1 名词解释

1. 薄壁容器；2. 薄膜理论；3. 薄膜应力；4. 边缘应力；5. 工作压力；6. 设计压力；7. 计算压力；8. 设计温度；9. 壁厚附加量；10. 钢板厚度负偏差；11. 腐蚀裕量；12. 许用应力；13. 焊接接头系数；14. 安全系数；15. 计算厚度；16. 设计厚度；17. 名义厚度；18. 有效厚度；19. 最小厚度；20. 弹性失效设计准则

3-2 填空

1. 薄壁回转壳体在均匀内压作用下，器壁上任意点的应力特点是________。
2. 薄壁内压容器的无力矩理论适用条件是________。
3. 受内压的压力容器周向应力是轴向应力的________倍。
4. 压力容器开孔，在条件允许时最好开________形状孔。
5. 内压容器封头的形式有________、________、________等。
6. 有一容器，其最高气体工作压力为1.6MPa，无液体静压作用，工作温度≤150℃且装有安全阀，试确定该容器的设计压力 p = ________ MPa；计算压力 p_c = ________ MPa；水压试验压力 p_T = ________ MPa。
7. 标准碟形封头的球面部分内半径 R_i = ________ D_i；过渡圆弧部分的内半径 r = ________ D_i。
8. 在外压作用下，筒体突然________的现象称为筒体弹性失稳。
9. 外压容器的失效方式有________和________。
10. 提高外压容器稳定性的措施有________。

3-3 判断是非题（是者画✓；非者画×）

1. 在承受内压的圆筒形容器上开椭圆孔，应使椭圆的长轴与筒体轴线平行。（ ）
2. 因为内压薄壁圆筒的二向应力与壁厚成反比，当材质与介质压力一定时，则壁厚大的容器壁内的应力总是小于壁厚小的容器。（ ）
3. 按无力矩理论求得的应力称为薄膜应力，薄膜应力是沿壁厚均匀分布的。（ ）
4. 由于圆锥形容器锥顶部分应力最小，所以开孔宜在锥顶部分。（ ）
5. 椭球壳的长、短半轴之比 a/b 越小，其形状越接近球壳，其应力分布也就越趋于均匀。（ ）

6. 因为从受力分析角度来说，半球形封头最好，所以不论在任何情况下，都必须首先考虑采用半球形封头。(　　)

7. 厚度为60mm和6mm的16MnR热轧钢板，其屈服强度是不同的，且60mm厚钢板的σ_s大于6mm厚钢板σ_s。(　　)

8. 依据弹性失效理论，容器上一处的最大应力达到材料在设计温度下的屈服点σ_s^t时，即宣告该容器已经“失效”。(　　)

9. 安全系数是一个不断发展变化的数据，按照科学技术发展的总趋势，安全系数将逐渐变小。(　　)

10. 当焊接接头结构形式一定时，焊接接头系数随着检测比率的增加而减小。(　　)

11. 外压容器和真空容器以外压进行压力试验。(　　)

12. 压力容器的宏观检查周期为一年。(　　)

3-4　选择题

1. 下列常用压力容器封头，根据受力情况，从好到差依次排列次序为（　　）。

A. 椭圆形、半球形、碟形、锥形、平盖　B. 半球形、椭圆形、碟形、锥形、平盖

C. 半球形、碟形、椭圆形、锥形、平盖　D. 椭圆形、碟形、半球形、锥形、平盖

2. 不属于压力容器主要受压件的是（　　）。

A. 人孔盖　B. 人孔接管　C. 换热器管板　D. M36以下的设备主螺栓

3. 气压试验的危险性比液压试验（　　）。

A. 小　B. 相同　C. 大　D. 无法比较

4. 对不适合做液压试验的容器可用（　　）试验代替液压试验。

A. 水压　B. 气密性　C. 气压　D. 渗漏

5. 某压力容器壳体的计算厚度为12.3mm，有效厚度为11.9mm，则该容器（　　）。

A. 强度不满足要求　B. 强度满足要求　C. 稳定性不满足要求　D. 稳定性满足要求

6. （　　）制成的压力容器及受压件的A、B类焊接接头进行100%射线或超声检测。

A. 壁厚<30mm碳素钢　B. 壁厚<16mm的12CrMo

C. 抗拉强度>540MPa的钢　D. 壁厚<25mm15MnV

7. 压力容器不属于外观检查的内容是（　　）。

A. 外表面的腐蚀、保温层的破损、脱落　B. 支承或支座的损坏、基础下沉、倾斜、开裂

C. 壁厚测定、无损检测、水压试验　D. 检漏孔、信号孔的漏液、漏气

8. 一台在用压力容器的安全状况等级为2级，下检周期最多为（　　）。

A. 2年　B. 3年　C. 4年　D. 6年

9. 当管线安装完无法进行耐压试验时，可采用（　　）。

A. 所有焊缝用液体渗透法或磁粉法进行检验　B. 对接焊缝用100%射线探伤进行检验

C. 经建设单位同意，可以不做检验　D. 经建设单位同意，同时采用以上A和B

10. 外压容器设置加强圈的目的是为了（　　）。

A. 开孔补强　B. 延长容器的寿命　C. 缩短容器长度　D. 提高临界压力

11. 外压圆筒几何参数计算图中的系数A的含义是（　　）。

A. 失稳时的应力　B. 失稳时的轴向应变　C. 失稳时的周向应变　D. 前三项都不对

3-5　工程应用题

1. 某厂生产的压力容器，其工作压力为2.5MPa，圆筒的外径为816mm，壁厚为16mm，试求汽包圆筒壁内的薄膜应力σ_φ和σ_θ。

2. 有一外径为10020mm的球形容器，其工作压力为0.6MPa，壁厚为20mm，试求该球形容器壁内的工作应力。

3. 有一DN2000mm的内压薄壁圆筒，壁厚$\delta_n=22$mm，承受的最大气体工作压力$P_w=2$MPa，容器上装

有安全阀，焊接接头系数 $\phi=0.85$，壁厚附加量为 $C=2$mm，试求筒体的最大工作应力。

4. 某球形内压薄壁容器，内径为 $D_i=10$m，壁厚为 $\delta_n=22$mm，若令焊接接头系数 $\phi=1.0$，壁厚附加量为 $C=2$mm，试计算该球形容器的最大允许工作压力。已知钢材的许用应力 $[\sigma]^t=147$MPa。

5. 某化工厂反应釜，内径为1600mm，工作温度为5～105℃，工作压力为1.6MPa，釜体材料选用0Cr18Ni9Ti。采用双面焊对接接头，局部无损检验，凸形封头上装有安全阀，试设计釜体壁厚。

6. 今欲设计一台化肥厂用的甲烷反应器，直径为 $D_i=3200$mm，计算压力为 $P_c=2.6$MPa，设计温度为255℃，材质为16MnR，采用双面焊对接接头，100%检测。腐蚀裕量取 $C_2=1.5$mm，试设计该反应釜壁厚。

7. 某化肥厂二段转化炉，炉内温度为1200℃，衬砌耐热、隔热材料后，承压钢制壳体的壁温为100℃。已知炉体内径 $D_i=3700$mm，计算压力为 $P_c=3.5$MPa，材质为16MnR。炉体采用双面焊对接接头，100%检测，壁厚附加量取 $C=3$mm，试设计转化炉体壁厚。

8. 有一乙烯罐，内径为 $D_i=1600$mm，壁厚为 $\delta_n=16$mm，计算压力为 $P_c=2.5$MPa，工作温度为－3.5℃，材质为16MnR，采用双面焊对接接头，局部无损检测，壁厚附加量为 $C=3$mm，试校核储罐强度。

9. 某化工厂反应釜，内径 $D_i=1600$mm，工作温度为 $t_w=5\sim105$℃，工作压力 $p_w=1.5$MPa，釜体上装有安全阀。其开启压力为1.6MPa。接头采用双面对接焊、全部无损检测。介质对碳钢有腐蚀性，但对不锈钢腐蚀极微。试选材并确定该釜体的厚度。

10. 今欲设计一台不锈钢（0Cr18Ni9Ti）制内压容器。最高工作压力为 $p_w=1.6$MPa，容器装防爆片防爆。工作温度为150℃，容器直径 $D_i=1200$mm，采用双面焊对接接头，作局部检测，试设计容器筒体壁厚。

11. 今欲设计一台高温变换炉，炉内最高温度为550℃，炉内加衬保温砖及耐火砖后，最高壁温为450℃，工作压力为1.8MPa，炉体内径为3000mm，采用双面焊对接接头，100%检测，试用20R和16MnR两种材料分别设计炉体壁厚，并作分析比较。

12. 有一承受内压的圆筒形容器，$D_i=1000$mm，最高工作压力为 $p_w=2$MPa。工作温度不大于200℃，壁厚为 $\delta_n=16$mm，材质为16MnR，焊接接头系数 $\phi=0.85$，壁厚附加量 $C=1.8$mm，试验算容器的强度是否足够。如果已知16MnR钢板200℃时的许用应力 $[\sigma]^{200}=170$MPa，试求该容器的最大允许工作压力。

13. 一个16MnR制内压反应塔，筒体内径 $D_i=500$mm，标准椭圆形封头，工作压力2.0MPa（装有安全阀），工作温度300℃，塔体采用单面手工电弧焊（有垫板），局部无损探伤，内部介质有轻微腐蚀性。(1) 设计塔体壁厚，并校核水压试验强度。(2) 设计封头壁厚。

14. 设计容器筒体和封头壁厚。已知内径为 $D_i=1200$mm，计算压力为 $p_c=1.8$MPa，设计温度为40℃，材质为20g，介质无大腐蚀性，双面焊对接接头，100%检测。封头按半球形、标准椭圆形和标准碟形三种形式算出其所需壁厚，最后根据各有关因素进行分析，确定一最佳方案。

15. 试设计一中间试验设备——轻油裂解气废热锅炉汽包筒体及标准椭圆形封头的壁厚，并画出封头草图，注明尺寸。已知设计条件为：计算压力为 $p_c=15.6$MPa，设计温度为350℃，汽包内径为 $D_i=1300$mm，材质为低合金钢18MnMoNbR（$\sigma_s=410$MPa），筒体采用双面焊对接接头，100%检测。

16. 有一台高压炉汽包，直径为 $D_i=2100$mm，工作压力为10.5MPa，设计温度为330℃，汽包上装有安全阀，全部焊缝用双面焊对接接头，100%检测。腐蚀余量取 $\delta_n=3$mm，试分别采用16MnR和18MnMoNbR两种材料设计汽包壁厚，并作分析比较。

17. 今有材质为20g的无缝钢管。尺寸规格为 $\phi57\text{mm}\times3.5\text{mm}$ 和 $\phi108\text{mm}\times4\text{mm}$，在不考虑腐蚀及负偏差的前提下，求在室温和400℃时各能耐多少压力。

18. 有一长期不用的反应釜，经实测内径为1200mm，最小壁厚为10mm，材质为Q235B，纵向焊缝为双面焊对接接头，是否曾作检测不清楚。今欲利用该釜承受1MPa的内压力，工作温度为200℃，介质无腐蚀性，但需装设安全阀，试判断该釜能否在此条件下使用。

19. 设计一台液氨储罐筒体与标准椭圆形封头的壁厚。已知筒体内径 $D_i = 2200\text{mm}$，封头用两块钢板拼焊后冲压成形，储罐设计温度为50℃，此时液氨的饱和蒸汽压为2.07MPa（绝压），储罐需装安全阀，材质为16MnR，全部焊缝用双面焊对接接头，100%检测，腐蚀裕量取 $C_2 = 2\text{mm}$。

20. 某厂乙炔气瓶整压釜 $D_i = 1500\text{mm}$，壁厚为 $\delta_n = 14\text{mm}$，最高工作温度不大于200℃，计算压力为1.3MPa，材质为20R，釜体采用双面焊对接接头，100%检测，腐蚀余量取 $C_2 = 4\text{mm}$，试校核釜体工作应力与水压试验强度。

21. 某有机化工厂的转位釜，釜体内径为 $D_i = 800\text{mm}$，工作温度为400℃，计算压力为1.2MPa，材质为20MnMo，介质无大腐蚀性，釜体焊接接头系数 $\phi = 0.9$，试设计釜体壁厚，并按标准椭圆形和标准碟形封头分别设计封头壁厚。

22. 某化工厂欲设计一台石油气分离用乙烯精馏塔。工艺参数为：塔体内径 $D_i = 600\text{mm}$；计算压力 $p_c = 2.2\text{MPa}$；工作温度 $t = -19 \sim -3$℃。试选择塔体材料并确定塔体厚度和封头形式与尺寸。

23. 不锈钢反应釜操作压力1.2MPa，内径1200mm，下部为带折边锥底，其半锥顶角为45°。出料管公称直径200mm，釜壁温度为300℃，试确定该锥形底的壁厚及接口管尺寸。

24. 校验旧气瓶。资料记载该气瓶材质为40Mn2A，系无缝钢管收口而成。实测其外径为219mm，最小壁厚为6.5mm。查材料手册得该材料的 $\sigma_b = 785\text{MPa}$，$\sigma_s = 510\text{MPa}$。

（1）常温下可否充15MPa氧气？（2）如强度不够，最高允许工作压力多少？

25. 直径为 $D_i = 1000\text{mm}$ 的低碳钢外压圆筒，筒体长6500mm，壁厚20mm，两侧为椭圆封头，凸面高度250mm，介质无腐蚀。试计算能承受的许可外压，并确定发生侧向失稳时筒体横截面上产生的波形数。

26. 有一外压容器，已知设计外压力 $p = 0.2\text{MPa}$，内径 $D_i = 1800\text{mm}$，圆筒的计算长度 $L = 3450\text{mm}$，设计温度 $t = 250$℃，壁厚附加量 $C = 2\text{mm}$，材料为16MnR，其弹性模量 $E^t = 186.4 \times 10^3\text{MPa}$。问其厚度为 $\delta_n = 14\text{mm}$ 时是否满足要求？

27. 某圆筒形容器，内径2400mm，长14000mm，两端为标准椭圆形封头，直边高度为50mm，圆筒和封头材料均为1Cr18Ni9Ti，腐蚀裕量取1mm，设计温度510℃，真空下操作，无安全控制装置。用图算法求筒体厚度。

28. 现有一真空塔，材料为Q235B，$D_i = 2500\text{mm}$，封头为标准椭圆形封头，塔体部分高20m（包括直边段），设计温度250℃，腐蚀裕量2.5mm。（1）确定塔体圆筒壁厚；（2）塔体上均匀设置6个加强圈（材料与塔体相同）后的筒体壁厚。

第四单元　容器主要零部件

学习要点：

◆了解容器标准化的意义及主要标准化参数。

◆了解法兰连接的密封原理，掌握标准法兰的结构类型及其选用。

◆熟悉支座结构与标准，掌握鞍座的结构类型、标准与选用，了解裙座的形式及特点。

◆了解等面积补强原理，熟悉常见的补强结构和补强圈标准及选用。

◆熟悉压力容器的安全附件结构和作用及其选用方法。

能力目标：

◆能熟练根据国家标准和技术规范、工艺条件为各种过程设备合理选用标准零部件。

典型项目：

◆项目引入　第三单元的液氨储罐项目选配合适的零部件，工艺尺寸如前所述。

◆项目分析　化工容器的结构除了能承受压力的筒体和封头这些主体外，还有连接法兰、密封装置、支座、人孔（或手孔）、视镜、液面计、安全装置和各种用途的接管等零部件。通过本项目的讨论和实施来认识和理解化工容器零部件的类型、结构、原理、标准及其选用，并根据国家标准和技术规范为设备合理选用零部件，从而掌握正确选用这些零部件的理论依据和方法。

模块一　容器设计的标准化

【学习目标】　了解容器标准化的意义、主要标准化参数及其系列尺寸。

【问题引导】　容器设计的两个主要标准化参数是什么？了解各自的标准系列。

标准化是组织现代化生产的重要手段之一，为组织专业化生产提供了有利条件。为了便于化工过程设备的设计、制造、安装和维修，提高产品质量，便于零部件互换，降低成本，提高劳动生产率，我国有关部门对化工容器的零部件已制定了一系列标准，如封头、法兰、支座、人孔、手孔、液面计等均已有各自的标准。对于某些化工设备如反应釜、换热器、储罐等也有标准系列。设计时应尽量采用标准件。

压力容器及其零部件标准化的基本参数是公称直径和公称压力。设计时可根据公称直径和公称压力从有关标准中选用标准件。

1. 公称直径

规定公称直径的目的是使容器的直径成为一系列一定数值，以便于部件的标准化。公称直径以符号“*DN*”表示。

对由钢板卷制的筒体和成形封头来说，公称直径是指它们的内径，其值见表 4-1。设计容器时应使容器内径符合表 4-1 所列的直径标准。例如工艺计算得到容器的内径为 1170mm，则应调整为最接近的标准值 1200mm，这样可以选用 *DN*1200mm 的各种标准零部件。

表 4-1　压力容器的公称直径 *DN*　（单位：mm）

300	350	400	450	500	550	600	650
700	800	900	1000	1100	1200	1300	1400
1500	1600	1700	1800	1900	2000	2100	2200
2300	2400	2600	2800	3000	3200	3400	3600
3800	4000	4200	4400	4500	4600	4800	5000

对于管子来说，公称直径也称为公称通径，它既不是指管子的外径，也不是指管子的内径，而是小于外径的一个数值。只要管子的公称直径一定，管子的外径也就确定了，管子的内径因壁厚不同而有不同的数值。如果采用无缝钢管做筒体时，筒体或封头的公称直径就不是管子原来的公称直径，而是指钢管的外径，见表 4-2。化工厂用来输送水、煤气以及用于取暖的管子往往采用有缝钢管。这种有缝钢管的公称直径既可用米制（mm）表示，也可用英制（in）表示。它们的尺寸系列见表 4-3。

设计时，应将工艺计算初步确定的设备内径，调整到符合表 4-1 所规定的公称直径。当筒体的直径较小，直接采用无缝钢管制作时，容器的公称直径应直接从表 4-2 中选取。

表 4-2　无缝钢管的公称直径 *DN*、外径 D_o 与无缝钢管制作筒体时容器的公称直径 *DN*　（单位：mm）

公称直径 *DN*	80	100	125	150	175	200	225	250	300	250	400	450	500
外径 D_o	89	109	133	159	194	219	245	273	325	377	426	480	530
无缝钢管做筒体时的公称直径 *DN*				159		219		273	325	377	426		

表 4-3　水、煤气输送钢管的公称直径 *DN* 与外径 D_o

公称直径 *DN*	/mm	6	8	10	15	20	25	32	40	50	70	80	100	125	150
	/in	$\frac{1}{8}$	$\frac{1}{4}$	$\frac{3}{8}$	$\frac{1}{2}$	$\frac{3}{4}$	1	$1\frac{1}{4}$	$1\frac{1}{2}$	2	$2\frac{1}{2}$	3	4	5	6
外径 D_o	/mm	10	13.5	17	21.25	26.75	33.5	42.5	48	60	75.5	88.5	114	140	165

注：1in = 25.4mm。

2. 公称压力

在制定零部件标准时，即使是公称直径相同的筒体、封头或法兰，只要它们的工作压力不相同，它们的其他尺寸也不会一样，所以还需要将压力容器和管子等零部件所承受的压力，也分成若干个规定的压力等级。这种规定的标准压力等级就是公称压力，公称压力以符号“*PN*”表示。国际通用的公称压力等级有两大体系，即欧洲体系和美洲体系。表 4-4 给出了我国所规定的压力容器法兰与管法兰的公称压力等级。

表 4-4　压力容器法兰与管法兰的公称压力

压力容器法兰	/(kgf/cm^2)	常压	2.5	6	10	16	25	40	64
	/MPa	常压	0.25	0.6	1.0	1.6	2.5	4.0	6.4
管法兰	/(kgf/cm^2)	1	2.5	6	10	16	25	40	64
	/MPa	0.1	0.25	0.6	1.0	1.6	2.5	4.0	6.3

化工容器的筒体和封头耗材最多，但设计计算较为简单。为节省材料，通常是按工作压力自行设计，确定材料、壁厚等尺寸。法兰、人孔等化工容器零部件已标准化，不必自行设计，可直接选用。在选用零部件时，应选取设计压力相近且又稍高一级的公称压力。当容器零部件设计温度升高且影响金属材料抗拉强度时，则要按更高一级的公称压力选取零部件，然后根据 *DN* 和 *PN* 选定该零部件的尺寸。如果零部件不选用标准件，而是自行设计，则设计压力就不必符合规定的公称压力。

模块二　法 兰 连 接

【学习目标】　了解法兰的类型、法兰连接的密封原理，掌握标准法兰的结构类型及其选用。

【问题引导】

1. 法兰的结构形式有几种？了解法兰的密封原理和工作过程。
2. 标准容器法兰和管法兰及其密封面有哪些形式？如何选用？

任务 1　认识法兰连接的结构与分类

法兰连接是由一对法兰 3、一个垫片 2、数个螺栓和螺母 1 所组成（图 4-1）。法兰连接是一种可拆连接，在过程生产中应用普遍，主要用于设备接管与管道或附件、管道与管道之间，某些设备的筒体与封头、筒体与筒体之间也采用法兰连接。

法兰有多种分类方法，如按法兰接触面宽窄，可分为宽面法兰与窄面法兰。法兰的接触面处在螺栓孔圆周以内的叫“窄面法兰”；法兰的接触面扩展到螺栓中心圆外侧的叫“宽面法兰”。按应用场合，法兰又可分为容器法兰和管法兰。与此相对应，法兰标准也有容器法兰和管法兰两大类。

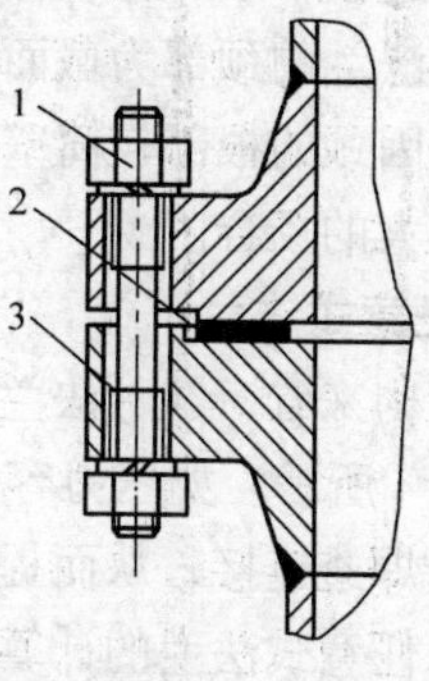

图 4-1　螺栓法兰连接结构
1—螺栓和螺母　2—垫片　3—法兰

法兰的基本结构形式按组成法兰的圆筒、法兰环及锥颈三部分的整体性程度可分为松式法兰、整体法兰和任意式法兰三种，如图 4-2 所示。

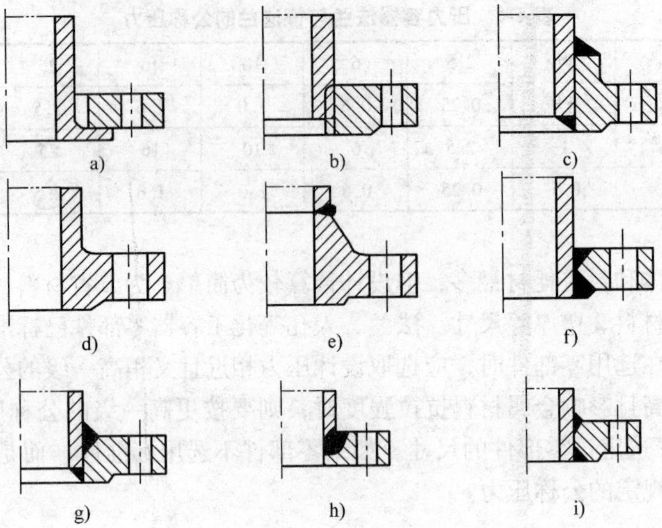

图 4-2 法兰结构类型

1. 松式法兰

松式法兰的特点是法兰和容器或接管不直接连成一体，而是把法兰松套在壳体的外面，或者法兰虽固定在壳体上但不能保证与壳体作为一个整体承受螺栓载荷，如活套法兰、螺纹法兰、搭接法兰等，这些法兰可以带颈或者不带颈，如图 4-2a、b、c 所示。当法兰受力时，对壳体不产生附加应力。由于不需焊接，法兰可以采用与设备或管道不同的材料制造，如有色金属和不锈钢制设备或管道上，松式法兰则可用碳钢制造，以节约贵重材料。因此，松式法兰适用于由铜、铝、陶瓷、石墨及其他非金属材料制成的设备或管道上，但法兰刚度小，厚度较厚，一般只适用于压力较低的场合。

2. 整体法兰

整体法兰的法兰盘、法兰颈部及容器或接管三者能有效地连接成一个整体结构，通过锻或铸成一体或经全熔透的平焊法兰，如图 4-2d、e、f 所示。整体法兰工作时，受到螺栓力和垫片反力的作用，会在设备或管道上产生附加弯曲应力。图 4-2e 所示整体法兰用对接焊缝与壳体连接，故又称对焊法兰。铸钢或铸铁的管道，法兰与管道铸成一体，如图 4-2d 所示。整体法兰的颈部为截面逐渐收缩的过渡段，称为长颈，长颈的存在提高了法兰的强度和刚度，但因颈的根部较筒壁厚，也降低了此处的附加弯曲应力，可用于压力和温度较高及设备直径较大的场合。

3. 任意式法兰

从结构来看，这种法兰与壳体连成一体，但整体性介于整体法兰和松式法兰之间，如图 4-2g、h、i 所示。如压力容器用乙型平焊法兰属任意式法兰，因其有一段较厚的短管，且与法兰盘全焊透连接，从而提高了法兰的刚度及壳体对法兰的支承作用，其整体性更接近于整体法兰。任意式法兰的计算按整体法兰，当法兰颈部小端有效厚度 $\delta_o \leqslant 15$mm，法兰内直径和颈部小端有效厚度之比 $D_i/\delta_o \leqslant 300$，计算压力 $p_c \leqslant 2$MPa，$t \leqslant 370$℃时，可简化为不带颈的松式法兰计算。这类法兰结构简单，加工方便，故在中低压容器或管道中得到广泛应用。

法兰的外轮廓形状一般为圆形（图4-3a），也有方形和椭圆形（图4-3b、c）。方形法兰有利于把管子排列紧凑，椭圆形法兰通常用于阀门和小直径的高压管上。

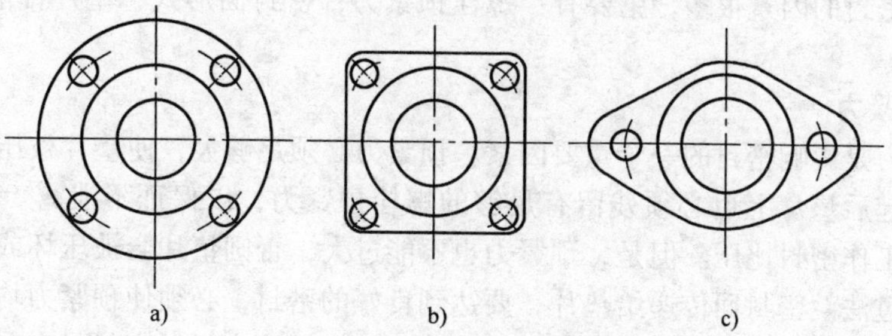

图4-3　法兰的外轮廓形状

任务2　认识法兰连接的密封

化工物料大多易燃易爆，有些还是有毒的，一旦泄漏将造成重大事故。因此，法兰连接的密封性能是个重要问题。

一、法兰连接的密封机理

法兰连接的失效主要表现为泄漏。泄漏是不可避免的。对于法兰连接，不仅要确保螺栓、法兰各零件有一定的强度，使之在工作条件下长期使用不破坏，而且最基本的要求是在工作条件下，螺栓、法兰整个系统有足够的刚度，控制容器内物料向外或向内（在真空或外压条件下）的泄漏量在工艺和环境允许的范围内，即达到“紧密不漏”。

以螺栓法兰连接结构为例，法兰通过紧固螺栓压紧垫片实现密封。一般来说，流体在垫片处的泄漏以两种形式出现，即所谓渗透泄漏和界面泄漏。渗透泄漏是流体通过垫片材料本体毛细管的泄漏，故除了介质压力、温度、粘度、分子结构等流体状态性质外，主要与垫片的结构和材质有关；而界面泄漏是流体沿着垫片与法兰接触面之间的泄漏，泄漏量大小主要与界面间隙尺寸有关。由于加工时的机械变形与振动，加工后的法兰压紧面总会存在凹凸不平的间隙，如果压紧力不够，界面泄漏即是法兰连接的主要泄漏形式。

法兰的整个工作过程可简单地分为预紧与操作两个阶段。预紧螺栓时，螺栓力通过法兰压紧面作用到垫片上，使垫片发生弹性或塑性变形，以填满法兰压紧面上的间隙，这就为阻止介质泄漏形成了初始密封条件。形成初始密封条件时在垫片单位面积上受到的压紧力，称为预紧密封比压。操作时，当通入压力介质后，螺栓被拉长，法兰压紧面沿着彼此分离的方向移动，垫片的压缩量减小，垫片产生部分回弹，预紧密封比压下降。如果垫片具有足够的回弹能力，使压缩变形的回复能补偿螺栓和压紧面的变形，而使预紧密封比压值至少降到不小于某一值（这个比压值称为工作密封比压），则密封良好；反之垫片的回弹能力不足，预紧密封比压下降到工作密封比压之下，则密封失效。可见，在操作工况下，为了保持“紧密不漏”，垫片上必须留有一定的残余压紧力，螺栓和法兰都必须具有足够大的强度和刚度，使螺栓在容器内压形成的轴向力作用下不发生过大的变形。

二、影响法兰密封的因素

影响法兰密封的因素很多，主要有：螺栓预紧力；密封面形式；垫片性能；法兰刚度；操作条件等。

1. 螺栓预紧力

螺栓预紧力是影响密封的一个重要因素。预紧力必须足够大，使垫片被压紧并实现初始密封；内压升起后垫片上也必须残留有足够的螺栓预紧力，以保证不泄露。提高螺栓预紧力，可以提高工作密封比压。但是，预紧力也不能过大，否则垫片会被压坏或挤出。

预紧力通过法兰密封面传递给垫片，要达到良好的密封，必须使预紧力均匀地作用于垫片上。当需要预紧力一定时，采取增加螺栓个数、减小螺栓直径对密封是有利的。采用标准法兰时，螺栓的个数是给定的。

2. 密封面形式

法兰连接的密封性能与密封面形式有关。密封面形式的选择，主要考虑压力、温度、介质、密封直径以及准备采用的垫片种类等因素，目前，主要是通过设计合理的密封面结构和选用合适的垫片来实现密封。在中低压化工设备和管道中，常用的密封面结构有平面、凹凸面和榫槽面三种形式，如图 4-4 所示。

（1）平面形密封面　平面形密封面（图 4-4a）是一个光滑的平面，有时在平面上车制 2～3 条沟槽以提高密封性能。这种密封面结构简单，车制方便，且便于进行防腐衬里。但接触面积大，预紧时垫片容易往两边挤，不易压紧，密封性能较差，只能用于压力不高、介质无毒的场合。

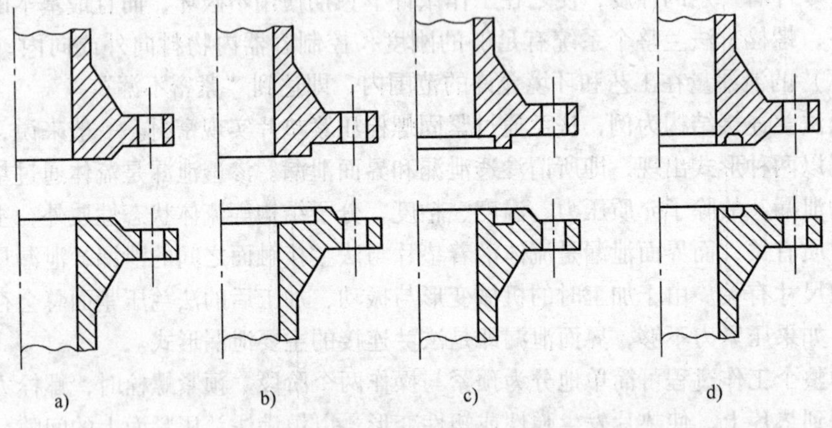

图 4-4　法兰的密封面结构

a）平面形　b）凹凸形　c）榫槽形　d）梯形槽

（2）凹凸形密封面　凹凸形密封面（图 4-4b）是由一个凸面和一个凹面所组成，在凹面上放置垫片。压紧时，由于凹面的外侧有挡台，垫片不会向外侧挤出来，同时也便于两个法兰对中；但密封面与垫片接触面积仍较大，故需较大的螺栓预紧力，法兰尺寸也较大。其密封性能比平面形密封面好，故可用于易燃、易爆、有毒介质及压力稍高的场合。

（3）榫/槽形密封面　榫/槽形密封面（图 4-4c）是由一个榫和一个槽所组成，垫片置于槽中，不与介质接触。由于垫片受到槽两侧的阻碍，所以不会被挤出。垫片也可以较窄，因此压紧垫片所需的螺栓力也就相应较小。即使用于压力较高之处，螺栓尺寸也不致过大。这种密封面的缺点是制造比较复杂，更换挤紧在槽中的垫片也很费事，凸出的密封面容易碰坏，因此在装拆时要特别注意。这种密封面适用于剧毒的介质和压力较高的地方。

以上三种密封面所用的垫片，大都是各种非金属垫片或非金属与金属混合制的垫片。

除上述密封面外，还有梯形槽（图 4-4d）、锥面式密封面，配有椭圆形、八角形、透镜形截面的软金属环垫，密封面与垫片的接触宽度极小，不需要很大的螺栓拧紧力就能得到很好的密封效果，常用于温度、压力有波动的介质、渗透大的高压容器及管道上。

密封面的选用原则，首先必须保证密封可靠，并力求加工容易、装配方便、成本低。

3. 垫片

垫片是法兰连接的核心，密封效果的好坏主要取决于垫片的密封性能。垫片的作用是封住两法兰密封面之间的间隙，阻止流体泄漏。垫片的材料要求耐介质腐蚀，不与操作介质发生化学反应，不污染产品和环境，具有良好的弹性，有一定的强度和适当的柔软性，在工作温度和压力下不易变质。垫片的类型按材料特性可分成非金属垫片、非金属与金属的组合垫片及金属垫片。

（1）非金属垫片　在中低压设备和管道法兰上常用橡胶、石棉橡胶、聚四氟乙烯和膨胀（或柔性）石墨垫等非金属垫片，它们的耐蚀性和柔软性较好，但强度和耐温性能较差。它们通常是从整张垫片板材上裁剪下来的，整个垫片的外形是个圆环，截面为矩形，如图 4-5a 所示。

普通橡胶垫仅用于低压和温度低于 100℃ 的水、蒸气等无腐蚀性介质。合成橡胶（如硅橡胶、氯橡胶）的适用温度可达到 220 ~ 260℃。石棉橡胶板使用相当广泛，主要用于温度小于 450℃、压力低于 6MPa 的水、油、蒸气等场合。在处理腐蚀性介质时，常用聚四氟乙烯垫、膨胀石墨垫和压缩（耐酸）石棉垫。其中，膨胀石墨具有耐高温、耐腐蚀、不渗透、低密度以及压缩回弹性能较好等多方面优点，使用温度可达 870℃，使用压力也已高达 25MPa。

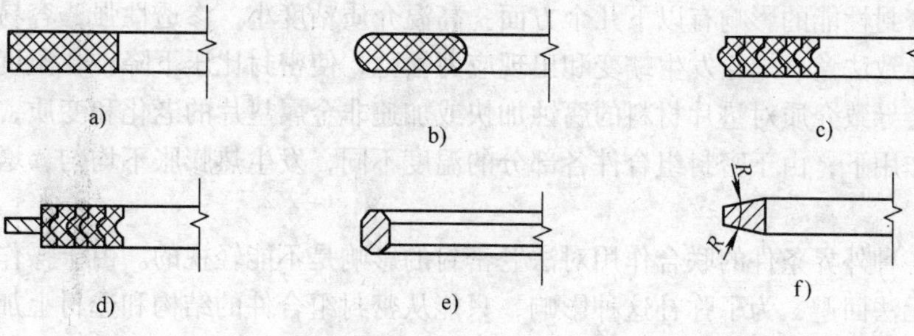

图 4-5　垫片的类型

a）非金属垫片　b）金属包垫片　c）不带定位圈缠绕垫片

d）带定位圈缠绕垫片　e）八角金属垫片　f）透镜金属垫片

（2）金属垫片　当压力（$p \geqslant 6.4$MPa）、温度（$t \geqslant 350$℃）较高时，都采用金属垫片或垫圈。金属垫片材料一般并不要求强度高，而是要求软韧。常用的是软铝、钢、软钢（08 钢、10 钢）、铬钢（0Cr13）和不锈钢（0Cr19Ni9、00Cr17Ni14Mo2）等。除了矩形截面的金属垫片外，还有截面形状为椭圆形或八角形的（图 4-5e）以及其他特殊形状的（图 4-5f）金属环垫。

(3) 金属-非金属组合垫片　相对于单一材料做成的垫片而言，金属-非金属组合垫片兼容了两者的优点，增加了回弹性，提高了强度、耐蚀性、耐热性和密封性能，适用于较高压力和温度的场合。常用的有金属包垫片和金属缠绕垫片。

金属包垫片（图 4-5b）是由石棉、石棉橡胶等为芯材，外包覆锌铁皮或不锈钢薄板等制成。金属缠绕垫片是由金属薄带（08 钢、0Cr19Ni9、镍合金等）和填充带（石棉、膨胀石墨、聚四氟乙烯）相间缠绕而成，有不带定位圈（图 4-5c）的和带定位圈（图 4-5d）的两种。带定位圈的便于安放到法兰密封面上。金属缠绕垫片具有多道密封作用，且回弹性好，适用于较高的温度和压力范围，并能在压力、温度波动条件下保持良好的密封，因而被广泛采用。

垫片的选择主要取决于介质的性质、操作温度、操作压力等，亦要考虑垫片性能、密封面的形式、螺栓力的大小以及装卸要求等。中、低压情况多采用非金属垫片，中温中压可采用金属与非金属组合式或非金属垫片，对于高温高压设备和管道的情况，一般多采用金属垫片，高真空或深冷温度下以采用金属垫片为宜。

4. 法兰刚度

在实际生产中，由于法兰刚度不足而产生过大的翘曲变形，往往是导致密封失效的原因。刚性大的法兰变形小，可以使分散分布的螺栓力均匀地传递给垫片，因而能够提高密封性能。

提高法兰的刚度可以通过以下几种途径：增加法兰的厚度、减小螺栓力作用的力臂（即缩小螺栓中心圆直径）和增大法兰盘外径；对于带长颈的整体和活套法兰，增大长颈部分的尺寸，能显著提高法兰抗弯变形能力。但是提高法兰的刚度，将使法兰笨重，整个法兰连接的造价提高。

5. 操作条件

操作条件即压力、温度和介质的物理化学性质。单纯的压力或介质因素对泄漏的影响并不是主要的，只有和温度联合作用时，问题才变得严重。

温度对密封性能的影响有以下几个方面：高温介质粘度小，渗透性强，容易泄漏；在高温下可能会导致法兰、螺栓发生蠕变和出现应力松弛，使密封比压下降；在温度和压力的联合作用下，会导致介质对垫片材料的腐蚀加快或加速非金属垫片的老化和变质，造成密封失效；在高温作用下，由于密封组合件各部分的温度不同，发生热膨胀不均匀，增加了泄漏的可能。

可见，各种外界条件的联合作用对法兰密封的影响是不能轻视的。由于操作条件是生产所给定的，无法回避，为了弥补这种影响，只能从密封组合件的结构和选材上加以解决。

任务 3　法兰的标准及其选用

为简化计算、降低成本、增加互换性，世界各国都制定了一系列法兰标准。实际使用时，应尽可能选用标准法兰。只有使用大直径、特殊工作参数和结构形式的法兰时才需自行设计。法兰标准根据用途分管法兰和容器法兰两套标准。我国现行法兰标准也有两类：一类是压力容器法兰标准，另一类是管法兰标准。相同公称直径、公称压力的管法兰与容器法兰的连接尺寸各不相同，二者不能相互套用。

一、压力容器法兰标准及选用

我国现行压力容器法兰标准是 JB/T 4700 ~ 4707—2000，标准中给出了甲型平焊法兰、乙型平焊法兰和长颈对焊法兰这三种法兰的分类、技术条件、结构形式和尺寸，密封面形式以及相关垫片、螺栓形式等。标准适用的公称压力范围为 0.25 ~ 6.4MPa，公称直径为 300 ~ 3000mm。

1. 容器法兰

压力容器法兰用于筒体之间或筒体与封头之间的连接。标准将容器法兰分为平焊法兰和对焊法兰两类，平焊法兰又分为甲型和乙型两种。各种压力容器法兰的适用范围见表 4-5。

表 4-5　压力容器法兰分类和规格范围

类　型	平焊法兰										对焊法兰					
	甲型				乙型						长颈					
标准号	JB/T 4701—2000				JB/T 4702—2000						JB/T 4703—2000					
公称压力 PN/MPa 公称直径 DN/m	0.25	0.60	1.00	1.60	0.25	0.60	1.00	1.60	2.50	4.00	0.60	1.00	1.60	2.50	4.00	6.40
300																
350	按 PN = 1.00															
400																
450																
500								—								
550	按 PN =0.60						—									
600						—					—					
650																
700																
800																
900					—											
1000																
1100																
1200																
1300				—												
1400																
1500			—													—
1600										—						
1700		—							—							
1800																
1900															—	
2000								—								
2200					按 PN =0.60											
2400							—									
2600	—												—			
2800						—										
3000																

注：1. 甲型法兰使用温度高于 -20℃ ~300℃，乙型法兰使用温度高于 -20℃ ~350℃，长颈法兰使用温度高于 -70℃ ~450℃。

2. 表中划短线"—"处为不可用区域。

(1) 甲型平焊法兰　甲型平焊法兰（图4-6）是法兰盘直接与筒体或封头焊接。这种法兰在预紧和工作时都会在容器壁中产生附加的弯曲应力，法兰的刚度较差，容易变形，造成密封失效，所以只适用于压力等级较低和筒体直径较小的情况。甲型平焊法兰配有平面形和凹凸形两种密封面，只限使用非金属垫片。甲型平焊法兰可用板材切削加工制造。

(2) 乙型平焊法兰　乙型平焊法兰（图4-7）与甲型平焊法兰相比，多了一个圆筒形短节，其厚度 $\delta_t \geq 16$mm。这个厚度要比相同公称直径和公称压力下的筒体壁厚大得多，所以它加强了法兰的刚性，使它的使用范围增大。这种法兰有平面形、凹凸形和榫槽形三种密封面，可以使用非金属垫片、金属包垫片或缠绕式垫片。乙型平焊法兰可用板材或锻件加工制造，其短节材料应与法兰材料相同或其材料强度级别应不低于法兰材料强度级别，且应与法兰材料间有良好的焊接性能。

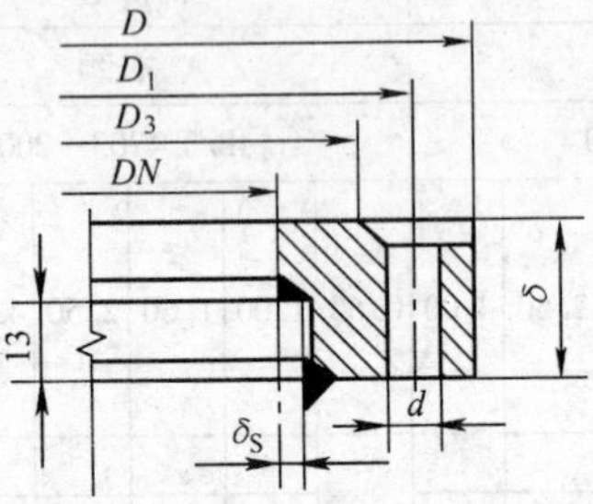

图4-6　甲型平焊法兰（JB/T 4701—2000）

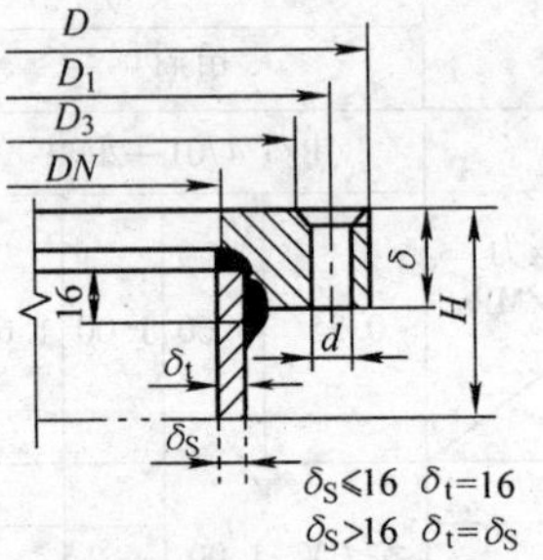

图4-7　乙型平焊法兰（JB/T 4702—2000）

(3) 长颈对焊法兰　长颈对焊法兰（图4-8）用根部增厚且与法兰盘为一整体的颈取代了乙型平焊法兰中的短节，从而进一步增大了法兰的整体刚度。它可使用于更高的压力（*PN* 为0.6～6.4MPa）和更大的直径范围内（*DN* 为0.3～2m）。由于颈部与法兰盘为一个整体，之间没有焊缝，消除了可能发生的焊接变形和可能存在的焊接残余应力，而且这种法兰可以用专用型钢制造，降低了法兰的成本。

由表4-5可见，乙型平焊法兰中 *DN* 为2m以下的规格均包括在长颈对焊法兰规格范围内。这两种法兰的连接尺寸和法兰厚度完全一样。所以 *DN* 为2m以下的乙型平焊法兰，可以用轧制的长颈对焊法兰代替，以降低法兰的生产成本。

平焊法兰和对焊法兰都有带衬环与不带衬环的两种。不带衬环的法兰用碳钢或低合金钢制造；带衬环的法兰衬环用不锈钢制造；其他部分采用碳钢或低合金钢内挂不锈钢衬里，用于不锈钢设备，可以节省不锈钢。图4-9所示是带不锈钢衬环的榫/槽密封面乙型平焊法兰。

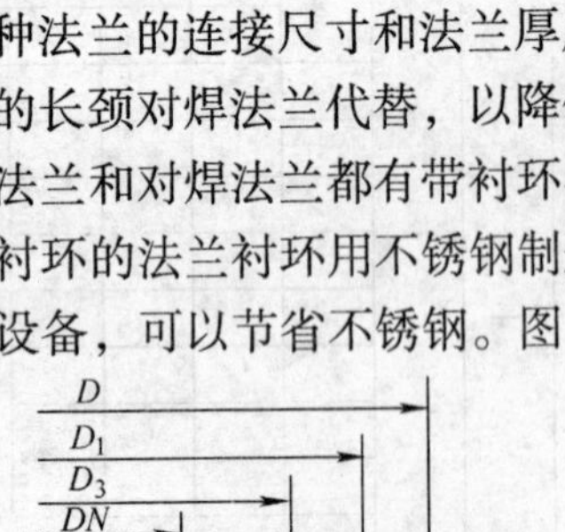

图4-8　长颈对焊法兰（JB/T 4703—2000）

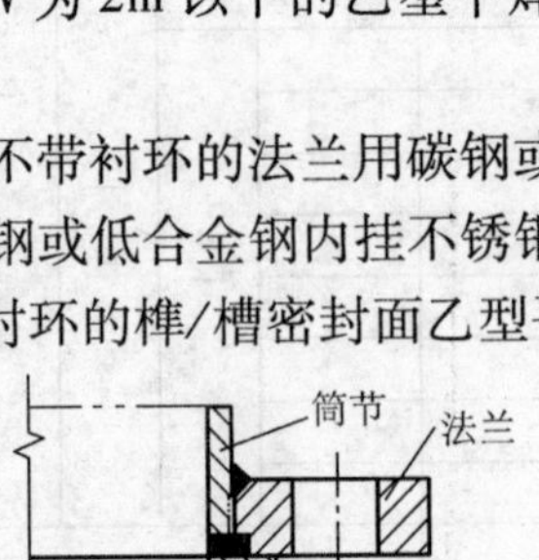

图4-9　带衬环的乙型平焊法兰（榫/槽面密封）

2. 标准容器法兰的选用

选择法兰的主要参数是公称压力和公称直径，结合工作温度、工作介质特性以及法兰材料等因素进行选用。少量超出标准规定范围的法兰，才需进行设计。

法兰的公称直径 *DN* 就是与其相配的筒体、封头或管道的公称直径。对于压力容器法兰，其公称直径与压力容器的公称直径应取同一系列数值，即公称直径 *DN* 就是与其相配的筒体或封头的公称直径，也就是筒体或封头的内径（用管子作筒体的容器除外）。例如，公称直径 *DN*1000 的筒体，应当选配公称直径 *DN*1000 的压力容器法兰，筒体或封头的内径为 1000mm。

法兰的公称压力 *PN* 表示法兰连接的承载能力。压力容器法兰的公称压力的选取与设备或容器的最大工作压力、工作温度及法兰材料有关。我国在制定压力容器法兰标准时，选择的基准是以 16MnR 在 200℃时的力学性能来确定的，也就是将法兰材料 16MnR（即 Q345R）在工作温度 200℃时的最大允许工作压力值规定为公称压力。如果法兰材料不是 16MnR，工作温度不是 200℃，由于材料许用应力值的不同，法兰的最大允许工作压力值也将降低或升高。例如，公称压力为 0.6MPa 的法兰，是指具有这样一种尺寸规格的法兰，这个法兰如果是用 16MnR 制造，且用于 200℃的场合，那么它的最大工作压力可以用到 0.6MPa，如果把该尺寸规格的法兰用于高于 200℃的场合，那么它允许的最高工作压力就要低于 0.6MPa。当几何尺寸规格不变、材料不变时，温度和压力之间的变化，工程上叫"升温降压"。反之，该尺寸规格的法兰，仍用 16MnR 制造，用在低于 200℃的场合，它允许的最大工作压力可以高于公称压力。

另外，法兰制造采用的材料不同，即使是同一几何尺寸规格的法兰，允许承受的最大工作压力也不同。例如用机械强度低于 16MnR 的 Q235 钢来制造，这个法兰仍在 200℃下工作，该法兰允许的最大工作压力将低于公称压力；反之若采用机械强度高于 16MnR 的材料制造的同一规格的法兰，在相同条件下允许的压力将高于公称压力。

表 4-6、表 4-7 反映了材料、工作温度、法兰规格尺寸和公称压力的关系。

表 4-6　甲型、乙型平焊法兰的最大允许工作压力

（JB/T 4700—2000 摘录）

公称压力 *PN*/MPa	法兰材料		工作温度/℃				备　注
			> -20 ~ 200	250	300	350	
0.25	板材	Q235B	0.16	0.15	0.14	0.13	工作温度下限 0℃
		Q235C	0.18	0.17	0.15	0.14	工作温度下限 0℃
		20R	0.19	0.17	0.15	0.14	
		16MnR	0.25	0.24	0.21	0.20	
	锻件	20	0.19	0.17	0.15	0.14	
		16Mn	0.26	0.24	0.22	0.21	
		20MnMo	0.27	0.27	0.26	0.25	
0.60	板材	Q235B	0.40	0.36	0.33	0.30	工作温度下限 0℃
		Q235C	0.44	0.40	0.37	0.33	工作温度下限 0℃
		20R	0.45	0.40	0.36	0.34	
		16MnR	0.60	0.57	0.51	0.49	
	锻件	20	0.45	0.40	0.36	0.34	
		16Mn	0.61	0.59	0.53	0.50	
		20MnMo	0.65	0.64	0.63	0.60	

（续）

公称压力 PN/MPa	法兰材料		工作温度/℃				备　注
			>-20~200	250	300	350	
1.00	板材	Q235B	0.66	0.61	0.55	0.50	工作温度下限0℃
		Q235C	0.73	0.67	0.61	0.55	工作温度下限0℃
		20R	0.74	0.67	0.60	0.56	
		16MnR	1.00	0.95	0.86	0.82	
	锻件	20	0.74	0.67	0.60	0.56	
		16Mn	1.02	0.98	0.88	0.83	
		20MnMo	1.09	1.07	1.05	1.00	
1.60	板材	Q235B	1.06	0.97	0.89	0.80	工作温度下限0℃
		Q235C	1.17	1.08	0.98	0.89	工作温度下限0℃
		20R	1.19	1.08	0.96	0.90	
		16MnR	1.60	1.53	1.37	1.31	
	锻件	20	1.19	1.08	0.96	0.90	
		16Mn	1.64	1.56	1.41	1.33	
		20MnMo	1.74	1.72	1.68	1.60	
2.50	板材	Q235C	1.83	1.68	1.53	1.38	工作温度下限0℃
		20R	1.86	1.69	1.50	1.40	
		16MnR	2.50	2.39	2.14	2.05	
	锻件	20	1.86	1.69	1.50	1.40	
		16Mn	2.56	2.44	2.20	2.08	
		20MnMo	2.92	2.86	2.82	2.73	$DN<1400$
		20MnMo	2.67	2.63	2.59	2.50	$DN\geqslant1400$
4.00	板材	20R	2.97	2.70	2.39	2.24	
		16MnR	4.00	3.82	3.42	3.27	
	锻件	20	2.97	2.70	2.39	2.24	
		16Mn	4.09	3.91	3.52	3.33	
		20MnMo	4.64	4.56	4.51	4.36	$DN<1500$
		20MnMo	4.27	4.20	4.14	4.00	$DN\geqslant1500$

表 4-7　长颈法兰适用材料及最大允许工作压力（JB/T 4700—2000 摘录）

公称压力 PN/MPa	法兰材料（锻件）	工作温度/℃								备注
		-70~<-40	-40~-20	>-20~200	250	300	350	400	450	
1.6	20			1.16	1.05	0.94	0.88	0.81	0.72	
	16Mn			1.60	1.53	1.37	1.30	1.23	0.78	
	20MnMo			1.74	1.72	1.68	1.60	1.51	1.33	
	15CrMo			1.64	1.56	1.46	1.37	1.30	1.23	
	12Cr2Mo1			1.74	1.67	1.60	1.49	1.41	1.33	
	16MnD		1.60	1.60	1.53	1.37	1.30			
	09MnNiD	1.60	1.60	1.60	1.60	1.51	1.41			

（续）

公称压力 PN/MPa	法兰材料（锻件）	工作温度/℃								备注
		-70～<-40	-40～-20	>-20～200	250	300	350	400	450	
2.5	20			1.81	1.65	1.46	1.37	1.26	1.13	
	16Mn			2.50	2.39	2.15	2.04	1.93	1.22	
	20MnMo			2.92	2.86	2.82	2.73	2.58	2.45	DN<1400
	20MnMo			2.67	2.63	2.59	2.50	2.37	2.24	DN≥1400
	15CrMo			2.56	2.44	2.28	2.15	2.04	1.93	
	12Cr2Mo1			2.67	2.61	2.50	2.33	2.20	2.09	
	16MnD		2.50	2.50	2.39	2.15	2.04			
	09MnNiD	2.50	2.50	2.50	2.50	2.37	2.20			

选用标准法兰时应按设计压力选择法兰的公称压力。对于压力容器法兰，应使在工作温度下法兰材料的允许工作压力不小于设计压力，由此确定法兰的公称压力等级。

在工程应用中，除特殊工作参数和结构要求的法兰需要自行设计外，一般都选用标准法兰，这样可以减少压力容器设计计算量，增加法兰互换性，降低成本，提高制造质量。因此，合理选用标准法兰非常重要。法兰的选用就是根据容器的设计压力、设计温度、介质特性等由法兰标准确定法兰的类型、材料、公称直径、公称压力、密封面的形式，垫片的类型、材料及螺栓、螺母的材料等。压力容器法兰的选用步骤如下：

1）由法兰标准中的公称压力等级和容器设计压力，按设计压力小于或等于公称压力的原则就近选择一个公称压力。若设计压力非常接近这一公称压力且设计温度高于200℃，则可就近提高一个公称压力等级，这样初步确定法兰的公称压力。

2）由法兰公称直径、容器设计温度和以上初定的公称压力查表4-5，并考虑不同类型法兰的适用温度，初步确定法兰的类型。

3）由工作介质特性确定密封面形式。

4）由介质特性、设计温度，结合容器材料对照标准中规定的法兰常用材料确定法兰的材料。

5）由法兰类型、材料、工作温度和初定的公称压力查表4-6或表4-7得其允许的最大工作压力。

6）比较。若所得最大允许工作压力大于或等于设计压力，则原初定的公称压力就是所选法兰的公称压力；若最大允许工作压力小于设计压力，则调换优质材料或提高公称压力等级，使得最大允许工作压力大于或等于设计压力，从而最后确定出法兰的公称压力和类型（有时公称压力提高会引起类型的改变）。

7）由法兰类型及工作温度查相关标准，确定垫片，螺柱、螺母的材料。

8）由法兰类型、公称直径、公称压力查阅JB/T 4701～4703—2000，确定法兰的具体尺寸。

法兰类型代号和密封面形式代号见表4-8和表4-9。

表 4-8　法兰类型代号

法兰类型	代　号
一般法兰	法兰
衬环法兰	法兰 C

表 4-9　法兰密封面形式代号

密封面形式		代　号
平密封面		RF
凹凸密封面	凹密封面	FM
	凸密封面	M
榫槽密封面	榫密封面	T
	槽密封面	G

法兰选定后应予标记。压力容器法兰的标记方法为：

□-□　□-□/□-□　□

- 标准编号
- 法兰总高度，mm
- 法兰厚度，mm
- 公称压力，MPa
- 公称直径，mm
- 密封面型式代号，见表 4-9
- 法兰名称及代号，见表 4-8

标记示例：公称压力 1.6MPa，公称直径 800mm 的带衬环凹凸型密封面乙型平焊法兰中的凹面法兰，标记为：法兰 C—FM　800—1.6　JB/T 4702—2000。

法兰连接的螺栓与螺母的材料选用见相关标准。

二、管法兰标准及选用

现行的管法兰标准有两种，分别是 HG/T 20592 ~ 20635—2009《钢制管法兰、垫片、紧固件》（包括欧洲体系和美洲体系）和 GB/T 9112 ~ 9124—2000“钢制管法兰”系列。我国《固定式压力容器安全技术监察规程》指出压力容器优先推荐采用 HG 标准，其中 HG/T 20592 ~ 20614—2009 是欧洲体系，我国常用的为欧洲体系。在设计时，只需按所给的工艺条件就可以从标准中查到相应的标准法兰，直接加以引用。

1. 管法兰结构类型、密封面及垫片

管法兰是容器和设备与管道连接或管道之间连接的标准件、通用件。HG/T 20592—2009 管法兰标准规定了八种不同类型的管法兰和两种法兰盖，如图 4-10 所示。09 版新列入的孔板管法兰和夹套管法兰列于正文后的附录中。工程上最常用的有板式平焊法兰、带颈平焊法兰和带颈对焊法兰三种类型。

板式平焊法兰直接与接管焊接，刚性较差，操作时在螺栓力作用下，法兰盘易变形引起泄漏，因此适用于压力较低且介质无毒、非易燃易爆及真空度要求不高的配管系统。带颈平焊法兰由于增加了与法兰盘为一个整体的短颈，提高了法兰的刚度，改善了法兰的承载能力，有效减小了法兰变形，可适用于较高压力范围。带颈对焊法兰的颈部更长，又称高颈法兰，法兰刚性好且与管子采用对接焊连接，便于施焊，承压时焊接接头处产生的局部应力较小，是承载能力最好的一种管法兰，适用的范围广。

管法兰共有五种密封面形式：突面、凹凸面、全平面、榫槽面和环连接面，如图 4-11

所示。工程中常用前四种形式。其中，全平面和突面密封面密封效果最差，凹凸面和榫槽密封面中垫片可放在凹面和槽内，密封效果得到改善。

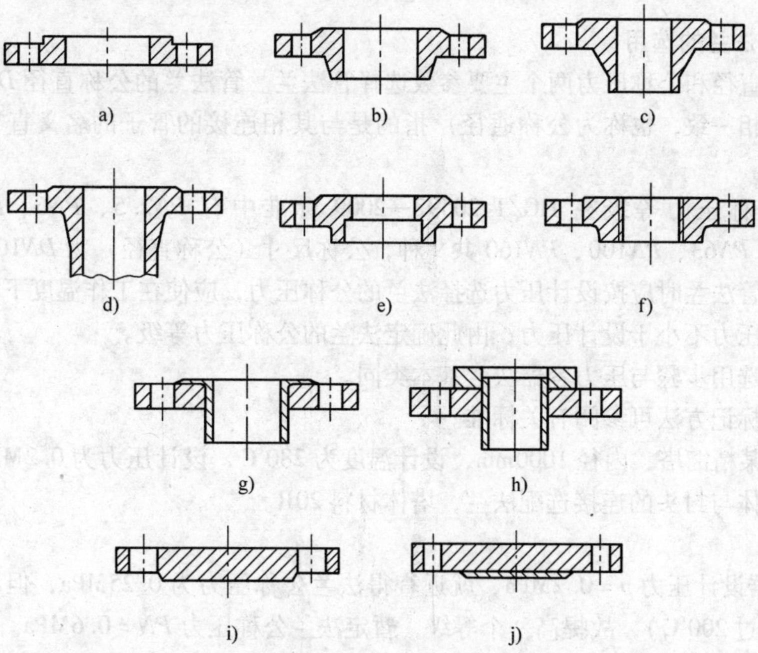

图 4-10　管法兰类型

a）板式平焊法兰（PL）　b）带颈平焊法兰（SO）　c）带颈对焊法兰（WN）
d）整体法兰（IF）　e）承插焊法兰（SW）　f）螺纹法兰（Th）　g）对焊环松套法兰（PJ/SE）
h）平焊环松套法兰（PJ/RJ）　i）法兰盖（BL）　j）衬里法兰盖[BL(S)]

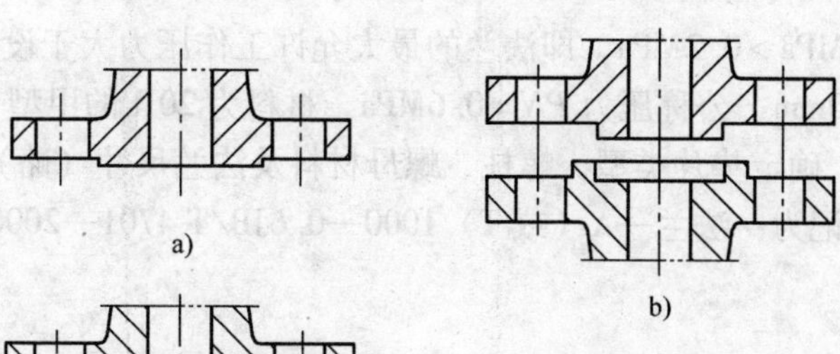

图 4-11　管法兰的密封面

a）突面（RF）　b）凹凸面（MFM）　c）榫槽面（TG）　d）全平面（FF）　e）环连接面（RJ）

管法兰密封垫片有石棉橡胶板垫、石墨复合垫、聚四氟乙烯包覆垫、金属缠绕垫、齿形组合垫及金属环垫共六种。不同类型管法兰的密封面形式及适用范围、各垫片的适用条件见有关标准。

2. 标准管法兰的选用

根据公称直径和公称压力两个主要参数选择管法兰。管法兰的公称直径 *DN*（为了与各类管件的叫法相一致，也称为公称通径）指的是与其相连接的管子的名义直径，也就是管件的公称通径。

管法兰公称压力等级在 HG/T 20592—2009 标准中有 *PN*2.5、*PN*6、*PN*10、*PN*16、*PN*25、*PN*40、*PN*63、*PN*100、*PN*160 共 9 种，公称尺寸（公称直径）为 *DN*10 ~ *DN*2000。

选用标准管法兰时应按设计压力选择法兰的公称压力，应使在工作温度下管法兰材料的最大允许工作压力不小于设计压力，由此确定法兰的公称压力等级。

管法兰的选用步骤与压力容器法兰基本类同。

管法兰的标记方法可参阅有关标准。

【例 1】 某精馏塔，内径 1000mm，设计温度为 280℃，设计压力为 0.2MPa，介质易燃易爆。试为塔体与封头的连接选配法兰，塔体材料 20R。

【解】

1）由容器设计压力 $p=0.2$MPa，就近查得法兰公称压力为 0.25MPa，但考虑到设计温度较高（已超过 200℃），故提高一个等级，暂定法兰公称压力 $PN=0.6$MPa。

2）压力容器法兰的公称直径就是容器的公称直径，容器公称直径就是其内径，即 $DN=1000$mm；由 $PN=0.6$MPa，$t=280$℃查表 4-5 得法兰类型为甲型平焊。

3）由于工作介质易燃易爆，故宜选用凹凸形密封面。

4）查表 4-6，并根据容器所用材料确定法兰材料也为 20R，进而得 280℃下最大允许工作压力为 0.376MPa。

5）比较。0.376MPa > 0.2MPa，即法兰的最大允许工作压力大于设计压力，所以可确定为公称直径 $DN=1000$mm，公称压力 $PN=0.6$MPa，材料为 20R 的甲型平焊法兰。

6）查相关标准，确定垫片类型，螺柱、螺母材料及法兰尺寸（略）。

压力容器法兰标记为：法兰—A（或 T）1000—0.6JB/T 4701—2000。

模块三　容器的支座

【学习目标】 了解各种支座结构与标准，掌握鞍座的结构类型、标准与选用，了解裙座的形式及特点。

【问题引导】

1. 容器和设备的支座有哪几种？有何特点？
2. 如何正确选用各种支座？熟悉各种支座的标准。

容器和设备的支座用来支承设备重量，并固定其位置。在某些情况下，支座还要承受操作时的振动，有时还承受地震载荷、风载荷、雪载荷等。

圆筒形容器按其轴线位置分为两类：轴线平行于地面的卧式容器和轴线垂直于地面的立式容器。对应容器的支座有两类：卧式容器支座和立式容器支座。

任务1　卧式容器支座的类型及选用

卧式容器的支座有三种：鞍式支座、圈式支座和支承式支座，如图4-12所示。其中，应用最广泛的是鞍式支座，常见的卧式容器和大型卧式储槽、热交换器等多采用鞍式支座。对于因容器自重而可能造成严重挠曲的大直径薄壁容器和真空设备或支承数多于两个的容器，采用圈座比采用鞍式支座时受力情况更好些。而支承式支座只用于小型卧式容器。本节仅讨论鞍式支座的结构、标准及其选用。

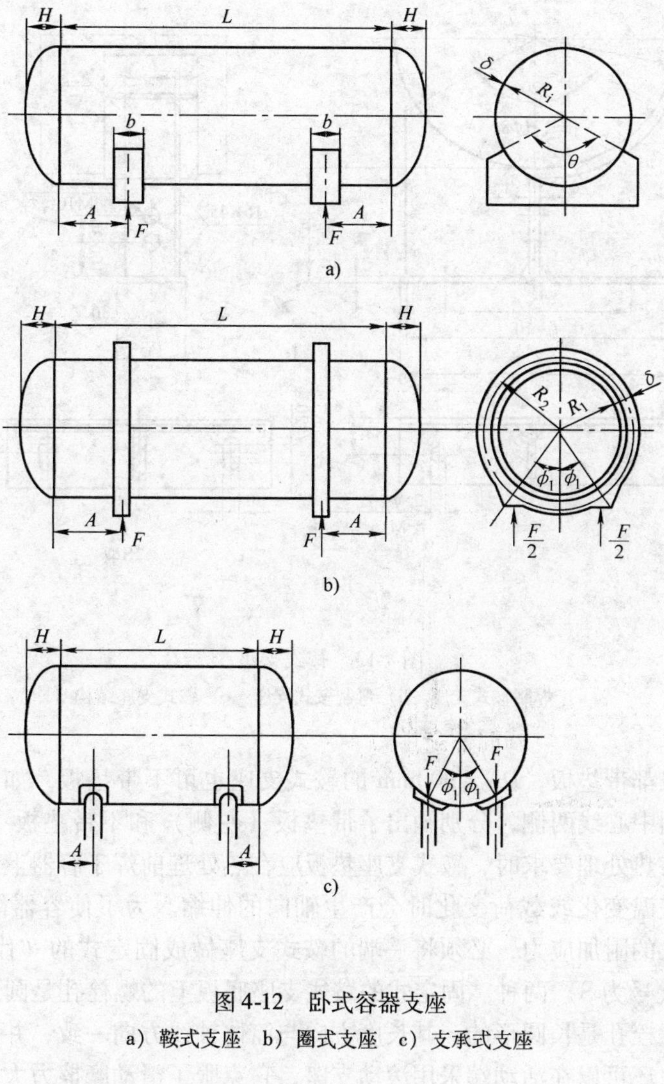

图4-12　卧式容器支座

a）鞍式支座　b）圈式支座　c）支承式支座

1. 鞍式支座的类型与结构

如图 4-13a、b 所示，鞍式支座有焊制和弯制两种。焊制鞍式支座（图 4-13a）是由垫板、腹板、肋板和底板构成。弯制鞍式支座（图 4-13b）与焊制鞍式支座的区别是其腹板与底板是由同一块钢板弯制而成，两者之间没有焊缝。当容器公称直径 $DN<900$mm 时可用弯制鞍式支座，也可用焊制鞍式支座；$DN>900$mm 的则采用焊制鞍式支座。

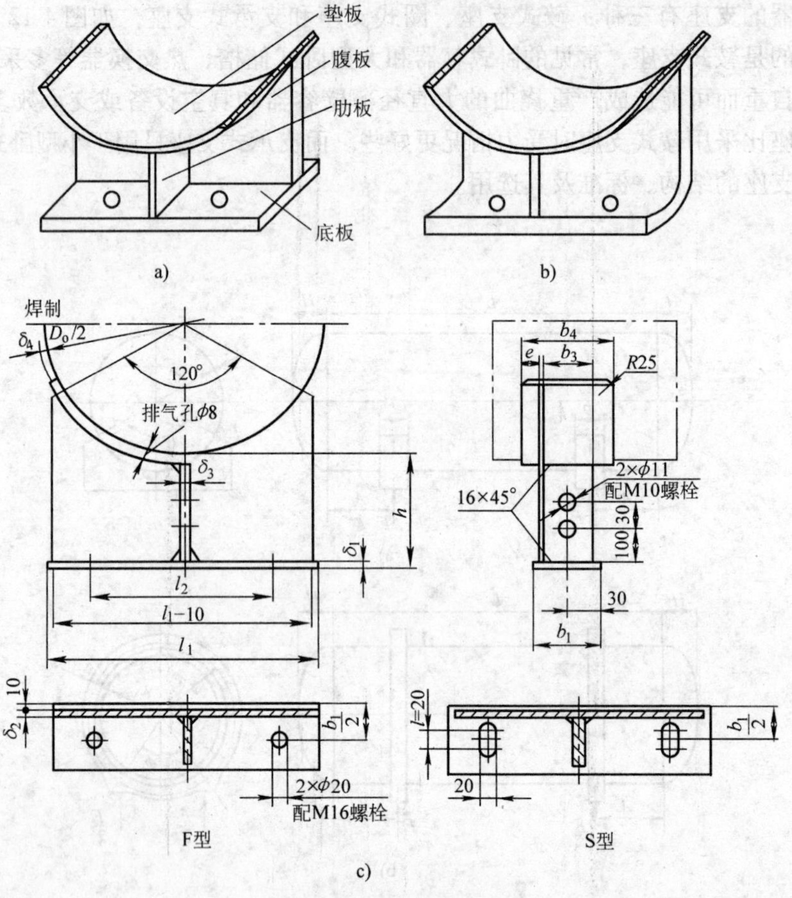

图 4-13　鞍式支座

a）焊制鞍式支座　b）弯制鞍式支座　c）鞍式支座结构

鞍式支座一般都带垫板，$DN<900$mm 的鞍式支座也可不带垫板，如图 4-13c 所示的鞍式支座，其主视图中心线两侧，分别画出了带垫板（左侧）和不带垫板（右侧）的两种结构。当容器壳体有热处理要求时，鞍式支座垫板应在热处理前焊于容器上。

卧式容器在壁温变化或载荷变化时会产生轴向的伸缩。为了使容器能沿轴线自由地位移，避免产生过大的附加应力，必须将一端的鞍式支座做成固定式的（代号为 F），另一端做成滑动式的（代号为 S）两种。固定式的鞍式支座底板上的螺栓孔是圆形的；滑动式的鞍式支座底板上的螺栓孔是长圆形的，其长度方向与筒体轴线方向一致，并且螺母不上紧，使其成为活动支座。还可以在活动端采用滚动支座，它克服了滑动摩擦力大的缺点，但结构复杂，造价高，故一般只用在受力大的重要设备上。双鞍式支座支承的卧式容器必须是固定式鞍式支座和滑动式鞍式支座搭配使用。

同一公称直径的容器由于长度和质量（包括介质、保温等质量）不同，所以鞍式支座按其允许承受的最大载荷有轻型（代号为 A）和重型（代号为 B）之分。重型鞍式支座的垫板、肋板和底板的厚度都比轻型的稍厚，有时肋板的数目也较多，因而承重能力较大，适宜于换热器等较重的容器。重型鞍式支座按制作方式、包角及附带垫板情况又分为 BⅠ～BⅤ五种型号。对 $DN<900\text{mm}$ 的鞍式支座，由于直径较小，轻、重型差别不大，故只有重型没有轻型。

2. 鞍式支座的数目及位置

每台设备一般均用两个鞍式支座支承，这时应采用固定式和滑动式鞍式支座各一个。从材料力学角度分析，似乎支座数目多些好，但一台卧式设备的支座多于两个是不合适的。因为容器制造、安装误差和地基沉降的不均匀，会使各鞍式支座的水平高度发生微小差异，造成各支座反力不均，这时会引起筒壁内的附加应力，因而体现不出多支座的优点，故一般卧式容器采用双支座。

支座位置的选取一方面要考虑不使筒体内因荷重产生的弯曲应力过大，另一方面又要充分利用封头对筒体邻近部分的加强作用，图 4-12a 所示的支座位置 A 值与筒体长度 L（L 取两封头间的切线距离）及筒体外径 D_o 的关系应按下述原则确定：

1）当筒体的 L/D_o 较小、δ/D_o 较大，或在鞍式支座所在平面内有加强圈时，取 $A\leqslant 0.2L$。

2）当筒体的 L/D_o 较大，且在鞍式支座所在平面内又无加强圈时，应充分利用封头对支座处筒体的加强作用，所以在满足 $A\leqslant 0.2L$ 下应尽量使 $A\leqslant 0.25D_o$。

3. 鞍式支座的选用与标记

对于鞍式支座的结构和尺寸，除特殊情况需要另行设计外，一般可根据设备的公称直径选用标准形式。现行鞍式支座标准为 JB/T 4712.1—2007《容器支座　第 1 部分：鞍式支座》。选用标准鞍式支座的一般步骤为：

1）根据容器的总质量算出每个鞍式支座的承载。容器的总质量包括：筒体和封头的质量，容器内物料的质量或水压试验时水的质量，人孔等附件的质量，容器外保温层的质量等。

2）按照容器的公称直径 DN 与鞍式支座的承载，从标准中选择轻型（A 型）或重型（B 型）鞍式支座，使鞍式支座的承载能力不小于其实际承载。按容器圆筒强度的需要确定选用 120°包角或 150°包角的鞍式支座。

3）从标准查取鞍座的各部分尺寸。因为对于卧式容器，除了考虑操作压力引起的薄膜应力外，还要考虑容器重量在壳体上引起的弯曲，所以即使选用标准鞍式支座后，还要对容器进行强度和稳定性的校核。需要时，应对鞍式支座的强度、筒体在支座处的局部应力、基础支承面的强度等进行验算。

鞍式支座材料一般为 Q235A，也可用其他材料。垫板材料一般应与容器筒体材料相同，焊接材料的选用参照有关标准。当鞍式支座设计温度等于或低于 -20℃时，应根据实际设计条件，如有必要，设计者可以对腹板等材料提出附加低温检验要求，或是选用其他合适的材料。

鞍式支座的标记方法为：

JB/T 4712.1—2007,支座　XX—X

- 固定鞍座 F 或滑动鞍座 S
- 公称直径,mm
- 型号(A,BⅠ,BⅡ,BⅢ,BⅣ,BⅤ)

任务2　立式容器支座的类型及选用

立式容器的支座有腿式支座、支承式支座、耳式支座和裙式支座四种。小型直立设备采用前三种，高大的塔设备则广泛采用裙式支座。

1. 腿式支座

腿式支座简称支腿，由盖板、垫板、支柱和底板四部分组成，支柱与容器筒体的外圆柱面焊接连接，有 A 型、AN 型、B 型、BN 型、C 型、CN 型六种，如图 4-14 和图 4-15 所示。A 型和 AN 型是角钢支柱；B 型和 BN 型是钢管支柱；C 型和 CN 型是 H 型钢支柱。A 型、B 型和 C 型带垫板；AN 型、BN 型和 CN 型不带垫板。垫板厚度与筒体厚度相等，也可根据需要确定。

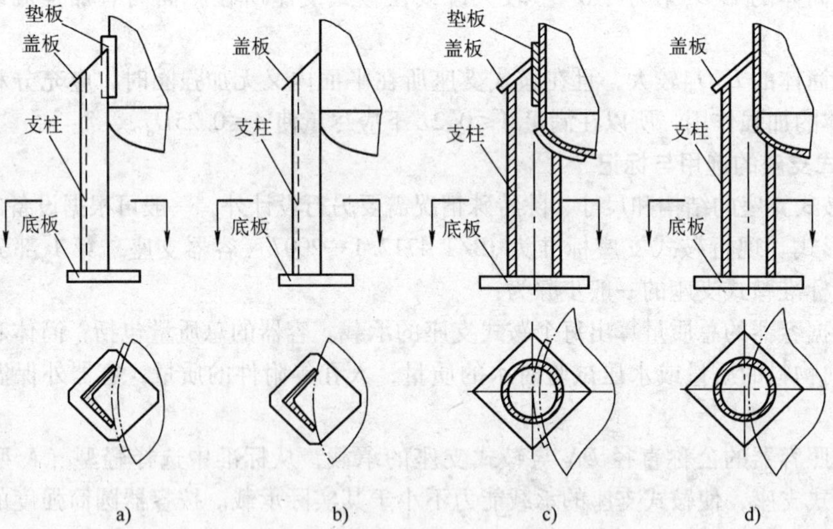

图 4-14　支腿的类型

a）A 型支腿　b）AN 型支腿　c）B 型支腿　d）BN 型支腿

用角钢做支腿，角钢与容器圆筒容易吻合，焊接组装容易。用钢管做支腿，支腿在各方向具有相同的惯性半径，具有良好的抗失稳能力。焊接采用连续焊，所有角焊缝尺寸等于较薄件的厚度，有焊后热处理要求的容器，应在热处理前把垫板与容器壳体焊接连接，垫板与容器壳体的焊接应在最低处留 10mm 不焊。

腿式支座可以使容器下面保持较大的空间，便于维修操作，如图 4-15 所示，但支承的最大高度必须符合标准中的给定值。

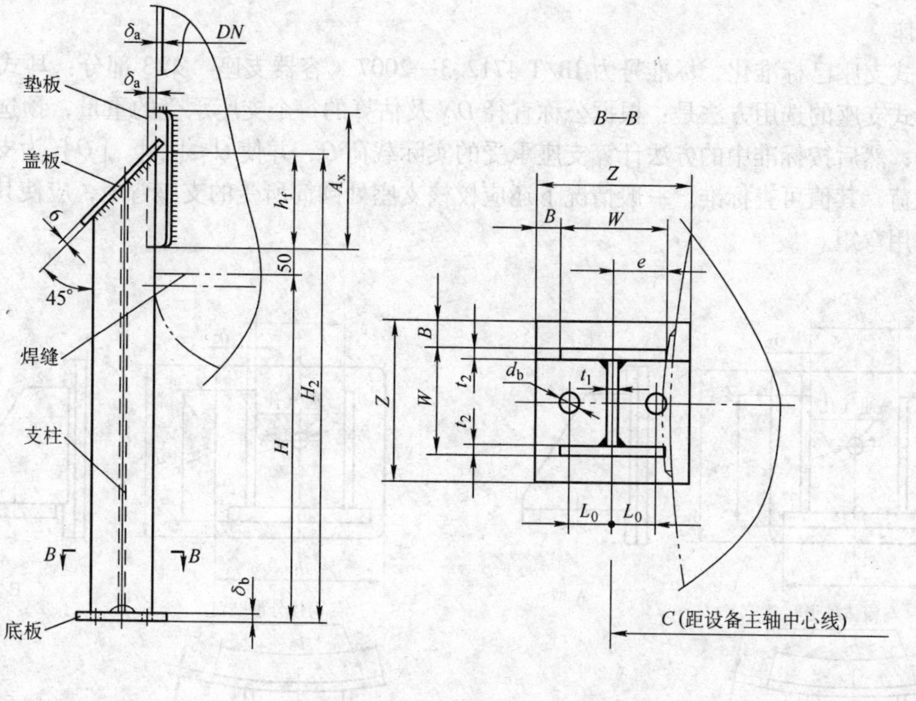

图 4-15　C 型腿式支座

现行腿式支座标准为 JB/T 4712.2—2007《容器支座　第 2 部分：腿式支座》。标准支腿的选取方法是：根据容器公称直径 DN 和总质量选取相应的支座号和支座数量；计算支座承受的实际载荷 Q，使其不大于支座允许载荷。除容器总质量外，实际载荷还应综合考虑风载荷、地震载荷和偏心载荷。

角钢支柱材料选 Q235A；钢管支柱选 20 钢；底板、盖板材料均选 Q235A。如果需要，可以改为其他材料，但其性能均不得低于 Q235A 或 20 钢的性能指标，且应具有良好的焊接性能。垫板材料应与容器壳体材料相同。

当容器直径较小时用三个支腿，容器直径较大时用四个支腿。

腿式支座适用于安装在刚性基础上，且符合下列条件的容器：公称直径 DN400～1600mm；圆筒长度 L 与公称直径 DN 之比 $L/DN \leqslant 5$；容器总高 $H_o \leqslant 5$m。它不适合用于通过管线直接与产生脉动载荷的机器设备刚性连接的容器。

2. 耳式支座

耳式支座是中小型立式设备（高径比小于 5 且总高度不超过 10m）应用最广的一种支座。如图 4-16 所示，它由垫板 1、

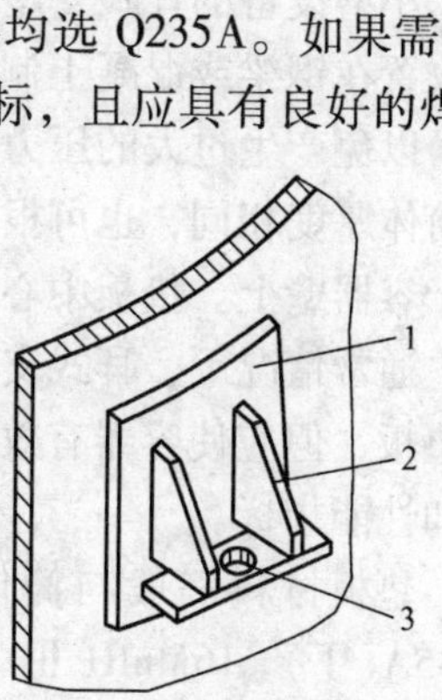

图 4-16　耳式支座

1—垫板　2—肋板　3—支脚板

肋板 2 和底板（支脚板）3 组焊而成，并直接焊在容器外壁上，结构简单轻便，但对支座处的器壁产生较大局部应力。

耳式支座分为短臂，代号 A（图 4-17）；长臂，代号 B（图 4-18）；加长臂，代号 C。其中长臂的尺寸 l_2 较大。当设备外面有保温层，或将设备直接放在楼板上时，宜采用长臂的耳式支座。

耳式支座已标准化，标准号为 JB/T 4712. 3—2007《容器支座　第 3 部分：耳式支座》。标准耳式支座的选用方法是：根据公称直径 DN 及估算的每个支座承受的重量，预选一个标准支座；然后按标准中的方法计算支座承受的实际载荷 Q，并使 $Q \leqslant [Q]$。$[Q]$ 为支座本体允许载荷，其值可查标准。一般情况下还应校核支座处圆筒所受的支座弯矩，应使其小于或等于许用弯矩。

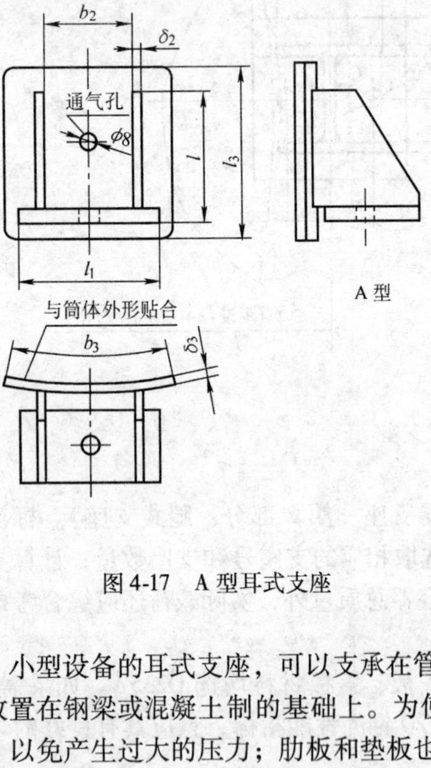

图 4-17　A 型耳式支座

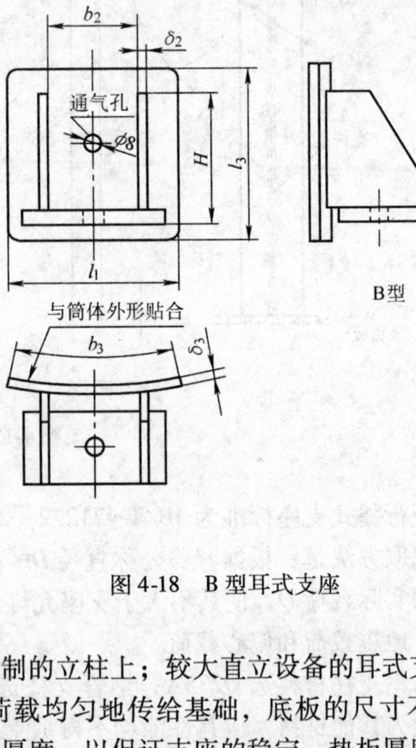

图 4-18　B 型耳式支座

小型设备的耳式支座，可以支承在管子或型钢制的立柱上；较大直立设备的耳式支座往往放置在钢梁或混凝土制的基础上。为使设备的荷载均匀地传给基础，底板的尺寸不宜过小，以免产生过大的压力；肋板和垫板也应有足够厚度，以保证支座的稳定；垫板厚度一般与筒体厚度相同，也可根据实际确定。若容器壳体有热处理要求时，支座垫板应在热处理前焊于容器壁上。垫板中心开一个通气孔，以利于焊接或热处理时气体的排放。

通常情况下，耳式支座应带垫板；当容器公称直径 $DN \leqslant 900$mm 时，耳式支座可以不设置垫板，但应使容器有效厚度大于 3mm，容器壳体材料与支座材料有相同或接近的化学成分和性能指标。

垫板材料一般与筒体材料相同，支座的肋板和底板材料分为四种，其代号分别为 Q235A（Ⅰ）、16MnR（Ⅱ）、0Cr18Ni9（Ⅲ）、15CrMoR（Ⅳ）。

3. 支承式支座

支承式支座有 A、B 两种形式，A 型支座如图 4-19a 所示，由底板、肋板和垫板组成。

B 型支座如图 4-19b 所示，用钢管取代了 A 型中的肋板，高度可以改变，但不应大于规定的支座高度上限值，其系列参数尺寸参见标准 JB/T 4712.4—2007。

支座垫板材料一般应与容器封头材料相同。支座底板的材料为 Q235A。A 型支座肋板的材料为 Q235A，B 型支座钢管材料为 10 钢。根据需要也可选用其他支座材料，此时应按标准规定在设备图样中注明。

支承式支座直接焊在容器底部，与腿式支座相比其支承高度低，因而承载能力大，适用于符合下列条件的容器：公称直径 $DN800 \sim 4000\text{mm}$；圆筒长度 L 与公称直径 DN 之比 $L/DN \leqslant 5$；容器总高 $H_o \leqslant 10\text{m}$。

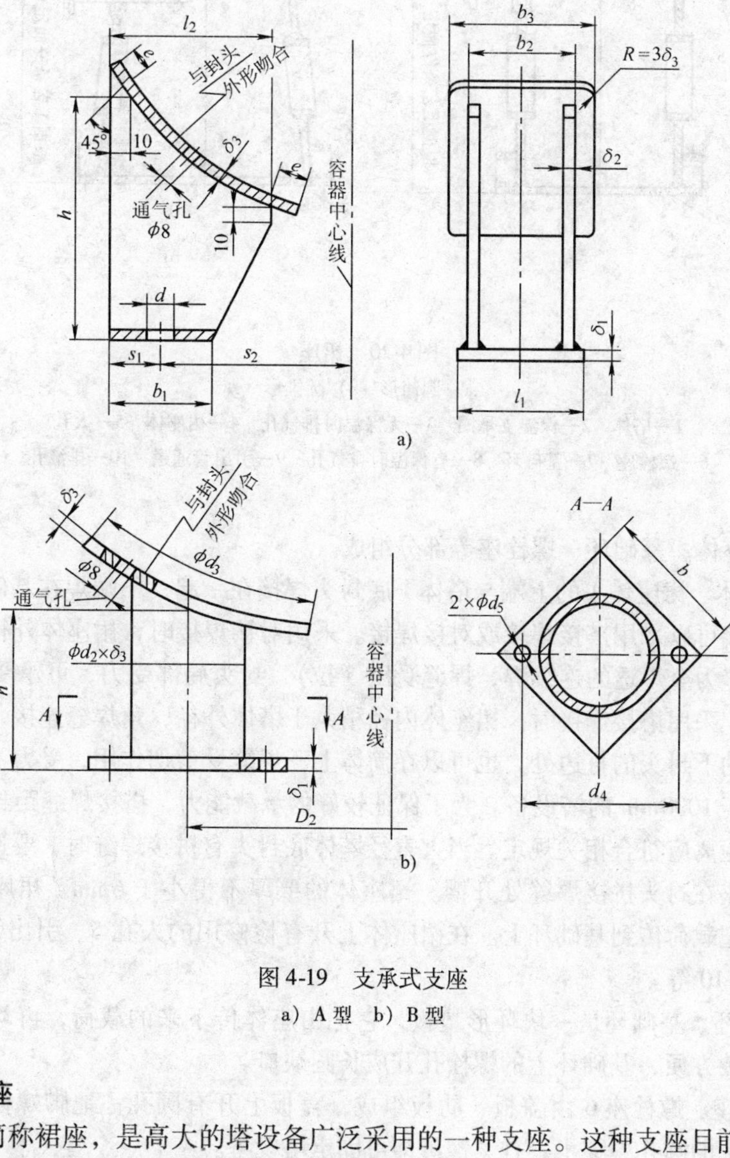

图 4-19　支承式支座

a）A 型　b）B 型

4. 裙式支座

裙式支座简称裙座，是高大的塔设备广泛采用的一种支座。这种支座目前尚无标准，它的各部分尺寸，均需通过计算或按实践经验确定。

裙座的形式，按照形状不同分为圆筒形和圆锥形两种。圆筒形裙座（图 4-20a）制造方便，应用广泛。但对高而细的塔，为防止风载荷或地震载荷使设备倾覆，需配置数量较多的地脚螺栓，或者基础此时可采用圆锥形裙座（图 4-20b）。

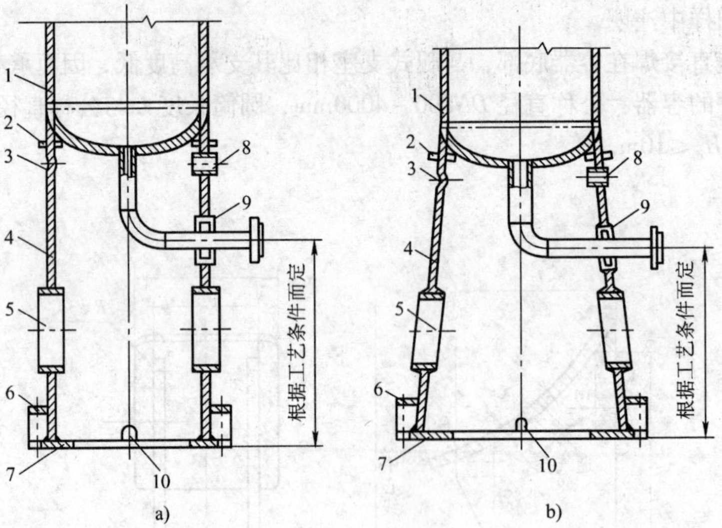

图 4-20　裙座

a）圆筒形　b）圆锥形

1—塔体　2—保温支承圈　3—无保温时排气孔　4—裙座体　5—人孔
6—螺栓座　7—基础环　8—有保温时排气孔　9—引出管通道　10—排液孔

裙座由裙座体、基础环、螺栓座等部分组成。

（1）裙座体　裙座体 4 的上端与塔体 1 底封头焊接在一起，下端焊在基础环 7 上。裙座体与塔体的焊接可以采用搭接焊接或对接焊接。采用对接焊接时，裙座体外径与塔的下封头外径相等，焊缝为全焊透的连续焊，焊缝受压（拉），封头局部受力，可承受较大的轴向载荷，用于大塔。采用搭接焊接时，裙座体内径稍大于塔体外径，角焊缝连接，搭接接头的位置既可以在塔的下封头的直边处，也可以在筒体上，焊缝受剪切作用，受力不佳，因此一般多用于直径小于 1000mm 的塔设备。为了保证较好的承载能力，搭接焊缝距封头与塔体的对接环向焊缝的距离应符合相关规定。当大直径塔体底封头有拼接焊缝时，要避免出现十字焊缝，通常将裙座在封头拼接焊缝处开槽。裙座体的壁厚不得小于 6mm。裙座体承受塔体的全部载荷，并把载荷传到基础环上。在裙座体上开有检修用的人孔 5、引出管孔 9、排气孔 3 和 8、排液孔 10 等。

（2）基础环　基础环是一块环形垫板，它把由座体传下来的载荷，再均匀地传到基础上去。为了安装方便，基础环上的螺栓孔开成长圆缺口。

（3）螺栓座　螺栓座 6 由盖板、肋板组成，盖板上开有圆孔，地脚螺栓从基础环上的螺栓孔及盖板上的圆孔中穿出，拧紧螺母即可固定塔设备。

裙座材质可选用碳素结构钢，但仍需考虑与之相连接的塔体材料、塔的操作条件、载荷大小以及环境温度等。常用的裙座体及地脚螺栓材质为Q235A和Q235AF，但这两种材质不适用于温度过低的条件。当设计温度为低温时应选16Mn。当塔的封头材质为低合金或高合金钢时，裙座应增设与塔封头相同材质的短节，短节的长度一般取保温层厚度的4倍。

根据安全规范规定，应在裙座上装设静电接地板，目的是防止介质在流动过程中产生静电，以避免火灾或爆炸。接地板的材料为0Cr18Ni9，厚度可取5mm。

裙座的结构形式和尺寸可参阅JB/T 4710—2005《钢制塔式容器》。

模块四　容器的开孔与补强结构

【学习目标】　了解等面积补强原理，了解常见的补强结构和补强圈标准及选用。

【问题引导】

1. 容器开孔为何需补强？开孔补强的结构及其适用的场合有哪些？
2. 补强设计的原则是什么？什么情况下可以不补强？
3. 如何正确选用标准补强圈？

一、开孔补强的原因

为了满足各种工艺要求或结构上的要求以及操作、安装维修的需要，常常在化工设备的筒体和封头上开设各种孔，如工艺所需要的物料进出口接管孔，安装压力表、温度计、液位计等检测仪表的接管孔，以及为便于安装检修设备内部结构而开设的人孔、手孔或检查孔等。

压力容器开孔后，不仅器壁材料被削弱使强度降低，同时由于结构连续性被破坏，在开孔处产生较大的附加应力，导致孔口边缘应力值显著增加，达到很大的数值，其最大应力值往往高出正常器壁应力的数倍。这种开孔附近局部应力急剧增大的现象称为应力集中现象。除了应力集中现象外，压力容器开孔焊上接管后，还有作用在接管上的其他外载荷所产生的应力，温差引起的温差应力，以及容器材质、制造缺陷等各种因素的综合作用。开孔接管处往往成为容器的破坏源，特别是在有交变应力及腐蚀的情况下变得更为严重，开孔接管的根部就成为压力容器疲劳破坏和脆性断口的薄弱部位。因此，对于开孔边缘的应力集中必须予以足够的重视，采取合理的补强措施，改善开孔边缘的受力情况，减轻其应力集中的程度，以保证其具有足够的强度。

二、补强设计原则和补强结构

1. 补强设计原则

（1）等面积补强法的设计原则　这种补强方法，规定局部补强的金属截面积必须等于或大于开孔所减去的壳体截面积，其含义在于补强壳壁的平均强度，用与开孔等截面的外加金属来补偿削弱的壳壁强度。但是，这种补强方法并不能完全解决应力集中问题。当补强金属集中于开孔接管的根部时，补强效果较好；当补强金属比较分散时，即使100%等面积补强，仍不能有效地降低应力集中系数。在一般情况下，这种方法可以满足开孔补强设计的需要，方法简便，且在工程上有很长的使用历史和较为丰富的经验。中国的容器标准采用的主要是这一方法。

（2）塑性失效补强设计原则　这是一种极限设计的方法，同时又考虑到结构的安全性。其基本点是：开孔容器的接管处达到全塑性时的极限应力应等于无孔壳体的屈服应力；同时，按弹性计算的最大应力应不超过$2\sigma_s$，即

$$\sigma_{max}=2\sigma_s$$

而

$$\sigma_s=1.5[\sigma]$$

所以

$$\sigma_{max}=3[\sigma]$$

这种方法首先由ASMEⅢ和ASMEⅧ-2采用，中国容器标准及专业标准也采用了这一设计准则。它表明，如果将薄膜应力控制在许用应力［σ］之下，那么应力集中区的最大应力集中系数可以允许达到3.0，应该指出，这种补强方法只允许采用整体锻件补强结构。

2. 补强结构

补强方法有两种：一是整体加强，即增加容器整体厚度，适于容器上开孔较多且分布比较集中的场合；二是局部补强，即考虑到应力集中离孔口不远处就衰减了，因此可在孔口边缘局部加强。显然，局部补强的办法是合理的也是经济的，因此它广泛应用于容器开孔的补强上。

补强结构是指用于补强的金属采用什么样的结构形式与被补强的壳体或接管连成一体，以减小该处的应力集中。局部补强是在开孔处的一定范围内增加筒壁厚度，以使该处达到局部增强的目的。常用局部补强的结构有补强圈补强、厚壁接管补强和整锻件补强三种形式。

（1）补强圈补强结构　如图4-21a和图4-22a、b、c所示。它是在壳体与接管连接处焊上一个或几个圆环形的补强圈，来增强开孔边缘处金属的强度。考虑到焊接的方便，常用的是把补强圈放在壳体外边的单面补强（图4-22a、b）。补强圈的材料与壳体材料相同，其厚度一般也取与壳体厚度相同。补强圈与壳体之间应很好地贴合，使其与壳体同时受力，否则起不到补强的作用。为了检验焊缝的紧密性，补强圈上设有一个M10的小螺纹孔（图4-23），从这里通入压缩空气并在补强圈与器壁的连接处涂抹肥皂水。如果焊缝有缺陷，就会在该处吹起肥皂泡，这时应铲除重焊，直到合格为止。

补强圈结构简单，制造方便，使用经验成熟。缺点是：补强区域分散，补强效率不高；补强圈与壳体间常存有静气隙，传热效果差，两者温差与热膨胀差较大，容易引起温差应力；补强圈与壳体焊接处刚度变大，容易在焊缝处造成裂纹、开裂；由于补强圈与壳体或接管没有形成一个整体，因而抗疲劳能力差。由于上述缺点，这种结构只用于静压、常温及中、低压容器。GB 150—1998指出，采用此结构时应遵循下列规定：钢材的标准抗拉强度下限值$\sigma_b\leqslant540$MPa，壳体名义厚度$\delta_n\leqslant38$mm，补强圈厚度小于或等于$1.5\delta_n$。

（2）厚壁接管补强结构　如图4-21b和图4-22d、e、f所示，它是在壳体与接管之间焊上一段厚壁加强管，用它多余的壁厚作为补强金属。在这种结构中，补强用的金属全部处于最大应力区域内，因而能有效地降低开孔周围的应力集中，补强效果较好。对于现在广泛采用的低合金高强度结构钢，由于它对应力集中比低碳钢敏感，所以采用厚壁管补强更好。其中，图4-22f所示效果更好，但内伸长度要适当，如过长，其效果反会降低。厚壁管补强结

构简单，只需一段厚壁管即可，制造与检验都方便，但必须保证全焊透，常用于低合金钢容器或某些高压容器。

（3）整锻件补强结构　整锻件补强是在开孔处焊上一个特制的锻件，如图4-21c和图4-22g、h、i所示，补强金属更集中在应力集中区，能最有效地降低应力集中系数。锻件的壁厚变化缓和，且有圆角过渡；全部焊接接头采用对接焊缝并远离最大应力作用处，易探伤，易保证质量。这种补强结构的抗疲劳性能最好，疲劳寿命仅降低10%～15%。缺点是锻件供应困难，加工复杂，成本较高，故只用在重要的设备上，如常用在$\sigma_b \geqslant 540$MPa级的钢板制作的容器上及受低温、高温、反复载荷的大直径开孔容器、高压容器、核容器上等。

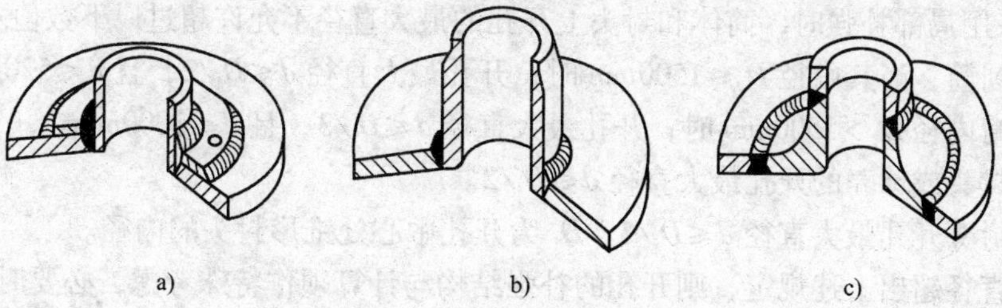

图4-21　补强结构的基本类型

a）补强圈补强　b）厚壁接管补强　c）整锻件补强

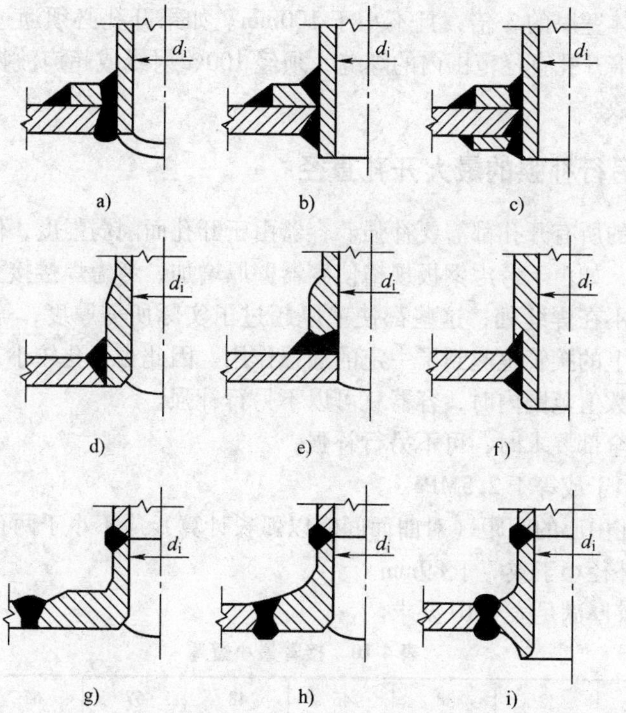

图4-22　补强结构

a）、b）、c）补强圈补强　d）、e）、f）厚壁接管补强　g）、h）、i）整锻件补强

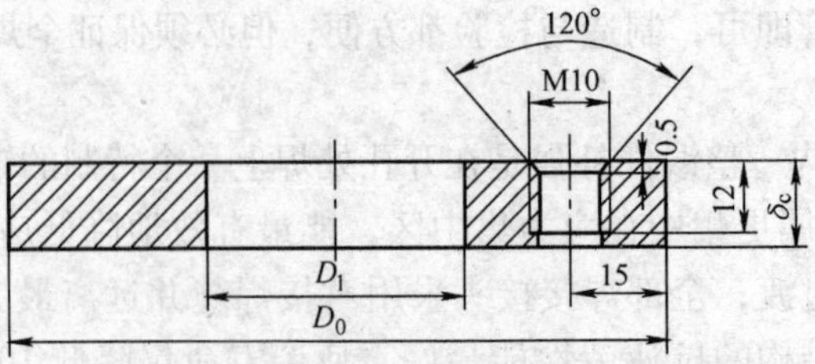

图 4-23　补强圈的结构

三、对容器开孔的限制

1）当采用局部补强时，筒体和封头上开孔的最大直径不允许超过以下数值：

①对于圆筒，当其内径 $D_i \leqslant 1500$mm 时，开孔最大直径 $d \leqslant D_i/2$，且 $d \leqslant 520$mm。

②当圆筒内径 $D_i > 1500$mm 时，开孔最大直径 $d \leqslant D_i/3$，且 $d \leqslant 1000$mm。

③凸形封头或球壳的开孔最大直径 $d \leqslant D_i/2$。

④锥形封头开孔最大直径 $d \leqslant D_i/3$，D_i 为开孔中心处锥形封头的内径。

若开孔直径超出上述规定，则开孔的补强结构与计算须作特殊考虑，必要时尚应做验证性水压试验，以校核设计的可靠性。

2）在椭圆形或碟形封头过渡部分开孔时，其开孔的孔边与封头边缘间的投影距离不小于 $0.1D_o$，其孔的中心线宜垂直于封头表面。

3）焊缝是壳体上强度比较薄弱的部位，因此开孔应该尽量避开焊缝。开孔边缘与焊缝的距离，应大于壳体壁厚的 3 倍，且不小于 100mm。如果开孔必须通过焊缝时，则在开孔两侧各不少于 1.5 倍开孔直径范围内的焊缝，须经 100% 射线或超声波探伤，并在补强计算时考虑焊接接头系数。

四、允许不另行补强的最大开孔直径

并不是容器上的所有开孔都需要补强。容器由于开孔而削弱强度，但容器在设计时还存在一定的加强因素，如由于考虑钢板规格使容器壁厚增加、考虑焊接接头系数而使容器壁厚增加，但开孔又并不在焊缝处，这些都使壁厚超过了实际所需厚度，等于使容器整体加强了；同时开孔处焊上的接管也起到了一定的加强作用。因此当开孔较小、削弱程度不大、孔边应力集中在允许数值范围内时，容器就可以不另行补强。

开孔满足下述全部要求时，可不另行补强。

1）设计压力小于或等于 2.5MPa。

2）两相邻开孔中心的间距（对曲面间距以弧长计算）应不小于两孔直径之和的两倍。

3）接管公称外径小于或等于 89mm。

4）接管最小壁厚满足表 4-10 要求。

表 4-10　接管最小壁厚　　（单位：mm）

接管外径	25	32	38	45	48	57	65	76	89
最小厚度	3.5			4.0		5.0		6.0	

注：1. 钢材的标准抗拉强度下限值 $\sigma_b > 540$MPa 时，接管与壳体的连接宜采用全焊透结构形式。

2. 接管的腐蚀裕量为 1mm。

五、等面积补强计算

开孔补强通常按等面积补强和极限分析法补强进行计算。其中，常用的是等面积补强方法，它主要用于补强圈结构的补强计算。基本原则如前所述，就是在有效补强范围内的补强金属截面积要大于或等于开孔中心在壳体纵截面内因开孔而被削弱的金属面积，使开孔边缘应力集中区域内平均应力不超过未开孔时的基本应力，以保证容器的整体强度。

等面积补强计算的基本公式

$$A_e = A_1 + A_2 + A_3 \geqslant A \tag{4-1}$$

式中　A_e——有效补强面积之和（mm^2）；

A_1——壳体有效厚度减去承受设计压力所需计算厚度之外的多余面积（mm^2）；

A_2——接管有效厚度减去承受设计压力所需计算厚度之外的多余面积（mm^2）；

A_3——焊缝金属截面积（mm^2）；

A——壳体由于开孔所削弱的金属截面积（mm^2）。

若以上几部分有效补强面积满足式（4-1）的条件，则开孔后不需另行补强；否则，开孔后需要另行补强，其另行补强的金属截面积 $A_4 \geqslant (A - A_e)$。

等面积补强的具体步骤参阅标准 GB 150—1998。

六、补强圈标准

补强圈已有标准 JB/T 4736—2002，可参考选用。

模块五　容器安全装置

【学习目标】 熟悉压力容器的安全附件结构和作用及选用方法。

【问题引导】

1. 压力容器的安全附件有哪些？如何选用？
2. 安全阀和爆破片各自的优缺点是什么？

压力容器在一定的操作压力和操作温度下运行，压力容器的壳体及附件也是依据操作压力和操作温度进行设计和选择的。一旦出现操作压力和操作温度偏离正常值较大而又得不到合适的处理，将可能导致安全事故的发生。为了保证压力容器的安全运行，必须装设测量操作压力、操作温度的监测装置以及遇到异常工况时保证容器安全的装置。这些统称为压力容器安全装置。容器安全装置分为安全泄放装置和参数监测装置两类。安全泄放装置包括安全阀、爆破片等，参数监测装置有压力表、测温仪表等。

安全泄放装置在容器正常工作时保持严密不漏，但容器内一旦超压时能自动开启或爆破，迅速地排放容器内介质，达到泄压的目的并兼有自动报警的作用，从而保护了容器设备。但并非每台容器都必须直接配置安全泄放装置，只有那些在操作中有可能出现超压的容器，才需要单独配备安全泄放装置。安全泄放装置的额定泄放量应不小于容器的安全泄放量。只有这样，才能保证安全泄放装置完全开启后，容器内的压力不会继续升高。安全泄放装置的额定泄放量，是指它在全开状态时，在排放压力下单位时间内所能排出的气量。容器的安全泄放量，则是指容器超压时为保证它的压力不会再升高而在单位时间内所必须泄放的气量。对于各种容器应按不同的方法确定其安全泄放量，可参考有关文献。

任务1　认识及选用安全阀

1. 安全阀的构造及工作原理

安全阀是一种超压泄放装置，其作用是当容器在正常工作压力下运行时，它能保持关闭状态，而当容器内的压力超过规定值时，它便能自动开启使容器内的介质部分或全部迅速排出，并能发出较大的气流响声而起到自动报警的作用。安全阀按其加载方式有重锤式、杠杆式和弹簧式三种，其中以弹簧式安全阀最为常用，如图4-24所示。它是由阀座5、阀头4、顶杆3、弹簧2、调节螺栓1等零件组成，靠弹簧力将阀头与阀座紧闭，当容器内的压力升高，作用在阀头上的力超过弹簧力时，则阀头上移使安全阀自动开启，泄放超压气体使容器内压力降低，从而保护了压力容器。当容器内压力降低到安全值时，弹簧力又使安全阀自动关闭。拧动安全阀上的调节螺栓，可以改变弹簧力的大小，从而控制安全阀的开启压力。为了避免安全阀不必要的泄放，通常预定的安全阀开启压力应略高于压力容器的工作压力。弹簧式安全阀具有结构紧凑、灵敏度高、安装方位不受限制及对振动不敏感等特点，随着结构的不断改进和完善，其使用范围越来越广。

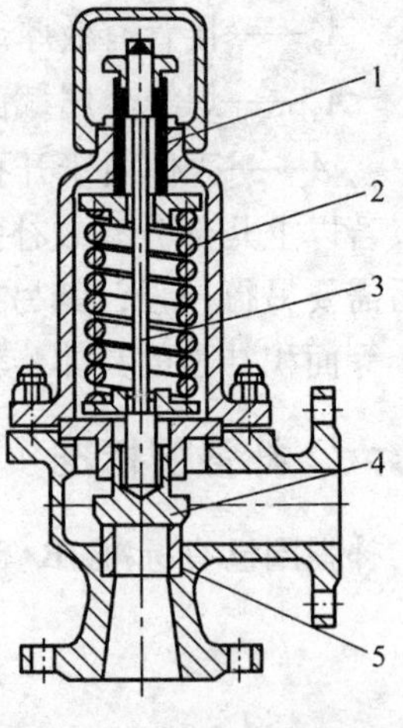

图4-24　弹簧式安全阀

1—调节螺栓　2—弹簧

3—顶杆　4—阀头　5—阀座

安全阀的优点是只排放容器内高于规定部分的压力，当压力降至正常工作压力时阀即可自动关闭，不影响设备的继续工作，且安全阀容易调整；它的缺点是不可避免地存在着微量的泄露，密封性较差，并且由于弹簧的惯性作用使阀的开启和关闭都有滞后现象，难以适用急剧化学反应迅速升压所需要的快速释放的要求，对粘性较大或有结晶体的液体介质，阀瓣有时可能会被粘住而影响开启精度。因此，安全阀适用于介质较清洁的气体（空气、水蒸气等）的设备上，不宜用于剧毒性介质的设备，更不能用于容器内有可能产生剧烈的化学反应而使压力急剧升高的设备。

2. 安全阀的选用

安全阀的选用应综合考虑压力容器的操作条件、介质特性、载荷特点、容器的安全泄放量、防超压动作的要求（动作特点、灵敏性、可靠性、密闭性）、生产运行特点、安全技术要求，以及维修更换等因素。一般应掌握下列原则：

1）对于易燃、毒性程度为中度以上危害的介质，必须选用封闭式安全阀。如需带有手动提升机构，须采用封闭式带扳手的安全阀；对空气或其他不会污染环境的非易燃气体，可选用敞开式安全阀。

2）对高压容器及安全泄放量较大而壳体的强度裕度又不太大的容器，应选用全启式安全阀；微启式安全阀宜用于排量不大，要求不高的场合。

3）高温容器宜选用重锤杠杆式安全阀或带散热器的安全阀，不宜选用弹簧式安全阀。

4）泄放量。安全阀的额定泄放量必须大于或等于容器的安全泄放量。安全阀的额定泄放量可由其铭牌查取，容器的安全泄放量按 GB 150—1998 的有关规定计算。

5）压力范围。安全阀是按公称压力标准系列设计制造的，每一种安全阀都有一定的工作压力范围，选用时应使安全阀在容器设计温度下的许可压力大于或等于容器的设计压力。

3. 安全阀的安装与调试

安全阀安装与调试应注意以下几个方面：

1）安全阀应垂直安装在压力容器液面以上的气相空间，或安装在连接容器气相空间的接管上。无论安全阀安装在何处，从容器到安全阀之间的连接管和关键的通孔截面积均不得小于安全阀的进口管面积。

2）在压力容器和安全阀之间一般禁止装设中间截止阀，但对盛装易燃、有毒或粘性较大的容器，为了便于对安全阀进行更换、清洗，可在容器和安全阀之间装设截止阀，但此截止阀的结构和通径尺寸不得阻碍安全阀的正常泄放。在容器正常工作时此截止阀必须处于全开状态并加铅封，凡动用此截止阀都应有操作记录。

3）安全阀后的排放管如有出现冷凝液体的可能，则应考虑有自动排除设施。封闭式安全阀排放管的内径不得小于安全阀出口管的公称直径。排放管原则上应一阀一根，并禁止在排放管上装任何阀门。两个以上的安全阀共用一根排放管时，排放管的截面积应不小于所有安全阀的出口管截面积的总和。对氧气等可燃性气体或其他混合后能发生化学反应的气体不能共用一根排放管。

4）安全阀在安装前应进行压力试验和气密性试验，合格后再进行调整和校验。校验合格的安全阀在安装好有关附件后进行铅封。

4. 安全阀的使用与维护

选择得当、安装正确的安全阀还应通过合理的使用和维护才能发挥其作用。日常使用中，为确保安全阀的良好工作状态，应保持阀体的清洁，防止被油垢和异物堵塞，防止阀体和弹簧锈蚀；要经常检查阀的铅封是否完好，杠杆式安全阀的重锤是否松动或被移动，弹簧式安全阀的调节螺母是否被任意拧动。发现有泄漏时应及时更换或检修，禁止用加大载荷的方法来消除泄漏；为防止阀瓣被粘住，对用于空气、水蒸气或虽带有粘性脏物但排放后不会造成危害的其他气体的安全阀，应定期做手提排气以冲刷污物。

任务 2　认识及选用爆破片

1. 爆破片的构造及工作原理

爆破片装置是一种断裂型安全泄放装置，由爆破片 2、夹持器 3 及接管法兰 1 组成。爆破片是一片金属或非金属的薄片，是爆破元件，由夹持器夹紧在法兰中（图 4-25），当容器内的压力超过最大工作压力，达到爆破片的标定爆破压力时，爆破片断裂使容器内气体迅速泄放，压力很快下降，从而保护了压力容器。但爆破后必须停止生产，更换爆破片后才能继续操作。因此，预定的爆破压力要比最大工作压力高一些。

2. 爆破片的适用范围

爆破片与安全阀相比，有两个明显的特点：一是密闭性能好，能做到完全密封；二是破裂速度快，泄压反应迅速，惰性小，并且结构简单，价格便宜。因此，当安全阀不能起到有效的保护作用时，必须使用爆破片或爆破片与安全阀的组合装置，如图 4-26 和图 4-27 所示。

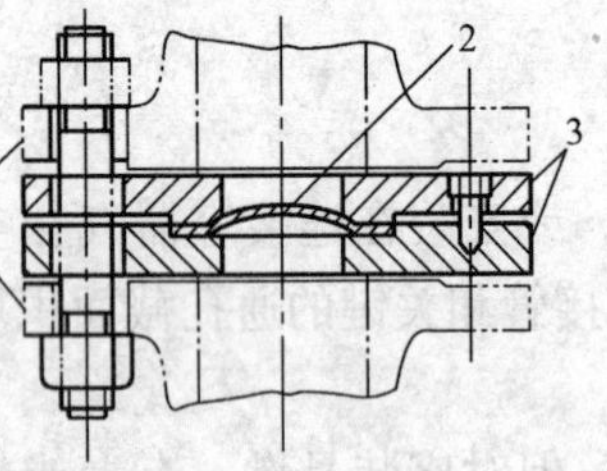

图 4-25 爆破片装置

1—法兰 2—爆破片 3—夹持器

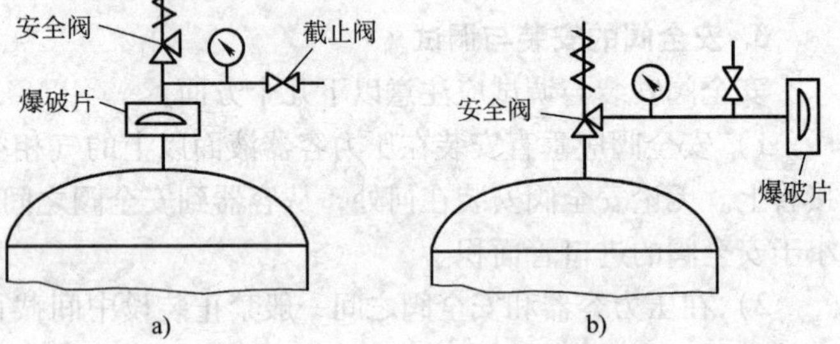

图 4-26 爆破片与安全阀串联使用

爆破片分类方法较多，常用的是按其破坏时的受力形式分为拉伸型、压缩型、剪切型和弯曲型；按产品外观分正拱型、反拱型和平板型；按破坏动作分爆破型、触破型及脱落型等。

目前，绝大数压力容器都使用安全阀作为泄放装置，然而安全阀一直潜在“关不严、打不开”的隐患，因而在某些场合使用安全阀不能可靠地工作时，应优先选用爆破片作为安全泄放装置。这些场合主要是：

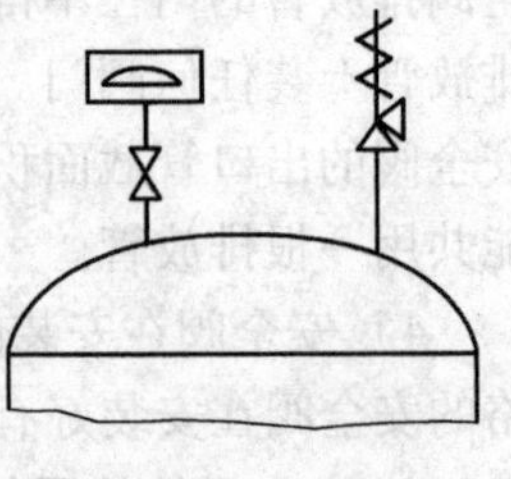

图 4-27 爆破片与安全阀并联使用

1）介质为不洁净气体的压力容器，或物料粘度高、容易聚合、结晶等，这些介质易堵塞安全阀通道，或使安全阀失灵。

2）由于物料的化学反应容器内的压力可能会急剧增加，而安全阀动作滞后，不能有效地起到安全泄放作用。

3）毒性程度为极度、高度危害的气体介质或盛装贵重介质的压力容器，由于对安全阀来说，微量泄漏是难免的，故为防止污染环境或不允许存在微量泄漏，宜选用爆破片。

4）介质为强腐蚀性气体的压力容器，腐蚀性大的介质，用耐腐蚀的贵重材料制造安全阀成本高，而用其制造爆破片，成本非常低廉。

3. 爆破片的安装与使用要求

1）由库房取出的爆破片，应仔细核对铭牌上的各项指标：爆破片的型号、泄放口径、材质、爆破时的温度及相对的爆破压力（标定爆破压力）、泄放量等，应与被保护容器的要求一致。

2）安装前应将爆破片和夹持器的密封面擦拭干净，但不要伤及密封面，无固体微粒时才可将爆破片固定好。

3）爆破片装置与容器的连接管线应为直管，其通道截面积不得小于爆破片的泄放面积；泄放管线应尽可能垂直安装，且应避开邻近的设备和一般操作人员能接近的空间。对易燃、易爆或剧毒介质应引至安全地点并妥善处理。

4）爆破片装置泄放管的内径应不小于爆破片的泄放口径，若爆破片破裂有碎片产生时，应装设拦网或采取其他不使破片堵塞管道的措施。

5）在爆破片装置与容器之间一般不允许装任何阀门，如果特殊原因装了截止阀或其他截止阀时，应采取相应措施确保在运行中该阀处于全开状态。

任务3　认识及选用安全装置的其他附件

1. 压力表

（1）压力表的构造及工作原理　压力表是用来测量容器内部压力的仪表。在容器上设压力表后可直接测出容器内部介质的压力值，以便一旦发生异常情况可及时发现和作出处理。压力表的类型很多，按其结构原理有液柱式、弹性元件式、活塞式和电量式四大类。在化工生产中应用最广泛的是弹簧管式压力表，如图4-28所示。弹簧管式压力表的测压元件是弹簧管，如图4-29所示。利用弹簧管测压的原理是：弹簧管的一端封口，为自由端；一端固定并可通入气体或液体，当压力大于大气压的流体通入管内时，管子的曲率要变小，管端向外移动，管端移动量的大小与管内流体的压力大小成正比，即弹簧管可把压力转换成位移。它的特点是结构牢固，密封性好，具有较高的准确度，对使用条件要求也不高，但在使用期间需要检修、校验，且不易测定频率较高的脉动压力和使用在有强烈振动的场合。

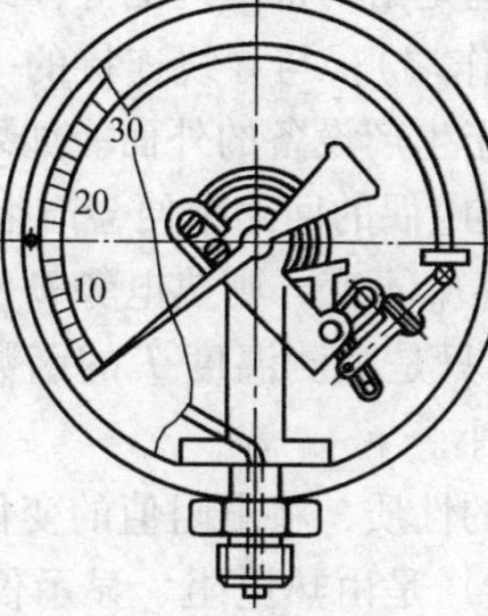

图4-28　弹簧管式压力表

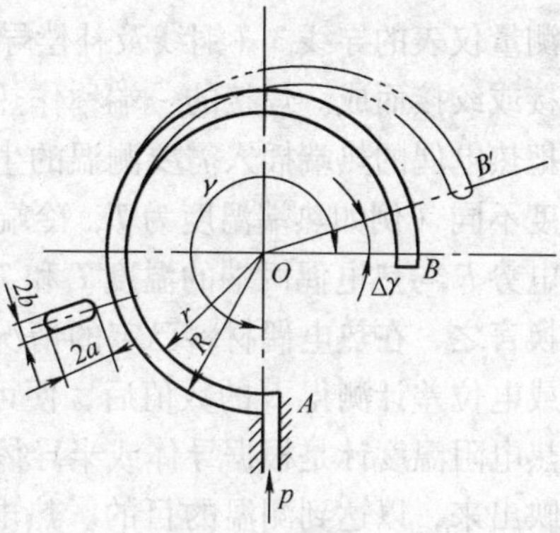

图4-29　弹簧管

（2）压力表的选择与使用　根据工艺过程对压力测量的要求、被测介质的性质、现场环境条件等因素来考虑压力表的种类、型号、量程和精度。

1）压力表的最大量程应与容器的工作压力相适应。一般为容器最高工作压力的1.5～3倍，最好是2倍。量程过大读数准确性差，但若量程过小使弹性元件长期处于较大的变形状态下，易产生永久性变形，引起误差增大和使用寿命降低。

2）压力表必须要有足够的精度。低压容器上使用的压力表的精度不低于2.5级（指允许误差为表盘刻度极限值的2.5%）；中压及高压容器上使用的压力表精度不低于1.5级。

压力表的表盘大小应保证操作人员能清楚地看到压力指示值，因此表盘直径一般不小于100mm。

3）压力表在使用过程中有下列情况之一时，应停止使用。这些情况有：指针失灵；表面玻璃破碎或表盘刻度模糊不清；铅封损坏或超过校验有效期限；表内弹簧管泄漏或指针松动；指针断裂或外壳腐蚀严重；其他影响压力表正常使用的缺陷。

（3）压力表的安装及维护

1）压力表的校验和维护应符合国家计量部门的有关规定。在安装前应进行校验，并在刻度盘上用红线明确指出压力容器的最高工作压力（禁止把红线划在表盘的玻璃上，以免由于表盘玻璃发生转动，使操作人员产生错觉），注明下次校验的日期，经校验合格的压力表应有铅封和合格证。

2）压力表的安装位置应便于操作人员观察，刻度盘面应与操作人员的视线垂直或向前倾斜30°，并应有足够的光线，应避免使压力表受到辐射热、低温及振动的影响。

3）压力表的接管应直接与容器本体相连，当工作介质为水蒸气时应在容器与压力表之间设置存水弯管。对于盛装高温强腐蚀性介质的容器，应在容器和压力表之间的管路上装设充填有液体的隔离缓冲装置。

2. 温度计

石油、化工生产中对温度的控制一般都比压力控制严格。为了适用生产需要，常在容器上安装温度计。有时温度计常和超温报警器连在一起，当温度发生异常时即自动报警。

常用的温度计有热电偶温度计和热电阻温度计，还有膨胀式和辐射式温度计等。热电偶温度计（图4-30）是由热电偶1、毫伏测量仪表2（动圈仪表或电位差计等）以及连接热电偶和测量仪表的导线3（铜线及补偿导线）所组成。热电偶是由两根不同的导体或半导体材料焊接或绞接而成。焊接的一端称作热电偶的热端（或工作端）；与导线连接的一端称作冷端。把热电偶的热端插入需要测温的生产设备中，冷端置于生产设备的外面。如果两端所处的温度不同（例如热端温度为T，冷端温度为T_0），则在热电偶的回路中便会产生热电势E。该热电势E与热电偶两端的温度T和T_0均有关。如果保持T_0不变，则热电势E便只与T有关。换言之，在热电偶材料已定的情况下，它的热电势E只是被测温度T的函数，用动圈仪表或电位差计测得E的数值后，便可知道被测温度的大小。

热电阻温度计是根据导体或半导体的阻值随温度变化的性质，将电阻值的变化用显示仪表反映出来，以达到测温的目的。热电阻温度计（图4-31）是由热电阻、显示仪表（带不平衡电桥或平衡电桥）以及连接它们的导线所组成。

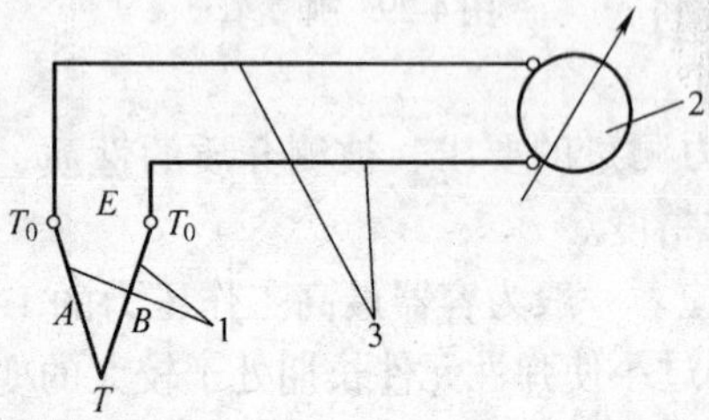

图4-30　热电偶温度计的组成示意图

1—热电偶AB　2—毫伏测量仪表　3—导线

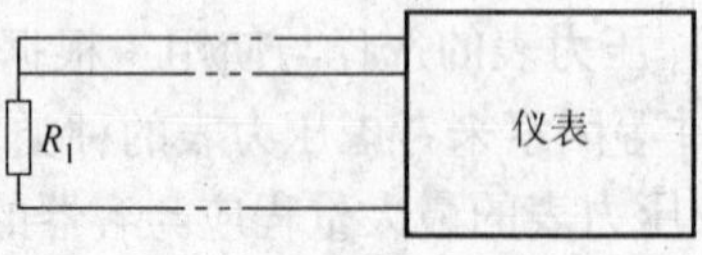

图4-31　热电阻温度计的组成示意图

模块六　容器其他附件

【学习目标】 了解容器其他附件的结构、作用、标准及选用。

【问题引导】

容器的其他附件有哪几种？如何选用？

一、视镜

在设备筒体和封头上装视镜，主要为观察设备内部情况，也可作为介质的指示镜。

视镜的结构类型很多，它已标准化，其尺寸有 *DN*50～150mm 五种，常用的有两种基本结构形式：凸缘视镜（不带颈视镜）和带颈视镜。

凸缘视镜如图 4-32a 所示，它由凸缘组成，结构简单，不易结料，观察范围大。带颈视镜如图 4-32b 所示，它适宜视镜需要斜装或设备直径较小的场合。

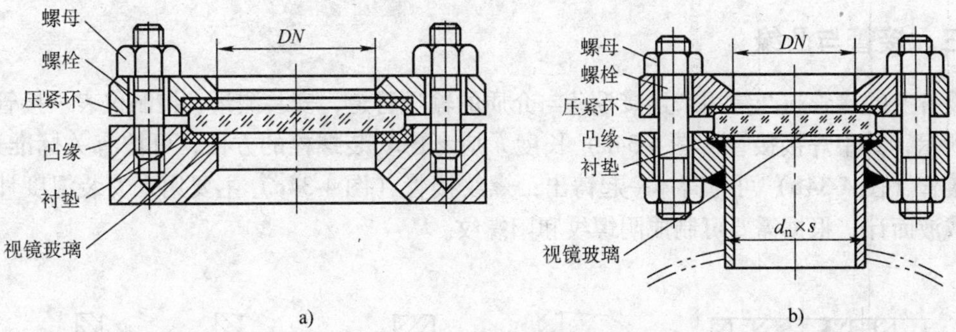

图 4-32　视镜

a）凸缘视镜　b）带颈视镜

对安装在压力较高或有强腐蚀介质设备上的视镜，可选双层玻璃或带罩安全视镜，以免视镜玻璃在冲击振动或温度剧变时发生破裂伤人。

二、液面计

（1）液面计的类型　液面计是用来观察设备内部液位变化的构件。通过观测液位的高低，一方面可确定容器内物料的数量，以保证生产过程中各环节必须定量的物料；另一方面可反映连续生产过程是否正常，以便可靠地控制过程的进行。化工生产中常用的液面计按结构形式有玻璃管液面计、玻璃板液面计、浮子液面计和浮标液面计，其中以玻璃管液面计和玻璃板液面计最为常用。

（2）液面计的选用

1）设备高度在3m以下，介质流动性较好，不结晶，不会有阻塞通道的固体颗粒物料，一般可选用玻璃管液面计或玻璃板液面计。对于公称压力超过0.07MPa的设备所用玻璃板式波面计，可以直接在设备上开长条孔，利用矩形凸缘或法兰把玻璃固定在设备上（图4-33），它有带颈和不带颈的两种形式。对于承压设备（$p<1.6$MPa），常用双层玻璃板式或玻璃管式液面计。液面计与设备的联接常用法兰、活接头或螺纹接头。板式和玻璃管液面计都已标准化，设计时可直接选用。

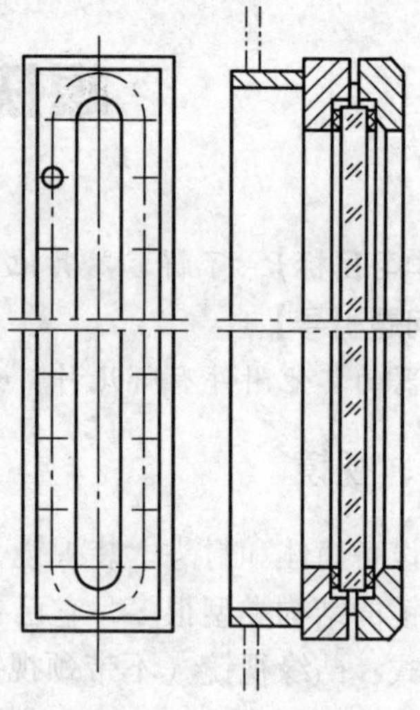

图4-33　玻璃板式液面计

2）设备高度在3m以上，物料易堵塞，液面测量要求不很严格的常压设备，应采用浮标液面计。对防腐蚀及使用可靠性要求高的场合，如地下槽式容器和卧式储槽等，宜选用浮子液面计。

3）在安装使用前，对中、低压容器用的液面计，应在1.5倍液面计公称压力下进行水压试验；高压容器用的液面计，应在1.25倍液面计公称压力下进行水压试验。

三、接管与凸缘

设备上的接管与凸缘用来连接设备与介质的输送管道，安装测量、控制仪表。接管如图4-34所示，其中焊接接管（图4-34a）长度h应考虑安装螺栓的方便，可按有关标准选取；铸造接管（图4-34b）可与筒体一起铸出；螺纹接管（图4-34c）主要用来安装温度计、压力表或液面计，根据需要可制成阴螺纹和阳螺纹。

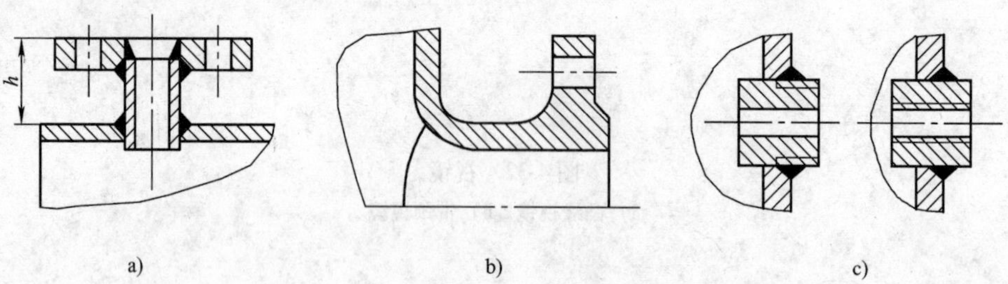

图4-34　接管

a）焊接接管　b）铸造接管　c）螺纹接管

当接管长度必须很短时，可用凸缘（图4-35）代替接管。凸缘本身具有开孔的补强作用，不需要另行补强。凸缘与管道法兰配用，因此它的尺寸应根据所选的管法兰确定。

四、人孔和手孔

设备上开设人孔或手孔等检查孔，是为方便检查设备内部空间及装拆设备内部装置用的。人孔或手孔都是组合件，包括承压零件筒节、法兰、法兰盖、密封垫片、紧固件以及与人孔启闭有关的非承压零件等。

人孔和手孔均已标准化，现行标准有两组：一组的标准号是 HG/T 21514～21534—2005；另一组的标准号是 HG 21594～21604—1999。第一组标准中的筒节、法兰和法兰盖所用材料为碳钢、低合金钢和全不锈钢；而第二组标准中是在碳钢或低合金钢法兰上加衬环，在碳钢或低合金钢法兰盖上加衬里，它们都是全不锈钢结构。

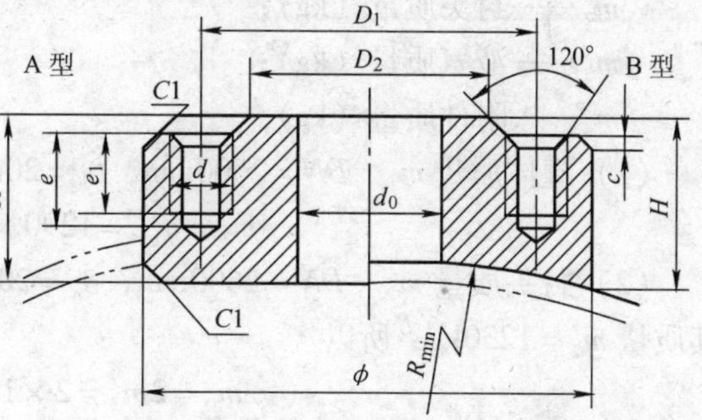

图 4-35　凸缘

按是否承受压力，人孔分为常压人孔和受压人孔；按所用法兰的结构形式，人孔可分为板式平焊法兰人孔、带颈平焊法兰人孔和带颈对焊法兰人孔。人孔的密封面可根据人孔承压的高低、介质的性质等选用突面、凹凸面、榫槽面和环连接面，常采用的是突面和凹凸密封面。

按人孔盖的开启方式及开启后人孔盖所用法兰的结构形式可分为回转盖快开人孔、垂直吊盖人孔、水平吊盖人孔。这三种人孔启闭结构各有特点：回转盖人孔安装位置比较灵活，它可在水平、垂直以及倾斜等全方位布置。但当它安装于水平位置时，开启人孔盖不如水平吊盖人孔省力；当它安装在垂直位置时，开启人孔盖不如垂直吊盖人孔所占空间紧凑。水平吊盖人孔的结构如图 4-36 所示。此外，按人孔开启的难易程度还可分为快开人孔和一般人孔等。

手孔与人孔具有类似的结构。按承压方式分，手孔分为常压手孔与受压手孔；按手孔盖的启闭方式分为非回转盖手孔、常压快开手孔、回转盖快开手孔；按所用的法兰分类与人孔一致。手孔也可采用快开结构。

人孔和手孔结构形式的选用常常与设备的大小、操作压力、介质特性以及开启的频繁程度等有关。当设备直径为 450～900mm 时，一般不开设人孔，可开 1～2 个手孔，手孔直径一般为 150～250mm；当设备直径超过 900mm 时应至少开设一个人孔；当设备直径超过 2500mm，顶盖与筒体上至少应各开设一个人孔。人孔的形状有圆形和椭圆形两种。其中，椭圆形人孔的短轴与压力容器的筒身轴线平行，其最小尺寸为 400mm × 300mm；圆形人孔的直径一般为 400～600mm，容器压力不高时直径可选大些。

设备使用过程中，需要经常开启的人孔和手孔，应选用快开式结构。

人孔和手孔的开设位置应便于操作人员检查、清理内件和进出设备。一般所有快开式人孔、手孔和常压人孔、手孔均应安置在容器的顶部，使它们不直接与容器内的液体或固体物料相接触。

无腐蚀或轻微腐蚀的压力容器，制冷装置用的压力容器和换热器可不开设检查孔。

典型项目实施

本项目是为前述设计的液氨储罐选配合适的零部件，工艺条件和强度设计如前所述。

实施步骤：

1. 鞍座选用

首先粗略计算鞍座负荷

储罐质量　　$m = m_1 + m_2 + m_3 + m_4$

式中 m_1——罐体质量（kg）；

m_2——封头质量（kg）；

m_3——液氨质量（kg）；

m_4——附件质量（kg）。

（1）罐体质量 m_1　$DN=2600\text{mm}$，$\delta_n=20\text{mm}$ 的筒节，每米质量是 $q_1=1290\text{kg/m}$，所以

$$m_1=q_1L=1290\times4.8\text{kg}=6192\text{kg}$$

（2）封头质量 m_2　$DN=2600\text{mm}$，$\delta_n=20\text{mm}$，直边高度 $h=40\text{mm}$ 的标准椭圆形封头，其质量 $m_2'=1230\text{kg}$，所以

$$m_2=2m_2'=2\times1230\text{kg}=2460\text{kg}$$

（3）液氨质量 m_3

$$m_3=\alpha V\rho$$

式中 α——装量系数，取0.7，（《压力容器安全技术监察规程》规定：介质为液化气体的固定式压力容器，装量系数一般取0.7）；

V——储罐容积，$V=V_{封}+V_{筒}=2\times2.51\text{m}^3+4.8\times5.309\text{m}^3=5.02\text{m}^3+25.5\text{m}^3=30.52\text{m}^3$；

ρ——液氨在 -20℃时的密度，为 665kg/m^3。

于是

$$m_3=0.7\times30.52\times665\text{kg}=14207\text{kg}$$

（4）附件质量 m_4　人孔质量约200kg，其他接管等质量总和按300kg计。于是

$$m_4=500\text{kg}$$

设备总质量　$m=m_1+m_2+m_3+m_4=6192\text{kg}+2460\text{kg}+14207\text{kg}+500\text{kg}=23359\text{kg}$

每个鞍座只承受 $F=mg/2=23359\times9.81\text{N}/2=114.6\text{kN}$ 负荷，可以选用轻型带垫板，包角为120°的鞍座，即

JB/T 4712.1—2007，鞍座 A2600—F

JB/T 4712.1—2007，鞍座 A2600—S

2. 人孔选用

根据储罐的设计温度、最高工作压力、材质、介质及使用要求等条件，选用公称压力 $PN=2.5\text{MPa}$ 的水平吊盖带颈对焊法兰人孔（HG/T 21524—2005），人孔公称直径选定为 $DN=450\text{mm}$。采用榫槽面密封面（TG型）和石棉橡胶板垫片。人孔结构如图4-36所示。

该水平吊盖带颈对焊法兰人孔的标记为：

人孔 TGⅧ（A·G）　450-2.5　HG/T 21524—2005

3. 人孔补强

人孔开孔补强采用补强圈结构，材质为16MnR，根据JB/T 4736—2002，确定补强圈内径 $D_i=484\text{mm}$，外径 $D_o=760\text{mm}$，补强圈厚度为20mm。

4. 接管

本储罐设有以下接管。

（1）液氨进料管　采用 $\phi57\text{mm}\times3.5\text{mm}$ 无缝钢管（强度验算略）。管的一端切成45°，伸入储罐内少许。配用突面板式平焊管法兰：HG/T 20592　法兰 PL　50-2.5　RF　16Mn。

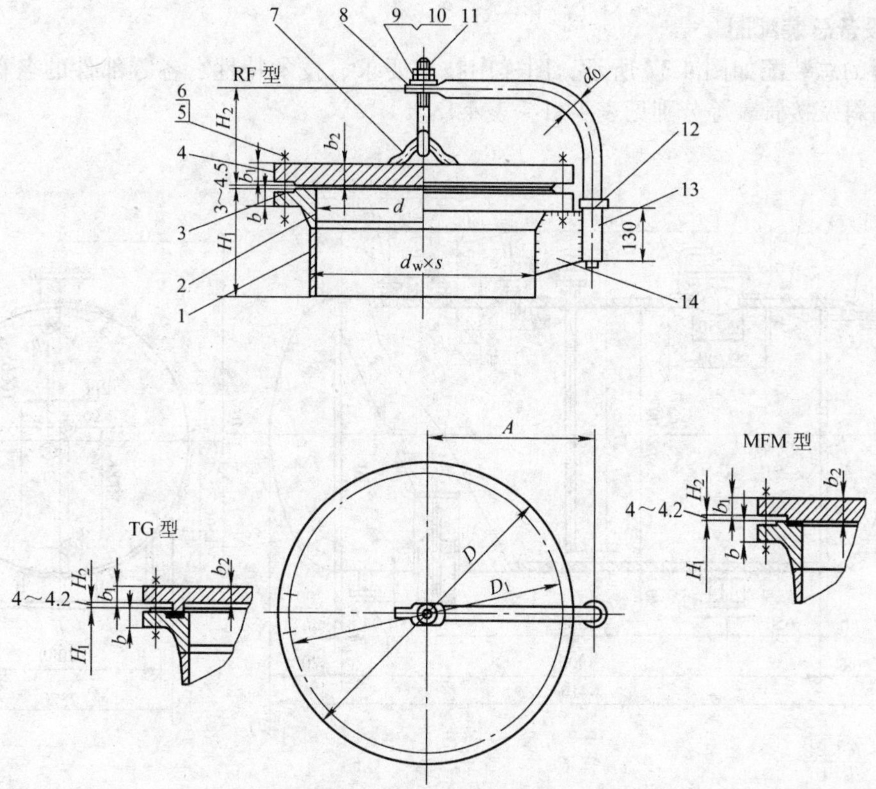

图 4-36　水平吊盖带颈对焊法兰人孔

1—筒节　2—法兰　3—垫片　4—法兰盖　5—螺柱　6—螺母　7—吊环　8—转臂
9—垫圈　10—螺母　11—吊钩　12—环　13—无缝钢管　14—支承板

因为该接管为 ϕ57mm×3.5mm，厚度小于 5mm，故该接管开孔经计算后需补强。

（2）液氨出料管　采用可拆的压出管 ϕ25mm×3mm，将它套入罐体的固定接口管 ϕ38mm×3.5mm 内，并用一非标准法兰固定在接口管法兰上。

罐体的接口管法兰采用 HG/T 20592　法兰 PL32-2.5　RF　16Mn，与该法兰相配并焊接在压出管的法兰上，其连接尺寸和厚度与法兰：HG/T 20592　法兰 PL　32-2.5　RF　16Mn 相同，但其内径为 25mm。

液氨压出管的端部法兰（与氨输送管相连）采用 HG/T 20592　法兰 PL　20-2.5　RF　16Mn。液氨出料管也不必补强。

（3）排污管　储罐右端最底部，安设排污管一个，管子规格是 ϕ57mm×3.5mm，管端装有与截止阀 J41W-16 相配的管法兰：HG/T 20592　法兰 PL　50-2.5RF　16Mn。

（4）液面计接管　本储罐采用玻璃管防霜液面计 AⅠ　2.5—1260—50　HG/T 21550—1993 两支。其标记符号意义如下：用 AⅠ表示防霜液面计类型；2.5 表示液面计公称压力等级，单位为 MPa；1260 表示液面计的公称长度，单位为 mm；50 表示防霜翅片高度，单位为 mm；HG/T 21550—1993 表示该液面计的标准号。

（5）放空管接管　采用 ϕ32mm×3.5mm 无缝钢管，管法兰为：HG/T 20592　法兰 PL　25-2.5　RF16Mn。

5. 设备总装配图

储罐的总装配如图 4-37 所示，图样中技术要求、技术特性、各零部件的名称、规格、尺寸、材料及接管表等分别见表 4-11 ~ 表 4-13。

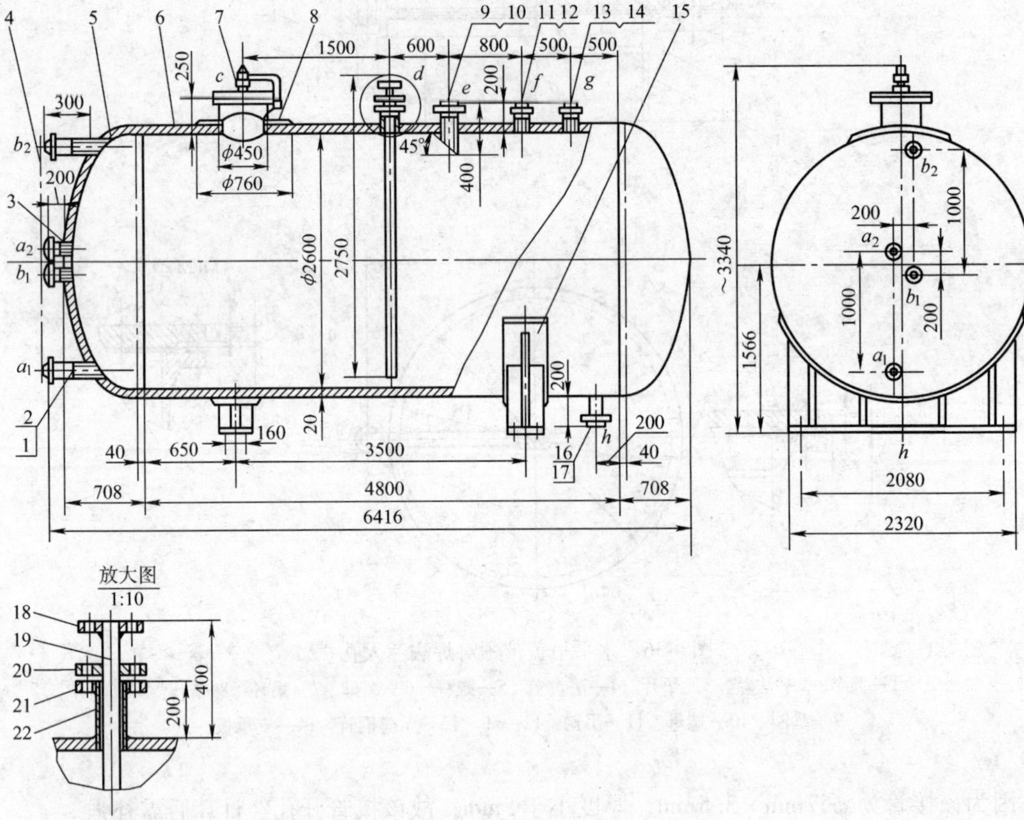

图 4-37　储罐总装配图

注：图中序号名称见表 4-11

本储罐应按 GB 150—1998《钢制压力容器》进行制造、试压和验收。技术要求如下：

1）本设备按 GB 150—1998《钢制压力容器》和 HG/T 20584—2011《钢制化工容器制造技术要求》进行制造、检验和验收，并接受国家质量技术监督局颁发的《压力容器安全技术监察规程》的监制。

2）焊接采用电弧焊，焊条牌号 16MnR 间为 J507，16MnR 与碳钢间为 J427。

3）焊接接头形式及尺寸除图中注明外，按 HG/T 20583—2011 中的规定，不带补强圈的接管与筒体的焊接接头为 G2，角焊缝的焊角尺寸按较薄板的厚度，法兰的焊接按相应法兰标准中的规定。

4）设备筒体的 A，B 类焊接接头应进行无损探伤检测，探伤长度为 100%，射线检测不低于 JB4730—94RTⅡ为合格，且射线照相质量不低于 AB 级。

5）设备制造完毕，以 2. 7MPa 表压进行水压试验。

6）管口方位如图 4-37 所示。

表 4-11 总图材料明细表

序号	图号或标准号	名称	材料	数量	单重	总重	备注
22	GB/T 8163—2008	出料接管$\phi38\times3.5$ $l=160$	10	1		0.5	
21	HG/T 20592—2005	法兰 PL32-2.5RF 20	20	1		1.6	
20	HG/T 20592—2005	法兰 PL32-2.5RF 20	20	1		1.8	
19	GB/T 8163—2008	压料管$\phi25\times3$ $l=2750$	10	1		4.5	
18	HG/T 20592—2005	法兰 PL20-2.5RF 20	20	1		0.87	
17	GB/T 8163—2008	排污接管$\phi57\times3.5$ $l=210$	10	1		1.0	
16	HG/T 20592—2005	法兰 PL50-2.5 RF 20	20	1		2.61	
15	JB/T 4712.1—2007	支座 A2 600—F 支座 A2 600—S	Q235A	2	420	840	
14	HG/T 20592—2005	法兰 PL25×2.5 RF 20	20	1		1.2	
13	GB/T 8163—2008	放空管接管$\phi32\times2.5$ $l=210$	20	1		0.58	
12	HG/T 20592—2005	法兰 PL25×2.5RF Q345	16Mn	1		1.2	
11	GB/T 8163—2008	安全阀接管$\phi32\times2.5$ $l=210$	20	1	1	0.58	
10	HG/T 20592—2005	法兰 PL50×2.5 RF Q345	16Mn	1		2.61	
9	GB/T 8163—2008	进料接管$\phi57\times3.5$ $l=400$	10	1		1.85	
8	JB/T 4736—2002	补强圈 $\phi760/\phi484$ $\delta=20$	16MnR	1		33.9	
7	HG 12524—2005	人孔 PN2.5DN450	组合件	1		178	
6	GB/T 9019—2001	罐体$DN2\,600\times20$ $L=4800$	16MnR	1		6192	
5	GB/T 25198—2010	封头 $DN2\,600\times20$ $h=40$	16MnR	2	1100	2460	
4	HG/T 21550—1993	防霜液面计 AⅠ2.5-1260-50	组合件	2	12.6	25.2	
3	GB/T 8163—2008	接管 $\phi57\times3.51=210$	10	2	0.23	0.46	
2	HG/T 20592—2005	法兰 PL15-2.5 RF 20	20	4	0.7	2.8	
1	GB/T 8163—2008	接管 $\phi57\times3.51=400$	10	2	0.44	0.88	
序号	图号或标准号	名　称	材料	数量	单重 重量/kg	总重	备注

（企业名称）		工程名称	
		设计项目	
		设计阶段	施工图
审　核	液氨储罐装配图 $\phi2600\text{mm}\times6416\text{mm}$　$V=30.52\text{m}^3$		
校　对			
设　计			
制　图			
描图	年　月	比例 1:30	第 1 张　共 1 张

表 4-12 接 管 表 （单位：mm）

序号	公称尺寸	接管法兰标准	密封面形式	用途
$a_{1\sim2}$	*DN*15	*PN*2.5 HG/T 20592—2005	平面	液面计接管口
$b_{1\sim2}$	*DN*15	*PN*2.5 HG/T 20592—2005	平面	液面计接管口
c	*DN*450	*PN*2.5 HG/T 21524—2005	榫槽	人孔
d	*DN*32	*PN*2.5 HG/T 20592—2005	平面	出料口
e	*DN*50	*PN*2.5 HG/T 20592—2005	平面	进料口
f	*DN*25	*PN*2.5 HG/T 20592—2005	平面	安全阀接管口
g	*DN*25	*PN*2.5 HG/T 20592—2005	平面	放空口
h	*DN*50	*PN*2.5 HG/T 20592—2005	平面	排污口

表 4-13 技术特性表

序 号	名 称	指 标	序 号	名 称	指 标
1	设计压力	2.16MPa	3	物料名称	液氨
2	工作温度	≤50℃	4	容积	$30.52m^3$

思考练习题

4-1 填空题

1. 化工设备上通用零部件标准的最基本参数是__________和__________。

2. 钢板卷制的筒体和成形封头的公称直径是指它们的__________径。

3. 无缝钢管做筒体时，其公称直径是指它们的__________径。

4. 查手册找出下列无缝钢管的公称直径 *DN* 是多少？

规格	ϕ14mm×3mm	ϕ25mm×3mm	ϕ45mm×3.5mm	ϕ57mm×3.5mm	ϕ108mm×4mm
DN/mm					

5. 压力容器法兰标准中公称压力 *PN* 有哪些等级？

PN/MPa								

6. 管法兰标准中公称压力 *PN* 有哪些等级？

PN/MPa								

7. 法兰密封面的形式有__________、__________、__________、__________四种。

8. 一定公称压力等级的法兰，其允许工作压力还要视__________而定。

9. 法兰连接结构一般是由__________件、__________件和__________件三部分组成。

10. 在法兰密封所需要的预紧力一定时，采用适当减小螺栓__________和增加螺栓__________的办法，对密封是有利的。

11. 提高法兰刚度的主要途径是：①__________；②__________；③__________。

12. 制定法兰标准尺寸系列时，是以__________材料，在__________℃时的力学性能为基础的。

13. 法兰公称压力的确定与法兰的最大__________、__________和__________三个因素有关。

14. 卧式容器的支座主要有__________、__________和__________，立式容器的支座主要有__________、__________和__________。

15. 卧式容器双鞍座设计中，容器的计算长度等于__________长度加上两端凸形封头曲面深度的__________。

16. 采用双鞍座时，为了充分利用封头对筒体临近部分的加强作用，应尽可能将支座设计得靠近封头，及 $A \leqslant$ __________ D_o，且 $A \leqslant$ __________ L。

17. 在鞍式支座标准中规定的鞍式支座包角有 $\theta =$ __________和 $\theta =$ __________两种。

18. 设备支座最常用的标准化结构有：__________。

19. 设备上管口的长度，除工艺上有特殊要求外，一般可按__________和__________选定。

20. 人孔常用的 DN 为__________；手孔常用的 DN 为__________；检查孔的直径为__________，合适的备用管口也可作检查孔。

21. 椭圆形封头上允许开孔的范围是__________。

22. 补强圈的厚度可以粗略地定为：__________。

23. 采用等面积补强时，当筒体内径 $D_i \leqslant 1500$mm 时，须使开孔最大直径 $d \leqslant$ __________ D_i，且不得超过__________ mm；当筒体内径 $D_i > 1500$mm 时，须使开孔直径 $d \leqslant$ __________ D_i，且不得超过______ mm。

24. 垫片密封比压力是__________。在法兰密封中形成初始密封条件的压紧应力叫垫片密封比压力。

4-2　判断是非题（是者画✓；非者画×）

1. 管子的公称直径一定时，其外径也一定。(　　)

2. 法兰的公称直径是指法兰的外径。(　　)

3. 法兰密封中，法兰的刚度与强度具有同等重要的意义。(　　)

4. 在法兰设计中，如欲减薄法兰厚度 δ_f，则应加大法兰外径 D_o，加大法兰长径部分尺寸和加大力臂长度 L。(　　)

5. 金属垫片材料一般并不要求强度高，而是要求其软韧。金属垫片主要用于中、高温和中、高压的法兰连接密封。

6. 法兰连接中，预紧密封比压大，则工作时可有较大的工作密封比压，有利于保证密封。所以预紧密封比压越大越好。(　　)

7. 在相同的螺栓预紧力下，垫片的宽度越大，密封效果越好。(　　)

8. 安全阀与压力容器之间一般不宜装设截止阀门，为实现安全阀的在线校验，可在安全阀与压力容器之间装设爆破片装置。(　　)

9. 新安全阀在安装之前，重新调试后才准安装使用。(　　)

4-3　工程应用题

1. 法兰的公称压力是如何定义的？一设备法兰的操作温度为 280℃，工作压力为 0.4MPa，当材料为 Q235B 和 20MnMo 时，应分别按何种公称压力级别确定法兰几何尺寸。

2. 为一台精馏塔配一对连接塔身与封头的法兰，并绘草图。塔的内径为 1000mm，操作温度为 280℃，设计压力为 0.2MPa。塔体材质为 Q235B。介质无腐蚀性及其他危害。

3. 为一不锈钢（0Cr18Ni10Ti）制的压力容器配置一对 Q235B 制造的平面密封面法兰，最大工作压力 0.4MPa（表压），工作温度 150℃，容器内径 1.2m，确定法兰形式和结构尺寸。

4. 有一卧式圆筒形容器，$DN = 3000$mm，最大重量为 180t，试选择双鞍式支座标准，并画图标明尺寸。

5. 有一立式圆筒形容器，$D_i = 1400$mm，其总重量为 5000kg，容器外需设 100mm 厚的保温层，试选择悬挂式支座标准，并画图标明尺寸。

6. 有一 ϕ89mm×6mm 的接管，焊接于内径为 1400mm，壁厚为 16mm 的筒体上，接管材质为 10 号无缝钢管，筒体材料为 Q235B，容器的设计压力为 1.8MPa，设计温度为 250℃，腐蚀余量为 2mm，开孔未与筒体焊缝相交，接管周围 200mm 内无其他接管。试确定此开孔是否需要补强？如需要，其补强圈的厚度应为多少？画出补强结构图。

7. 有一容器，内径为 $D_i=3500$mm，工作压力为 $p_w=3$MPa，工作温度为 140℃，壁厚 $\delta_n=40$mm，在此容器上开一个 $\phi=450$mm 的人孔，试选配人孔法兰和进行开孔补强设计。容器材质为 16MnR。

第五单元　换 热 设 备

学习要点：

- 了解换热设备的类型及在工业中的应用、结构特点及工作过程等。
- 掌握管壳式换热器的类型、适用场合、结构特点及工作特性。
- 了解换热设备的使用与维护过程。
- 熟悉换热设备的标准和选用方法。
- 了解换热技术新进展。

能力目标：

- 能够正确认识和理解换热设备，特别是管壳式换热器的结构和作用。
- 能根据工艺条件，对管壳式换热器进行基本的设计选型和使用维护。

典型项目：

◆项目引入　某工艺系统需要一台换热设备，初步确定采用管壳式换热器，试确定选型方案。

◆项目分析　换热设备是用来实现物料之间热量传递的节能设备。通过换热设备使物料温度达到要求，以便得到最佳反应效果。换热设备的形式多种多样，每种结构形式都有其自身的特点和工作特性，选型前，必须熟悉和掌握这些特点和工作特性，并根据生产工艺的具体情况进行合理的选型和正确设计，比较各方案做出最优的选择。通过本单元的学习和项目实施来了解换热设备的应用及类型；掌握管壳式换热器的类型、特点、结构、相关标准、使用与维护等，从而能够设计选择出符合工艺条件的安全、经济的换热设备。

模块一　换热设备的应用及类型

【学习目标】　了解换热设备的应用和类型，了解各种换热器的结构特点和适用场合。

【问题引导】

1. 什么是换热设备？换热设备的作用及应用场合有哪些？
2. 换热设备如何分类？有哪些类型？

在化工等过程生产中，为了使各种化学反应顺利进行，适宜的反应温度是非常重要的外部条件。即使在一些物理方法处理的生产过程中，提高或降低物料的温度，也有利于获得更好的处理效果（如传质过程等）。因此，在工艺流程中常常需要将低温流体加热或将高温流体冷却，将液体汽化或将气体冷凝，这些过程都需要进行热量传递，都可通过换热设备来实现。

一、换热设备的应用

换热设备是许多工业部门普遍应用的工艺设备，也是应用最为广泛的单元操作设备之一。通常，在化工厂中，换热设备的投资约占总投资的10%～20%；在炼油厂中，换热设备的投资约占总投资的35%～40%。同时在动力、核能、冶金、制药、食品、交通等工业部门，换热设备也有着广泛的应用。

换热设备的主要作用是实现冷热两种流体间热量的传递，使流体温度达到工艺流程规定的目标，以满足工艺流程上的需要。此外，换热设备也是回收余热、废热特别是低温热能的有效装置。通过余热锅炉将回收的余热用于生产压力蒸汽，作为供热、供汽、供电和动力的辅助能源，从而提高热能的总利用率，降低燃料消耗和电耗，提高工业生产的经济效益。

工业生产对换热设备提出的要求是：传热效率高，流体阻力小、强度、刚度足够，结构合理，节省材料，成本较低，制造、装拆、检修方便等。随着过程工业装置的大型化，换热设备也随之大型化，并且正朝着强化传热、高效紧凑、降低热阻以及防止流体诱导振动等方向发展。

根据生产过程不同的使用要求和工艺条件，换热设备有多种类型和结构，而且新型结构也不断出现。

二、换热设备的类型

在工业生产中，由于用途、工作条件和物料特性的不同，出现了各种不同形式和结构的换热设备。

（一）按用途分类

（1）冷却器　用于冷却流体，使其达到所需温度。

（2）冷凝器　用于冷却凝结性饱和蒸汽，使其放出潜热而凝结液化。

（3）加热器　用于把流体加热到所需温度，被加热流体在加热过程中不发生相变。

（4）预热器　用于流体的预热，以提高整套工艺装置的效率。

（5）过热器　用于加热饱和蒸汽，使其达到过热状态。

（6）蒸发器　用于加热液体，使其蒸发汽化，发生了相变。

（7）再沸器　用于加热已被冷凝的液体，使其再受热汽化，为蒸馏过程专用设备。

（8）废热（或余热）锅炉　凡是利用生产中的废热（或余热）来产生蒸汽的统称为废热锅炉。

（二）按作用原理或换热方式分类

1. 直接接触式换热器

直接接触式换热器是利用冷热两种流体直接接触、彼此混合进行换热的设备，又称混合式换热器，如冷却塔、气压冷凝器。这类换热器的接触面积直接影响到传热量，其介质通常一种是气体，另一种为液体，主要是以塔设备为主体的传热设备，通常在传质的同时进行传热。它的优点是结构简单，传热效率高，但只适用于工艺上允许两流体混合接触的场合。电厂用凉水塔是最典型的直接接触式换热器，如图5-1所示。

2. 蓄热式换热器

蓄热式换热器是利用冷热两种流体先后交替通过换热器内的同一通道而进行热量交换的设备，又称回热式换热器，如图 5-2 所示。首先让热流体通过换热器，把热量传给蓄热体（如固体填料、多孔格子砖等），然后再让冷流体通过，将积蓄的热量带走。由于冷、热流体交替与蓄热体接触，不可避免地会有两种流体的少量混合，造成流体的“污染”。因此，若工艺上不允许两种流体有混合，则不能采用蓄热式换热器。

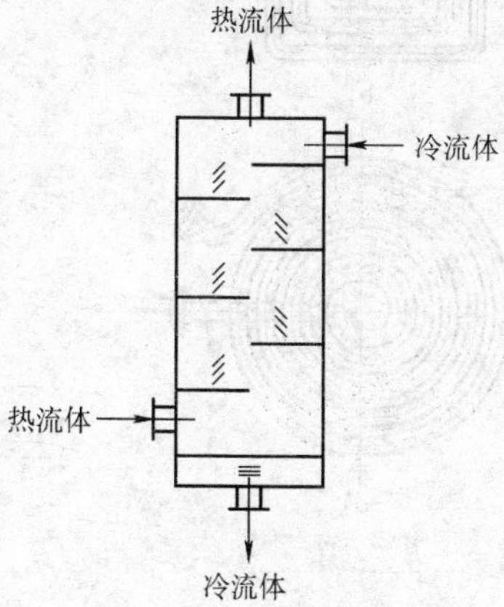

图 5-1 直接接触式换热器

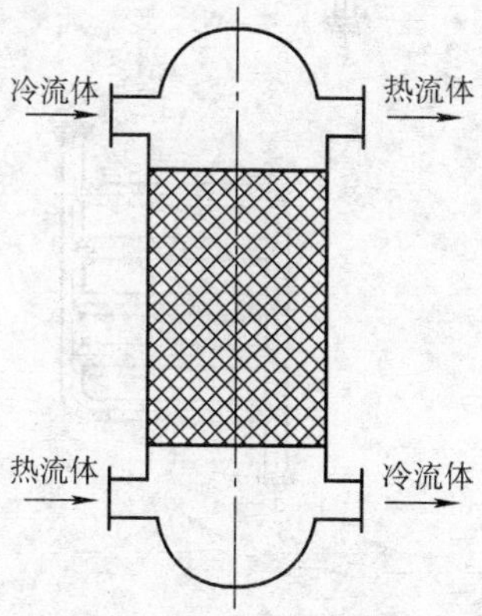

图 5-2 蓄热式换热器

蓄热式换热器结构紧凑、价格便宜、单位体积传热面大，故较适用于气-气热交换的场合，主要用于石油、化工生产中的原料气转化和空气余热回收。

3. 间壁式换热器

间壁式换热器是利用固定壁面将冷热两种流体隔开，互不接触，热量由热流体通过固体壁面（传热面）传递给冷流体，又称表面式换热器。间壁式换热器的特点是能将冷、热两种流体截然分开，适应了生产的要求，故应用最为广泛，其形式也多种多样，如常见的管壳式换热器和板式换热器都属于间壁式换热器。

4. 中间载热体式换热器

这类换热器是把两个间壁式换热器由在其中循环的载热体连接起来的换热器。载热体在高温流体换热器和低温流体换热器之间循环，在高温流体换热器中吸收热量，又在低温流体换热器中将热量释放给低温流体，从而实现热量的交换，如热管式换热器。

三、间壁式换热器的主要类型

根据间壁的形状，间壁式换热器又可分为管式换热器和板面式换热器两大类。

1. 管式换热器

管式换热器是以管子作为传热元件的换热设备，通过管子壁面进行换热。按传热管的结构形式可分为套管式、蛇管式、缠绕管式和管壳式。管式换热器虽然在换热效率、结构紧凑性（换热器在单位体积中的传热面积，单位为 m^2/m^3）和单位传热面积的金属消耗量（单位为 kg/m^2）等方面都不如其他新型换热器，但它具有结构坚固、可靠、适应性强、易于制造、能承受较高的操作压力和温度等优点。在高温、高压和大型换热器中，管式换热器仍占绝对优势，是目前使用最广泛的一类换热器。

(1) 蛇管式换热器　蛇管式换热器由弯曲成蛇形的管子组成。蛇管的弯曲形状有折曲形（图5-3a）、螺旋形（图5-3b）、方形（图5-3c）、盘形（图5-3d）等形状。它是最早出现的一种换热设备，结构简单、操作方便。

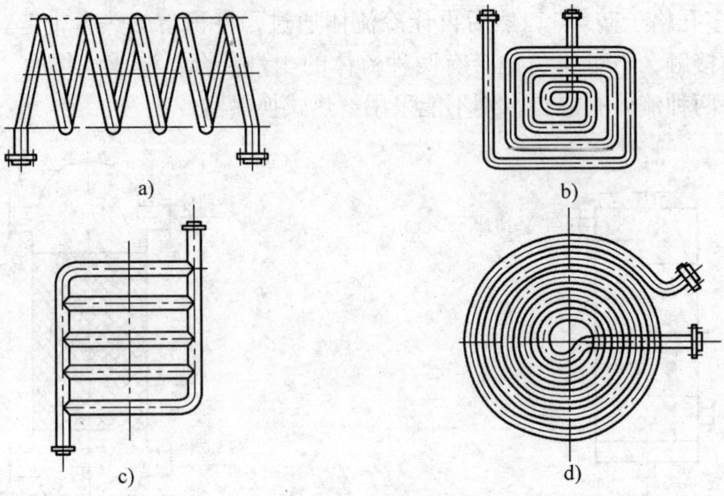

图5-3　蛇管形状

a）折曲形蛇管　b）螺旋形蛇管　c）方形蛇管　d）盘形蛇管

常用的蛇管的材料有钢管、有色金属管、陶质管、石墨管等。蛇管式换热器按使用状态不同又分为沉浸式和喷淋式两种。

沉浸式蛇管换热器如图5-4所示。它是将蛇管置于装有需加热或需冷却的介质的容器内，一般管内通入蒸汽、热水和冷却液，通过管壁与容器中的介质传热。其结构简单，形状可与容器形状相配。蛇管能承受高压，但传热效率低，结构笨重。沉浸式蛇管换热器常用作高压流体的冷却和反应釜的传热构件。

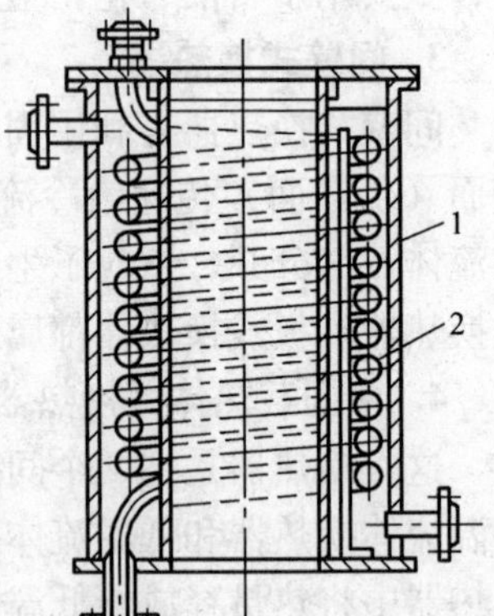

图5-4　沉浸式蛇管换热器

1—壳体　2—蛇管

喷淋式蛇管换热器结构如图5-5所示。它主要由水平放置、上下排列在同一垂直面上的直管（换热管）1、U形连接弯管2及喷淋装置组成，蛇管成排地固定在钢架上。操作时，通常是热流体自下而上流动，冷却水自管排上方的喷淋装置均匀向下喷淋，通过换热管传热。与沉浸式蛇管换热器相比，喷淋式蛇管换热器传热效果较好，检修和清洗较方便，多用于热流体的冷却与冷凝。但它体积庞大，冷却水用量大，有时喷淋效果不够理想。

(2) 套管式换热器　它是由两根不同直径的管子组装成同心套管，两端用U形弯管1与内管2连接，并根据实际需要，排列组合形成传热单元，如图5-6所示。

进行换热的两种流体分别进入内管和内、外管的环形通道进行换热（通常采用逆流方式）。通常，热流体由上部引入，冷流体由下部引入。两种流体都可以在较高的温度、压力、流速下进行换热。套管式换热器结构简单，传热面积可调整，但单位传热面的金属消耗量大，检修、清洗和拆卸都较麻烦，且弯管连接处易发生泄漏。套管式换热器多用于流量较小而压力和温度都较高、所需传热面积不大的场合，常用作冷却器和冷凝器。

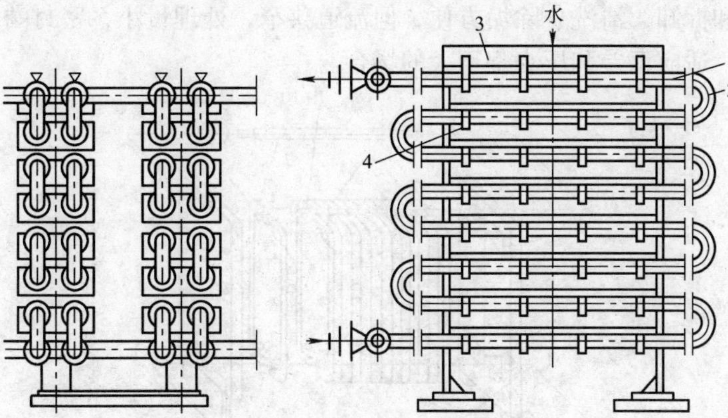

图 5-5　喷淋式蛇管换热器

1—直管　2—U 形管　3—水槽　4—齿

（3）螺旋管式换热器　螺旋管式换热器如图 5-7 所示。它是由一组或多组缠绕成螺旋状的管子置于壳体之中制成的。它的特点是结构紧凑、传热面比直管大，温差应力小，但管内的清洗较困难，可用于较高粘度的流体加热或冷却。

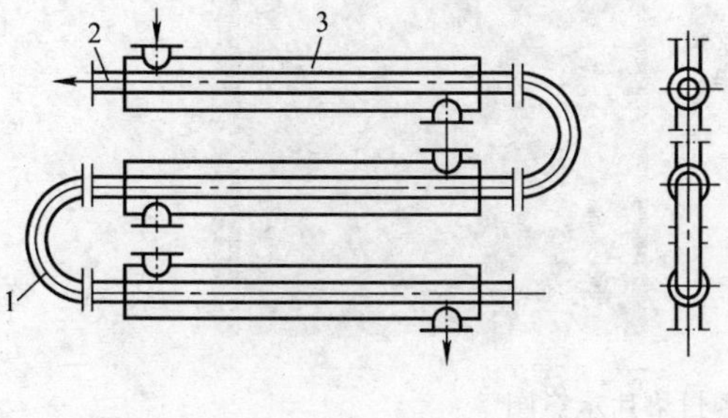

图 5-6　套管式换热器

1—U 形弯管　2—内管　3—外管

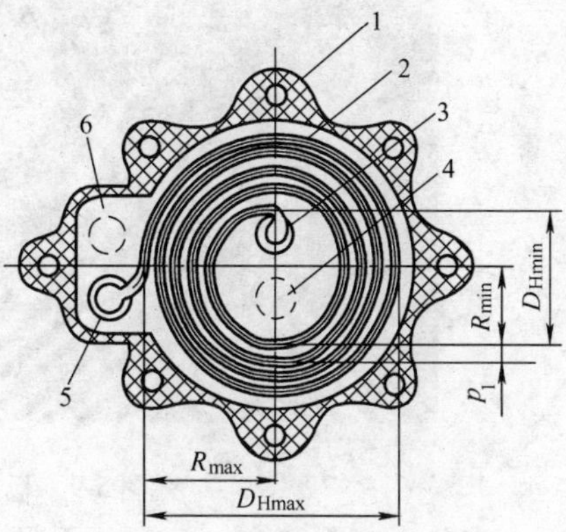

图 5-7　螺旋管式换热器

1—壳体　2—传热管　3—入口管

4—壳侧出口　5—出口管　6—壳侧入口

（4）管壳式换热器　管壳式换热器是由圆柱形壳体和安装在壳体内的许多管子组成的管束构成的。管壳式换热器是间壁式换热设备中应用最多的一种结构形式。

2. 板面式换热器

板面式换热器的传热元件是板面，其传热性能优于管式换热器。板面式换热器按传热板面结构形式的不同又分为板式换热器、螺旋板式换热器、板翅式换热器、板壳式换热器等。

（1）板式换热器　板式换热器由固定端板、活动端板、传热板片、密封垫片、压紧和定位装置等构成，总体结构如图 5-8 所示。板式换热器的板面通常做成波形以增加刚度和流体湍流程度，在板片的四周粘贴垫片。垫片的作用：一是为了密封；二是隔出两板片之间的流体通道，如图 5-9 所示。流体的流动路径如图 5-10 所示。板式换热器结构紧凑，传热效率高，便于组装和拆卸，清洗、除垢方便，但流道狭窄，处理量小，密封圈也长，流动阻力大，承压能力差，适应温差和压力都不大的场合。

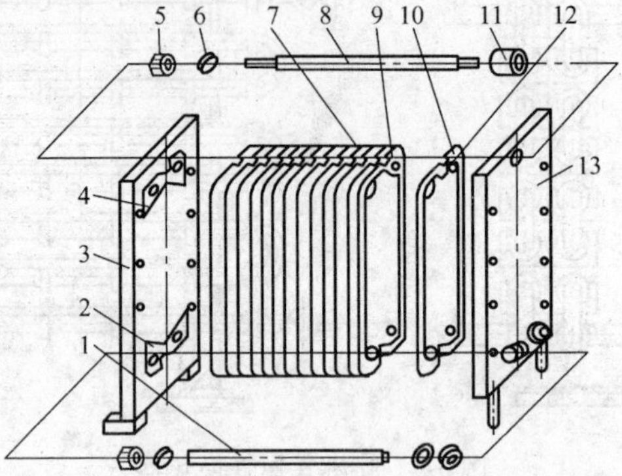

图 5-8　板式换热器总体结构

1—压紧螺杆　2、4—固定端板垫片　3—固定端板　5—螺母　6—小垫圈　7—传热板片　8—定位螺杆　9—中间垫片　10—活动端板垫片　11—定位螺母　12—换向板片　13—活动端板

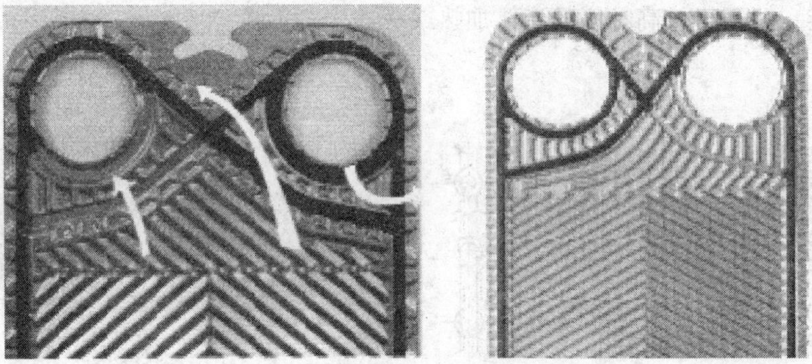

图 5-9　板式换热器密封垫片示意图

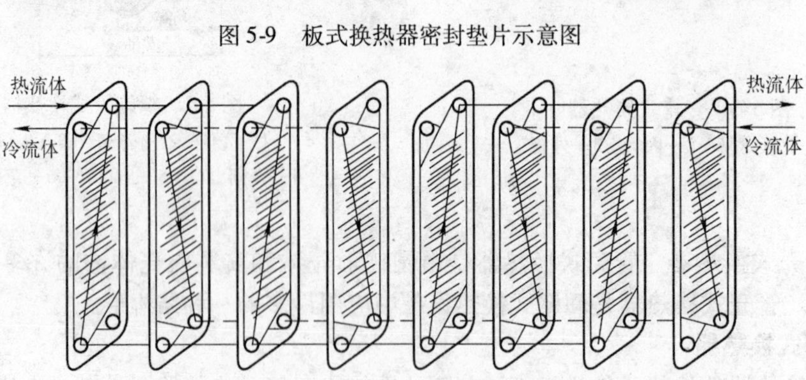

图 5-10　板式换热器的流体路径

（2）螺旋板式换热器　图 5-11 所示为一螺旋板式换热器的典型结构，它由螺旋板、顶盖、接管口等组成。螺旋板由两张平行卷制成螺旋状的金属钢板制成（图 5-12）。

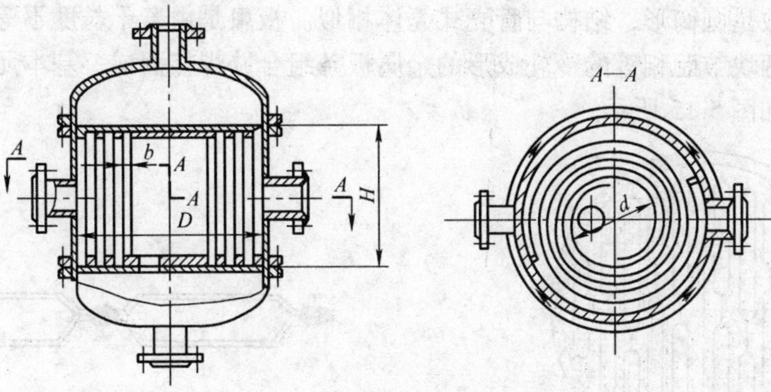

图 5-11　螺旋板式换热器结构

螺旋板式换热器结构紧凑，单位体积内传热面积是管壳式换热器的 2 ~ 3 倍，传热效率高，可达管壳式换热器的 2 倍左右；制造简单，材料利用率高；流体单通道螺旋流动，有自冲刷作用，不易结垢。其缺点是不能承受高压。螺旋板式换热器尤其适合于高粘度流体或含有固体颗粒的悬浮液的换热。

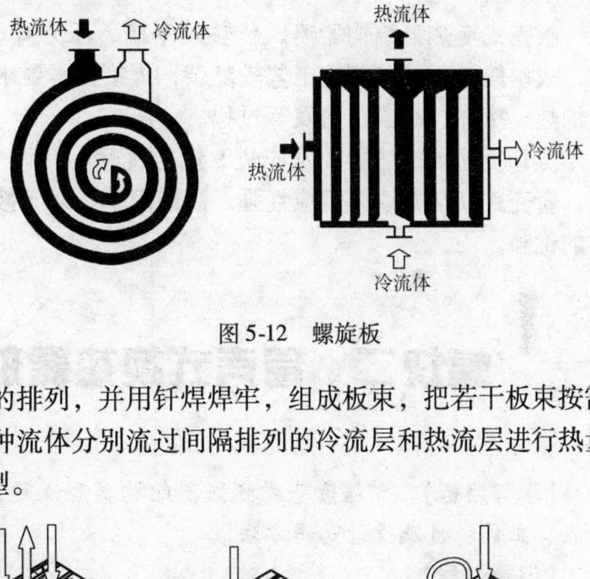

图 5-12　螺旋板

(3) 板翅式换热器　板翅式换热器由隔板、翅片、封条等组成，如图 5-13a 所示。它是在两块平行金属隔板之间放置波纹状的金属导热翅片，并在其两侧边缘以封条密封而组成单元体，对各单元体进行不同的组合和适当的排列，并用钎焊焊牢，组成板束，把若干板束按需要组装，便构成不同的流型。冷、热两种流体分别流过间隔排列的冷流层和热流层进行热量传递，如图 5-13b、c、d 所示的三种流型。

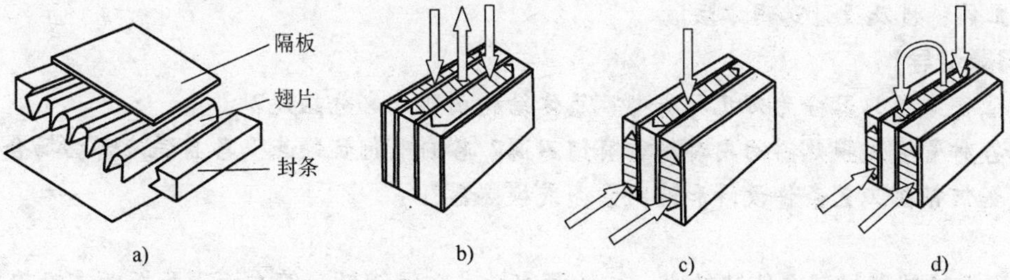

图 5-13　板翅式换热器

a) 板束结构　b) 逆流式　c) 错流式　d) 错逆流式

板翅式换热器传热效率很高（为管壳式换热器的 3 ~ 10 倍），单位体积内传热面积大（2500 ~ 4300m^2/m^3），适应性广，但制造难度大，清洗与检修困难。板翅片换热器可用于冷凝和蒸发，特别适应低温和超低温操作。

(4) 板壳式换热器　板壳式换热器由壳体和板束组成，如图 5-14 所示，壳体形状随板束形状而异，多数是圆筒形，结构与管壳式壳体相似。板束是由若干长度不等的基本元件组成，每一元件由两块节距相等的冷轧成形的金属板条组合并焊接而成。基本元件的横截面呈现扁平状流道，如图 5-15 所示。

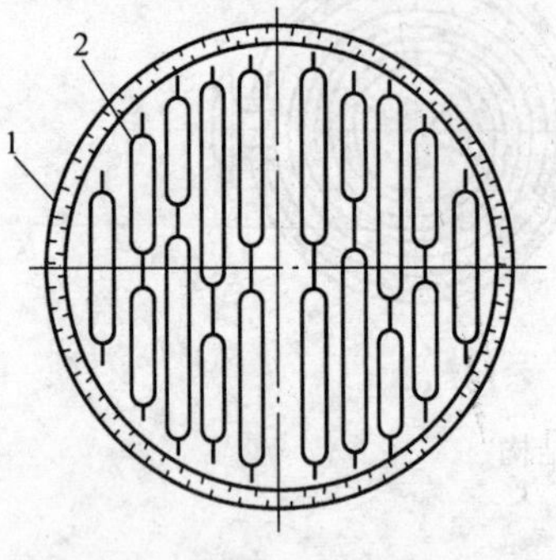

图 5-14　板壳式换热器

1—壳体　2—板束

图 5-15　基本元件的横截面形状

板壳式换热器结构紧凑，传热效率高，压力降小，容易清洗；板束由冷轧金属薄板制成，成本较低。但其制造工艺较复杂，焊接技术要求高，质量不易保证。板壳式换热器常用于加热、冷却、冷凝、蒸发等过程。

尽管板面式换热器技术先进、性能优良，有许多优点，但在大型化工及石油化工装置中，管壳式换热器以其适应性强、制造简单、易于修理以及生产成本低等特点，仍然占有绝对的优势。

模块二　管壳式换热器的结构分析与选型

【学习目标】　掌握管壳式换热器结构类型及适用场合；掌握固定管板式换热器的结构特点、工作特性及设计选用方法。

【问题引导】

1. 管壳式换热器分为哪几种类型？总体结构由哪几部分组成？
2. 各种管壳式换热器的内部结构有何不同？各自有何优缺点？各自适应哪些场合？
3. 如何根据工艺条件设计和选用管壳式换热器？

管壳式换热器虽然在传热效率、结构紧凑性、金属消耗量等方面不及板面式换热器等其他新型换热装置，但是它具有结构坚固、操作弹性大、材料范围广、适应性强等自身独特的优点，因而它能够在各种换热器的竞相发展中得以继续存在，目前仍然是化工生产中换热设备的主要形式，特别是在高温、高压和大型换热器中占有绝对优势。

任务 1　认识管壳式换热器的总体结构与基本类型

管壳式换热器由管束、管板、壳体、各种接管等主要零部件组成，根据其结构特点，可分为固定管板式、浮头式、U 形管式、填料函式和釜式重沸器五种形式，如图 5-16 所示。

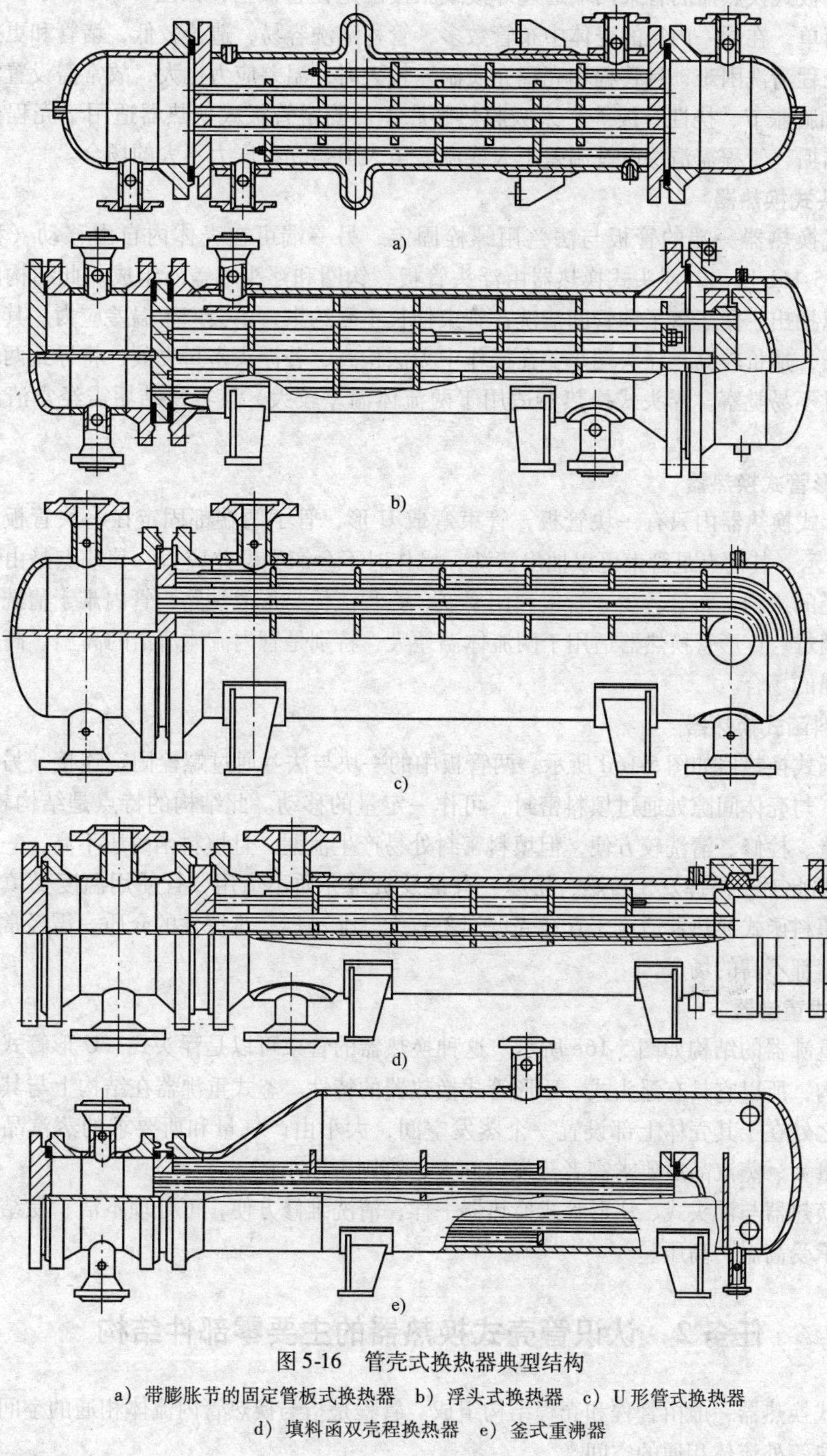

图 5-16　管壳式换热器典型结构

a）带膨胀节的固定管板式换热器　b）浮头式换热器　c）U 形管式换热器
d）填料函双壳程换热器　e）釜式重沸器

1. 固定管板式换热器

固定管板式换热器的管束两端通过焊接或胀接固定在管板上，如图5-16a所示。它的优点是结构简单，在同一内径的壳体中布管数多，管程清洗容易，造价较低，堵管和更换管子方便。但壳程清洗困难，且管程和壳程介质温差较大时，温差应力也大，故常需设置温差补偿装置（如膨胀节、挠性管板等）来吸收热膨胀差。固定管板式换热器适用于壳程介质清洁，不易结垢，管程需清洗以及温差不大或温差虽大但是壳程压力不大的场合。

2. 浮头式换热器

浮头式换热器一端的管板与法兰用螺栓固定，另一端可在壳体内自由移动（称为浮头），如图5-16b所示。浮头式换热器由浮头管板、钩圈和浮头端盖所组成。此结构的优点是管束可以抽出，便于管子和管间清洗；管束伸长不受约束，不会产生温差应力。其缺点是结构较复杂，造价较高，浮头端小盖在操作中无法检查，若浮头密封失效，将导致两种介质的混合，且不易觉察。浮头式换热器适用于两流体温差较大，且容易结垢需经常清洗的场合。

3. U形管式换热器

U形管式换热器内只有一块管板，管束弯成U形，管子两端都固定在一块管板上，如图5-16c所示。其优点是管束可以抽出清洗，操作时不会产生温差应力。其缺点是由于受弯管曲率半径的影响，布管较少，管板利用率低，壳程流体易形成短路，管内难于清洗，拆修更换管子困难。U形管换热器适用于两流体温差大、特别是管内流体清洁的高温、高压、介质腐蚀性强的场合。

4. 填料函式换热器

填料函式换热器如图5-16d所示。两管板中的一块与法兰通过螺栓固定连接，另一块类似于浮头，与壳体间隙处通过填料密封，可作一定量的移动。此结构的特点是结构较简单，加工、制造、检修、清洗较方便，但填料密封处易产生泄漏，且填料函耐压不高，一般小于4.0MPa，因此对于易挥发、易燃、易爆、有毒及贵重介质不适用，且使用温度受填料的物性限制。填料函式换热器适应于管、壳壁温差较大、非易燃、难挥发的介质，需经常清理且压力和温度都不高的场合。

5. 釜式重沸器

釜式重沸器的结构如图5-16e所示。这种换热器的管束可以是浮头式、U形管式和固定管板式结构，所以它具有浮头式、U形管式换热器的特性。釜式重沸器在结构上与其他换热器的不同之处在于其壳体上部设置一个蒸发空间，大小由产气量和所要求的蒸汽品质所决定。产气量大、蒸汽品质要求高者蒸发空间大，否则可以小些。

此种换热器与浮头式、U形管式换热器一样，清洗维修方便，可处理不洁、易结垢的介质，并能承受高温、高压。

任务2　认识管壳式换热器的主要零部件结构

管壳式换热器一般由管程和壳程结构组成。管程是指与换热管内流体相通的空间，壳程是指与换热管外流体相通的空间。

一、管程结构

管程结构由管束、管板、管箱等部件构成。

1. 换热管

换热管是换热器的传热元件，需要根据工艺条件（介质压力、温度、物性）来选择。

（1）换热管的结构和材料 换热管一般采用无缝钢管，多用光管，这是因为结构简单，制造容易。为了强化传热效果，也采用强化传热管，可制成翅片管、螺旋槽管、螺纹管等。图5-17所示为翅片管。翅片管能加大流体湍动程度，增大给热系数，强化传热效果。当管内外给热系数相差较大时，翅片应布置在给热系数较小的一侧。

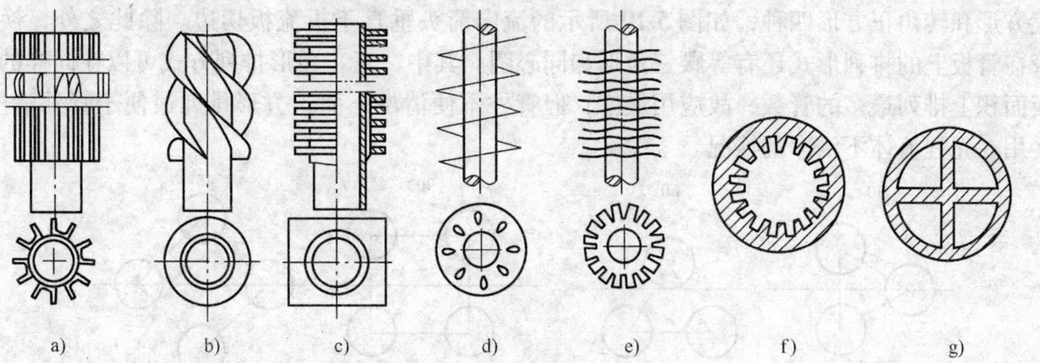

图5-17 翅片管

a）轴向外翅片管 b）螺旋状外翅片管 c）径向外翅片管 d）开孔外翅片管 e）扭曲外翅片管 f）内翅片管 g）十字形内翅片管

图5-18所示为螺旋槽管。它是在管子外表面轧出螺旋形凹槽（图5-18c），管内则形成螺旋凸起，有利于提高传热效果。与光管相比，螺旋槽管的传热系数可提高40%。螺旋槽管可制成单头（图5-18a）形或多头（图5-18b）形。

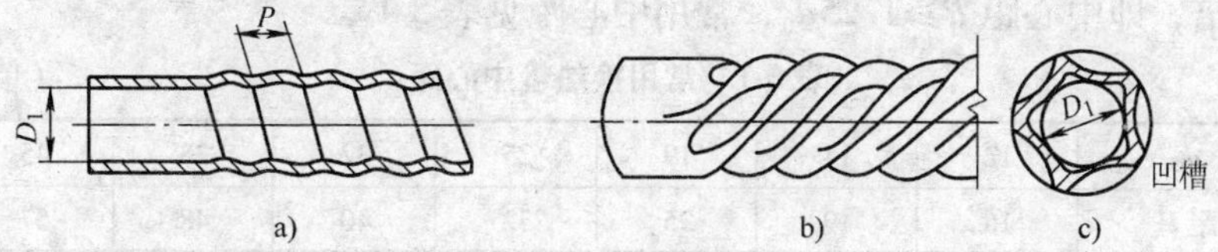

图5-18 螺旋槽管

a）单头 b）多头 c）凹槽

若在管子上轧出与轴线垂直的槽纹，使管内壁形成一圈圈环状凸起，则称为横纹管。与光管相比，横纹管可增加流体边界层的扰动，增强传热效果。

换热管的材料应根据工艺条件和介质腐蚀性来选择。常用的金属材料有：碳素钢、低合金钢、不锈钢和铜、铝、钛等有色金属及其合金；非金属材料有：石墨，陶瓷、聚四氟乙烯等。

（2）换热管尺寸 换热管尺寸一般用外径与壁厚来表示，常用碳素钢、低合金钢钢管的规格有$\phi 19\times 2$、$\phi 25\times 2.5$、$\phi 38\times 2.5$（单位为mm）；不锈钢管规格为$\phi 25\times 2$、$\phi 38\times$

2.5（单位为mm）。标准管长有1.5、2.0、3.0、4.5、6.0和9.0（单位为m）等。管子的数量、长度和直径是根据换热器的传热面积而定，所选的直径和长度应符合规格。换热器的换热管长度与公称直径之比，一般为4～25，常用的为6～10，立式换热器，其比值多为4～6。

通常采用小管径换热管，可以实现管内流体湍流流动状态（一般对液体流速为0.3～2m/s，气体流速为8～25m/s），且可使单位体积的传热面积增大，结构紧凑、金属耗量少，传热系数高，但流体阻力增加、不便清洗、容易堵塞。一般情况下，小管径换热管用于较清洁的流体，而大管径换热管适合用于流体粘度大或污浊易结垢的场合。

（3）换热管的排列方式　换热管在管板上的排列形式主要有正三角形、转角正三角形、正方形和转角正方形四种，如图5-19所示的流向箭头垂直于折流板切边。除此之外，换热管在管板上的排列形式还有等腰三角形和同心圆。其中，正三角形排列方式可以在同样的管板面积上排列最多的管数，故应用最广，但管外不便清洗；而正方形排列最便于管外清洗，多用在壳程流体不洁净的情况。

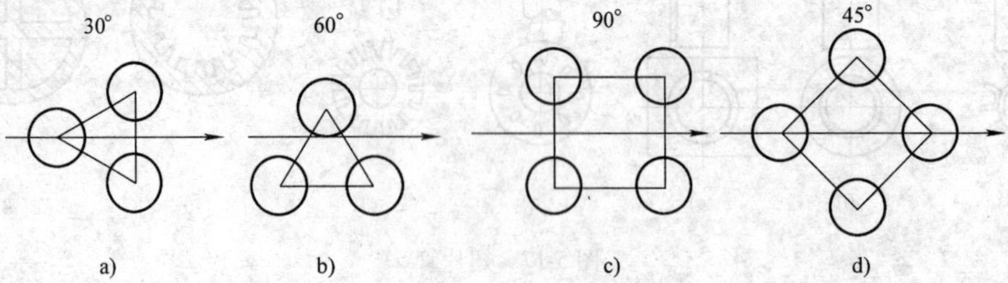

图5-19　换热管排列形式

a）正三角形排列　b）转角正三角形排列　c）正方形排列　d）转角正方形排列

换热管之间的中心距要保证管子与管板连接时，管桥（相邻两管间的净空距离）有足够的强度和宽度。管间小桥形成一条直线通道，便于机械清洗。换热管中心距一般不小于管外径的1.25倍，即中心距$P \geqslant 1.25d_0$，常用中心距见表5-1。

表5-1　常用换热管中心距　（单位：mm）

换热管外径 d_0	12	14	19	25	32	38	45	57
换热管中心距 P	16	19	25	32	40	48	57	72

2. 管板

管板是管壳式换热器的重要零部件之一，其作用是用来排布换热管，将管程和壳程的流体分隔开来，避免冷热两种流体混合，并同时承受管程、壳程的压力和温度。根据换热器的类型不同，所用管板结构也各不相同，最常用的管板结构为一种开孔的圆形平板。管板的材料有低碳钢、不锈钢、合金钢和复合钢板等。

（1）固定管板式换热器的管板结构　固定管板式换热器的管板，可分为兼作法兰和不兼作法兰两类。管板与壳体的连接均采用不可拆的焊接结构。

兼作法兰的固定管板的常用结构、与壳体的连接及适用范围如图5-20所示。其中，图5-20a所示的结构适用范围是：$\delta \leqslant 12$mm，使用压力$p \leqslant 1.0$MPa，不宜用于易燃、易爆、易挥发及有毒介质的场合；图 5-20b 所示的结构适用于 1.0MPa < p ≤ 4.0MPa，壳程介质有间隙腐蚀作用的场合；图 5-20c 所示结构适用于 1.0MPa < p ≤ 4.0MPa，壳程介质无间隙腐蚀作用的场合；图 5-20d 所示的结构适用于 p > 4MPa，壳程介质有间隙腐蚀作用的场合；图 5-20e 所示的结构适用于 p > 4MPa，壳程介质无间隙腐蚀作用的场合。

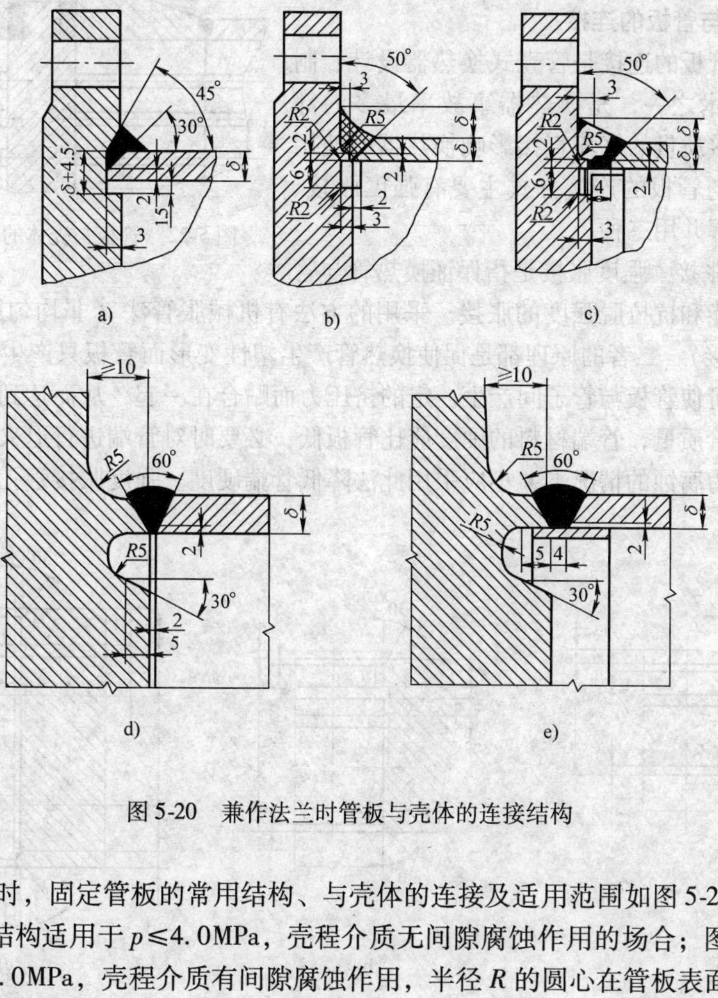

图 5-20　兼作法兰时管板与壳体的连接结构

不兼作法兰时，固定管板的常用结构、与壳体的连接及适用范围如图 5-21 所示。其中，图 5-21a 所示的结构适用于 p ≤ 4.0MPa，壳程介质无间隙腐蚀作用的场合；图 5-21b 所示的结构适用于 p ≤ 4.0MPa，壳程介质有间隙腐蚀作用，半径 R 的圆心在管板表面上（D_{OTL} 为最大布管直径）的场合。

图 5-21　不兼作法兰时管板与壳体的连接结构

（2）浮头式、U 形管、填料函式换热器管板　浮头式的活动管板即为一开孔圆平板；而 U 形管式只有一块固定管板，没有活动管板；填料函式的活动管板通常为一开孔圆平板加上短节圆筒形壳体。三者的固定管板一般不兼作法兰，不受法兰力矩的作用，且与壳体采用可拆连接方式，以便于整个管束从壳内抽出。其结构形式、与壳体的连接如图 5-22 所示。

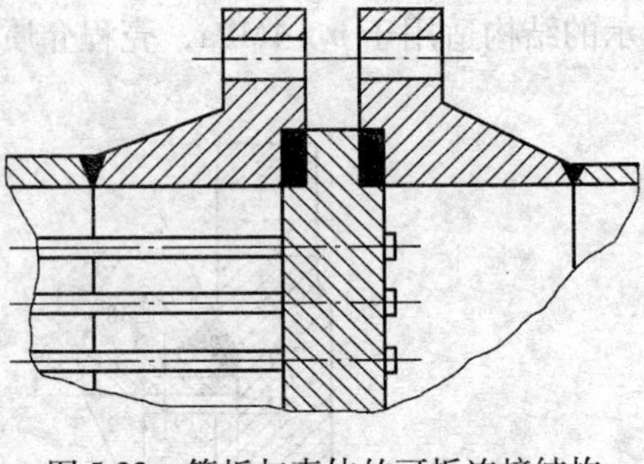

图 5-22　管板与壳体的可拆连接结构

3. 换热管与管板的连接

换热管与管板的连接是管壳式换热器设计、制造最关键的技术之一，是换热器事故率最多的部位，所以其连接质量的好坏直接影响换热器的使用寿命。换热管与管板的连接方式主要有强度胀接、强度焊接、胀焊并用三种。

（1）强度胀接　强度胀接是指保证换热管与管板连接密封性能和抗拉脱强度的胀接。采用的方法有机械胀管法（非均匀胀接）和液压胀管法（均匀胀接），二者的原理都是促使换热管产生塑性变形而管板只产生弹性变形，当管板弹性恢复便可使管板与管子间产生一定的挤压力而贴合在一起，从而达到紧固和密封的目的。为提高胀管质量，管端材料的硬度应比管板低，必要时对管端进行退火处理以降低其硬度，但在有应力腐蚀的情况下，不应采用此法降低管端硬度。强度胀接管孔结构与适应范围如图 5-23 所示。

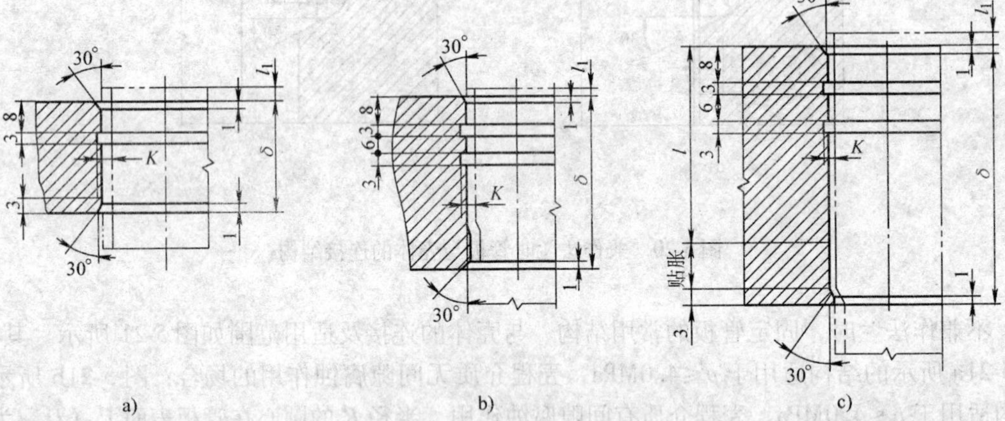

图 5-23　强度胀接管孔结构

a）用于 $\delta \leqslant 25$mm 的场合　b）用于 $\delta > 25$mm 的场合　c）用于厚管板及避免间隙腐蚀的场合

换热管端部产生塑性变形后存在着残余应力，随着温度升高，残余应力逐渐消失，使管端处密封和结合力降低，因此胀接结构受到压力和温度的限制，一般适用于压力小于等于 4MPa，设计温度小于等于 300℃，以及操作中无剧烈的振动，无过大的温度变化及无明显的应力腐蚀的场合。

（2）强度焊接　强度焊接是指保证换热管与管板连接密封性和抗拉脱强度的焊接，目前应用较为广泛。因为管孔不需开槽，管端不需退火和磨光，因此制造加工简单，连接处强度高，抗拉脱力强，更换管子比胀接方便。一般强度焊接对压力和温度无限制，但不适应于有较大振动和容易产生间隙腐蚀的场合。管子与薄管板的连接应采用焊接方法。强度焊接管孔结构如图 5-24 所示。

（3）胀焊结合　采用强度胀接时，虽然管子与管板孔贴合较好，但在压力与温度有变化时，抗疲劳性能差，连接处易产生松动；而采用强度焊接时，虽然强度和密封性能好，但管子与管板孔壁处有环形缝隙，易产生间隙腐蚀。故工程上常采用胀焊结合的方法来改善连接处的状况。按目的不同，胀焊结合的形式有强度胀加密封焊、强度焊加密封胀、强度胀加强度焊等几种方式。按加工顺序不同，胀焊结合又有先胀后焊与先焊后胀之分，但一般采用先焊后胀，以免先胀时残留的润滑油影响后焊的焊接质量。

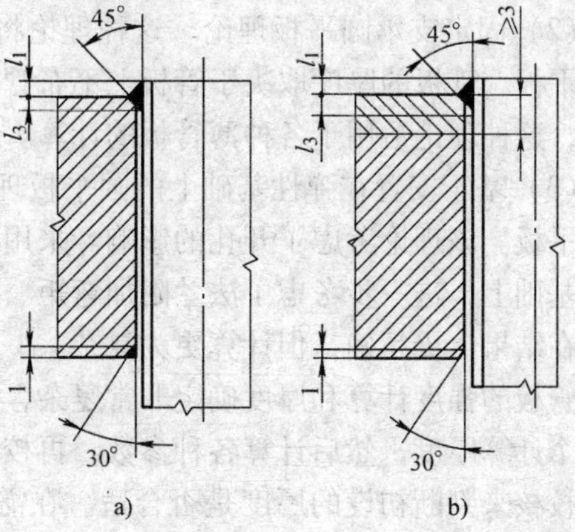

图 5-24　强度焊接管孔结构
a）用于整体管板　b）用于复合管板

胀焊结合一般适用于密封性能要求较高及有间隙腐蚀的场合，承受振动或疲劳载荷的场合，以及需采用复合管板等的场合。

4. 管板设计的强度

管板是管壳式换热器的重要部件，其设计是否得当，关系到换热器能否正常工作。管板强度的影响因素很多，主要的有以下几个方面。

（1）管束对管板的支承作用　换热管通过焊接或胀接固定在管板上，当管板在外载荷作用下发生弯曲变形时，管束也将产生变形。管束的变形有端部的弯曲变形和中间部分的伸长或压缩变形两种。管束的轴向变形对管板产生弹性约束反力，弹性反作用力随位置（管板半径）的不同而变化，挠度大的地方，管子对管板弹性作用力也大。如果管板直径比管子直径大很多，而管数又足够多时，可将弹性力看作连续分布载荷，管束对管板的作用，可简化为连续支承管板的弹性基础。

（2）开孔对管板的削弱　管板上密布着规则排列的小孔，削弱了管板的强度和刚度，在管孔边缘还将产生应力集中。但管子固定在管板上，又对管板起一定的加强作用，抵消了部分应力集中的影响。设计时，通常采用削弱系数来考虑开孔对管板强度与刚度削弱的影响。

（3）管板周边支承形式的影响　管板周边支承形式，根据其对管板变形时的约束作用程度分为固支和简支以及介于二者之间的半固支三种类型。当周边是固支时，管板上应力和挠度小；当周边是简支时，应力和挠度均较大。

（4）温差的影响　温差应力有两种情况：一是壳壁温度和管壁温度不同将导致壳体和管束的伸长量不同，致使管板产生弯曲弯形；二是管板上下表面接触的是两种温度不同的流体，温度的不同将在管板上产生温差应力。

其他的还有管板是否兼作法兰的不同影响。当管板兼作法兰时，要考虑法兰力矩的影响，以及周边不布管区对管板边缘的应力下降的影响等。

5. 管板强度理论

由于影响管板强度的因素很多，受力情况非常复杂，吸引了许多专家和工程技术人员对此进行研究，并提出了许多管板强度理论。国际上采用比较多的、有代表性的有以下几种。

（1）基于圆平板的理论　这种理论将管板当作周边支承条件下受均布载荷作用的圆平板，应用平板理论确定管板厚度，再考虑开孔削弱等影响，引入经验性的修正系数。这种理论计算简单，但局限性较大。采用这一理论的有美国和日本等国家。

（2）固定支承圆平板理论　这种理论将管束当作管板的固定支承而管板是受管子支承着的平板。管板的厚度取决于管板上不布管区的范围。采用这一理论的有德国等国家。实践证明，这种理论适用于各种薄管板的计算。

（3）基于安置在弹性基础上的圆平板理论　这种理论将管板看作由管束弹性支承的多孔圆平板。该理论考虑了开孔的影响。采用这一理论的有英国等国家。中国管板设计理论是在此基础上，进一步考虑了法兰附加弯矩、管板周边布管情况等方面的影响，在理论上更完备，在结果上更精确，但计算更为复杂。

管板的强度计算和厚度确定非常复杂，计算方法烦琐，通常采用强度校核法。即首先假定一个计算厚度，然后计算各种参数，再校核在各种载荷作用下危险状况的应力，最后通过强度校核来判断初设的厚度是否合适。在需要具体计算时，可参看 GB 151—1999《管壳式换热器》。

6. 管箱与接管

换热器管内流体进出的空间称为管箱。管箱是位于换热器两端的重要部件。它的作用是将外部管道中由进口管输入的流体，均匀分配到各换热管内，或是将换热管流出的流体汇集起来，并送入排出管输出。常用的多程管箱结构如图 5-25 所示。

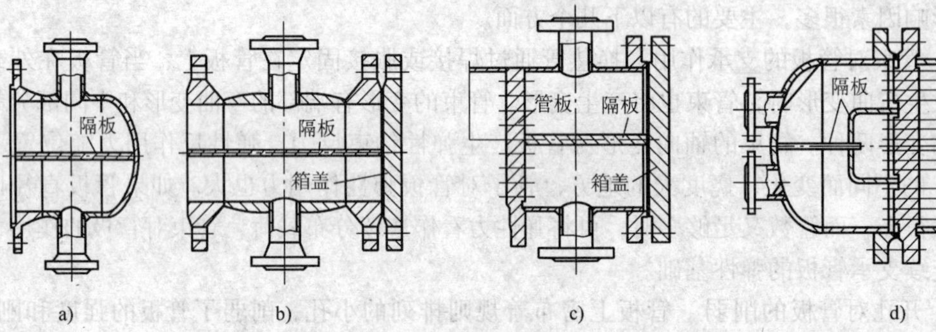

图 5-25　管箱结构形式

管箱的结构与换热器是否需要清洗和是否需要分程等因素有关。图 5-25a 所示的管箱是双程带流体进、出口接管的结构，在检查及清洗管内时，需拆下连接管道，很不方便，故只适应管内为清洁流体的情况。图 5-25b 所示为在管箱上装有平箱盖，清洁换热管内时只需拆下平盖即可，便于检查与清洗，目前设计中采用较多，但需增加一对法兰连接，材料消耗较大。图 5-25c 所示的形式是将管箱与管板焊成一体，在管板密封处不会产生泄漏，但管箱不能单独拆卸，检查与清洗不便，已较少采用。图 5-25d 所示为多程隔板的一种安置形式。

接管应与壳体内表面平齐且应尽量沿壳体的径向或轴向设置；接管与外部管线可采用焊接连接；设计温度高于或等于 300℃时，必须采用整体法兰。对于不能利用接管进行放气和排液的换热管，应在管程和壳程的最高点设置放气口和最低点设置排液口，其最小公称直径为 20mm。液体进出口接管的大小，可先根据流体的体积流量和不同介质适宜的流速计算出接管内直径，然后按标准管径系列尺寸圆整并进行选用。此外，根据圆整量确定的管内直径校核管内的实际流速是否仍在适宜的流速范围内。

7. 管束分程

在管内流动的流体从管子一端流到另一端，称为一个管程。管壳式换热器中最简单、最常用的是单管程的换热器。如果所需换热面积较大时，可增加管长或增加管数，但前者不便于加工安装、运输和维修，故常采用后者。但流量一定时仅增加管数会降低管内流体的流速，反而降低了传热系数。因此，要保持流体在管束中较大流速，可将管束分成若干程数，使流体依次流过各程管子，以增加流体流速，提高传热系数。管束分程可采用多种不同的组合方式，每一程中的管数应大致相等，且相邻两程之间温差不宜过大，以不超过20℃为宜，以避免产生过大热应力。表5-2列出了1、2、4、6程的几种管束分程布置形式。

表5-2 管束分程布置图

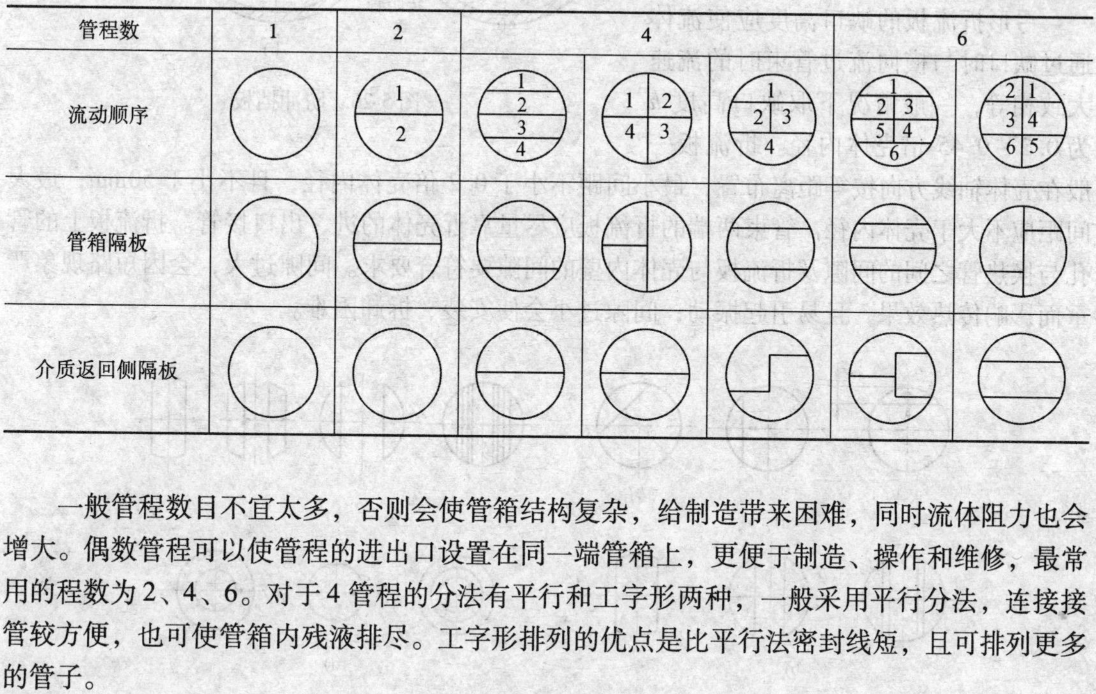

一般管程数目不宜太多，否则会使管箱结构复杂，给制造带来困难，同时流体阻力也会增大。偶数管程可以使管程的进出口设置在同一端管箱上，更便于制造、操作和维修，最常用的程数为2、4、6。对于4管程的分法有平行和工字形两种，一般采用平行分法，连接接管较方便，也可使管箱内残液排尽。工字形排列的优点是比平行法密封线短，且可排列更多的管子。

二、壳程结构

壳程通常由壳体、折流板或折流杆、支承板、纵向隔板、拉杆、防冲挡板、防短路结构等元件组成。

1. 壳体

壳体一般是一个圆筒，在壳壁上焊有接管，供壳程流体进入和排出之用。为防止进口处流体直接冲击管束而造成管子的侵蚀和振动，在壳程进口接管处常装有防冲挡板，或称缓冲板，如图5-26所示。当壳体法兰采用高颈法兰或壳程进、出口接管直径较大或采用活动管板时，壳程进、出口接管距管板较远，流体停滞区过大，靠近两端管板的传热面积利用率低。为克服这一缺点，可采用导流筒结构，除了可以减小流体停滞区、改善两端流体的分布、增加换热管的有效换热长度、提高传热效率外，还起防冲挡板的作用，保护管束免受冲击。

2. 折流板与支承板

在换热器中设置折流板是为了提高壳程流体的流速，增加流体流动的湍动程度，控制壳程流体的流动方向与管束垂直，以增大传热系数，同时减少结垢。在卧式换热器中，折流板还起着支承管束的作用。

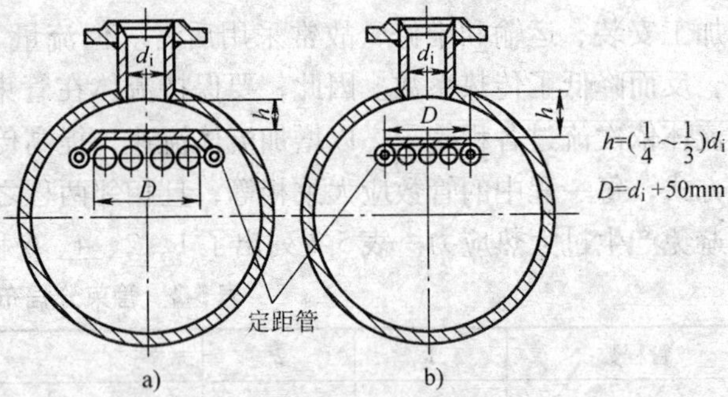

图 5-26　防冲挡板

常用的折流板有弓形与圆盘-圆环形两种。其中，弓形折流板有单弓形、双弓形和三弓形三种形式。单弓形折流板适应壳体直径较大的换热器，其安装位置可以是水平、垂直或旋转一定角度，其结构如图 5-27 所示。

弓形折流板的缺口高度应使流体通过缺口时与横向流过管束时的流速大致相等，一般情况下取缺口高度 h 为 0.2～0.45 倍壳体内径。折流板一般在壳体轴线方向按等距离布置，最小间距不小于 0.2 倍壳体内径，且不小于 50mm；最大间距应不大于壳体内径。管束两端的折流板应尽量靠近壳体的进、出口接管。折流板上的管孔与换热管之间的间隙及折流板与壳体内壁的间隙要符合要求。间隙过大，会因短路现象严重而影响传热效果，且易引起振动；间隙过小会使安装、拆卸困难。

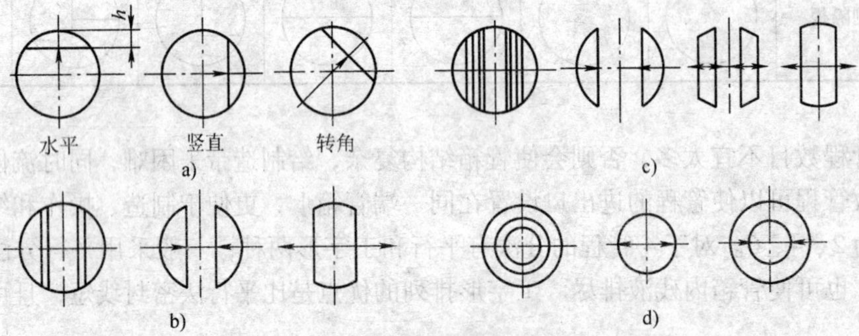

图 5-27　折流板形式

a）单弓形　b）双弓形　c）三弓形　d）圆盘-圆环形

在卧式换热器中，折流板弓形缺口应上、下水平布置，如图 5-28 所示。当壳程流体为气体，且含有少量液体时，应在缺口朝上的弓形板底部开设通液口，如图 5-28a 所示。通液口通常为 90°的扇形小缺口，以利排液。当壳程流体为液体，且含有少量气体时，应在缺口朝下的折流板顶部开设通气口，如图 5-28b 所示。当壳程流体为气、液相共存或液体中含有固体颗粒时，折流板缺口应左、右垂直布置，如图 5-28c 所示，且在底部开设通液口。

圆盘-圆环形折流板由于结构比较复杂，不便于清洗，一般用于压力较高和物料清洁的场合，其示意图如图 5-29 所示。

折流板的安装定位采用拉杆-定距管结构，如图 5-30a 所示。当换热管径 $d_0\leqslant14mm$ 时，可采用将折流板点焊在拉杆上而不用定距管，如图 5-30b 所示。

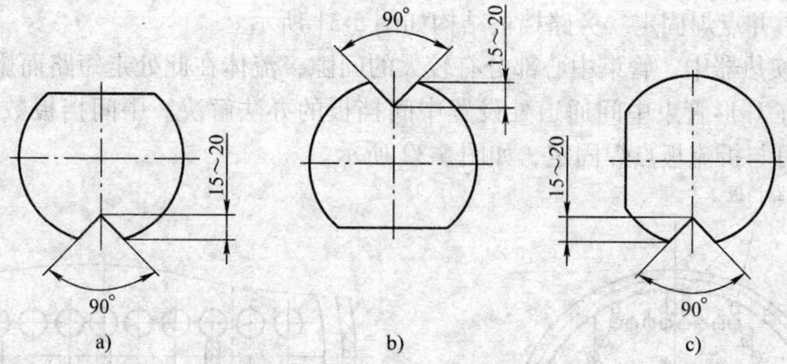

图 5-28 折流板缺口布置

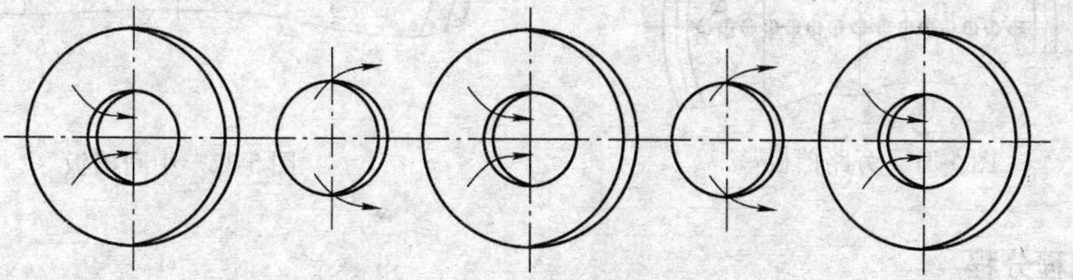
图 5-29 圆盘-圆环形折流板

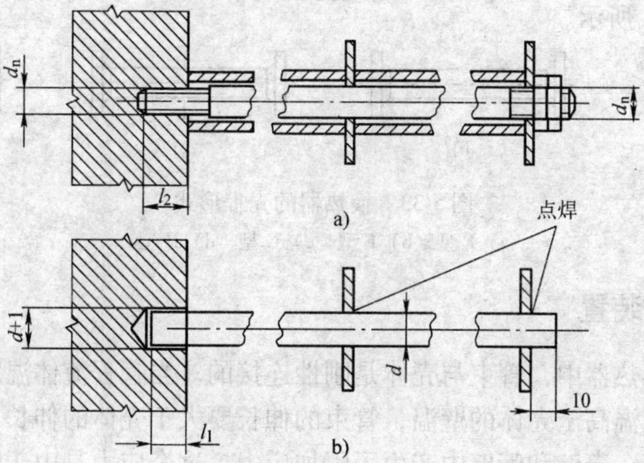

图 5-30 拉杆结构

a）拉杆-定距管结构 b）点焊结构

换热器内一般都装有折流板，既起折流作用，又起支承作用。但当工艺上无折流板要求而换热管比较细长，且支承跨距不超过标准规定值时，应考虑有一定数量的支承板，以便于安装和防止管子产生过大变形。支承板的形状和尺寸可按折流板处理。

3. 挡板

当选用浮头式、U 形管式或填料函式换热器时，在管束与壳体内壁之间有较大环形空隙，形成短路现象而影响传热效果。对此，可增设旁路挡板，以迫使壳程流体垂直通过管束进行换热。通常当壳体公称直径 $DN \leqslant 500$mm 时，设一对旁路挡板。$DN = 500 \sim 1000$mm 时，设两对旁路挡板。$DN \geqslant 1000$mm 时，设三对旁路挡板。挡板可用钢板或扁钢制作，材质一般与折流板相同。挡板常采用嵌入折流板的方式安装，先在折流板上铣出凹槽，将条状旁路挡板嵌入折流板，并点焊固定。旁路挡板结构如图 5-31 所示。

在 U 形管换热器中，管束中心部分有较大的间隙，流体在此处走短路而影响传热效率。对此，可采取在 U 形管束中间通道处设置中间挡板的办法解决。中间挡板数量不宜超过 4 块。中间挡板可与折流板点焊固定，如图 5-32 所示。

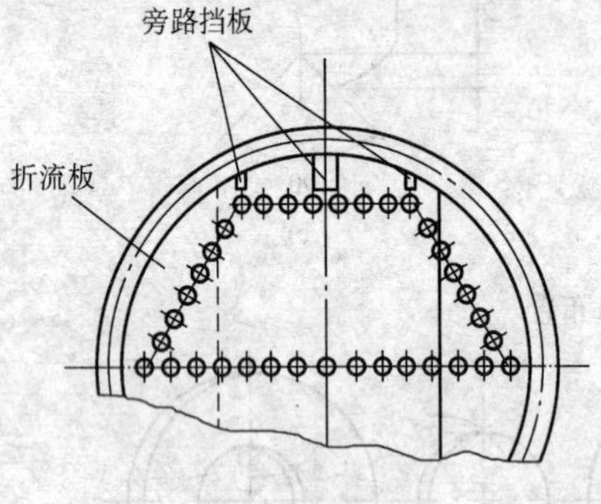

图 5-31　旁路挡板

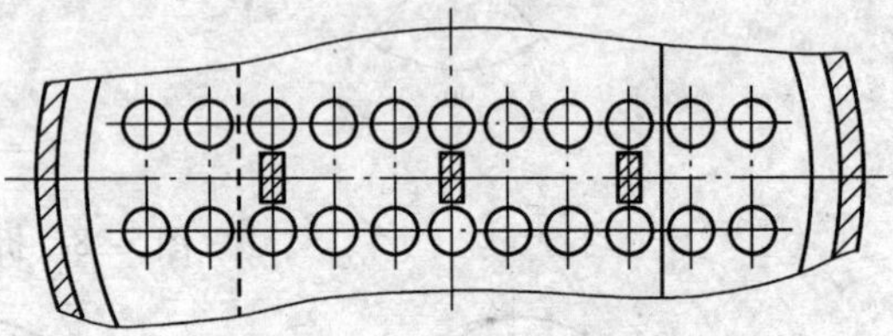

图 5-32　中间挡板

4. 壳程分程

根据工艺设计要求，或为增大壳程流体传热系数，也可将换热器壳程分为多程的结构，其结构形式如图 5-33 所示。

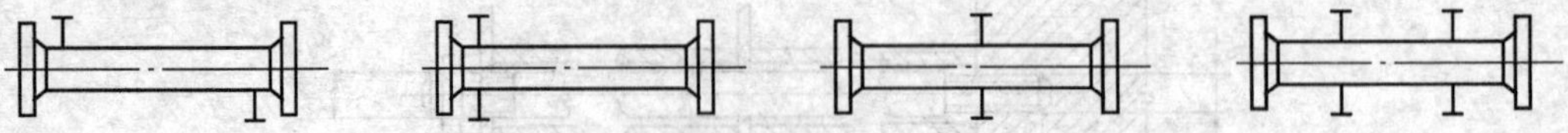

图 5-33　换热器的壳程形式

a）E 型　b）F 型　c）G 型　d）H 型

三、温差补偿装置

在固定管板式换热器中，管束与壳体是刚性连接的。当管程流体温度较高而壳程流体温度较低时，管束的壁温高于壳体的壁温，管束的伸长要大于壳体的伸长，使得壳体受拉而管束受压，便会在管板、壳壁和管壁中产生了附加应力。这个应力是由于管壁与壳壁的温度差引起的，称为温差应力或热应力。管壁温度与壳壁温度的差值越大，所引起的温差应力也越大。情况严重时，可引起管子扭弯变形，甚至造成管子从管板上拉脱或顶出，使结构产生塑性变形或产生严重的应力腐蚀，甚至损坏整个换热器。

在设计换热器时，应根据冷、热流体的温度，确定壳体和管子的壁温，然后计算由温差引起的温差应力，再校核在温差应力作用下，管束与管板的连接强度。若在连接处强度不足，则应采取温差补偿措施。

工程上应用最多的温差补偿装置是膨胀节。膨胀节是装在固定管板式换热器壳体上的挠性构件，由于它轴向柔度大，所以在不大的轴向力作用下，可产生较大的轴向变形。当管束与壳体壁温不同而产生温差应力时，通过膨胀节的变形协调可以有效地减小温差应力。膨胀节壁厚越薄，弹性和柔度越好，补偿能力越大，但膨胀节的厚度要满足强度要求。

膨胀节的结构形式较多，一般有波形（U 形）膨胀节（图 5-34a）、平板形膨胀节（图 5-34b）、Ω 形膨胀节（图 5-34c）。工厂中使用最多的是 U 形膨胀节，它结构简单，补偿性能好，价格便宜，已有标准件可供选用，其结构如图 5-35 所示。若需要较大补偿量时，则可采用如图 5-36 所示的多波 U 形膨胀节。有关膨胀节的选型和计算可参考标准 GB 16749—1997《压力容器波形膨胀节》的有关内容。

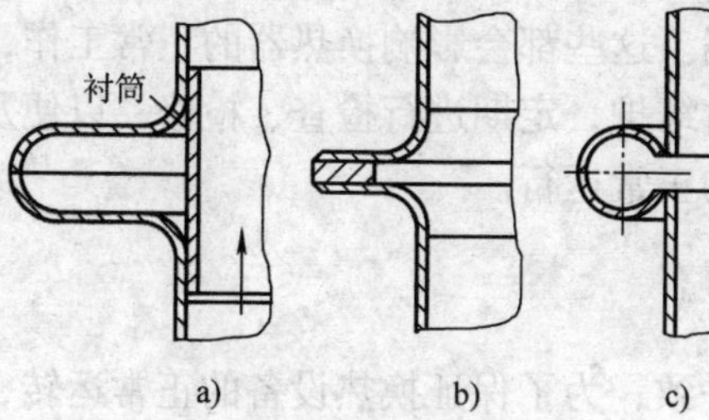

图 5-34 膨胀节形式

a）U 形 b）平板形 c）Ω 形

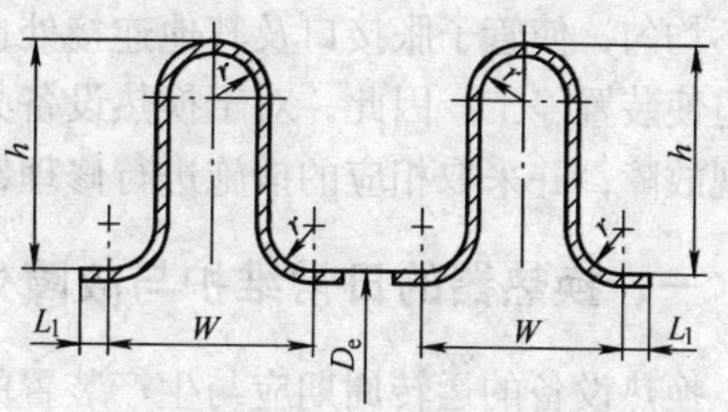

图 5-35 U 形膨胀节

当壳程流体介质压力较高时，U 形膨胀节的厚度也需要增加。增大壁厚不仅增加了材料消耗，而且降低了膨胀节的弹性变形能力，减小了补偿量。此时可考虑选用 Ω 形膨胀节，这是因为 Ω 形膨胀节内的应力与介质压力关系不大，而是取决于其自身结构。Ω 形膨胀节根据与壳体的连接结构和自身形状有多种形式，如图 5-37 所示。

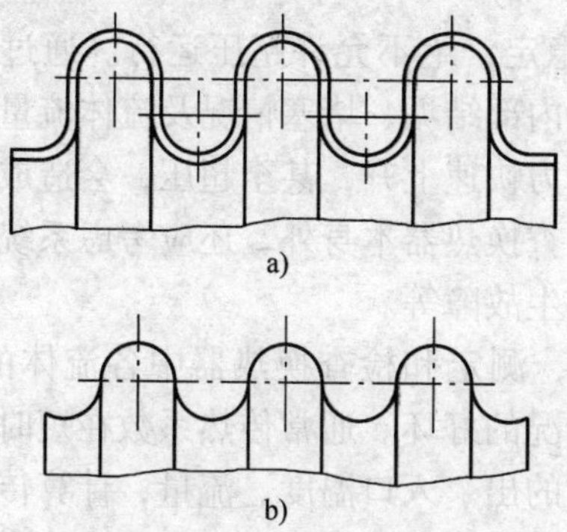

图 5-36 多波 U 形膨胀节

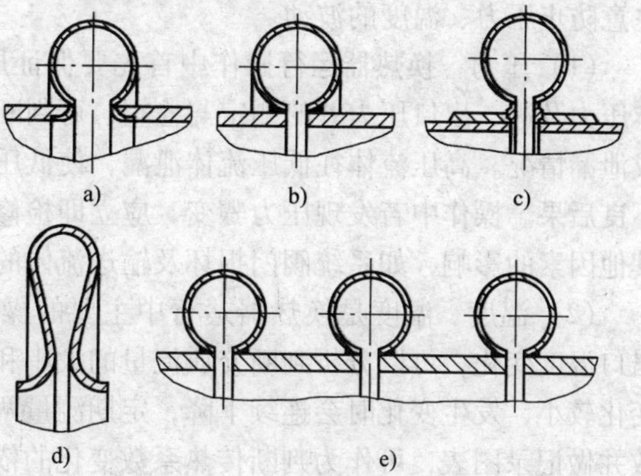

图 5-37 Ω 形膨胀节

模块三 换热设备的使用与维护

【学习目标】 了解换热设备的日常使用和维护过程、换热设备的检修内容和方法、常见故障的排除方法等。

【问题引导】

1. 换热器的使用和维护包括哪些方面？
2. 换热设备的检修内容和方法是什么？有哪些常见故障？如何排除？

在过程生产中，换热器使用一段时间后，其传热效率会降低甚至发生故障，影响正常生产。常见的现象有含有沉淀物或具有腐蚀性的介质通过换热器，会在换热管及壳体等流体流过部位积垢和形成锈蚀物，这样既降低了传热效率，又使管子流通截面减小而流阻增大，甚至造成堵塞；介质腐蚀也会使管束、壳体及其他零部件受损；此外，设备长期运转振动和受热不均匀，使管子胀接口及其他连接处也会发生泄漏。这些都会影响换热器的正常工作，甚至迫使装置停工。因此，对于换热设备必须加强日常维护，定期进行检查、检修，以便及时发现故障，并采取相应的措施进行修理，保证生产的正常运行。

一、换热器的日常维护与故障处理

换热设备的运转周期应与生产装置的生产周期一致，为了保证换热设备的正常运转，满足生产装置的要求，除定期进行检查、检验外，日常的维护和修理也是必不可少的。管壳式换热器在使用的过程中，最容易发生故障的是作为换热元件的管子，流体对管束的冲刷、腐蚀，都可能造成管子的损坏。管壳式换热器的常见故障有管子振动、管壁积垢、腐蚀与磨损、介质泄漏等。

1. 日常检查

日常检查是及早发现和处理突发性故障的重要手段。检查内容包括运行异声、压力、温度、流量、泄漏、介质、基础支架、保温层、振动、仪表灵敏度等。换热器日常操作要特别注意防止压力、温度的波动。

（1）压力　换热器运行操作中首先要保证压力的稳定，绝不允许超压运行。通过对流体压力及进、出口压力差的测定与检查，可判断换热器内部结垢、堵塞情况及流体流量大小或泄漏情况。高压流体往低压流体泄漏，使低压流体压力快速上升，甚至超压，会造成各种不良后果。操作中若发现压力骤变，应立即检修，除检查换热器本身外，还应考虑系统内部其他因素的影响，如系统阀门损坏及输送流体的机械发生故障等。

（2）温度　温度是换热器运行中主要的操作指标，测定和检查换热器中各流体的进、出口温度变化，可以分析判断介质流量的大小和换热情况的好坏。通常传热系数在短时间内变化较小，发生变化时会连续下降，定期测量两种介质的出、入口温度、流量，计算传热系数并做记录图表，可作为判断传热系数变化的依据。若低于某一规定值，则应清洗管束以提高传热系数，保证一定的传热效率。

要防止温度的急剧变化，因温度剧变会造成换热器内件，特别是管束与管板的膨胀和收缩不一致，产生温差应力，从而引起管束与管板脱离或局部变形，还会加快腐蚀及产生热疲劳裂纹。

用水作为冷却介质时，水的出口温度最大不宜超过45℃，否则会加速微生物的繁殖，腐蚀和结垢情况也会加重。

（3）泄漏　换热器运行中产生外漏是较容易发现的。对低毒介质轻微的气体外漏，可以直接抹上肥皂水或发泡剂来检查，亦可借助试纸变色情况检查。低压换热器检查壳体外泄漏的常用方法是通过检查外壳体表面涂层的剥落污染情况来预测壳体的泄漏。对中高毒性介质，严禁泄漏，最常用的方法是在法兰、接管等易泄漏处涂对该毒性介质反应非常灵敏的涂料，有毒介质发生微小泄漏，涂料颜色即会发生明显变化，以此可迅速作出判断并采取措施。

定期对壳体各连接处周围空气取样分析，也能判断泄漏及泄漏量的大小。此法不仅准确可靠、操作方便，而且对外部、内部泄漏都适用，并且可实现自动分析、记录及报警。

内部泄漏不易发现，但可从介质的温度、压力、流量、异常声响、振动及其他异常现象来判断。如某换热器管程走压力较高的气体，壳程走压力较低的液体，当列管穿孔时，管内的气体窜入壳程，引起液体剧烈的翻腾，造成压力波动，用听音棒会发现壳体内有异常的响声。如有较多的泄露，用手摸壳体和液体出口管，会有振动的感觉。

在开、停工进行扫线时最易出现泄漏问题，如浮头式换热器浮头处易发生泄漏，维修时应打开浮头端外封头从管程试压检查，有时会发现浮头螺栓不紧，这是螺栓长期受热产生了塑性变形所致。通常采取的措施是当管束水压试验合格后再通蒸汽试压，当温度上升至150~170℃时，可将螺栓再紧一次，这样浮头处密封性较好。

换热器故障大多数是由管子泄漏引起的，主要原因有介质的冲刷引起的磨损，导致管壁破裂；介质或积垢腐蚀穿孔；管子振动引起管子与管板连接处泄漏。当发现管子有泄漏现象时，采取的措施视泄漏管数的多少而定。如果管束中仅有一根或数根管子泄漏，可采用堵塞的方法进行修理，即用做成锥形的金属材料塞在管子两端打紧焊牢，将损坏的管子堵死不用。金属材料的硬度应低于管子材料的硬度。金属锥塞的锥度一般为3~5°。采用堵管的方法解决管子泄漏现象简单易行，但堵管总数不得超过该管程总管数的10%，否则将对传热效果产生较大影响。当发生泄漏的管子较多时，应采用更换管子的方法进行修理。更换管子时，首先采用钻孔、铰孔或錾削的方法拆除已损坏的管子，拆除管子时应注意不要损坏管板的孔口，以便更新管子时，使管子与管板有较严密的连接，然后采用胀接或焊接的方法将新管连接在管板上。

（4）保温 保温（保冷）层的损坏会直接影响换热器的传热效率。另外，由于保温（保冷）层一旦破坏，在壳体外部就将积附水分，使壳体发生局部腐蚀。因此，发生保温层破损应尽快修补，并且要求采取措施，防止水分进入保温层内部。

2. 腐蚀与防护

管子与管板的连接处是经常发生腐蚀的部位，在离管子入口端40~50cm处的管子腐蚀最易发生，这与入口介质的涡流磨损与腐蚀共存有关。管内有遗物堆积或粘着也易发生腐蚀。管子与管板连接处的腐蚀主要分布在管板边、管板孔与管子之间的缝隙区。对单纯的强度胀接，会产生应力腐蚀裂纹。对于换热器的应力腐蚀，可采取以下方法防护：

1）消除Cl^-浓缩积聚的条件。对管子与管板，采用新型的连接结构——内孔焊接，这样可从根本上消除管头的缝隙，杜绝Cl^-在这里浓缩的可能性。但这种连接形式需要专用的焊接设备。近年来，国外已开始在原子能工业的换热器、蒸汽发生器等重要设备中应用这种结构。

2）胀管段应占全管板厚度。目前消除管与管板间隙的最简单实用的做法是强度焊加贴胀，但胀管深度应达管板底部，以消除全部缝隙。但是，目前大多数制造厂和检修单位，采用的多辊式挤压机械胀管法，使管子产生塑性变形和加工硬化现象，产生很大残余应力。因此，对强应力腐蚀介质下的换热器，应对管板进行消除应力热处理。而采用静压式液胀、橡胶胀管法可大大降低管子外表面的拉应力。

换热器的壳程也会因为壳体和折流板的材质电解电位不同，在电解质介质作用下而发生电化学腐蚀。当壳程介质是含有离子化合物的水时，腐蚀更剧烈。这种腐蚀常发生在卧式换热器的下部。对壳体和折流板采用相同电解电位的材质可有效防止这种腐蚀的发生。如果有这种电化学腐蚀发生，要做到定期检查，尤其对折流板部分的壳体更要重点检查；对已造成的壳体减薄，检修时对减薄部分堆焊；此外，还可以对壳体外侧进行补强。对必须采用高电位折流板的情况，壳体内侧应作贴衬处理。

3. 管子振动与防振

管壳式换热器中管子产生振动是一种常见故障。引起振动的原因有：管束与泵、压缩机产生的共振；由于流速、管壁厚度、折流板间距、管束排列等综合因素的影响而引起的振动；流体横向穿过管束时产生的冲击等引起的共振。如振动现象严重，可能产生的后果有：相邻管子或管子与壳体发生碰撞；使管子和壳壁受到磨损而开裂；管子撞击折流板而被切断；管端与管板连接处松动而发生泄漏；管子发生疲劳破坏；增大壳程流体的流动阻力等。

当换热管发生振动时，应针对振动产生的不同原因采取不同的对策。常用的方法有：在流体进、出口处设置缓冲措施防止脉冲，降低壳程流体在进、出口处的流速；折流板上的孔径与管子外径间隙尽量地小；减小折流板间距，使管子振幅变小；加大管壁厚度和折流板厚度，增加管子刚性；提高管子固有频率减少共振的机会等。

需要指出的是，设计仍是解决流体诱发振动的关键所在。一个合格的工艺设计，应能避免换热器管束产生大的振动。在实际生产中，当工艺发生较大变化时，可以通过上述方法减少或避免产生振动。

4. 管壁积垢

由于换热器操作中所处理的流体有的是悬浮液，有的夹带有固体颗粒，有的粘结物含量高，有的含有泥沙、藻类等杂质，所以随着使用时间的延长，在换热管的内、外表面上会产生积垢。积垢引起的故障有：总导热系数下降，传热效率降低；使换热管的管径因积垢而减小，使得流体通过管内的流速增加，造成压力损失增大；积垢导致管壁腐蚀，腐蚀严重时，会造成管壁穿孔，两种流体混合而破坏正常操作。

对积垢采取的措施有：加强巡回检查，了解积垢的程度；对某些可净化的流体，在进入换热器前进行净化（如水处理）；对于易结垢的流体，应采用容易检查、拆卸和清洗的结构；定期进行污垢的清除等。

二、换热器的试压与检修

1. 换热器的检修内容

换热器的检修分为定期和不定期。不定期检修是临时性的检修；定期检修根据生产装置的特点、介质性质、腐蚀速度、运行周期等情况分为大修和小修。

（1）换热器小修的主要内容　清扫内部及头盖积垢；通过试压找出泄漏的管子和管口；对泄漏的管口进行补胀、补焊，对泄漏的管子用锥形堵头堵死；对管束进行试压；对管箱、后盖及出、入口接管法兰更换并试压；部分螺栓、螺母的更换及壳体保温修补等。

（2）换热器大修的主要内容　抽芯，即使用专用抽芯机将管束从壳体里抽出。清洗管程和壳程。管束清洗是指管束抽出后，用高压水进行的彻底清洗，一般在专用场地进行。管束回装，通过试压查漏、堵漏。管束回装一般使用抽芯机进行。当管束堵管数较多，超过规定值时，应更换管束。浮头式管束进行三程试压，U 形管换热器进行两程试压。换热器壳体按压力容器检验超标时，必须清除壳体焊缝缺陷或更新。

2. 换热器的试压

试压是换热器检修的重要内容，不同的管壳式换热器，其试压的顺序也不尽相同，现以浮头式换热器为例说明其检修和试压的顺序。

1）准备吹扫工具—拆除浮头端外封头、管箱及法兰—拆除浮头端内封头—抽管束—检查、清扫。

2）准备垫片—盲板及试压机具—安装管束—安装管箱、安装假浮头（做临时封头用）、壳体法兰加盲板—向壳程注水—装配试压管线—试压（一）检查胀管口及换热管—拆假浮头、安装浮头端内封头及盲板盖。

3）管箱法兰加盲板—向管程注水、装配试压管线—试压（二）检查浮头端垫片及管束—安装浮头端外封头—向壳程注水—试压（三）检查壳体密封—拆除盲板、填写检修卡。

试压（一）的目的是检查换热管是否有破裂、胀接口是否有渗漏。如管子有破裂，放压后将其堵塞或更换；如胀接口有渗漏，放压后进行补胀，但补胀的次数不得超过 3 次，否则应更换新管。各缺陷处理后重新升压试验，直到合格为止。

试压（二）的目的是检查安装质量，主要是检查浮头端内封头垫片及管束，如发现垫片处渗漏，应分析原因并妥善处理。

试压（三）则是设备整体试压，主要检查浮头端外封头的安装质量。

三、换热器的清洗

在石油化工等过程生产中使用的换热器常常存在的污垢有：水垢、锈垢、油脂垢、微生物等。由于各种污垢性质差异大，所以在选择清洗方式、清洗液等方面就有所不同。

工业污垢的清洗，从原理上可以分为物理方法和化学方法两大类。在清洗过程中没有新化学物质生成的方法即为物理清洗法，严格说包括借助机械力、声波、热力、光以及单纯物理溶解度的清洗方法；在清洗过程中有新物质生成的方法为化学清洗法，是利用清洗剂与垢层起化学反应的方法来除去积垢，包括通过酸碱反应、氧化反应、配合反应等除去污垢的方法，也包括借助电化学、酶及微生物等的作用而清洗污垢的方法。

1. 机械清洗法

（1）手工清洗法　常用的手工工具是锤子、锉刀、铲刀、刮刀、钢丝刷与吸尘器等。利用这些工具使固体污垢脱离设备或材料表面，再用毛刷、吸尘器或压缩空气清除。

（2）风力与电动工具法　采用压缩空气或电能使除污器作往复运动或圆周运动，驱动砂轮、刀具、钻头、钢丝刷与除锈垢器，对带污垢的表面作冲击或摩擦，以除去污垢。

（3）喷砂（丸）除垢法　喷砂（丸）除垢法的基本原理是利用压缩空气，把砂子或铁丸推入喷砂（丸）管路，再经过喷嘴喷射到带锈垢的金属表面，撞击垢层和各种污物，从而达到除垢目的。

（4）液流和高压水射流除垢法　其原理是利用有一定压力大的水流，甚至高压水的射流对被清理的表面产生冲击、冲刷、气蚀等作用，以清除表面的锈和垢。此法多用于结焦严重管束的清洗，如催化油浆换热器等。

（5）高压喷射干冰除垢法　把干冰制成块状或颗粒状，再研磨成粉状，通过喷射清洗机和压缩空气混合，喷射到被清洗表面，利用其高速运动的颗粒对污垢表面的冲击力，及干冰升华时的热力刮除、剥离污垢。

(6) 海绵球胶清洗法　对于在管内的污垢，可将比管子内径稍大并富有弹性的海绵状橡胶球塞入管内，使海绵球受到挤压而与管内壁接触，然后用人工或机械的方法使海绵球沿管壁移动，不断摩擦管壁，达到清除积垢的目的。对不同的垢层可选不同硬度的海绵球，对特殊的硬垢可采用带有“带状”金刚砂的海绵球。据资料介绍，国外已开始采用适应各种垢层的不同硬度的海绵球自动清洗设备，取得了较好的效果；我国采用此法清洗冷凝器也取得了较好的效果。

2. 化学清洗法

(1) 溶剂法　利用不同污垢可以均匀地分散在某一种溶剂中，成为分子或离子状态的性质，可以清除固体表面得到的某些污垢。

(2) 表面活性剂清洗法　利用表面活性剂的特殊分子结构和性质，如其水溶液表面张力低、浸透湿润性好、对油污的乳化性强等，可以清除固体表面的油脂等污物。

(3) 酸洗除垢法　利用无机酸或有机酸与污垢发生化学反应，使污垢从被清洗表面转化、脱离与溶解的方法，即为酸性介质清洗法或简称为酸洗法。一般应添加经选择的酸性介质缓蚀剂，以减少酸对金属的腐蚀以及产生酸雾等不良影响。

(4) 碱洗除污垢法　采用碱及强碱弱酸盐的水溶液以除去清洗对象表面的污垢。碱洗法一般用于一定浓度范围内碱无明显腐蚀作用的黑色金属和某些非金属材料的清洗。

以上是较常用的几种清洗方法。近年来，随着过程工业的发展和技术水平的提高，试验配制出了针对不同垢层和污物的各种新型清洗剂，有的达到了相当高的水平，成立了专业化的清洗公司，为换热器的清洗，特别是化学清洗提供了更为广阔的前景。

模块四　换热器的标准化及选用

【学习目标】　熟悉换热设备的标准和选型方法。

【问题引导】

管壳式换热器的标准有哪些？如何正确选用？

随着石油、化工、医药、冶金等过程工业的发展，对广泛应用的传热装置的结构形式、传热效果、成本费用、使用维护等方面提出了越来越高的要求，换热器技术也不断发展。其主要成果表现为三个方面：一是逐步形成典型换热器的标准化生产，降低了生产成本，适应了大批量、专业化生产的需要，方便了使用和日常维护检修；二是创新传热理论，奠定传热技术发展的基础；三是对换热器的结构进行改进与更新，提高了传热效果。

任务1　熟悉管壳式换热器标准

为了适应生产发展的需要，中国对使用较多的几种典型换热器结构实行了标准化。可选用的标准有：JB/T 4714—1992《浮头式换热器和冷凝器　型式与基本参数》、JB/T 4715—1992《固定管板式换热器　型式与基本参数》、JB/T 4716—1992《立式热虹吸式重沸器型式与基本参数》、JB/T 4717—1992《U型管式换热器 型式与基本参数》等。GB 151—1999《管壳式换热器》是中国颁布的第一部非直接接受火焰加热的钢制管壳式换热器的国家标准，适用的换热器形式有固定管板式、浮头式、U形管式和填料函式。这些换热器的设计、制造、检验和验收都必须遵循该标准。

除了结构设计外，管壳式换热器强度计算的主要内容包括管板、壳体、管子管板的焊后或胀后强度，以及U形膨胀节的强度校核等，其中管板计算和膨胀节点的强度校核是标准的主要内容。

换热器标准是根据公称直径、公称压力和传热面积来制定的，现以固定管板式换热器为例加以说明。

1）固定管板式换热器壳体的直径分别为ϕ159、ϕ219、ϕ273、ϕ325、ϕ400、ϕ450、ϕ500、ϕ600、ϕ800、ϕ1000、ϕ1200、ϕ1400、ϕ1600、ϕ1800（单位为mm）等。当直径小于ϕ400mm时采用无缝钢管制造，其余采用钢板卷焊而成。

2）固定管板式换热器的公称压力等级为0.6、1.0、1.6、2.5、4.0、6.0（单位为MPa）六个级别。与此相对的温度为200℃。当使用温度超过200℃时，允许升温降压使用。

3）换热管的传热面积按换热管的外径计算，管长为两固定管板之间的换热管有效换热长度。

任务2 熟悉换热设备的选用方法

换热设备的形式很多，换热器的选型就是根据不同换热器的结构特点、使用条件、投资与运行费用等综合因素来选择一种相对合理的换热器形式。因此，必须熟悉各种换热器的特点、工作特性和使用场合，根据工艺条件制定出方案，并反复比较从中选出最佳方案。

换热设备的选型在很大程度上取决于生产实践的经验。选型时首先要考虑的因素有介质、材料、压力、温度、温差、压降、结垢情况、检修清理方法等因素；安全因素也是换热器选型时考虑的主要因素，包括强度、刚度足够，结构可靠，满足密封要求，材料与介质相容（例如考虑温差应力、考虑密封性能等）；要满足工艺要求，如要有足够的传热面积，介质有良好的有利于传热的流动状态；经济上要较为合理（例如能否用U形管，管程、壳程的清洗，是否分程，介质的粘度对流动的影响，是否需可拆结构等）；制造简单、运行性能良好、运行费用低等。

在换热设备的选用过程中需要考虑的因素较多，但主要有以下几点：

1. 流体的性质

1）分析流体特殊的化学性质，如流体的腐蚀性、热敏性等。以冷却湿氯气为例，湿氯气的强腐蚀性决定了设备必须选用聚四氟乙烯等耐腐蚀材料，限制了可能采用的结构范围。又如用98%的浓硫酸来吸收SO_3以制取发烟硫酸的冷却器，便可考虑用耐高温、耐腐蚀的石英玻璃喷淋换热器。在温度和压力都不高，物料干净但有腐蚀性，或者物料不能受铁离子污染的情况下，应选用耐腐蚀高合金钢或有色金属制作的板式换热器。对于易结垢的流体，应选用易清洁的换热器，如板式或管壳式换热器。

2）分析介质的工况，如工艺条件所要求的工作压力，进、出口温度和流量等参数。以选用乙烯装置中氮气、空气和乙烯冷却器的选用为例，考虑到以上气体的冷却均是在超低温场合下进行（氮气 -185℃、空气 -177℃和乙烯 -130 ~150℃），而且物料很干净，因此首先考虑选用在深冷工况下使用的板翅式换热器，可以充分利用其结构紧凑、传热效率高的特点，采用多流道物料进行热交换从而达到解决设备体积小、冷量损失小的特殊矛盾。而对于在高温工况下使用的换热器，则首先考虑具有特殊结构的管壳式换热器，如 650 ~900℃乙烯裂解气系统、680 ~1100℃化肥合成气系统。随着生活水平的提高，牛奶、果汁的用量越来越大，通常在进行蒸发处理的时候既要达到浓缩的目的又要保证蛋白质的营养，可选用有较大蒸发空间且适用于较小温差的板式蒸发器。

3）考虑重要的物理性质，如流体的种类、导热系数和粘度等。若冷热流体均为液体，一般采用两侧都是光滑表面的间壁作为换热面较为合适。螺旋板式和板式换热器的换热面都是光滑的板面，但承压能力低；而管壳式和套管式的换热面也是光滑的壁面，且可承受高温、高压。套管式适于小流量，管壳式适于大流量，且管壳式换热器易于制造，选材范围广，在液-液换热器中应用最广。

2. 传热速率

为了达到强化传热的目的，可以采用增大传热面积或平均温度差，以及增大传热系数等方法。选用小管径的换热管可以增加单位体积的换热面积，冷热流体采用逆流操作可以增加平均温度差，采用带翅片的强化传热管代替光管，在壳程设置挡板或管束支承结构等方法都可以提高传热系数，从而显著提高传热速率，达到理想的换热效果。

3. 质量和尺寸

在一些特殊应用的场合和移动装置中，换热器的质量、尺寸和体积的限制往往是选型中的重要因素。这些限制不仅对换热器本身，而且涉及维修所需的空间。为适应这种要求，在满足工艺要求的情况下，需要考虑采用较紧凑的换热器。

4. 清洗和维修

如果换热器介质易结垢，则需要在结构上考虑污垢对换热效果的影响以及清洗维修的可能性。

5. 投资和运行费用

换热器选用时，也应考虑材料的价格、制造成本、动力消耗费、维修费用和使用寿命等因素，力求使换热器在整个使用寿命期内经济地运行。

典型项目实施

本项目是按照工艺条件设计、选用合适的管壳式换热器。换热设备已知工艺条件见表 5-3。

表 5-3 管壳式换热器的设计条件

项 目	管 程	壳 程
工作介质	水煤气	变换气
操作压力/MPa	0.7	0.68
操作温度/℃	180 ~370	220 ~400
壳、管壁温差/℃	50	
换热面积/m^2	130	

实施步骤：

1）根据介质工况初步确定换热器类型。列出基本数据，包括冷、热流体的流量，进、出口温度、定性温度下的基本物形参数、操作压力，以及腐蚀性、悬浮物含量等。根据腐蚀性确定换热设备的材料，由悬浮物含量确定清洗的难易程度，按照工作压力、温度和流量选择合适的换热器类型。确定流体在空间的流通方式，计算平均温差，同时确定是否需要温差补偿。

2）根据工艺条件确定具体的结构和结构参数。由工作介质初选传热系数，通过流量衡算初步确定换热器的换热面积，由换热面积选定标准型号。对于已有国家标准系列的换热器，只需按照相应标准系列选用即可。确定主要结构尺寸，其中包括换热面积的选择，管子形状、管子布置、直径大小，折流板的形状、大小和间距等，并将主要工艺参数和结构参数列表，画出换热器的结构示意图。

3）核定主要参数，并在满足基本要求的前提下比较综合性能。根据流量和管子直径核算流速；按照实际工况核算传热系数；校核传热面积和系统压力降。

通常换热器的选型计算往往需要重复多次，从而得出一组结果；然后再按工程应用的基本原则，根据工艺要求、设备尺寸、经济性等多方面因素全面均衡，最后确定设备选用的最优方案。

知识扩展

换热器技术的发展

一、创新传热理论，奠定传热技术发展基础

1）对冷凝传热过程提出了在垂直管内部冷凝时所形成的冷凝液膜；从层状直到受重力或蒸汽剪力而引起的湍动，可分为重力控制的层状膜，重力诱导的湍动膜和蒸汽剪切控制的湍动膜等，并提出了有关热量传递公式。

2）进行了管束中的沸腾试验（过去只在单管或圆盘上做试验），指出了沸腾传热的一些基本性能。特别是研究了对釜式再沸器，认为池沸腾（即当加热表面浸入液体的自由表面以下时的沸腾过程）可以控制的热传递机理。

其他方面的研究，如电磁场对电导流体热传递的影响、蒸发冷却、低密度气体与固体表面间的热传递和融磨冷却等都取得了新的进展。

二、改进设备结构，提高传热效果

1. 新型高效换热器的应用

在管壳式换热器的基础上发展起来的板式换热器，螺旋式换热器、板翅式换热器、伞板式换热器、热管式换热器、非金属材料制造的石墨换热器、聚四氟乙烯换热器等新型换热器越来越多地投入使用，适应了不同工艺的要求，增强了传热效果。

2. 传热元件结构的改进

在光管基础上进行形状改造，出现了螺旋槽管、横纹管，内翅片管、外翅片管等多种结构的传热管，增强了流体湍动程度，增大了给热系数，增强了传热效果。

3. 管板结构形式多样化

传统的管板为圆形平板，厚度较大。近年来已使用的椭圆形管板是以椭圆形封头做管板，且常与壳体采用焊接连接，使得管板的受力情况大为改善，因而其厚度比圆平板小许多。与此同时，各种结构的薄管板也越来越多地投入使用。薄管板不仅节约了金属材料的消耗，而且减少了温差应力，改善了受力状况。

思考练习题

5-1　衡量换热器好坏的标准大致有哪些？

5-2　管式换热器主要有哪几种？各有何特点？

5-3　板面式换热器主要有哪几种？各有何特点？

5-4　固定管板式换热器由哪些主要部件组成？其作用是什么？

5-5　浮头式、U形管式、填料函式换热器有何共同特点？说明各自的性能特点。

5-6　我国常用于固定管板式换热器的无缝钢管规格有哪些？通常规定换热管的长度有哪些？

5-7　换热管在管板上有哪几种连接方式？各适应范围如何？

5-8　管子在管板上排列的标准形式有哪些？各适用于什么场合？

5-9　换热管分程的原因是什么？一般有几种分程方法？应满足什么条件？其相应两侧的管箱隔板形式如何？

5-10　影响管板强度的因素有哪些？管板强度理论有哪几种？

5-11　固定管板式换热器中的温差应力是怎样产生的？常用的温差应力补偿装置有哪些？各有何特点？

5-12　折流板的作用是什么？有哪些常见形式？如何安装固定？

5-13　换热器有哪些常见故障？产生的原因是什么？应采取什么措施？

5-14　我国制定了哪些换热器的标准？其标准代号是什么？如何进行选择？

5-15　换热设备的未来发展如何？

第六单元　塔设备

学习要点：

◆了解塔设备的应用及类型。

◆掌握板式塔及其他内部构件的结构和作用。

◆掌握填料塔填料结构类型及其他内部构件的结构和作用。

◆熟悉塔设备的危险截面类型及载荷分析方法。

◆了解塔设备的使用与维护方法。

能力目标：

◆能够正确认识和理解塔设备及其主要零部件的结构和作用，具备基本的设计选型的能力。

典型项目：

◆项目引入　针对某工厂的一种萃取工艺，从结构上分析填料萃取塔和板式萃取塔各自的优缺点。

◆项目分析　塔设备是化工、炼油、医药、轻工等生产中最重要的设备之一。它可使气液或液相与液相之间进行紧密接触达到相互传质及传热的目的。萃取塔是一种能够同时进行混合接触和液-液分离的设备，按其内部结构可分为填料萃取塔、筛板萃取塔、转盘萃取塔和振动筛板塔等，适合于不同的物料和工艺条件。通过本项目的实施，正确理解塔设备的类型及应用，掌握板式塔、填料塔的具体结构特点和作用，了解塔设备的使用和维护方法及不同工况下的载荷分析等内容。

在工业生产过程中，塔设备内的两种介质主要发生的是质的交换，所以也将实现这些过程的设备叫传质设备。塔设备完成的单元操作通常有精馏、吸收、解吸和萃取等，也可进行介质的冷却、气体的净制与干燥以及增湿等。从外形上看，这些设备都是竖直安装的圆筒形容器，且长径比较大，形如塔状，故习惯上称其为塔设备。

模块一　塔设备的应用及类型

【学习目标】　了解塔设备的应用及要求；熟悉塔设备的类型及总体结构组成。

【问题引导】

1. 塔设备有哪些应用？工业生产对塔设备有哪些要求？
2. 塔设备有哪些基本类型？其总体结构由哪几部分组成？有何特点？

塔设备已广泛用于化工、炼油等各种过程工业中，经过长期发展，形成了多种结构。因此可以从不同的角度对塔设备进行分类。工程上常按塔设备的内部构件结构将其分为填料塔、板式塔两大类。

一、塔设备的应用

塔设备最初用于蒸馏操作，现已广泛应用于化工、炼油、医药、食品以及环境保护等过程工业领域中。

在化工厂或炼油厂中，塔设备的性能对于整个装置的产品产量、质量、生产能力和消耗定额以及“三废”处理和环境保护等各个方面都有重大的影响。据有关资料报道，在化工和石油化工生产装置中，塔设备的投资费用约占全部工艺设备总投资的25%，在炼油和煤化工生产装置中约占35%。塔设备所消耗的钢材重量在各类工艺设备中所占的比例也是比较高的，如年产250万t的常减压蒸馏装置中，塔设备耗用的钢材重量约占45%，年产30万t的乙烯装置中约占27%。可见塔设备是炼油、化工生产中最重要的工艺设备之一，它的设计、研究、使用对炼油、化工等工艺的发展起着重要的作用。

二、塔设备的一般要求

作为主要用于传质过程的塔设备，首先必须能使气、液两相或液相与液相充分接触，以获得高的传质效率。此外，为了满足工业生产的需要，对塔设备的一般要求有：

1）生产能力大。在满足工艺要求的前提下，要使塔截面上单位时间内物料的处理量大。在较大的气（汽）液流速下，仍不致发生大量的雾沫夹带、拦液或液泛等破坏正常操作的现象。

2）传质效率高。塔设备结构要使气、液两相尽可能充分接触，具有较大的接触面积和分离空间，以获得较高的传质效率。

3）操作稳定性好。当塔设备的气、液负荷量有较大的波动时，仍能在较高的传质效率下进行稳定的操作，并且塔设备应保证能长期连续操作。

4）流体流动的阻力小，即流体通过塔设备的压力降小。这将大大节省生产中的动力消耗，降低塔设备的操作费用。对于减压精馏操作，较大的压力降还将使系统无法维持必要的真空度。

5）满足工业对生产设备的一般要求。安全可靠、结构简单、造价低、选材合理、制造安装维修方便等。

上述各项指标的重要性因不同设备而异，同时满足所有要求很困难。因此，要根据介质的物化性质和操作条件等具体情况具体分析，抓主要矛盾，合理确定塔设备的类型和内部构件的结构形式，以满足不同的生产要求。

三、塔设备的类型及总体结构

1. 塔设备的类型

随着科学技术的进步和石油化工生产的发展，塔设备形成了多种多样的结构，以满足各种不同的工艺要求。为了便于研究和比较，人们从不同的角度对塔设备进行分类。例如，按操作压力将塔设备分为加压塔、常压塔、减压塔；按单元操作将塔设备分为精馏塔、吸收塔、萃取塔、反应塔和干燥塔等；工程上最常用的是按塔的内部结构分为板式塔和填料塔两大类，还有几种装有机械运动构件的塔，如脉动塔、转盘塔等。目前工业上应用最广泛的还是板式塔和填料塔。

2. 塔设备的总体结构

无论板式塔还是填料塔，基本上由塔体、内部构件、支座和附件等构成。其中，塔体包括圆筒体、封头和连接法兰等；内构件指塔板或填料及其支承装置等；支座是塔体与基础的连接部件，一般为裙式支座；附件包括人、手孔，进、出料管口，各仪表接管，液体和气体的分配装置，塔外的扶梯，平台，吊柱和保温层等。

板式塔的总体结构如图 6-1 所示，其内部构件有塔盘、紧固件、支承装置和除沫装置等。板式塔的内部装有多层相隔一定间距的塔盘，是一种逐级（板）接触的气、液传质设备。塔内以塔盘作为基本构件，气体自塔底向上以鼓泡喷射的形式穿过塔盘上的液层，而液体则从塔顶部进入，顺塔而下。上升的气体和下降的液体主要在塔板上接触而传质、传热。两相的组分沿塔高呈阶梯式变化。

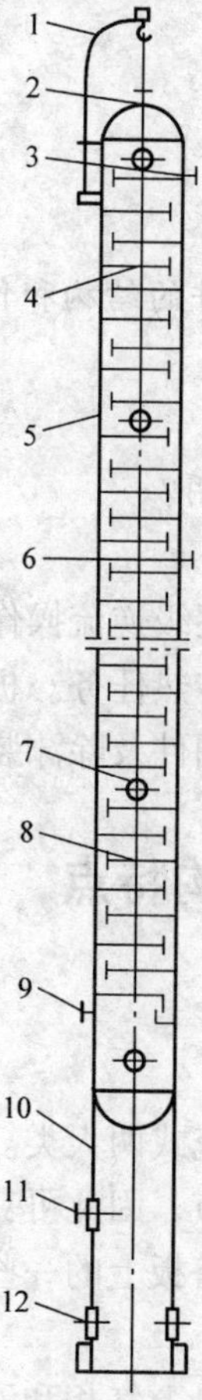

图 6-1　板式塔总体结构图
1—吊柱　2—气体出口　3—回流液入口　4—精馏段塔盘　5—壳体　6—料液进口　7—人孔　8—提馏段塔盘　9—气体入口　10—裙座　11—釜液出口　12—检查孔

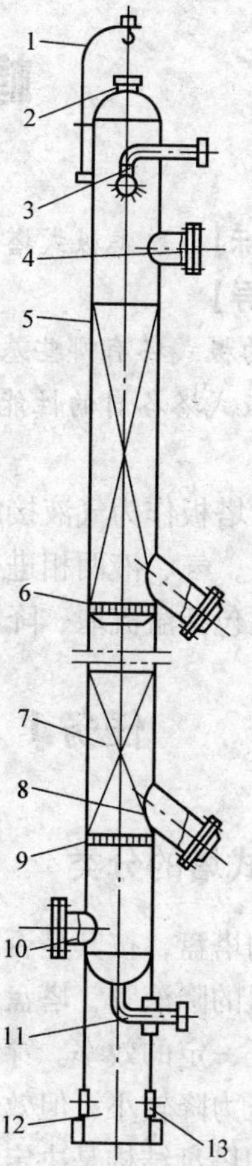

图 6-2　填料塔总体结构图
1—吊柱　2—气体出口　3—喷淋装置　4—人孔　5—壳体　6—液体再分布器　7—填料　8—泄料孔　9—支承装置　10—气体入口　11—液体出口　12—裙座　13—检查孔

一般来说，与填料塔相比，板式塔具有效率高、处理量大、重量轻及便于检修等优点，但其结构较复杂，阻力降较大。在石油、化工生产中，使用数量较多的仍是各类板式塔，尤其当处理的气（汽）、液量较大时。

填料塔总体结构如图 6-2 所示，主要由塔体、填料及其支承结构、喷淋装置、液体分布器、支座及其他附件等组成。填料塔是在塔内装有一定高度的填料层，液体沿填料表面呈膜状向下流动，作为连续相的气体自下而上流动，与液体逆流传质。两相的组分浓度沿塔高呈连续变化。因此，填料塔是一种以连续方式进行气、液传质的设备，其特点是结构简单、压力降小、填料种类多、具有良好的耐腐蚀性能，特别是在处理容易产生泡沫的物料和真空操作时，有其独特的优越性。过去由于填料本体以及内件的不够完善，使得填料塔局限于处理腐蚀性介质或不宜安装塔板的小直径塔。近年来，由于填料结构的改进，新型、高效填料的开发以及对填料流体力学、传质机理的深入研究，使填料塔技术得到了迅速发展，填料塔已被推广到所有大型气、液传质操作中。在某些场合，填料塔甚至取代了传统的板式塔。

模块二　板式塔结构

【学习目标】 熟悉板式塔类型，掌握板式塔及其主要零部件的结构和作用。

【问题引导】

1. 常见的板式塔有哪些基本类型？其内部结构有何特点？
2. 不同板式塔各自的性能如何？适用于哪些场合？如何选用？

板式塔以塔板作为气液接触的基本构件。塔内气液两相呈逐级逆流操作，在塔板上的传质元件作用下，气、液两相进行接触和分离，同时完成传质和传热任务。板式塔的内部构造除塔板外，还包括溢流堰、降液管、受液盘、塔板支承件、紧固件及除沫装置等。

任务 1　熟悉板式塔的类型及结构特点

一、板式塔的分类

板式塔的塔盘，按其是否设置溢流装置，分为溢流式和穿流式两大类。溢流式塔盘上有专供液相流通的降液管，塔盘上的液层高度由溢流堰高度来调节，因此可获得较大的操作弹性，并能保证一定的效率。穿流式塔盘上的气液两相同时通过塔板上的一些孔道流动，处理能力较大，压力降较小，但效率及操作弹性较差。

板式塔的塔盘结构是决定塔特性的关键部件。板式塔按塔盘上气相和液相接触元件的结构又可分为泡罩塔、浮阀塔、筛板塔、舌形塔、浮动喷射塔等。

二、板式塔的结构

1. 泡罩塔

泡罩塔是工业生产上最早出现的典型板式塔，其最主要的传质元件是泡罩。如图 6-3a 所示，由泡罩、升气管、溢流堰、降液管及塔板等部分组成。

泡罩塔盘上设有升气短管，其与塔盘板固定，在升气短管上覆以钟形泡罩，升气短管与泡罩之间形成环形通道。泡罩周边开有很多称为齿缝的长孔，齿缝全部浸在板上液体中形成液封。操作时，气体沿升气管上升，经升气管与泡罩间的环隙，通过齿缝被分散成许多细小的气泡，气泡穿过液层使之成为泡沫层，以加大两相间的接触面积；液体由上层塔盘降液管流到下一层塔盘的受液盘，横过塔盘板并分离所夹带的气泡，再越过溢流堰进入另一侧降液管，在管中气、液进一步分离，分离出的蒸气返回塔盘上方空间，液体流到下层塔盘。

塔盘上的液层靠具有一定高度的溢流装置来保持，由于升气短管高出塔盘板，使板上液体不会漏下，因此泡罩塔的操作稳定，弹性大；又由于蒸气经升气管自泡罩齿缝鼓泡吹入液层，两相接触密切，加之板上液层较深，两相接触时间较长，因此泡罩塔盘的分离效率较高。但是，由于蒸气上升过程中路线曲折，板上液层又较深，因此气相压降大；又因泡罩塔盘上气、液是错流式接触，当液体横向流过整个塔盘时，要克服塔盘上的各种阻力，所以液体进入塔盘处的液面比出口处的高，以维持流动的推动力。当塔盘上液体量大、塔径大时，液体横过塔盘而产生较大的液面落差，这样在液体进口处因液体压头较高上升蒸气量较小，而在液体出口处因液体压头较低，上升蒸气量较大，造成了塔盘上气量分布不匀，影响分离效率与操作。

泡罩有圆形和条形两大类，其中应用最广泛的是圆形泡罩（图 6-3b、c）。圆形泡罩按直径有 ϕ80mm、ϕ100mm、ϕ150mm 三种。其中，前两种为矩形齿缝，并带有帽缘，ϕ150mm 的圆形泡罩为敞开式齿缝。

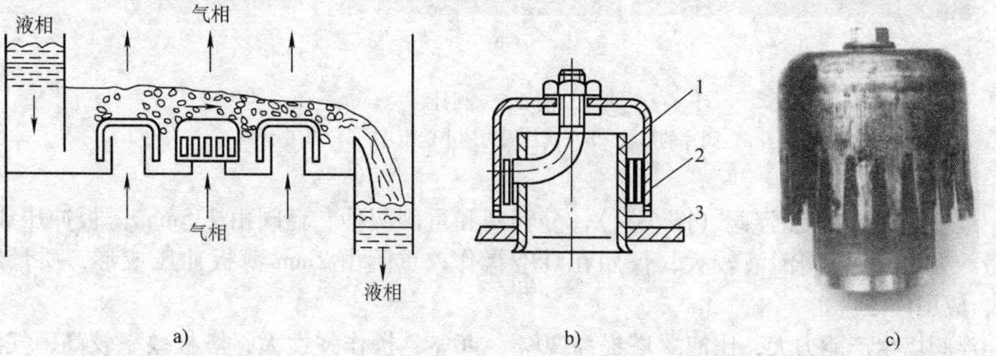

图 6-3　泡罩塔盘

a）泡罩塔板操作示意图　b）圆形泡罩　c）有帽缘的圆形泡罩

1—升气管　2—泡罩　3—塔盘

泡罩塔的应用已有一百多年的历史，技术成熟，操作弹性大，气液比的范围大，不易堵塞；但结构复杂，造价高，气相压降大，安装维修不变。目前，泡罩塔几乎被浮阀塔和筛板塔所代替，只在某些情况，如生产能力变化大，操作稳定性要求高，要求有相当稳定的分离能力时才用。

2. 浮阀塔

浮阀塔是 20 世纪 50 年代前后开发和应用的，是现今应用最广泛的一种塔型，塔盘结构如图6-4所示。浮阀塔气、液两相流程与泡罩塔相似，塔盘上开有一定形状的阀孔（标准孔径为39mm），每个阀孔上装有一个可以上下浮动的阀片，蒸气从阀孔上升，顶开阀片，穿过环形缝隙，以水平方向吹入液层，形成泡沫。浮阀能随气速的增减在相当宽的气速范围内自由升降，保持稳定操作。当气量很小时，气体仍能通过静止开度的缝隙而鼓泡。

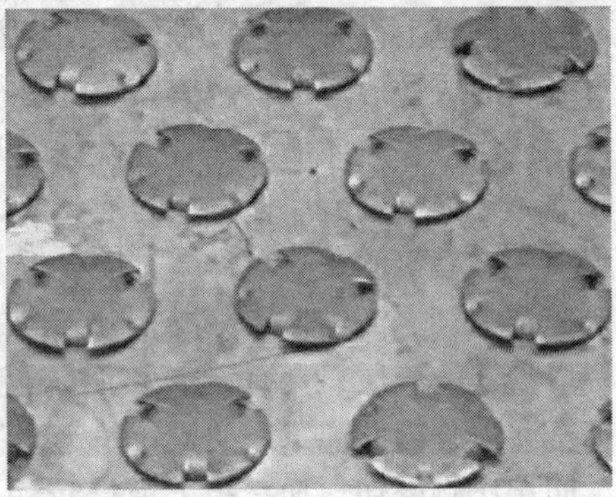

图6-4 浮阀塔盘

阀片的形状有圆形、矩形等，如图6-5a所示。阀片周边冲有三个下弯的小定距片（图6-5b），在浮阀关闭阀孔时，它能使浮阀与塔盘板间保留一小的间隙，一般为2.5mm；同时小定距片还能保证阀片停在塔板上与塔盘板点接触，避免阀片粘在塔板上而无法上浮。阀片四周向下倾斜，且有锐边，增加气体进入液层的湍动作用，有利于气液传质。浮阀的最大开度由阀腿的高度决定，一般为12.5mm。

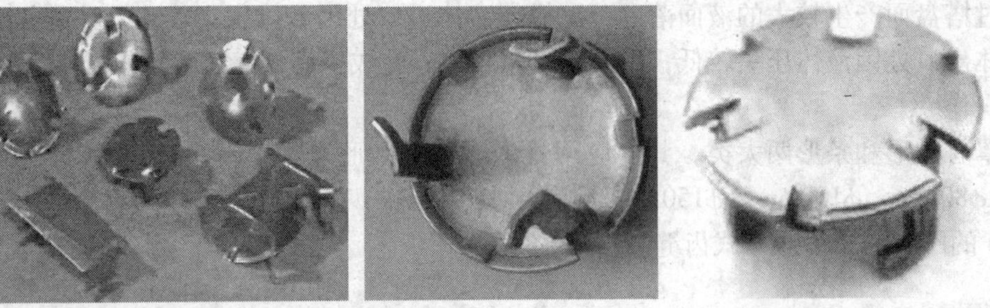

a）　　b）　　c）

图6-5　阀片

a）阀片的形状　b）阀片周边的小定距片　c）F1型浮阀

最普遍的是F1型浮阀（图6-5c），分轻阀和重阀两种。轻阀由1.5mm薄板冲压成形，质量约为25g，轻阀漏液较大，仅用在真空操作；重阀由2mm薄板冲压成形，质量约为33g，应用广泛。

浮阀塔生产能力大，比泡罩塔提高20%~40%；操作弹性大；塔板效率较高，气液接触状态较好，气体沿水平方向吹入液层，雾沫夹带较小；结构及安装较简单，重量较轻，制造费用低，仅为泡罩塔的60%~80%左右。但气速较低时，塔板有漏液，效率下降；阀片有卡死和吹脱的可能，导致操作运转及检修困难；塔板压力降较大，妨碍了它在高气相负荷及真空塔中的应用。

3. 筛板塔

筛板塔塔盘由筛孔区、无孔区、溢流堰及降液管等部分组成，如图6-6所示。液体从上层塔盘的降液管流下，横向流过塔盘，越过溢流堰经溢流管流入下层塔盘，塔盘上依靠溢流堰的高度保持其液层高度；蒸气自下而上穿过筛孔时，被分散成气泡，在穿越塔盘上液层时，进行气、液两相间的传质与传热。液相负荷的塔板孔径为$\phi 4 \sim 6$mm，按正三角形排列，孔间距t与孔径d_0的比值为2.5~5，最佳值为3~4。

溢流堰高度决定塔盘上液层深度，溢流堰高，则气液接触时间长、板效率高，液相负荷小时也易保证气、液接触均匀，对筛板安装水平度要求不高。溢流堰太高时，塔板压降增大，气量小时容易漏液。一般而言，常压操作时溢流堰高度为25~50mm，减压蒸馏时为10~15mm。

筛板塔应用历史较久，与泡罩塔相比结构简单，成本降低40%左右，板效率提高10%~15%，安装维修方便；但是操作弹性不如泡罩塔，负荷有变动时，操作稳定性差，介质粘性较大或含杂质较多时筛孔易堵塞。筛板塔现有大筛孔（孔径达20~25mm）、导向筛板等多种形式。

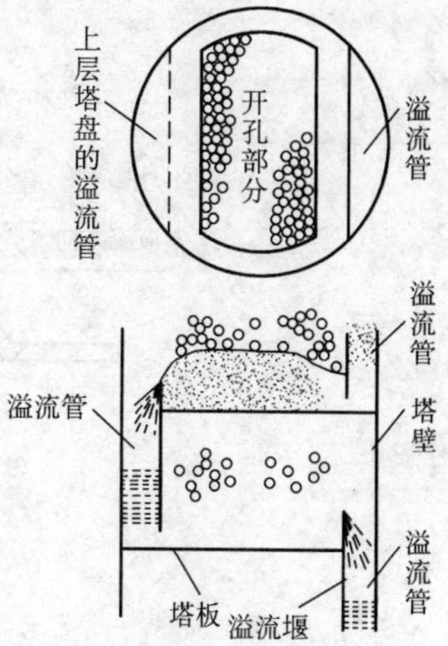

图6-6 筛板塔结构及气液接触状况

4. 无降液管塔——穿流式栅板塔

穿流式栅板塔塔盘上无降液管，气液通道为冲压而成的长条栅缝或圆形筛孔。操作时蒸气由栅缝或筛孔上升，液体在塔盘上被上升的气体扰动形成泡沫，两相在泡沫中进行传质与传热。与气相密切接触后的液体又不断从栅缝或筛孔流下，气液两相同时在栅缝或筛孔中形成上下穿流。

栅板可用扁钢条拼焊而成，栅缝宽度为4~6mm，长度为60~150mm，栅缝中心距为（1.5~3）倍的栅缝宽度，筛孔直径通常采用5~8mm，塔板的开孔率为15%~30%，塔盘间距为300~600mm，结构如图6-7所示。

穿流式栅板塔结构简单，加工容易，安装维修方便，投资少；节省了降液管所占的塔截面（约为15%~30%），生产能力比泡罩塔大20%~100%；开孔率大，栅缝或筛孔处的气速比溢流式塔盘小，压降比泡罩塔低40%~80%，可用于真空蒸馏。但效率较低，比一般板式塔低30%~60%，操作弹性较小，欲保持较好的分离效率时，塔板负荷的上下限之比约为2.5~3.0。

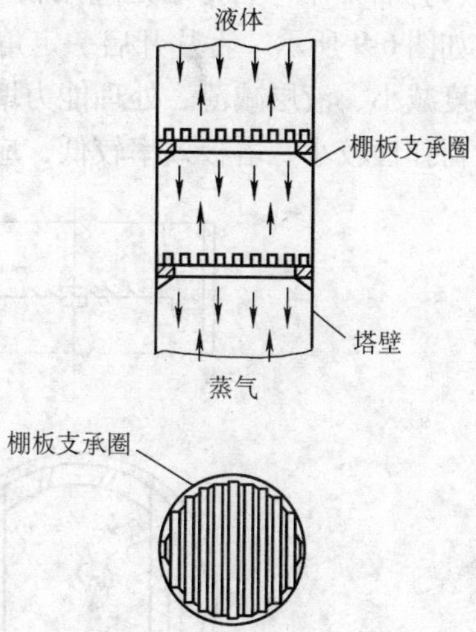

图6-7 穿流式栅板塔

5. 导向筛板塔

导向筛板塔有两项改进，如图6-8所示。一是在塔盘上开有一定数量的导向孔，气流经过导向孔对液流有一定的推动作用，有利于推进液体并减小液面梯度；二是在塔盘液体入口处增设鼓泡促进结构，也称鼓泡促进器，有利于液体一进入塔板就迅速鼓泡，达到良好的气液接触，提高塔盘板利用率，使液层减薄、压降减小。使用这种塔盘，压降可下降15%，板效率可提高13%左右，可用于减压蒸馏和大型分离装置。导向孔形状类似百叶窗，冲压而凸起，开口为细长的矩形缝。缝长有12mm、24mm和36mm三种。开孔率一般取10%~20%，可视物料性质而定，开缝高度为1~3mm。

鼓泡促进器的主要尺寸是突起高度和斜面的斜率，它们的取值与物性及塔径大小有关。突起高度一般取5~10mm，斜面的斜率一般用$\tan\theta=0.1\sim0.3$，鼓泡促进器斜面上有筛孔，不开导向孔。

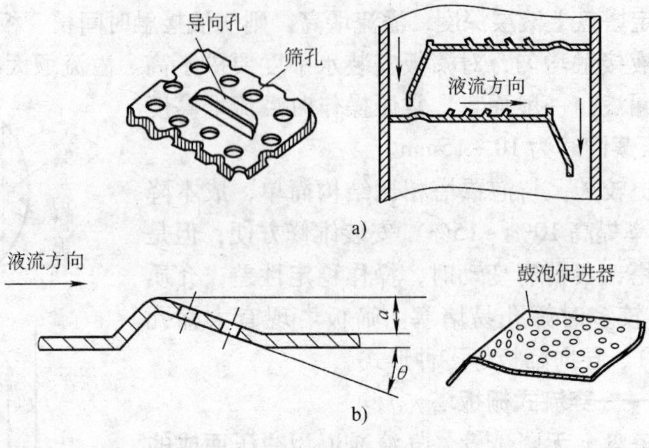

图 6-8　导向筛孔与鼓泡促进器

a）导向孔　b）鼓泡促进器

6. 斜喷型塔

气流垂直向上喷射（如筛板塔），造成较大雾沫夹带，若使气流在塔盘上沿水平方向或倾斜方向喷射，可减轻夹带，并通过调节倾斜角度改变液流方向，减小液面梯度和液体返混。

（1）舌形塔　舌形塔是应用较早的一种斜喷型塔，在塔盘上冲出以一定方式排列的舌片，如图 6-9 所示。舌片开启一定角度，舌孔方向与液流方向一致，气相喷出推动液体，液面梯度减小、液层减薄、处理能力增大、压降减小。舌形塔结构简单，安装检修方便；但塔的负荷弹性较小、塔板效率较低，应用受到一定限制。

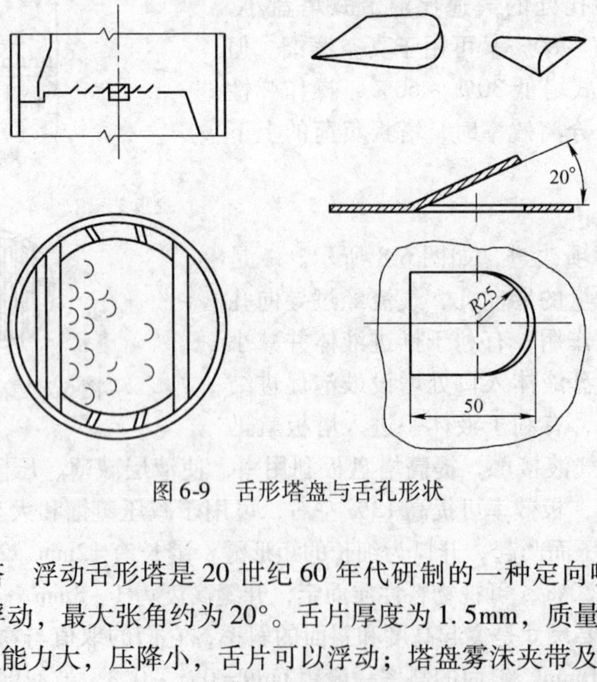

图 6-9　舌形塔盘与舌孔形状

（2）浮动舌形塔　浮动舌形塔是 20 世纪 60 年代研制的一种定向喷射型塔板，如图 6-10 所示，一端可以浮动，最大张角约为 20°。舌片厚度为 1.5mm，质量约为 20g。

浮动舌形塔处理能力大，压降小，舌片可以浮动；塔盘雾沫夹带及漏液较小，操作弹性显著增加；板效率较高，但其舌片容易损坏。各种类型的板式塔性能比较见表 6-1。

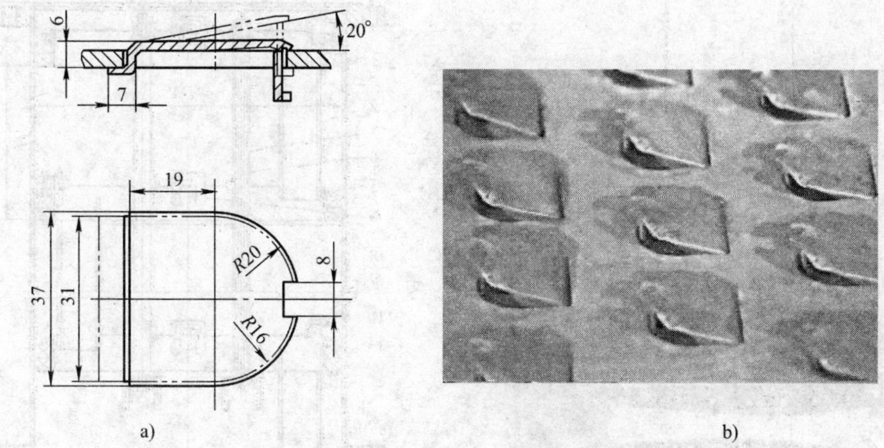

图 6-10　浮动舌形塔的舌片和塔盘结构

a）浮动舌形塔的舌片　b）浮动舌形塔盘

表 6-1　板式塔性能的比较

塔型	与泡罩塔相比的相对气相负荷	效率	操作弹性	85%最大负荷时的单板压降/Pa	与泡罩塔相比的相对价格	可靠性
泡罩塔	1.0	良	超	441～784	1.0	优
浮阀塔	1.3	优	超	441～588	0.7	良
筛板塔	1.3	优	良	294～490	0.7	优
舌形塔	1.35	良	超	390～686	0.7	良
栅板塔	2.0	良	中	245～390	0.5	中

任务 2　选用板式塔的主要内部构件

一、塔盘

此处仅介绍溢流型塔盘的结构，如图 6-11 所示。溢流型塔盘由塔板、降液管、受液槽、溢流堰和气、液接触元件等组成。按塔径及结构，溢流型塔盘可分为整块式塔盘和分块式塔盘。整块式塔盘 DN≤700mm；分块式塔盘 DN≥800mm。

1. 整块式塔盘

整块式塔盘按组装方式分为定距管式塔盘、重叠式塔盘。塔体由若干塔节组成，内装有一定数量的塔盘，塔节间用法兰连接。

（1）定距管式塔盘　图 6-12 所示为定距管式塔盘，用定距管 4 和拉杆 3 将同一塔节内的几块塔盘板 1 支承并固定在塔节内的支座上，定距管起支承塔盘和保持塔盘间距的作用。塔盘与塔体之间的间隙，以软填料密封并用压圈 10 压紧，如图 6-13 所示。塔径 DN = 300～500mm 时，塔节高度 L = 800～1000mm；塔径 DN = 600～700mm 时，塔节高度 L = 1200～1500mm。为方便安装，每个塔节中的塔盘数为 5～6 块。

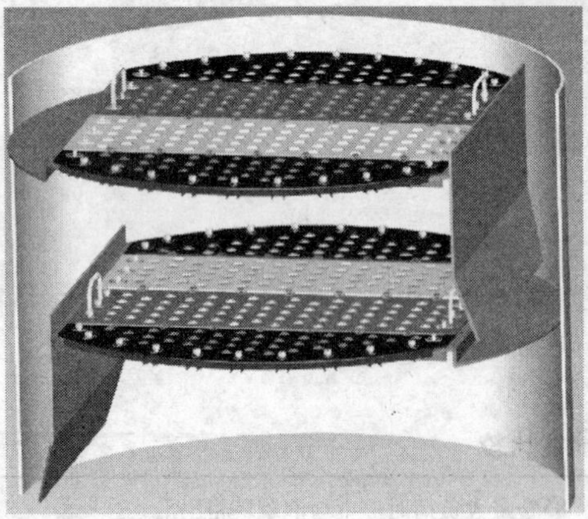

图 6-11　溢流型塔盘的结构

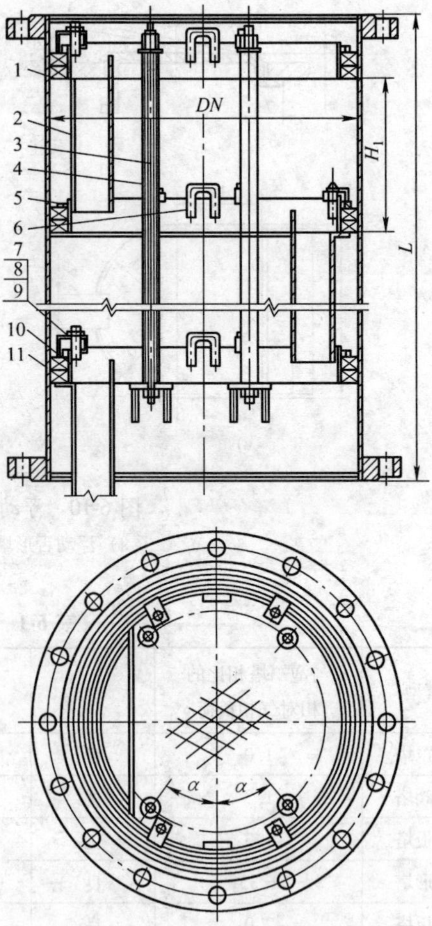

图 6-12　定距管式塔盘结构

1—塔盘板　2—降液管　3—拉杆　4—定距管　5—塔盘圈　6—吊耳　7—螺栓　8—螺母　9—压板　10—压圈　11—石棉绳

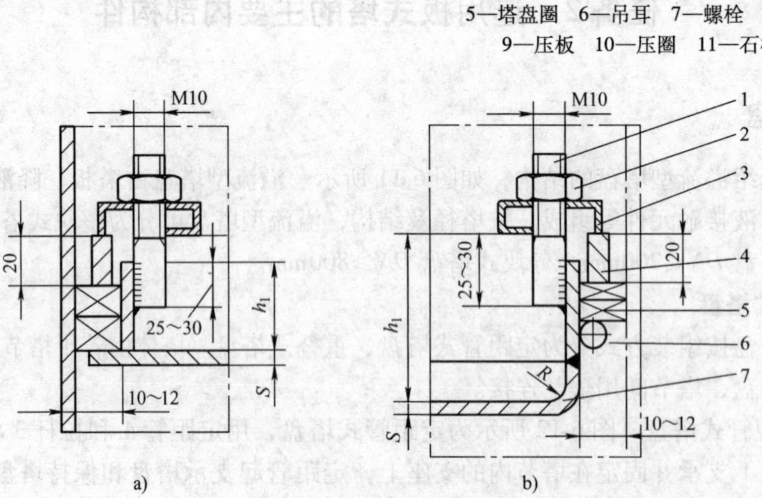

图 6-13　整块式塔盘的密封结构

a）角焊结构　b）翻边结构

1—螺栓　2—螺母　3—压板　4—压圈　5—填料　6—圆钢圈　7—塔盘

（2）重叠式塔盘 重叠式塔盘图如 6-14 所示，塔节下部焊有一组支座，底层塔盘支承在支座上，依次装入上一层塔盘，塔盘间距由其下方的支柱保证，并用三只调节螺钉调节塔盘的水平。塔盘与塔壁之间的间隙，同样采用软填料密封，用压圈压紧。

塔盘结构有角焊结构及翻边结构两种。角焊结构如图 6-15a、b 所示，将塔盘圈角焊于塔盘板上。角焊缝为单面焊，焊缝可在塔盘圈外侧或内侧。结构简单，制造方便，但应考虑减小焊接变形引起的塔板不平。翻边结构如图 6-15c、d 所示，塔盘圈由塔板直接翻边而成，避免焊接变形。其中，图 6-15c 所示结构直边较短，为整体冲压成形；图 6-15d 所示结构为塔盘圈与塔板对接焊而成塔盘圈由塔板直接翻边而成，避免了焊接变形。

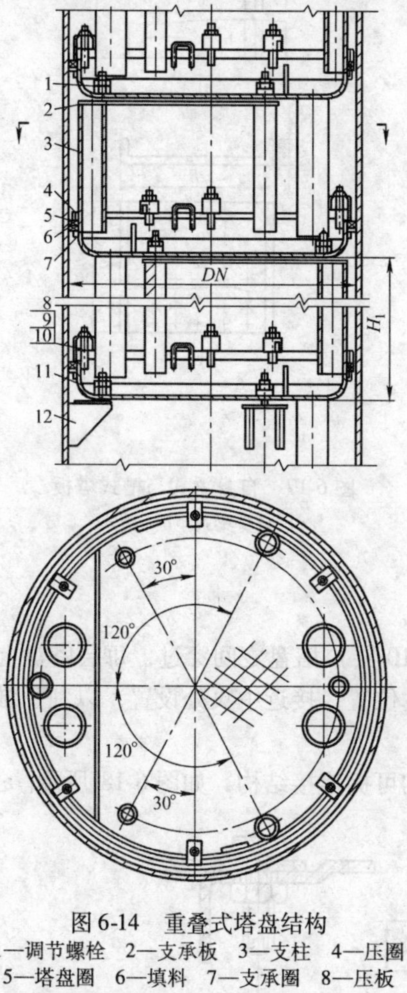

图 6-14 重叠式塔盘结构
1—调节螺栓 2—支承板 3—支柱 4—压圈
5—塔盘圈 6—填料 7—支承圈 8—压板
9—螺母 10—螺柱 11—塔盘板 12—支座

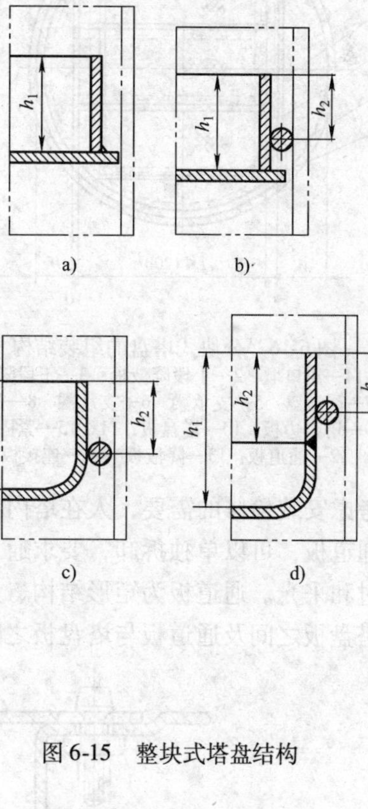

图 6-15 整块式塔盘结构

2. 分块式塔盘

对于直径较大的塔，将塔盘制造成分块式，以便于制造、安装、检修，并且能通过人孔送入塔内，焊于塔体内壁的塔盘支承件上，如图 6-16 所示。此时塔体为开设人孔的焊制整体圆筒。

分块式塔盘板的设计要求其结构简单，装拆方便，刚性足够，便于制造、安装和维修。塔盘有自身梁式和槽式两类，如图 6-17 所示。常用自身梁式将塔盘板冲压出折边，折边与塔盘板的板面之间有一比塔板面低一板厚的凹肩，用以搭接与其相邻的塔盘板增加刚性，结构简单，节省钢材。

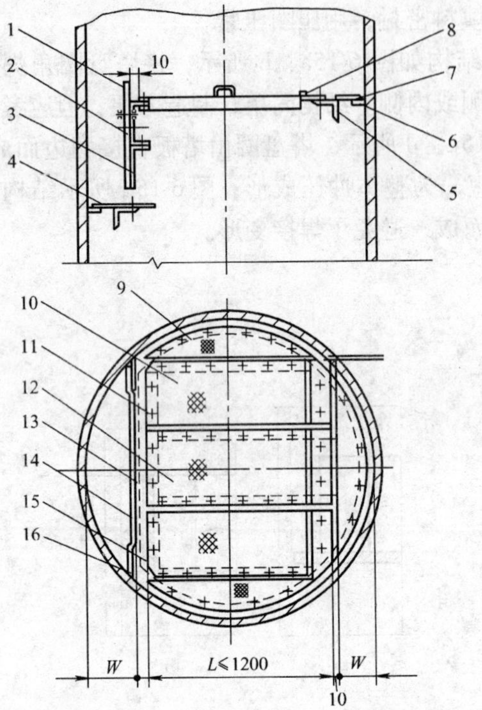

图 6-16　分块式塔盘的组装结构

1、14—出口堰　2—上段降液板　3—下段降液板
4、7—受液盘　5—支承梁　6—支承圈　8—进口堰
9—塔盘边板　10—塔盘板　11、15—紧固件
12—通道板　13—降液板　16—连接板

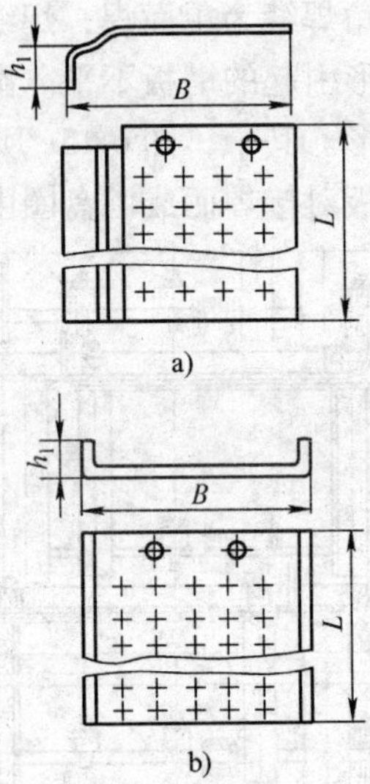

图 6-17　自身梁式与槽式塔板

a）自身梁式　b）槽式

考虑安装检修的需要，人在塔内能在数层（8～10 层）塔盘之间穿过，每层塔盘上均应设有通道板，可以单独拆卸，要求通道板在同一铅垂位置，接近中央处设置，以利于维修人员通过和采光。通道板为矩形结构、无折边。

塔盘板之间及通道板与塔盘板之间采用上、下均可拆连接结构，如图 6-18 所示。

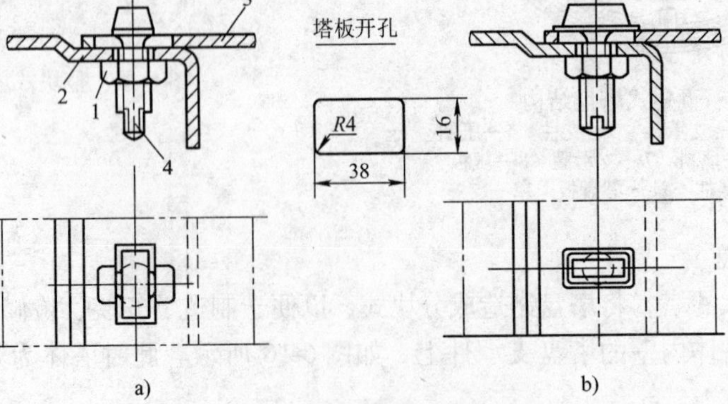

图 6-18　上下均可拆的通道板

1—螺母　2—塔板Ⅰ　3—塔板Ⅱ　4—T 形螺栓

塔盘紧固件卡子用于塔盘板与支承圈的连接，卡子由卡板 1、椭圆垫板 2、圆头螺钉 3 及螺母 4 等零件组成，如图 6-19 所示。考虑到塔体圆度公差及塔盘板宽度尺寸公差等因素，卡子孔为长圆形。

3. 溢流装置

板式塔溢流装置包括降液管、溢流堰、受液盘等部件。

（1）降液管　降液管有圆形与弓形两大类，如图 6-20 所示。常用的是弓形降液管。弓形降液管由平板和弓形板焊制而成，并焊接固定在塔盘上。当液体负荷较小或塔径较小时，可采用圆形降液管。圆形降液管有带溢流堰和兼作溢流堰两种结构。

（2）受液盘　为保证降液管出口处的液封，在塔盘上设有受液盘。受液盘有平形和凹形两种。平形受液盘用于物料容易聚合的场合，可以避免在塔盘上形成死角。图 6-21a 所示为一种可拆式平形受液盘。凹形受液盘（图 6-21b）对液体流动有缓冲，当液体通过降液管与受液盘的压力降大于 245Pa（25mm 水柱），或使用倾斜式降液管时使用此结构，可降低塔盘入口处的液封高度，使液流平稳，有利于塔盘入口区更好地鼓泡。凹形受液盘的深度一般大于 50mm，但不超过塔板间距的 1/3，否则应加大塔盘间距。

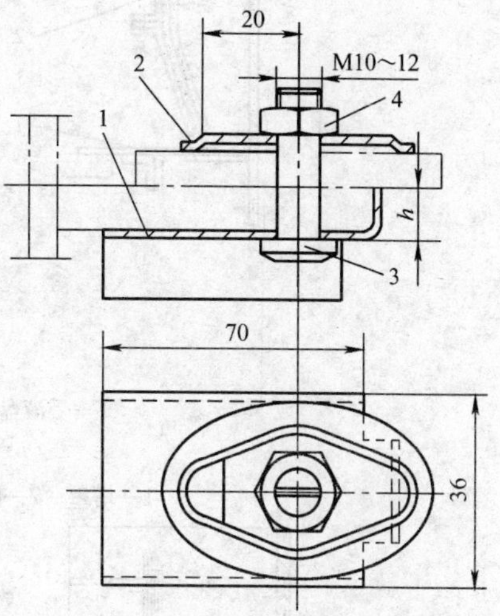

图 6-19　卡子的组装结构

1—卡板　2—椭圆垫板　3—圆头螺钉　4—螺母

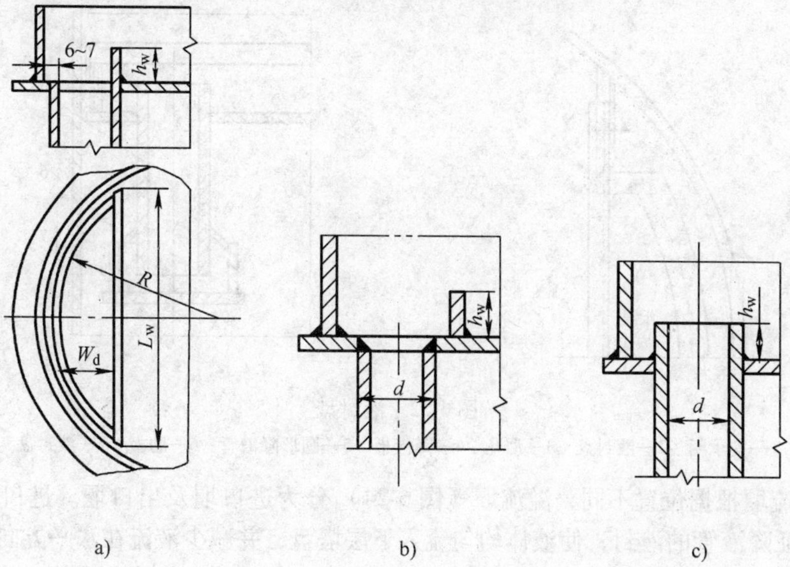

图 6-20　降液管

a）弓形降液管　b）带溢流堰的圆形降液管　c）兼作溢流堰的圆形降液管

为保证降液管出口处的液封，在塔或塔段的最底层塔盘降液管处设置液封盘，如图 6-22 所示，液封盘上的泪孔供停工时排液用。

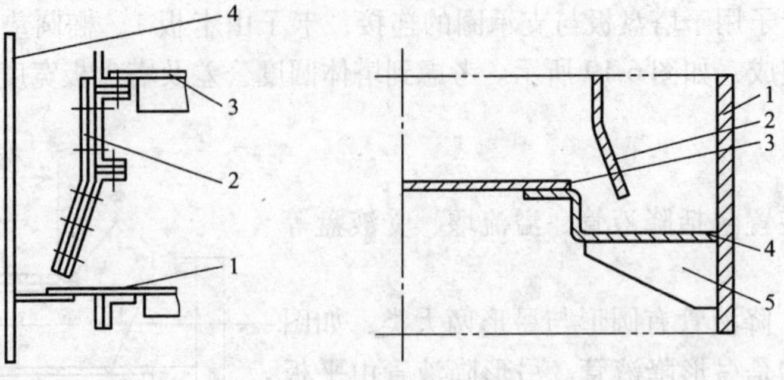

a)　　b)

图6-21　受液盘结构

a）平形受液盘

1—受液盘　2—降液管　3—塔盘板　4—塔壁

b）凹形受液盘

1—塔壁　2—降液板　3—塔板　4—受液盘　5—肋板

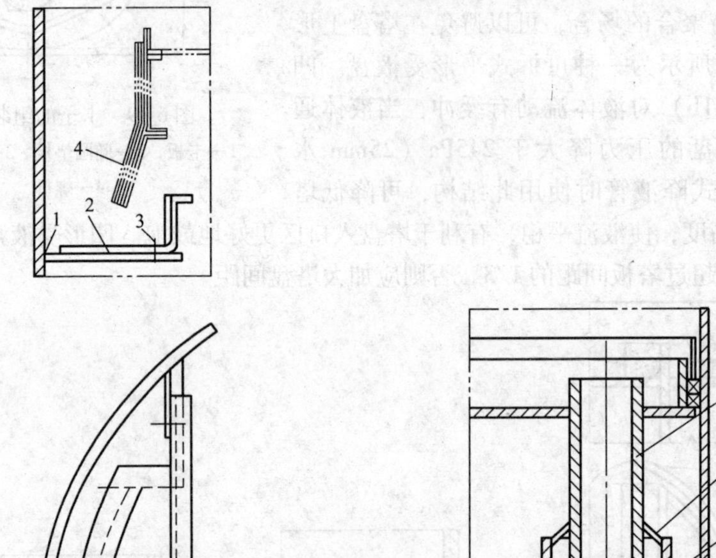

图6-22　液封盘

1—支承圈　2—液封盘　3—泪孔　4—降液板　5—圆形降液管　6—肋板　7—液封盘

（3）溢流堰根据位置不同，溢流堰（图6-24）分为进口堰及出口堰。进口堰用于平形受液盘，保证降液管的液封，使液体均匀流入下层塔盘，并减少液流在水平方向的冲击，设在液流进入端。出口堰可以保持塔盘上液层的高度，并使流体均匀分布。单流型塔盘出口堰长度 $L_w=(0.6\sim0.8)D_i$（其中 D_i 为塔的内径）；双流型塔盘出口堰长度 $L_w=(0.5\sim0.7)D_i$。出口堰高度 h_w 由物料性能、塔型，液体流量及塔板压力降等因素确定。

二、除沫装置

塔设备操作气速大时，塔顶雾沫夹带严重，造成物料流失，效率降低，环境污染。为减少液体夹带损失，确保气体纯度以及后续设备的正常操作，在气体出口处设置除沫装置。除沫装置分为丝网除沫器、折流板除沫器、旋流板除沫器、多孔材料除沫器、玻璃纤维除沫器等。

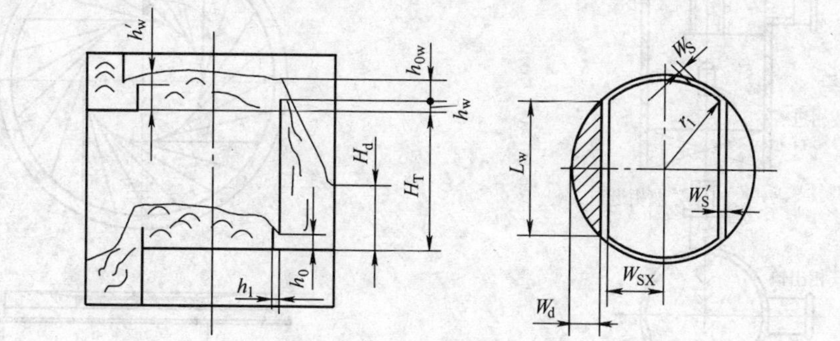

图 6-23　溢流堰的结构尺寸

1. 丝网除沫器

丝网除沫器如图 6-24 所示，丝网块直径小于设备内直径，需另加一圆筒短节（升气管）以安放网块。丝网除沫器特点是比表面积大、重量轻、空隙率大、使用方便、除沫效率高、压力降小、应用广泛，应用于清洁气体。它不宜用于液滴中含有或易析出固体物质的场合（如碱液、碳酸氢钠溶液等），以免液体蒸发后留下固体堵塞丝网。当雾沫中含有少量悬浮物时，应注意经常冲洗。

2. 折流板除沫器

折流板除沫器由 50mm × 50mm × 3mm 角钢制成，如图 6-25 所示。当夹带液体的气体通过角钢通道时，由于碰撞及惯性作用而达到截留及惯性分离。分离下来的液体由导液管与进料一起进入分布器。折流板除沫器结构简单，不易堵塞，但金属消耗量大，造价较高。一般情况下，它可除去 5×10^{-2}mm 以上的液滴，压力降为 50～100Pa。

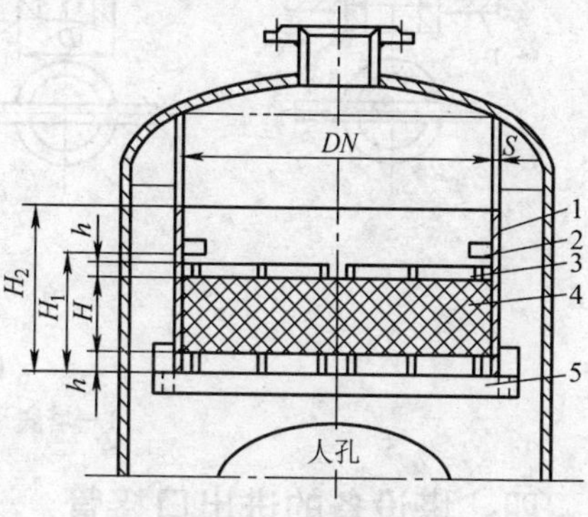

图 6-24　丝网除沫器

1—升气管　2—挡板　3—格栅　4—丝网　5—梁

3. 旋流板除沫器

旋流板除沫器如图 6-26 所示。夹带液滴的气体通过叶片时产生旋转和离心运动，在离心力的作用下将液滴甩至塔壁，从而实现气、液分离，除沫效率可达95%。

三、防涡器

塔底液体流出时，若带有漩涡则会将油气卷带入与塔底出口相连的泵内，容易使泵发生抽空现象。为此，塔底大多装有防涡器，其结构如图 6-27 所示。图 6-27a 所示的防涡器排液管伸入塔底内一定高度，一般为 50 mm 以上，适用于稍有沉淀的物料，以防沉淀被吸入泵内。图 6-27b 所示的防涡器排管口与塔底平齐，用于干净的物料；当排液管直径小于 150 mm 时就用一块钢板插焊在管口；排液管直径大于 150 mm 时，可用十字形板插焊于管口，如图 6-27c、d 所示。

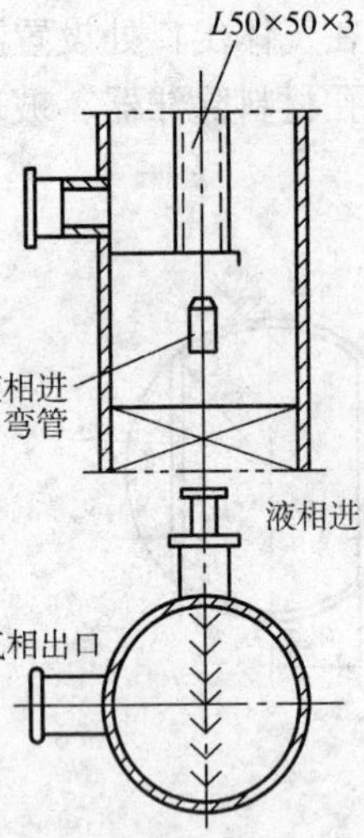

图 6-25 折流板除沫器

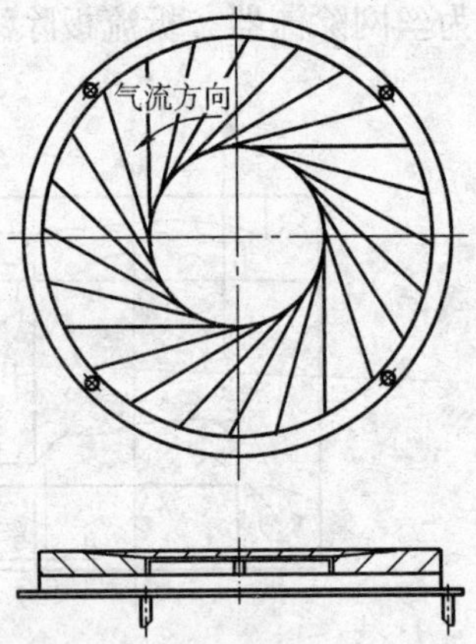

图 6-26 旋流板除沫器

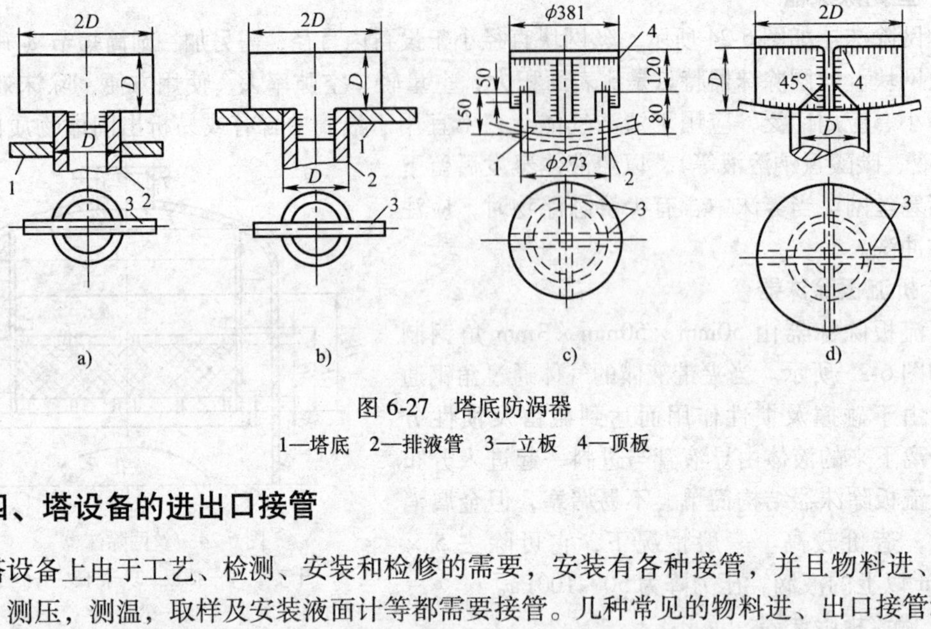

图 6-27 塔底防涡器

1—塔底 2—排液管 3—立板 4—顶板

四、塔设备的进出口接管

塔设备上由于工艺、检测、安装和检修的需要，安装有各种接管，并且物料进、出口，人孔，测压，测温，取样及安装液面计等都需要接管。几种常见的物料进、出口接管结构如图 6-28 ~ 图 6-31 所示。

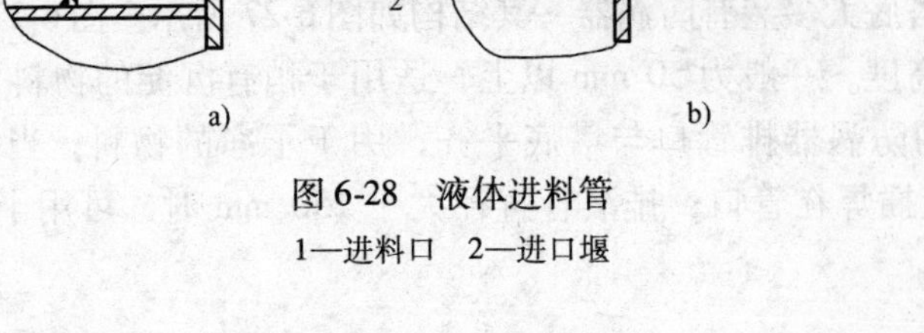

图 6-28 液体进料管

1—进料口 2—进口堰

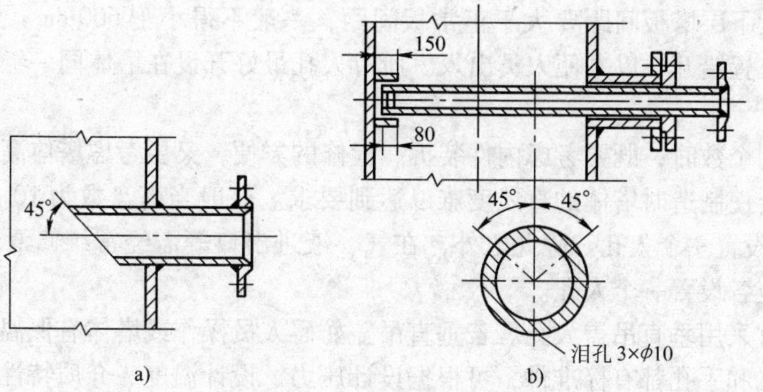

图 6-29　气体进料管

对液体进料，当塔径大于等于 800mm 且物料较清洁时可用图 6-28a 所示的结构；当塔径小于 800mm 或物料较脏、需经常清洗时宜采用图 6-28b 所示的结构。对气体分布要求不高、直径较小的塔，可采用图 6-29a 所示的简单进气管。为避免进塔气体冲溅、夹带塔底的储液，进气管应安装在塔内最高液面之上一定距离；当塔径较大、要求进气分布均匀时，宜采用图 6-29b 所示的横管结构，管上有三排出气小孔，孔径由工艺决定。若为气、液混合进料，为使物料气、液充分分离，除将加料塔盘间距适当加大外，还应采用图 6-30 所示的切向进料管。

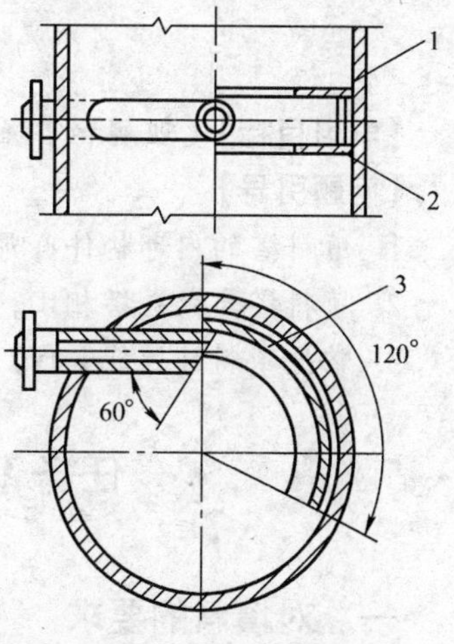

图 6-30　气、液混合进料管
（切向进料管）
1—上挡板　2—下挡板　3—导向挡板

对液体出料接管，可直接从塔底引出裙座外。对气体出料管，为减少雾沫夹带，在未设置除沫器的塔中可采用图 6-31 所示的气体出口结构。

五、人孔和手孔

分块式塔盘的塔体一般都开设有人孔。人孔是人员进出塔器和传送内件的通道。当采用整块式塔盘时，由于塔径过小（$D_i < 800$mm），人员难以进入塔内，塔体上可开设手孔，以便于装拆和检修塔体内件。

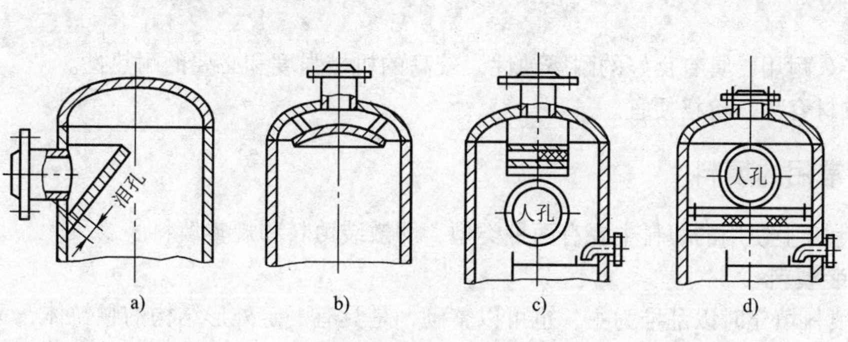

图 6-31　气体出口管

人孔处的上下层塔板间距要大于正常板间距，一般不得小于600mm。人孔和手孔的布置要与降液管位置错开，以方便人员出入。所有人孔最好开设在塔体同一经线上，以便施工作业。

设置人孔的个数时，既要考虑内件装拆、检修的方便，又要考虑塔体高度的增加；且人孔设置过多，会使制造时塔体的直线度难以达到要求。一般当塔盘数为10～20块或塔高在5～10m时，应设置一个人孔。除此之外，在气、液进出口等需经常维修清理的部位以及塔顶和塔釜处，应各设置一个人孔。

在塔体上宜采用垂直吊盖人孔。若垂直吊盖妨碍人员操作或塔体有保温层时，可采用回转盖人孔。人孔和手孔都有标准件，可根据设计压力、设计温度、介质特性以及安装环境等因素选用。

模块三　填料塔结构

【学习目标】 理解和掌握填料塔的填料类型及其他主要零部件的结构和作用。

【问题引导】

1. 填料塔的内部构件有哪些？各自有什么作用？
2. 填料塔与板式塔相比，传质机理、结构特点、适用场合有什么不同？
3. 常见填料的性能如何？有何优缺点？

任务1　熟悉填料类型及其支承结构

一、对填料的要求

填料是填料塔的核心内件，提供气、液两相接触的传质和换热表面，与塔的其他内件共同决定塔的性能。对填料的基本要求是：

1）单位体积填料的表面积，即比表面积要大，且填料表面易为液体润湿。

2）单位体积填料的空隙体积，即空隙率要高，以增加气液的通过能力、减小流动阻力。

3）经久耐用，具有良好的耐腐蚀性、较高的机械强度和必要的耐热性。

4）取材容易，价格便宜。

二、常用的填料

工业生产上使用的填料主要有两种类型，即散装填料和规整填料。

1. 散装填料

散装填料填充时以乱堆为主，也可以整砌，是具有一定外形结构的颗粒体，又称颗粒填料。散装填料包括环形（拉西环、鲍尔环、改进鲍尔环、阶梯环）、鞍形（弧鞍、矩鞍、改进矩鞍、环矩鞍）和其他颗粒填料如图6-32所示。

散装填料的发展经历了三个阶段。从20世纪初到50年代发展出了以拉西环和弧鞍填料为代表的第一代填料；70年代相继开发出了以鲍尔环和矩鞍形填料为代表的第二代填料；从70年代起又开发出了阶梯环、环矩鞍等第三代填料。其中，第一代填料是随后开发的各种填料的基础，但因其性能较差，在工业上已逐步被淘汰；第二代填料在工业上得到了广泛的应用；第三代填料因其性能更为优良，正获得越来越广泛的应用。

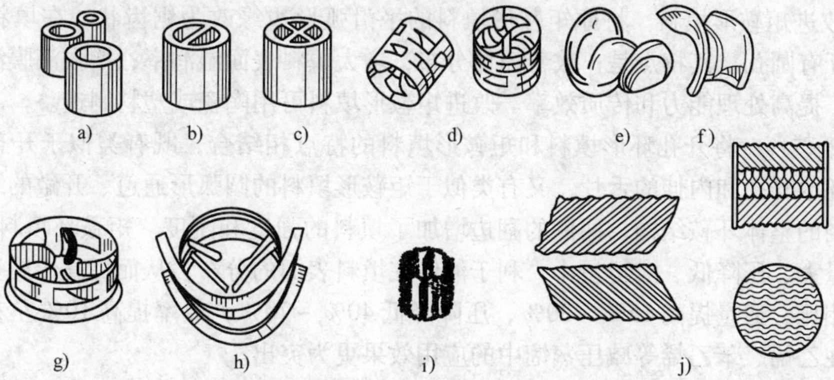

图6-32 各种填料的形状

a）拉西环 b）θ环 c）十字格环 d）鲍尔环 e）弧鞍环 f）矩环 g）阶梯环 h）金属鞍环 i）θ网环 j）波纹填料

（1）拉西环填料 拉西环填料是高度与外径相等的圆柱体，由陶瓷、金属、塑料等制成，规格以外径为特征尺寸。大尺寸的拉西环填料（100mm以上）一般采用整砌方式装填，小尺寸的拉西环填料（75mm以下）多采用乱堆方式填充。乱堆时填料间易产生架桥，相邻填料外表面间形成线接触，填料层内形成积液，液体的偏流、沟流、股流阻力较大，通量较小。

（2）鲍尔环填料 鲍尔环填料是高度与直径相等的开孔环形填料，在其侧面开有两层长方形的孔窗，每层有5个窗孔，每个孔的舌叶弯向环心，上、下两层孔窗的位置交错，孔的面积占环壁总面积的35%左右。鲍尔环填料一般用金属或塑料制成。与拉西环填料相比，鲍尔环填料效率高出30%左右；在相同的压降下，处理能力增加50%以上；在相同的处理能力下，压降仅为拉西环填料的一半。

（3）改进鲍尔环填料 与鲍尔环填料相似，改进鲍尔环填料只是环壁上开孔的大小及内弯叶片的数量不同。每个窗孔改为上下两片叶片从两端分别弯向环内，叶片数比鲍尔环填料多出一倍，交错地分布在四个平面上。改进鲍尔环填料环壁上的开孔面积比鲍尔环填料有所增加，使填料内的气、液分布情况得到改善，处理能力较鲍尔环提高10%以上。

（4）阶梯环填料 阶梯环填料类似于鲍尔环填料，但高度减小一半，一端扩为喇叭形翻边，增加了填料环的强度；且使填料在堆积时相互的接触由以线接触为主变成为以点接触为主，增加了填料颗粒的空隙，减少了气体通过填料层的阻力，改善了液体的分布，促进了液膜的更新，提高了传质效率。阶梯环由金属、陶瓷和塑料等材料制成。

（5）弧鞍形填料 弧鞍形填料通常由陶瓷制成，其弧形的液体通道，空隙较环形填料连续，气体向上主要沿弧形通道流动，改善了气液流动状况。由于相邻填料容易产生套叠和架空的现象，使一部分填料表面不能被湿润，即不能成为有效的传质表面，目前基本被矩鞍形填料所取代。

（6）矩鞍形填料　矩鞍形填料为敞开式填料，由弧鞍形填料发展而来，它将弧鞍形填料的两端由圆弧改为矩形，克服了弧鞍形填料容易相互叠合的缺点。其特点是：重叠较少，空隙率较大，填料表面利用率高；压降低，传质效率比拉西环提高40%以上，不易被固体悬浮颗粒堵塞，装填时破碎量较少；应用广泛。矩鞍形填料可用瓷质材料、塑料制成。

（7）改进矩鞍形填料　将原矩鞍形填料的平滑弧形边缘改为锯齿状，在填料的表面增加皱折并开有圆孔。其特点是：改善流体分布，增大填料表面湿润率；增强液膜湍动，降低气体阻力，提高处理能力和传质效率。改进矩鞍形填料可用陶瓷或塑料制造。

（8）矩鞍环　将开孔环形填料和矩鞍形填料的特点相结合，既有类似于开孔环形填料的圆环、环壁开孔和内伸的舌片，又有类似于矩鞍形填料的圆弧形通道、开敞的结构。用薄金属板冲制的整体环鞍结构，两侧的翻边增加了填料的强度和刚度。矩鞍环填料的特点是：流体的通量大、压降低、滞留量小，利于液体在填料表面的分布，从而提高传质性能；与金属鲍尔环相比，通量提高15%～30%，压降降低40%～70%，效率提高10%左右；应用广泛，特别在乙烯、苯乙烯等减压蒸馏中的应用效果更为突出。

2. 规整填料

规整填料在塔内按均匀的几何图形规则、整齐地堆砌，人为地规定了填料层中气、液的流路，改善了沟流和壁流的现象，大大降低了压降，提高了传热、传质的效果。

（1）丝网波纹填料　丝网波纹填料采用金属材质，如不锈钢、铜、铝、铁、镍及镍合金等，分为塑料丝网波纹填料及碳纤维波纹填料。丝网波纹填料由若干平行、直立放置的波网片组成。网片的波纹方向与塔轴线成一定的倾斜角（一般为30°或45°），相邻网片的波纹倾斜方向相反，于是在波纹网片之间构成了一个相互交叉又相互贯通的三角形截面的通道网。组装在一起的网片周围用带状丝网团箍住，构成一个圆柱形的填料盘。填料盘的直径略小于塔的内径（2mm左右），便于装在塔内。填料装入塔时，上下两盘填料的网片方向互成90°。此类填料空隙率及比表面积均较大，填料的表面润湿率高，但是造价高，易堵塞。

（2）板波纹填料　用表面具有沟纹及小孔的金属板波纹片代替金属网波纹片，即每个填料盘由若干金属板波纹片相互叠合而成。相邻两波纹片间形成通道且波纹流道成90°交错，上、下两盘填料中波纹片的叠合方向旋转90°。板波纹填料分为金属、塑料及陶瓷板波纹填料三大类。金属板波纹填料保留了金属丝网波纹填料压降低，通量高，持液量小，气液分布均匀，几乎无放大效应等优点，传质效率也比较高。

三、填料支承装置

填料支承装置安装在填料层的底部，支承操作时填料层的重量，且防止填料穿过支承装置而落下。要求填料支承装置有足够的开孔率，使气液两相能自由通过，具备足够的强度及刚度，结构简单，便于安装，耐腐蚀。

1. 栅板型支承

栅板型填料支承装置结构如图6-33所示，应用最广。它由相互垂直的栅条组成，放置于焊接在塔壁的支承圈上。小塔径使用整块式栅板，大塔径使用分块式栅板。散装填料直接乱堆在栅板上时，将空隙堵塞而减少开孔率，故栅板型支承广泛用于规整填料塔。有时在栅板上先放置一盘板波纹填料，然后再装填散装填料。

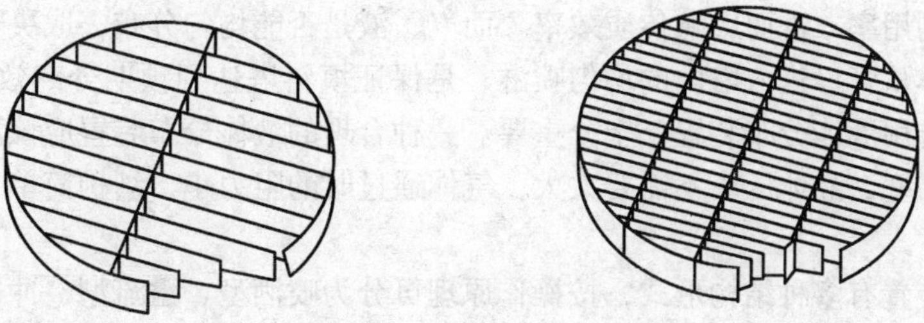

图 6-33 栅板型支承

2. 气液分流型支承

气液分流型支承具有高通量低压降的特点，为气体及液体提供了不同的通道，避免了栅板型支承中气液从同一孔槽中逆流通过，也避免了液体在板上的积聚，有利于液体的均匀再分配。常用的有波纹式、孔管式、驼峰式三种填料支承装置。

（1）波纹式填料支承 如图 6-34a 所示，波纹式填料支承由金属板加工的网板冲压成波形，焊接在钢圈上，网孔呈菱形，波形沿菱形的长轴冲制。对于网板的最大厚度，碳钢为 8mm，不锈钢为 6mm。菱形长轴为 150mm，短轴为 60mm，波纹高度为 25 ~ 50mm，波距一般大于 50mm。

a) b) c)

图 6-34 气、液分流型支承

a）波纹式填料支承 b）驼峰式填料支承 c）孔管式填料支承

（2）驼峰式填料支承 如图 6-34b 所示，驼峰式填料支承为组合式结构，其梁式单元体宽为 290mm，高为 300mm，各梁式单元体之间用定距凸台保持 10mm 的间隙供排液用。各梁式单元体由钢板冲压成形。驼峰上具有条形侧孔，不锈钢板厚为 4mm，碳钢板厚为 6mm。

（3）孔管式填料支承 如图 6-34c 所示，孔管式填料支承将位于支承板上的升气管上口封闭，管壁上开长孔，气体分布较好，液体从支承板上的孔中排出，特别适用于塔体用法兰连接的小型塔。

任务 2 液体分布装置

一、初始分布装置

填料塔在操作时，保证在任一截面上气、液的分布均匀十分重要，它直接影响到塔内填料表面的有效利用率，进而影响传质效率。而气、液是否能均匀分布，取决于液体能否均匀分布，所以液体从管口进入塔内的均匀喷淋，是保证填料塔达到预期分离效果的重要条件。正确、合理地选用液体分布装置，十分重要。一种合理的液体分布装置应该满足的基本条件为：通道不易堵塞，液体压头不需要太大，气体通过时的阻力小，结构简单，制造、安装方便。

液体分布装置有多种结构形式，按操作原理可分为喷洒型、溢流型、冲击型等，按结构又可分为管式、喷头式、盘式、槽式等。

1. 喷洒型液体分布装置

（1）直管式喷淋器　如图 6-35a 所示，直管式喷淋器结构简单，安装、拆卸方便，但喷淋面积小，只能用于直径小于 300 mm 的塔，且对喷淋均匀性要求不高的场合。

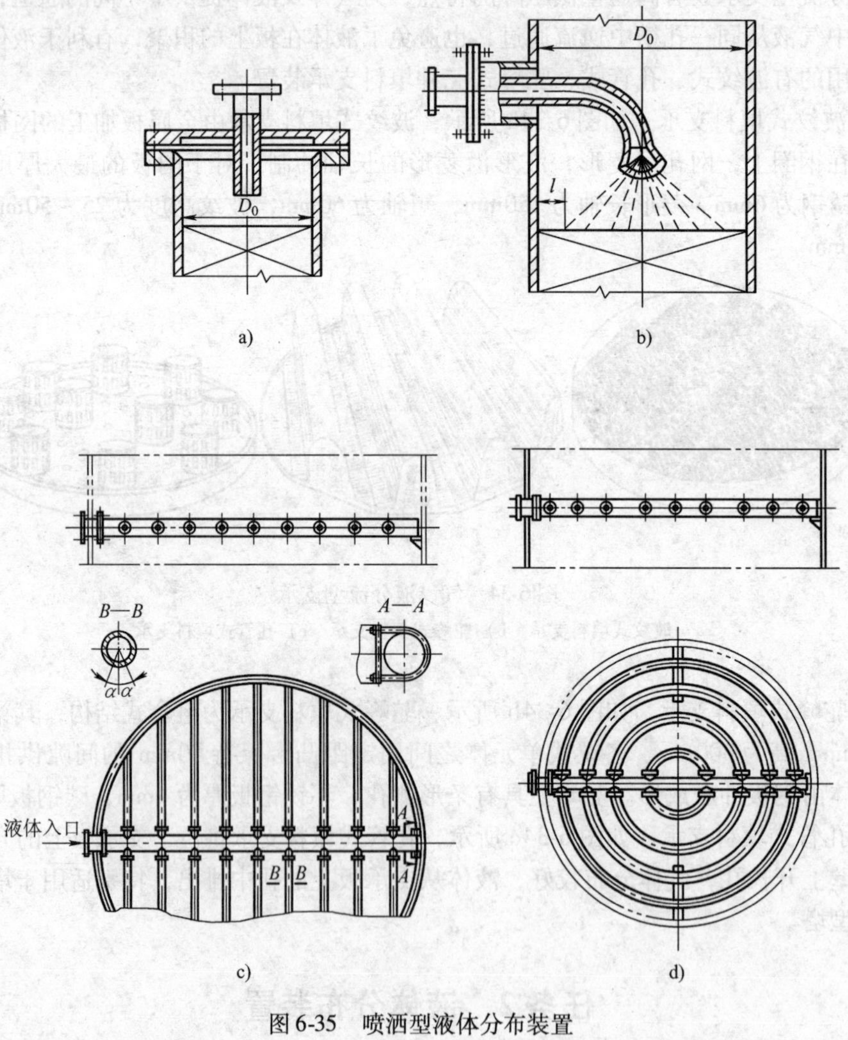

图 6-35　喷洒型液体分布装置

a）直管式喷淋器　b）莲蓬头喷淋器　c）排管式喷淋器　d）环管式喷淋器

（2）莲蓬头喷淋器　如图 6-35b 所示，它因形如莲蓬而得名。莲蓬形喷淋器安装在填料上层，距离填料表面的高度约为塔径的 0.5 ~1 倍，头部喷洒液体部分一般为半球面，球面上的小孔直径为 3～10mm。莲蓬头喷洒器喷淋均匀，结构简单、安装方便，缺点是易堵塞，不易处理污浊液体，操作时必须有一定的压头，一般适用于直径小于600mm 的塔设备。

（3）排管式喷淋器　如图 6-35c 所示，它由液体进口主管和多列排管组成。主管将进口液体分流给各列排管。每根排管上开有 1～3 排布液孔，孔径为 3～6mm。排管式喷淋器一般采用可拆连接，以便通过人孔进行安装和拆卸，其安装位置至少要高于填料表面层 150～200mm。当液体负荷小于 $25m^3/(m^2 \cdot h)$ 时，排管式喷淋器可提供良好的液体分布。其缺点是当液体负荷过大时，液体高速喷出，易形成雾沫夹带，影响分布效果，且操作弹性不大。

（4）环管式喷淋器　如图 6-35d 所示，是在环管的下部开有 3～5 排孔径为 4～5mm 的小孔、开孔总面积与管子截面积大约相等。环管中心圆直径一般为塔径的 0.6～0.8 倍。环管多孔喷淋器结构较简单，喷淋均匀度比直管好，适用于直径小于 1200mm 的塔设备。

2. 溢流型喷淋器

以上介绍的为各种多孔型喷洒器，它们都要求液体有一定的压力才能喷洒，且孔眼容易堵塞，而且当塔径较大时液体分布的均匀性较差。因此，目前对于直径较大的填料塔，大多用溢流型喷淋器。溢流型喷淋器，按其结构可分为溢流盘式和溢流槽式两种。

（1）溢流盘式喷淋器　图 6-36a 所示为一种溢流型盘式喷淋器。它与多孔式液体喷淋器不同，进入布液器的液体超过溢流堰的高度时，依靠液体的自重通过堰口流出，并沿着溢流管壁呈膜状流下，淋洒至填料层上。溢流型喷淋装置目前广泛应用于大型填料塔。它的优点是操作弹性大，不易堵塞，操作可靠且便于分块安装。

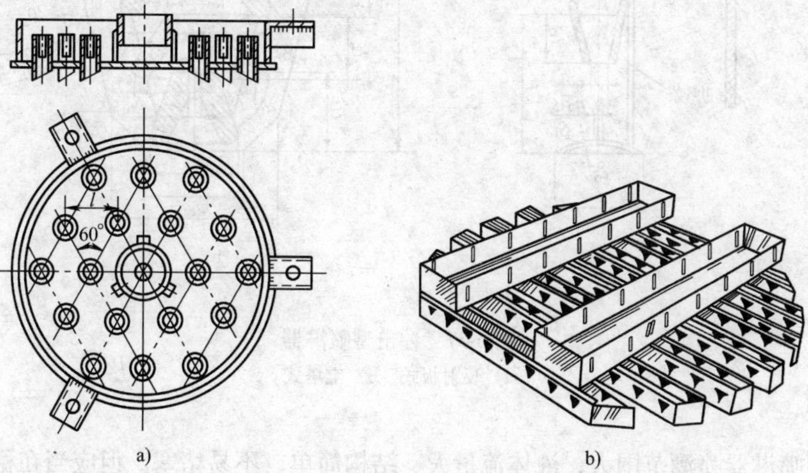

a)　　　　b)

图 6-36　溢流型液体分布装置

a）溢流盘式喷淋器　b）槽式喷淋器

操作时液体从中央进液管加到分布盘内，然后从分布盘上的降液管溢出，淋洒到填料上；气体则从分布盘与塔壁的间隙和各升气溢流管上升。降液管一般按正三角形排列。为了避免堵塞，降液管直径不小于 15mm，管子中心距为管径的 2～3 倍。分布盘的周边一般焊有三个耳座，通过耳座上的螺钉，将分布盘固定在支座上。拧动螺钉，还可调整分布盘的水平度，以便液体均匀地淋洒到填料层上。

（2）溢流槽式喷淋器　槽式喷淋器结构如图 6-36b 所示。操作时液体由上部进液管进入分配槽，分配槽漫过分配槽顶部缺口，流入喷淋槽，喷淋槽内的液体经槽的底部孔道和侧部的堰口分布在填料上。槽式喷淋器的液体分布均匀，处理量大，操作弹性好，抗污染能力强，适应的塔径范围广，是应用比较广泛的液体分布装置。

3. 冲击型喷淋器

反射板式喷淋器属于冲击型布液装置，它由中心管和反射板组成，如图 6-37 所示。操作时液体沿中心管流下，靠液体冲击反射板的反射分散作用而分布液体。反射板可做成平板、凸板和锥形板等形状。为了使填料层中央部分有液体喷淋，在反射板中央钻有小孔，如图 6-37a 所示。当液体喷淋均匀性要求较高时，还可由多块反射板组成宝塔式喷淋器，如图 6-37b 所示。

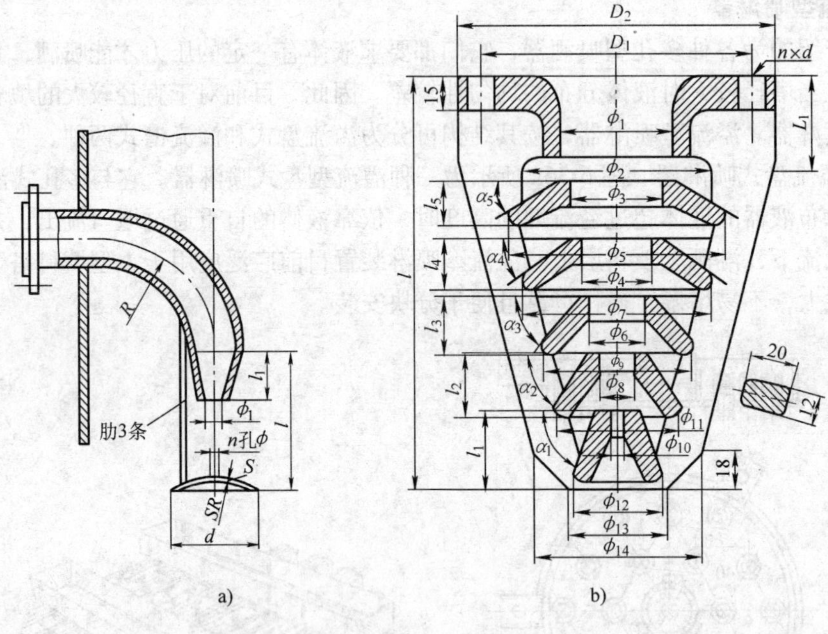

图 6-37　冲击型喷淋器

a）反射板式　b）宝塔式

冲击型喷淋器喷洒范围大，液体流量大、结构简单、不易堵塞。但应当在稳定的压头下工作，否则影响喷淋范围和效果。

二、液体再分布装置

填料塔内，当液体沿填料层向下流动时，由于周边液体向下流动阻力较小，故液体有逐渐向塔壁方向流动的趋势，使液体沿塔截面分布不均匀，减少了气液的有效接触面积，而降低了塔的传质效率，严重时可使塔中心的填料不能被润湿而形成“干锥”。为了克服这种现象，需要设置液体再分布装置；同时，为了提高塔的传质效率，填料层过高时应将填料层分段，在各填料层之间安装液体再分布器。当采用金属填料时，每段填料高度不应超过 7m；采用塑料填料时，每段填料高度不应超过4.5m。

工程中应用最多的是锥形液体再分布器，其结构如图 6-38 所示。

图 6-38a 所示的分配锥，下端直径为塔径的 0.7 ~ 0.8 倍，上端直径与塔体内径相同，并可直接焊在塔壁上。分配锥结构简单，但安装后减少了气体流通面积，扰乱了气体流动，且在分配锥与塔壁连接处形成了死角，妨碍填料的装填。分配锥只能用于直径小于 1m 的塔内。

图 6-38b 所示为槽形分配锥。它的结构特点是将分配锥倒装以收集壁流，并将液体通过设在锥壳上的 3 ~ 4 根管子引入塔的中央。槽形分配锥有较大的自由截面，可用于较大直径的塔。

图 6-38c 所示为带通孔的分配锥。它是在分配锥的基础上，开设 4 个管孔以增大气体通过的自由截面，使气体通过分配锥时，不致因速度过大而影响操作。为了解决分配锥自由截面过小的问题，可将分配锥做成玫瑰状，称为改进分配锥（图 6-38d）。此结构具有自由截面积大，液体处理能力大，不易堵塞，不影响塔的操作和填料的装填，可装入填料层内等优点。

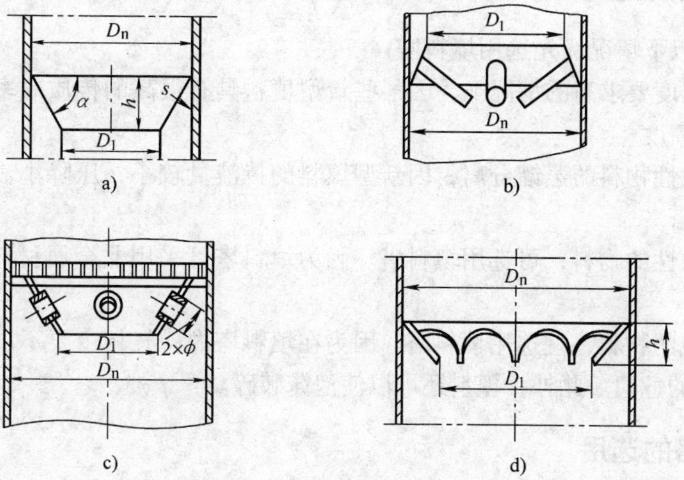

图 6-38 液体再分布器
a）分配锥 b）槽式分配锥 c）带孔分配锥 d）改进分配锥

任务 3 板式塔与填料塔的性能比较及选用

板式塔和填料塔各有其自身的特点，其主要性能见表 6-2。在实际应用中选哪一种很难有一个绝对的标准，选用时需要考虑的因素也很多，如物料的性质、操作条件，塔的制造、安装、运转和维修等经济、技术方面的因素。

表 6-2　板式塔与填料塔的比较

项目 塔型	填料塔	板式塔
压降	小尺寸填料，压降较大；大尺寸及规整填料，压降较小	较大
空塔气速	小尺寸填料，气速较小；大尺寸及规整填料，气速较大	较大
塔的效率	传统填料，效率较低；新型乱堆及规整填料，效率较高	较稳定、效率较高
液、气比	对液体量有一定要求	适用范围较广
持液量	较小	较大
安装、检修	较难	较容易
材质	金属及非金属材料均可	一般用金属材料
造价	新型填料投资较大	大直径时造价较低

一、填料塔的选用

一般来讲，以下情况优先选用填料塔：

1）在分离程度要求高的情况下，因某些新型填料具有很高的传质效率，故可采用新型填料以降低塔的高度。

2）对于热敏性物料的蒸馏分离，因新型填料的持液量较小，压降小，故可优先选择真空操作下的填料塔。

3）具有腐蚀性的物料，可选用填料塔。因为填料塔可采用非金属材料，如陶瓷、塑料等。

4）容易发泡的物料，宜选用填料塔。因为在填料塔内，气相主要不以气泡形式通过液相，可减少发泡的危险。此外，填料还可以使泡沫破碎。

二、板式塔的选用

以下情况优先选用板式塔：

1）塔内液体滞液量较大，操作负荷变化范围较宽，对进料浓度变化要求不敏感，操作易于稳定。

2）液相负荷较小。因为这种情况下，填料塔会由于填料表面湿润不充分而降低其分离效率。

3）对于含固体颗粒，容易结垢，有结晶的物料，选择板式塔。因为板式塔可选用液流通道较大的塔盘，堵塞的危险较小。

4）对于在操作过程中伴随有放热或需要加热的物料，需要在塔内设置内部换热组件，如加热盘管的情况，以及需要多个进料口或多个侧线出料口的情况，优先选用板式塔。这是因为一方面板式塔的结构上容易实现。此外，塔盘上有较多的滞液以便与加热或冷却管进行有效的传热。

5）在较高压力下操作的蒸馏塔仍多采用板式塔。因为压力较高时，塔内气、液比过小，以及由于气相返混剧烈等原因，应用填料塔分离效果往往不佳。

模块四 塔设备的载荷分析

【学习目标】 熟悉塔设备的危险截面类型及载荷分析方法。

【问题引导】

1. 塔设备受哪些载荷作用？不同工况下，载荷作用有何不同？

2. 塔设备有哪些危险截面？如何进行校核？

任务1 塔设备的使用工况和危险截面确认

一、塔设备的使用工况

安装在室外、靠裙座底部的地脚螺栓固定在混凝土基础上的塔设备，承受介质压力、各种重量（包括塔体、塔内件、介质、保温层、操作平台、扶梯等附件的重量）、偏心载荷、风载荷、地震载荷等的联合作用。为了保证塔设备安全运行，除应满足一般压力容器的安全性要求外，还要满足塔设备的特殊要求。

由于正常操作、停工检修、压力试验三种工况下，塔所受的载荷并不相同，必须对其在这三种工况下进行轴向强度及稳定性校核。

1. 正常操作工况

塔设备在正常操作工况下承受介质压力的作用，同时承受各种质量的作用，包括介质质量、塔内件质量，还承受风载荷、地震载荷等的组合作用。此工况运行时间最长。

2. 压力试验工况

塔设备在制造、安装完成或大修后要进行压力试验。此时，由于试验介质充满设备，塔设备承受试验压力和试验介质的静压作用。此工况塔设备质量为最大，裙座、基础环和基础承受的压应力最大。

3. 检修或安装初期工况

检修或安装初期，塔内件没有安装或安装不齐全，无介质、无操作压力，仅承受环境温度作用。此时，塔设备总体质量为最小，在风载荷等作用下，容易倾倒。此工况下地脚螺栓受力最大。

二、塔设备的主要危险截面

1. 塔设备的强度计算步骤

塔设备一般安装在室外，承受载荷较为复杂，其强度计算步骤为：

1）按设计条件，初步确定塔的厚度和其他尺寸。

2）计算塔设备危险截面的载荷，包括重量、风载荷、地震载荷和偏心载荷等。

3）危险截面的轴向强度和稳定性校核。

4）设计计算裙座、基础环板、地脚螺栓等。

其中危险截面是指承受组合应力为最大的截面。

2. 塔设备危险截面的校核

一般而言，塔设备有以下几种危险截面需要进行校核：

（1）裙座底部截面　重量和弯矩在裙座底部截面处最大。

（2）裙座上的检查孔或人孔、管线引出孔的孔中心所在横截面　此截面金属面积削弱较大，承载能力下降。

（3）塔体最低截面　该截面位于塔体与裙座连接处稍向上一点的位置。裙座与塔体对接焊连接时，此截面取塔体下封头切线处；裙座与塔体搭接焊连接时，此截面取下封头直边段或设备筒体下部。该截面是塔体上承受载荷最大的截面。

（4）裙座与塔体连接焊缝处截面　裙座与塔体连接焊缝处截面不是塔体或裙座上的危险截面，但焊接接头处可能存在缺陷，同时承受较大载荷——重量、风载荷、地震载荷等。搭接焊缝承受由设备重量及弯矩产生的剪切应力，对接焊缝承受在弯矩及重力作用下迎风侧焊缝的拉应力，应校核此截面。

（5）其他截面　筒体直径发生改变处的截面、壁厚发生改变处的截面也可能是危险截面。

任务2　不同截面上的载荷分析

一、各种载荷对塔设备的影响

1. 操作压力及试验压力

当为内压时，在塔壁上引起周向及轴向拉应力；当为外压时，在满足不失稳前提下，则在塔壁上引起周向及轴向压应力。无论是加压塔还是减压塔，压力试验均以内压进行，所以试验压力及试验液体的静压力对各截面均产生拉应力。

2. 质量载荷

塔设备的质量包括塔体质量（包括壳体和裙座）m_{01}、塔内件质量 m_{02}（塔盘、填料等）、保温层质量 m_{03}、操作平台和扶梯的质量 m_{04}、操作时物料质量 m_{05}、偏心载荷质量 m_e、塔附件质量（人孔、接管、法兰等）m_a、水压试验时充水质量 m_w 等。质量载荷使塔的各个截面产生轴向压应力。不同截面、不同工作状况（操作、水压试验和停工等）的质量载荷不同。

塔设备在正常操作时的质量

$$m_0 = m_{01} + m_{02} + m_{03} + m_{04} + m_{05} + m_a + m_e \tag{6-1}$$

塔设备在水压试验时的最大质量

$$m_{max} = m_{01} + m_{02} + m_{03} + m_{04} + m_w + m_a + m_e \tag{6-2}$$

塔设备在停工检修时的最小质量

$$m_{min} = m_{01} + 0.2m_{02} + m_{03} + m_{04} + m_a + m_e \tag{6-3}$$

3. 风载荷

塔设备安装在户外，可视为支承在地基上的悬臂梁。风载荷作用在塔体上，对塔体产生弯曲作用，即产生风弯矩，因而在迎风面塔壁和裙座体壁产生拉应力，背风面一侧产生压应力。同时，风载荷引起气流在塔的背后形成周期性旋涡，可能导致塔体在垂直于风的方向产生周期性振动。当此振动频率与塔的固有频率一致时，便产生有阻尼的共振，即风的诱导共振，结果在垂直于风的方向产生诱导共振弯矩。诱导共振弯矩仅在塔的 H/D 值较大、风速较大时比较明显，一般可忽略不计。

4. 地震载荷

地震发生时产生的地震波，可引起塔设备的水平方向振动、垂自方向振动和扭转，其中水平方向振动可引起塔设备的弯曲变形，产生类似于风弯矩的地震弯矩，危害较大。对安装在地震烈度七度及七度以上地区的塔设备必须考虑它的抗震能力，计算出它的地震载荷。

5. 偏心载荷

当塔设备外部装有附属设备时（如塔顶冷凝器偏心安装、塔底外侧悬挂再沸器），这些偏心载荷除了引起轴向压应力外，还要产生轴向弯矩即偏心弯矩，而偏心弯矩在塔体和裙座上产生弯曲应力。

6. 最大弯矩

确定最大弯矩时，偏保守地设为风弯矩、地震弯矩和偏心弯矩同时出现，且出现在塔设备的同一方向。但考虑到最大风速和最高地震级别同时出现的可能性很小，在正常或停工检修时，取计算截面处的最大弯矩为

$$M_{\max}=\max\begin{cases}M_{\mathrm{W}}+M_{\mathrm{E}}\\M_{\mathrm{E}}+0.25M_{\mathrm{W}}+M_{\mathrm{e}}\end{cases}\tag{6-4}$$

式中 $M_{\max}$——最大弯矩（N·m）；

M_{W}——风弯矩（N·m）；

M_{E}——地震弯矩（N·m）；

M_{e}——偏心弯矩（N·m）。

水压试验时，由于试验日期可以选择且持续时间较短，取最大弯矩为

$$M_{\max}=0.3M_{\mathrm{W}}+M_{\mathrm{e}}\tag{6-5}$$

二、不同截面的受载分析

1. 塔体上各截面

塔体上各截面在正常操作工况下承受操作压力、质量载荷、风载荷、地震载荷及偏心载荷的作用。因此，应校核截面在正常操作时的轴向拉应力和压应力。在液压试验时承受试验压力、风载荷和偏心载荷的作用，这时其拉应力较大，尽管此时塔内充满试验液体，但其通过塔体与裙座连接的焊接接头作用在裙座上，塔体截面并不承受液体重量，因此其压应力并不比正常操作时大，所以只需校核液压试验时的拉应力。

2. 裙座上各截面

裙座上各截面在正常操作工况下承受质量载荷、风载荷、地震载荷及偏心载荷的作用；液压试验时承受质量载荷（此时质量载荷最大）、风载荷和偏心载荷。由此可见，裙座各截面上的轴向压应力总是大于其拉应力，而许应压应力小于许用拉应力（参阅 JB/T 4710—

2005），所以对裙座各截面只需校核正常操作和液压试验工况时的轴向压应力。

塔设备的机械设计还包括裙座与塔体连接的焊接接头校核、基础环及地脚螺栓的计算等，具体计算参阅 JB/T 4710—2005。

模块五 塔设备的使用与维护

【学习目标】 了解塔设备的使用与维护方法、塔设备的常见故障及排除方法。

【问题引导】 塔设备的使用与维护包括哪些内容？塔设备有哪些常见故障？如何排除？

任务1 塔设备的操作——塔的开工和停工

塔的开工、停工非常重要，必须予以重视。

一、塔开工和停工的步骤

1. 塔的开工步骤

1）开工准备，包括塔及管线的吹扫、清洗、试漏，水-气操作试验，除水，物料试验等。

2）清除塔内有害物料，如氮气、水、油等。

3）打开加热和冷却系统。

4）进料。

5）将塔加热或冷却至所需温度。

6）使塔达到需要的操作压力。

7）使塔达到所需的操作负荷。

2. 塔的停工步骤

1）降低操作负荷。

2）关闭加热、冷却系统。

3）停止进料。

4）退出物料。

5）冷却或加热塔。

6）将塔压恢复至常压。

7）置换出塔内物料。

8）准备打开人孔。

二、不同塔的开工和停工

1. 加压塔的开工和停工

对于加压精馏塔，开工最重要的步骤是进料之前将塔压升至正常操作压力，最好采用进料中的某一可凝组分来升压。同样，加压精馏停工，应在降压之前将塔内液体排出。

加压液体若其温度高于常压沸点，闪蒸至常压，体积膨胀、温度降低。温度低于所用金属的允许温度，可使金属发生冷脆。闪蒸附近的温差大，还可以引起热应力使塔及内件变形、破坏。再者，闪蒸产生大量的气体，其冲击作用将造成塔内件破坏。

升压最好采用进料混合物中的一个或多个可凝组分。采用惰性气体升压，进料液体仍会发生闪蒸降温，直至再沸器液体与冷凝蒸汽达到平衡。在此之前，闪蒸温度低于在操作压力下进料的沸点温度。如果只有惰性气体可用于升压，液体进料应尽量小，使进料组分的分压缓慢地在塔内建立起来，同时也使塔内原有的惰性气体缓慢地排出，塔压不至于增高。

塔停工时，先将塔内液体全部排出再降压，特别是含有常压沸点低于0℃的物料一定要排净，处理与前述一样。此外，常压沸点低于0℃还可使塔下部水结冰和再沸冷凝水结冰。

2. 减压塔的开工和停工

对于减压精馏塔，最好是在进料前将塔抽至所需真空。抽真空之前进料、加热会导致釜温过高，产生热分解、聚合、结焦等现象。同样，应在停真空之前关闭再沸器。

三、全回流操作

开工及调整阶段最快、最简易的操作方法是全回流操作。全回流操作开工最好采用与进料组成相同的物料。塔本身、再沸器、冷凝器及回流系统均在全回流下建立稳定操作，正常操作液位也建立起来，仪表也投入使用。若塔内物料与进料组成相同，塔内温度梯度及各点采出产品浓度也建立起来。由于全回流操作不受上游物料的影响，较易达到平衡，产品较易达到要求，从而节省了开工时间。此外，全回流操作不采出产品，避免了不合格产品的循环，也节省物料。此外，全回流操作也可用来除去系统中的水及塔内原有其他的杂质。

对于采用高回流比的难分离物系的精密精馏，开工及稳定时间往往很长，从几个小时到几天。采用全回流操作可避免大量不合格新产品的循环，加速平衡。对于回流比大，进料变化对系统变化不灵敏的物系，全回流达到要求后再进料不会破坏平衡，因此，采用全回流操作开工最有利。对于回流比较小的物系，全回流操作与正常操作的差别较大，只有进料后才能达到平衡，采用全回流操作开工的意义不大。

全回流操作有两个主要缺点：一是物料停留时间长，可能引起或增加不需要的反应，如聚合、分解、结焦等，因此对于热敏性物料的精馏应尽量避免长时间的全回流操作；二是由于泄漏可能引起某一组分浓度提高从而引起不需要的化学反应或作用。泄漏使全回流操作变成间歇精馏操作。例如，若泄漏发生在塔顶，重组分和中间馏分将会浓度提高，且泄漏点不同可使不同组分浓度提高，从而引发某些化学反应或作用，这类物系应避免采用全回流操作。

任务2　塔设备的常见故障及处理

一、塔的故障诊断步骤

塔设备达不到设计指标统称为故障。塔设备故障可由一个或多个因素引起。塔设备在操作时，不仅受到风载荷、地震载荷等外部环境的影响，还承受着内部介质压力、温度、腐蚀等作用。这些因素都有可能导致塔设备出现故障，影响塔设备的正常使用。一旦发生故障，应及时发现并尽快找出故障原因，制定排除故障的措施，以确保塔设备的正常运行。只有对塔及其附属设备的结构和设计等有关方面的知识有较多的了解，才能很好地预防故障、诊断故障和排除故障。

塔设备的故障可分为两大类。一类是工艺性故障，如操作时出现的液泛、漏液量大、雾沫夹带过多、传质效率下降等现象。另一类是机械性故障，如塔设备振动、腐蚀破坏、密封失效、工作表面积垢、局部过大变形、壳体减薄或产生裂纹等。故障诊断应从最简单、最明显处着手，可遵循以下步骤：

1）若故障严重，涉及安全、环保或不能维持生产，应立即停工，分析、处理故障。

2）若故障不严重，应在尽量减少对安全、环境、效益损害的前提下继续进行。在运行过程中取得数据及一些特征现象，在不影响生产的前提下可做一些操作变动，以获取更多的数据和特征现象。如有可能还可进行全回流操作，为故障分析提供数据。

3）仪表读数及分析数据错误可能导致塔的不良操作。当故障出现时，首先对仪表读数及分析数据进行交叉分析，特别要进行物料平衡、热量平衡及相平衡分析，以确定其准确性。

4）分析塔过去操作的数据，或与同类装置进行比较，从中找出异同点，找出塔操作由好变坏的时间点和变化前后的差异，从而找出原因。

5）有些故障是由设计引起的。对设计引起的故障的检查应首先检查设计资料，审查是否有明显的失误之处，分析此失误是否为发生故障的原因；其次，要进行流体力学核算，核算某处是否有超过界限操作的情况；最后，还需对实际操作传质过程进行模拟计算，检查实际传质效率的高低。

6）故障诊断不仅只限于塔本身，塔的上游装置及附属设备，如泵、换热器以及管道等都应在分析范围内。

二、塔的常见机械故障及处理

1. 塔设备的振动与防振

安装于室外的塔设备，在脉动风力的作用下将产生两个方向的振动：一种是振动方向沿着风方向的顺风向振动；另一种是振动方向沿着与风力垂直的方向，称为横向振动或风的诱导振动。风吹向圆柱形塔体会在塔体的背后产生卡曼涡街，如图 6-39 所示，并且旋涡以一定的频率在塔体两侧交替产生和脱落，从而诱导塔体发生横向振动。当这种频率（或周期）与塔自振频率（或周期）相近时，塔体便发生共振。塔体产生共振后，使塔发生弯曲、倾斜，塔板效率下降，影响塔设备的正常操作，甚至导致塔设备严重破坏，造成重大事故。风的诱导振动对塔设备的破坏更大，因此在塔的设计阶段就应考虑塔设备产生共振的可能性，采取预防措施，防止共振的发生。防止塔体产生共振通常采用以下三方面的办法。

1）提高塔体的固有频率，从根本上消除产生共振的根源。具体的方法有：降低塔体总高度，增加塔体内径（但需与工艺设计一并考虑）；加大塔体壁厚，或采用密度小、弹性模量大的材料；如条件允许，可在离塔顶 0.22H

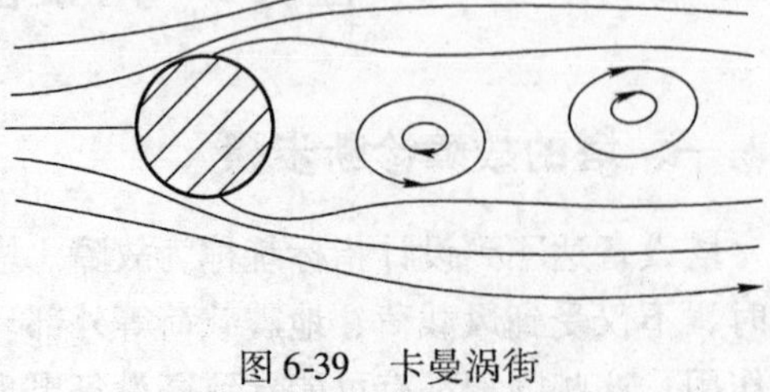

图 6-39　卡曼涡街

处（相应于塔的第二振形曲线节点位置），安装一个铰支座。

2）增加塔体的阻尼，抑制塔的振动。具体方法有：利用塔盘上的液体或塔内填料的阻尼作用；在塔体外部装置阻尼器或减振器；在塔壁上悬挂外包橡胶的铁链条；采用复合材料等。

3）采用扰流装置。合理地布置塔体上的管道、平台、扶梯和其他连接件，以破坏或消除周期性形成的旋涡。在大型钢制塔体周围焊接螺旋条，也有很好的防振作用。

2. 塔设备的腐蚀与防护

由于塔设备一般由金属材料制造，所处理的物料大多为各种酸、碱、盐、有机溶剂及腐蚀性气体等介质，故腐蚀现象非常普遍。据统计，塔设备失效有一半以上是由腐蚀破坏造成的。因此，在塔设备的设计和使用过程中，应特别重视腐蚀问题。

塔设备腐蚀几乎涉及腐蚀的所有类型，既有化学腐蚀，又有电化学腐蚀，既可能是局部腐蚀，又可能是均匀腐蚀。造成腐蚀的原因更是多种多样，它与塔设备的选材、介质的特性、操作条件及操作过程等诸多因素有关。例如炼油装置中的常压塔，产生腐蚀的原因与类型有：原油中含有的氯化物、硫化物和水对塔体和内件产生的均匀腐蚀，致使塔壁减薄，内件变形；介质腐蚀造成浮阀点蚀而不能正常工作；在塔体高应力区和焊缝处产生的应力腐蚀，导致裂纹扩展穿孔；在塔顶部因温度过低而产生的露点腐蚀等。

为了防止塔设备因腐蚀而破坏，必须采取有效的防腐措施，以延长设备使用寿命，确保生产正常进行。防护措施应针对腐蚀产生的原因、腐蚀类型来制定，一般采用的方法有如下几种。

1）正确选材。金属材料的耐腐性能与所接触的介质有关。因此，应根据介质的特性合理选择。例如各种不锈钢在大气和水中或氧化性的硝酸溶液中具有很好的耐蚀性能，但在非氧化性的盐酸、稀硫酸中，耐蚀性能较差；铜及铜合金在稀盐酸、稀硫酸中相当耐蚀，但不耐硝酸溶液的腐蚀。

2）采用覆盖层。覆盖层的作用是将主体与介质隔绝开来，常用的有金属覆盖层与非金属覆盖层。金属覆盖层是用对某种介质耐蚀性能好的金属材料覆盖在耐蚀性能较差的金属材料上，常用的方法如电镀、喷镀、不锈钢衬里等。非金属保护层常用的方法是在设备内部衬以非金属材料或涂防腐涂料。

3）采用电化学保护。电化学保护是通过改变金属材料与介质电极电位来达到保护金属免受电化学腐蚀的办法。电化学保护分阴极保护和阳极保护两种，其中阴极保护法应用较多。

4）设计合理的结构。塔设备的腐蚀在很多场合下与它们的结构有关，不合理的结构往往引起机械应力、热应力、应力集中和液体的滞留，这些都会加剧或产生腐蚀。因此，设计合理的结构也是减少腐蚀的有效途径。

5）添加缓蚀剂。在介质中加入一定量的缓蚀剂，可使设备腐蚀速度降低或停止。但选择缓蚀剂时，要注意对某种介质的针对性，要合理确定缓蚀剂的类型和用量。

3. 其他常见的机械故障

（1）介质泄漏　介质泄漏不仅影响塔设备正常操作，恶化工作环境，甚至可能酿成重大事故。介质泄漏一般发生在构件连接处，如塔体连接法兰、管道与设备连接法兰以及人孔等处。泄漏的原因有：法兰安装时未达到技术要求；受力过大引起法兰刚度不足而变形；法兰密封件失效，操作压力过大等。采取的措施是：保证安装质量；改善法兰受力情况或更换法兰；选择合适的密封件材料或更换密封件；稳定操作条件，不超温、不超压。

（2）壳体减薄与局部变形　塔设备在工作一段时间后，由于介质的腐蚀和物料的冲刷，壳体壁厚可能减薄。对于壁厚可能减薄的塔设备，首先应对其进行厚度测试，确定是否能继续使用，以确保安全；其次是在塔设备设计时，应针对介质腐蚀特性和操作条件合理选择耐蚀、耐磨的材料或采用衬里，以确保其服役期内的正常运转。

在塔设备的局部区域，可能由于峰值应力、温差应力、焊接残余应力等原因造成过大的变形。对此，要通过改善结构来改善应力分布状态；在满足工艺条件的前提下减少温差应力；在设备制造时进行焊后热处理以消除焊接残余应力。当局部变形过大时，可采用挖补的方法进行修理。

（3）工作表面积垢　塔设备工作表面的积垢通常发生在结构的死角区（如塔盘支持圈与塔壁连接焊缝处、液体再分布器与塔壁连接处等），因介质在这些地方流动速度降低，介质中的杂质等很容易形成积淀，也可能出现在塔壁、塔盘和填料表面。积垢严重时，将影响塔内件的传质、传热效率。积垢的消除方法通常有机械除垢法和化学除垢法等。

典型项目实施

本项目是分析某工厂一萃取工艺用填料塔和筛板塔的优缺点。

实施步骤：

1. 资料获取

实地考察塔设备，查阅图样和工艺文件，测量各种参数，以获得第一手数据资料。

2. 结构分析

1）填料萃取塔在塔筒内安装一定高度的填料层。当填料层高度较大时，每隔35m填料设置再分布装置，以改善两液相的均匀分布。操作时，重液从上向下，轻液由下向上逆流接触，其中一个连续相充满于整个塔内，另一个分散相以液滴的形式分散在连续相中。在选择填料材质时，除考虑原料液的腐蚀性外，还应使填料只能被连续相润湿，以利于分散相液滴的生成和稳定。

填料萃取塔具有结构简单、操作方便、造价低廉的优点。在塔中分散相的分散主要靠两个液相的密度差以及塔内的填料或塔板结构来实现，界面湍动程度低，分离效果差，因此适用于处理轻、重相密度差大的料液。

2）筛板萃取塔沿塔身高度每隔一定距离装有多空筛板，筛板之间有溢流管，其结构类似于筛板精馏塔，但筛孔直径要小些。操作时，轻、重液体分别由塔的下部和上部进入塔体。若轻液为分散相，降液管在筛板上的结构与精馏塔一样。若重液相为分散相时，应将降液管改为升液管，安装在筛板上方。由于分散相液滴在每一块筛板上分散和凝聚，使液滴的表面反复更新，因此筛板塔的萃取效率高于填料塔；而且筛板结构简单、造价低廉，因而得到了广泛的应用。

思考练习题

6-1　塔设备各组成部分的作用是什么？

6-2　简述板式塔的类型、主要内件及作用。

6-3　从结构上分析，浮阀塔有哪些优点？

6-4 板式塔的常用塔盘有哪几种？各有何特点？

6-5 塔盘由哪些部件组成？各有何作用？塔盘在塔内如何支承？怎样密封？

6-6 常用的除沫装置有哪几种？各有何特点？

6-7 常用的填料有哪几种？怎样选择填料？简述填料的发展过程及发展前景。

6-8 填料塔中液体分布器的作用是什么？有几种结构形式？

6-9 简述设置液体再分器的原因。分配锥有哪几种结构？

6-10 填料塔和板式塔相比较有哪些特点？各有什么优缺点？

6-11 置于室外的塔设备受到哪些载荷的作用？

6-12 试分析塔在正常操作、停工检修和压力试验等三种工况下的载荷。

6-13 塔设备的哪些截面需要校核轴向强度和稳定性？为什么？

6-14 简述塔设备的使用和维护方法。

第七单元　反应设备

学习要点：

◆了解反应设备的应用及类型。

◆掌握机械搅拌反应釜的总体结构和罐体尺寸确定方法、传热装置的类型与接管形式等。

◆掌握搅拌器的结构类型及适用场合、传动装置的作用及选型、轴封的结构类型及选用。

◆了解反应设备的使用与维护方法。

◆了解机械搅拌技术新进展。

能力目标：

◆能够正确认识和理解反应设备，尤其是搅拌反应器及其主要零部件的结构类型和作用，具备基本的设计选型能力。

典型项目：

◆项目引入　实验室100L机械搅拌反应釜的搅拌器的选型和拆装。

◆项目分析　反应设备是过程生产中使用的典型工艺设备之一，是用于完成化学反应和生物反应的设备，可分为化学反应器和生物反应器。前者是指在其中实现一个或几个化学反应，并使物料通过化学反应转变成反应产物的设备；后者是指为细胞或酶提供适宜的反应环境以达到细胞生长代谢和进行反应的设备。因为反应设备是过程工业的核心设备，其结构形式多种多样，使用场合各不相同，所以正确选用反应设备的形式、确定其最佳操作条件、设计高效节能的反应设备，是过程工业中一个十分关键的问题。通过本项目的实施，了解化学反应设备的应用及类型；掌握釜式搅拌反应器的总体结构，搅拌器的作用、结构类型和适用条件，传动装置的作用，轴封的类型、作用，搅拌反应器罐体尺寸确定，传热装置类型、作用及工艺接管的常见形式，从而在实际应用中能根据工艺条件正确地设计选择和使用反应设备。

模块一　反应设备的应用及类型

【学习目标】　了解反应设备的应用和类型，了解常用反应器的结构特点和适用场合。

【问题引导】

1. 什么是反应设备？反应设备有何作用？工业生产对反应设备有何要求？

2. 反应设备按结构特征形式分为哪几种？各自的特点和适用场合是什么？

一、反应设备的应用

化学工艺过程的种种化学变化是以参加反应的介质的充分混合为前提的，即使是加热、冷却和液体萃取以及气体吸收等物理变化过程，也往往采用搅拌操作，才能获得更好的效果。因此，反应设备除了在化学工业中大量使用外，还广泛应用于石油、制药、冶金、染料、油漆和三大合成材料等过程工业中。例如甲醇合成塔和氨合成塔都是典型的反应设备，也是工艺生产中的关键设备。又如制药、酶制剂、食品、生化、燃料等行业中使用的发酵设备，微波反应分离设备等都属于反应类设备。可见，反应设备是非常重要的过程设备。

二、反应设备的作用及要求

反应设备的作用是：通过对参加反应的介质的充分搅拌，使物料混合均匀；强化传热效果和相间传质；使气体在液相中均匀分散；使固体颗粒在液相中均匀悬浮；使不相容的另一液相均匀悬浮或充分乳化。混合的快慢、均匀程度和传热情况的好坏，都会影响反应结果。

过程生产中要完成某一特定的反应，达到给定的工艺指标并提高反应速度，常常需要反应设备在一定温度、一定压力或有腐蚀性介质的情况下操作。为了保证反应设备安全可靠、经济合理地运行，充分发挥上述各项作用，反应设备常需满足以下要求：

1）结构上要保证物料能均匀分布，有良好接触、充分混合的空间，无短路与死角现象，且压降小，以获得较高的反应速度，提高其生产能力。

2）合理设置换热装置，使反应物在特定条件下能维持适宜的反应温度。

3）反应设备的筒体材料有足够的机械强度、耐高温蠕变性能、抗腐蚀性能、良好加工性能和经济性等，保证设备经久耐用、安全可靠。

4）制造容易，便于安装检修，易于操作调节，使用周期长。

三、反应设备的类型

化学反应种类繁多，物料的相态各异，反应条件差别很大，工业上使用的反应设备也千差万别，分类方法多种多样：按物料相态分为均相和非均相反应器；按操作方式分为间歇式、连续式和半连续式反应器；按物料流动状态分为活塞流型和全混流型反应器；按传热情况分为无热交换的绝热反应器、等温反应器和非等温非绝热反应器。常用的是按设备结构特征形式分为机械搅拌釜（槽）式反应器、管式反应器、固定床反应器、流化床反应器等。

1. 机械搅拌釜式反应器

机械搅拌釜式反应器多用于均相反应过程，也可用于液-液、气-液、液-固等多相反应过程。其内部常设有搅拌装置，可以使物料混合均匀，强化传热、传质，使气体或固体颗粒在液相中均匀分散或悬浮，普遍用于化工、制药、燃料以及化纤生产中的磺化、硝化、缩合、聚合、烃化等反应，是三大合成材料生产的常用设备。釜式反应器结构简单、应用广泛、操作弹性大、操作简便灵活，可以生产不同规格和品种的产品，生产时间可长可短，物料的浓度、温度、压力可控范围广；反应结束后出料容易，便于清洗。它主要用于间歇操作，也可单釜或多釜串联用于连续操作，通常在压力、温度较低，操作条件较稳定时，多采用此类反应器。

2. 管式反应器

管式反应器结构简单，制造方便，主要用于气相、液相、气-液相连续反应过程，由单根（直管或盘管）连续或多根平行排列的管子组成，一般设有套管或壳管式换热装置，传热面积大。管式反应器结构上与釜式反应器差异较大，有直管式、盘管式、多管式等。根据不同的反应，管径和管长可根据需要设计。工作过程中，混合好的气相或液相反应物从管道一端进入，连续流动，连续反应，最后从管道另一端排出。对于管式反应器而言，反应物在管内的流动快，停留时间短，并且经一定的控制手段，可使管式反应器有一定的温度梯度和浓度梯度。

管式反应器可用于连续生产，也可用于间歇操作，反应物不返混，也可在高温、高压下操作。图 7-1 所示为石脑油分解转化的侧烧式管式反应器，其内径为 102mm，外径为 143mm，长为 1109mm，管的下部触媒支承架内装有触媒，气体由进气总管进入管式反应器，在触媒存在的条件下，石脑油转化为氢气和一氧化碳，供合成氨用。

3. 固定床反应器

固定床反应器又称填充床反应器，是装填有固体催化剂或固体反应物用以实现多相反应过程的一种反应器。固体物料通常呈颗粒状，粒径为 2 ~ 15mm，是堆积成一定高度（或厚度）的床层。操作时，床层静止不动，流体通过床层进行反应。它与流化床反应器及移动床反应器的区别在于固体颗粒处于静止状态。固定床反应器主要用于实现气、固相催化反应，气体流经固定不动的催化剂床层进行催化反应，如氨合成塔、二氧化硫接触氧化器、烃类蒸汽转化炉等。固定床反应器用于气、固相或液、固相非催化反应时，床层则填装固体反应物。

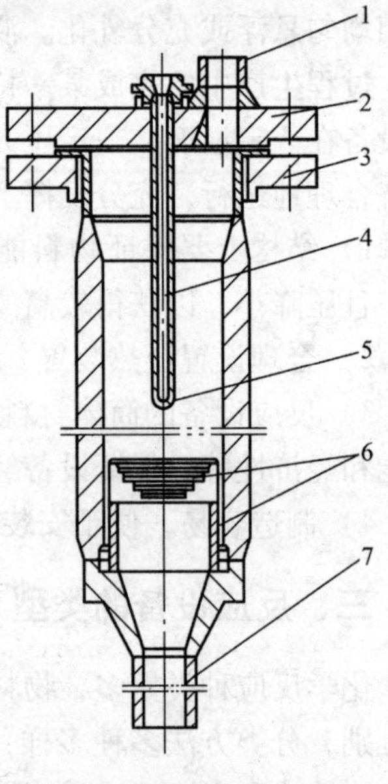

图 7-1　侧烧式管式反应器

1—进气管　2—上法兰　3—下法兰　4—温度计　5—管子　6—触媒支承架　7—下猪尾巴管

固定床反应器中，参加反应的物料以预定的方向运动，流体间没有沿流动方向的混合。其结构因传热要求和方式而不同，常见的有三种基本形式：轴向绝热式、径向绝热式和列管式。轴向绝热式固定床反应器如图 7-2a 所示，催化剂均匀地放在栅板上，反应物料预热后自上而下沿轴通过床层进行反应，反应过程中，反应物系与外界无热量交换。径向绝热式固定床反应器如图 7-2b 所示，催化剂装载于两个同心圆筒的环隙中，流体沿径向通过催化剂床层进行反应，可采用离心流动或向心流动，床层同外界无热交换。径向绝热式固定床反应器的特点是在相同筒体直径下增大了流道截面积。列管式固定床反应器如图 7-2c 所示，由很多并联的管子构成，管内或管间置催化剂，载热体流经管内或管间进行加热或冷却，管径通常为 25 ~ 50mm，管数可多达上万根。列管式固定床反应器适用于热效应较大的反应。图 7-3 所示的氨合成塔是典型的固定床反应器，氮气和氢气的混合气由主进气口进入反应塔，塔内压力约为 30MPa，温度为 550℃，在触媒作用下合成氨。氨的合成反应为放热反应，高温的合成气及未合成的氮气和氢气的混合气经塔下部换热器降温后从底部排出。

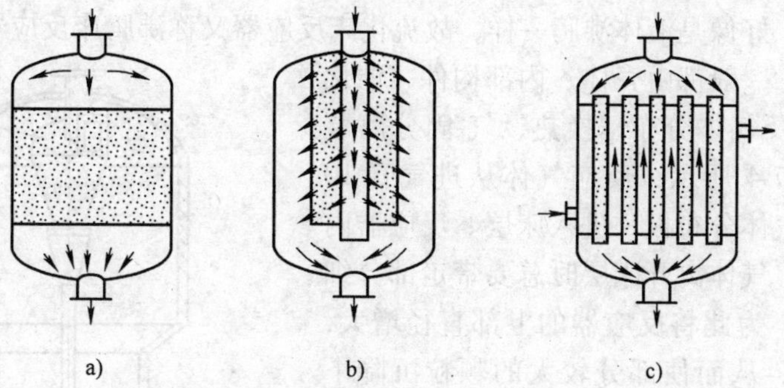

图 7-2 固定床反应器

a）轴向绝热式 b）径向绝热式 c）列管式

固定床反应器的优点是返混小，流体同催化剂可进行有效接触，当反应伴有串联副反应时可获得较高的选择性；催化剂机械损耗小；结构简单、操作稳定、便于控制、易实现大型化和连续化生产等，是现代化工和反应中应用很广泛的反应器。固定床反应器的缺点是床层的温度分布不均匀，固相粒子不动，床层导热性差，反应放热量很大时，即使是列管式反应器也可能出现飞温（反应温度失去控制，急剧上升，超过允许范围），因此对放热量大的反应，应增大换热面积，及时移走反应热，但这会减少有效空间；操作过程中催化剂不能更换，催化剂需要频繁再生的反应一般不宜使用，常代之以流化床反应器或移动床反应器。

如果固体催化剂连续加入，反应物通过固体颗粒连续反应后连续排出，这种反应器称为移动床反应器。在反应器中固体颗粒之间基本没有相对运动，而是整个颗粒层的移动，因此可看成是移动的固定床反应器。移动床反应器的特点是固体和流体的停留时间可以在较大范围内改变，固体和流体的运动接近活塞流，返混较少。移动床反应器中，控制固体粒子运动的机械装置较复杂，床层的传热性能与固定床反应器接近。

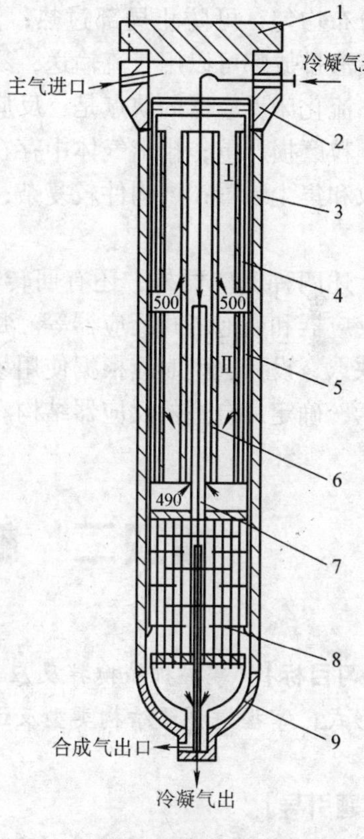

图 7-3 氨合成塔

1—平顶盖 2—筒体端部 3—筒体
4—上触媒框 5—下触媒框
6—中心网筒 7—升气管
8—换热器 9—半球形封头

4. 流化床反应器

流化床反应器中流体以较高的流速通过床层、带动床内的固体颗粒运动，使之悬浮在流动的主体流中进行反应，并具有类似流体流动的一些特性。流化床反应器是工业上应用较广泛的反应装置，适用于催化或非催化的气-固、液-固和气-液-固反应。在反应器中，固体颗粒被流体吹起呈悬浮状态，可作上、下、左、右剧烈运动和翻动，好像是液体沸腾一样，故流化床反应器又称沸腾床反应器。流化床反应器的结构形式多样，一般都由壳体、内部构件、催化剂颗粒装卸设备及气体分布、换热、气-固分离装置等构成。如图 7-4 所示，反应气体从进气管 10 进入反应器，经气体分布板 8 进入床层。反应器内设有冷却管放热，气体离开床层时总要带走部分细小的催化剂颗粒，为此将反应器的上部直径增大，使气体速度降低，从而使部分较大的颗粒沉降下来，落回床层中，较细的颗粒经过反应器上部的旋风分离器 1 分离出来后返回床层，反应后的气体由顶部排出。

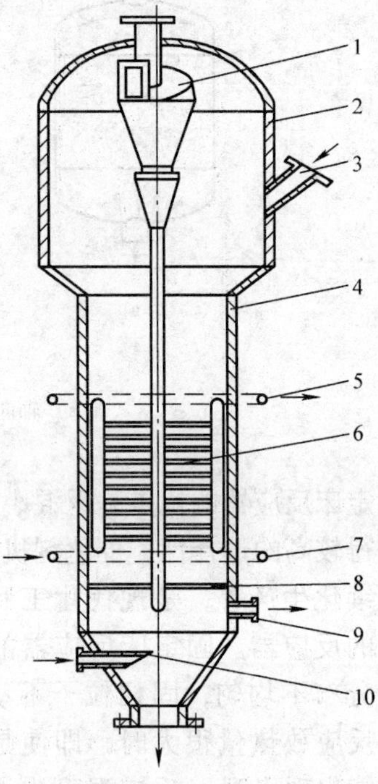

图 7-4　流化床反应器

1—旋风分离器　2—筒体扩大段　3—催化剂入口　4—筒体　5—冷却介质出口　6—换热器　7—冷却介质进口　8—气体分布板　9—催化剂出口　10—进气管

流化床反应器的最大优点是：传热面积大、传热系数高、传热效果好；颗粒快速运动的结果使床层温度分布均匀，可防止局部过热；流化床的进、出料，废渣排放都可以用气流输送，易于实现自动化生产。流化床反应器的缺点是：反应器内物料返混大，颗粒磨损严重；排出气体中存在粉尘，通常要有回收和集尘装置；内构件较复杂；操作要求高等。

除上述四种反应器外，还有回转筒式反应器、喷嘴式反应器和鼓泡塔式反应器等。每种反应器都有其优缺点，设计选型时应根据使用场合和设计要求等因素，确定最合适的反应器结构。

模块二　机械搅拌釜式反应器

【学习目标】　掌握机械搅拌反应器的总体结构和罐体尺寸确定方法、传热装置的类型与接管形式；掌握搅拌器结构类型及适用场合；掌握传动装置的作用及选型、轴封结构类型及选用。

【问题引导】

1. 机械搅拌反应釜由哪几部分组成？各部分的作用是什么？

2. 机械搅拌反应釜的罐体尺寸如何确定？

3. 搅拌器的功能是什么？中心顶插式搅拌器可形成哪几种流型？如何控制切向流？

4. 搅拌器有哪几种分类方法？常用的有哪些结构形式？各有何特点及适用于何种场合？

5. 分析搅拌反应器的传热装置、传动装置、轴封装置的结构特点和工作过程。

任务1 总体结构认知

机械搅拌釜式反应器（简称搅拌反应釜）适用于各种物性和各种操作条件的反应过程，广泛应用于合成塑料、合成纤维、合成橡胶、医药、化肥、染料、食品、冶金、废水处理等行业。除用作化学反应器和生物反应器外，搅拌反应釜还大量用于混合、分散、溶解、结晶、萃取、吸收或解吸、传热等操作。

搅拌反应釜主要由搅拌容器和搅拌机两大部分组成。搅拌容器包括筒体、内构件、传热装置、支座及各种工艺接管等；搅拌机包括搅拌装置、轴封装置、传动装置等。

搅拌容器（搅拌罐）用于盛装反应物料和提供换热条件，筒体通常为一圆柱形壳体，它提供反应所需空间；传热装置的作用是满足反应所需的温度条件；搅拌装置包括搅拌器、搅拌轴、挡板及导流筒等搅拌附件，是实现搅拌的工作部件，其中搅拌轴把来自传动装置的动力传递给搅拌器，搅拌器使釜内物料均匀混合、强化釜内的传热和传质过程；传动装置包括电动机、减速器、联轴器及机架等附件，它提供搅拌的动力；轴封装置是保证工作时形成密封条件，阻止介质向外泄漏的部件。

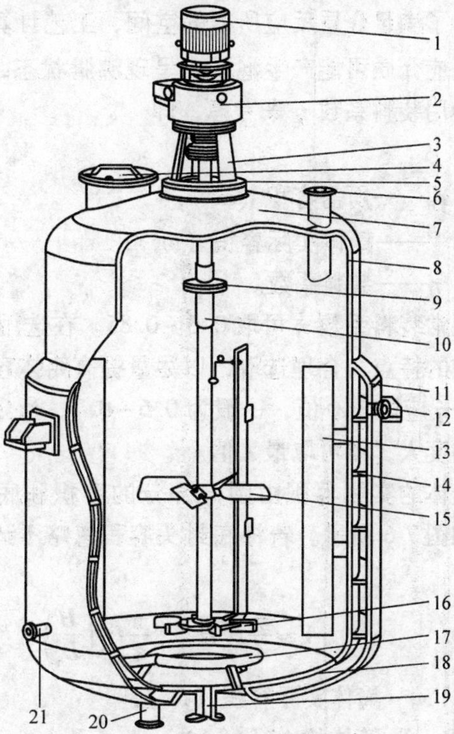

图 7-5　通气式搅拌反应釜结构

1—电动机　2—减速器　3—机架　4—人孔　5—轴封装置　6—进料口　7—上封头　8—筒体　9—联轴器　10—搅拌轴　11—夹套　12—载热介质出口　13—挡板　14—螺旋导流板　15—轴向流搅拌器　16—径向流搅拌器　17—气体分布器　18—下封头　19—出料口　20—载热介质进口　21—气体进口

图 7-5 所示是一台通气式搅拌反应釜的典型结构，由电动机 1 驱动，经减速器 2 带动搅拌轴 10 及其上的搅拌器 15、16 以一定的转速转动，使流体获得一定的流动场，并进行化学反应。容器上装有夹套 11 用于换热，夹套内的螺旋导流板 14 可改善传热性能。容器内设有气体分布器 17、挡板 13 等内构件。搅拌轴上可安装两层搅拌器，上层为轴向流搅拌器，下部为径向流搅拌器。

搅拌反应釜的设计可分为工艺设计和机械设计两大部分。工艺设计的主要内容有：反应所需容积；传热面积及构成形式；搅拌器形式和功率、转速；管口方位布置等。工艺设计所确定的工艺要求和基本参数是机械设计的基本依据。机械设计的内容一般包括：

1）根据工艺要求确定反应釜的结构形式和尺寸。

2）进行筒体、夹套、封头、搅拌轴等构件的强度计算。

3）根据工艺要求选用搅拌装置、轴封装置和传动装置。

任务2　釜体及传热装置的结构认知与选型

搅拌反应釜的釜体一般包括顶盖、筒体和罐底。筒体一般为钢制圆筒，容器的封头大多选用标准椭圆形封头。为满足传热的要求，需要在筒体的外侧安装夹套或在筒体内部安装蛇管结构；顶盖上装有传动装置。为满足工艺要求，釜体上安装有多种接管，如物料进、出口管，监测装置接管等。釜体通过支座安装在基础或平台上。

一、内筒直径、高度及壁厚的确定

为了满足介质反应所需的空间，工艺计算已确定了反应所需的容积 V_0，而在实际操作时，反应介质可能产生泡沫或呈现沸腾状态，故筒体的实际容积 V 应大于所需容积 V_0，这种差异用装料系数 η 来考虑，即

$$V_0 = V\eta \tag{7-1}$$

式中　V_0——所需容积（m^3）；

V——筒体实际容积（m^3）；

η——装料系数。

通常装料系数 η 可取 0.6～0.85。在选用 η 值时，应根据介质特性和反应时的状态以及生成物的特点，合理选取，以尽量提高筒体容积的利用率。当介质反应易产生泡沫或沸腾状态时，η 应取较小值，一般为 0.6～0.7；当介质反应状态平稳时，可取 η 为 0.8～0.85；若介质粘度大，则可取最大值。

釜体的实际容积由圆筒部分的容积和底封头的容积构成，如图 7-6 所示。若将底封头容积忽略不计，则釜体容积为

$$V \approx \frac{\pi}{4}D_i^2 H = \frac{\pi}{4}D_i^3\left(\frac{H}{D_i}\right) \tag{7-2}$$

式中　V——筒体实际容积（m^3）；

D_i——筒体的内径（m）；

H——圆筒部分的高度（m）。

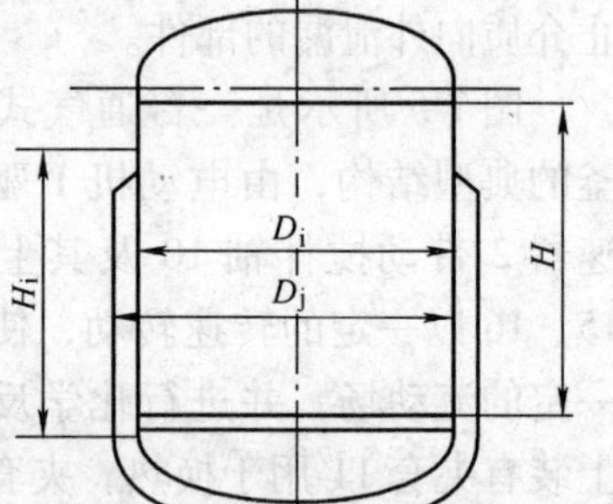

图 7-6　筒体的几何尺寸

从式（7-2）可知，釜体容积的大小取决于筒体直径 D_i 和高度 H 的大小。若容积一定，则应考虑筒体高度与直径的适合比例。当搅拌器转速一定时，搅拌器的功率消耗与搅拌桨直径的 5 次方成正比，若筒体直径增大，为保证搅拌效果，所需搅拌桨直径也要大，此时功率消耗很大。因此，筒体直径不宜过大。若高度增加，能使夹套式容器传热面积增大，有利于传热，故对于发酵罐之类的反应釜，为保证充分的接触时间，希望高径比大些为好。但是，若釜体高度过大，则搅拌轴长度相应要增加，此时，对搅拌轴的强度和刚度的要求将会提高。同时，为保证搅拌效果，可能要设置多层桨，使得费用增加。因此，选择筒体高径比时，要综合考虑多种因素的影响。在确定高径比时，可根据物料情况，从表 7-1 中选取。

表 7-1　几种搅拌釜的 H/D_i 值

种　　类	釜内物料性质	H/D_i
一般搅拌釜	液-液相或液-固相	1～1.3
	气-液相	1～2
发酵釜	发酵液	1.7～2.5

将式（7-1）代入式（7-2）并整理，可得

$$D_i = \sqrt[3]{\frac{4V_0}{\pi\left(\frac{H}{D_i}\right)\eta}} \tag{7-3}$$

由式 7-3 即可根据反应所需容积 V_0 和选定的装料系数 η 以及选择的长径比 H/D_i，初步计算出釜体内径 D_i。然后，再将 D_i 值圆整成圆筒标准直径代入，计算出筒体高度 H，计算公式为

$$H = \frac{V}{\frac{\pi}{4}D_i^2} = \frac{\frac{V_0}{\eta}}{\frac{\pi}{4}D_i^2} \tag{7-4}$$

最后，将计算所得的 H 值圆整，校核 H/D_i 值是否合适。若合适则可；否则，应重新调整，直至满足要求。通过以上计算就确定了筒体的直径和高度，即保证了反应所需的容积空间。

筒体与夹套的厚度要根据强度条件或稳定性要求来确定。夹套承受内压时，按内压容器设计。筒体既受内压又受外压时，应根据开工、操作和停工时可能出现的最危险状态来设计。当釜内为真空外带夹套时，筒体按外压设计，设计压力为真空容器设计压力加上夹套内的设计压力；当釜内为常压操作时，筒体按外压设计，设计压力为夹套内的设计压力；当釜内为正压操作时，则筒体应同时按内压设计和外压校核，其厚度取两者中的较大者。

二、夹套

有传热要求的反应釜，为了维持反应的最佳温度，需要设置传热装置。常用的传热装置有筒体外夹套传热和釜内蛇管传热两种形式，其中应用最多并优先采用的是夹套传热。夹套传热可减少容器内构件，便于清洗，如图 7-7a 所示；当反应釜采用衬里结构或夹套传热面积不能满足传热要求时，常用蛇管传热方式，如图 7-7b 所示。

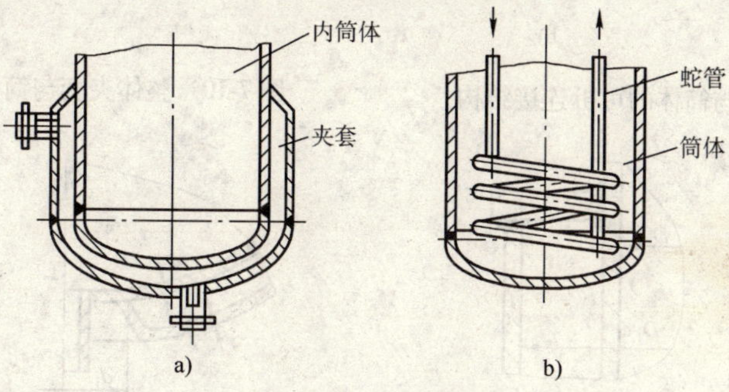

图 7-7　传热装置图

a）夹套传热　b）蛇管传热

夹套与内筒外壁连接成密闭的空间，通入加热或冷却介质，可加热或冷却筒体内的物

料。夹套的主要结构形式有整体夹套、型钢夹套、半圆管夹套和蜂窝夹套。

1. 整体夹套

常用的整体夹套有圆筒形（图 7-8a）和 U 形（图 7-8b）两种。圆筒形夹套仅在圆筒部分有夹套，传热面积较小，适用于换热量不大的场合，U 形夹套是圆筒和下封头都包有夹套，传热面积大，是最常用的结构。

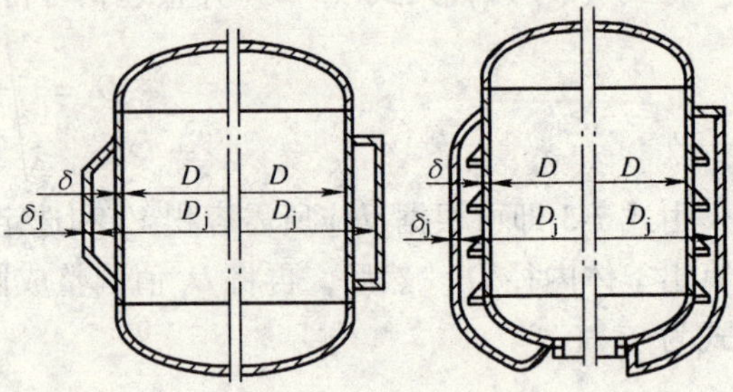

a)　　b)

图 7-8　整体夹套

a）圆筒形　b）U 形

夹套与内筒的连接有可拆连接与不可拆连接（焊接）两种方式。其中，可拆连接结构用于操作条件较差，或要求进行定期检查内筒外表面和需经常清洗夹套的场合。可拆连接是将内筒和夹套通过法兰来连接的，常用的可拆连接如图 7-9 所示。图 7-9a 所示形式要求在内筒上另装一个连接法兰；图 7-9b 所示是将内筒上端法兰加宽，将上封头和夹套都连接在宽法兰上，以增加传热面积。

工程中使用较多的是不可拆连接，它是通过焊接将夹套连接在内筒上，如图 7-10a 所示。当夹套与内筒材料为异种钢时，可采用图 7-10b 所示的方法焊接。夹套肩与筒体的连接处可做成锥形的封口锥，也可做成环形的封口环，如图 7-11 所示。当下封头底部有接管时，夹套底与容器封头的连接方式也有封口锥和封口环两种，如图 7-12 所示。不可拆连接密封可靠、制造加工简单。

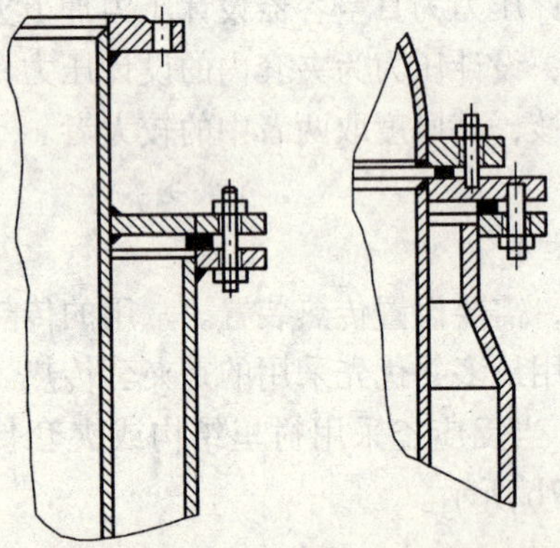

a)　　b)

图 7-9　整体夹套与筒体的可拆连接结构

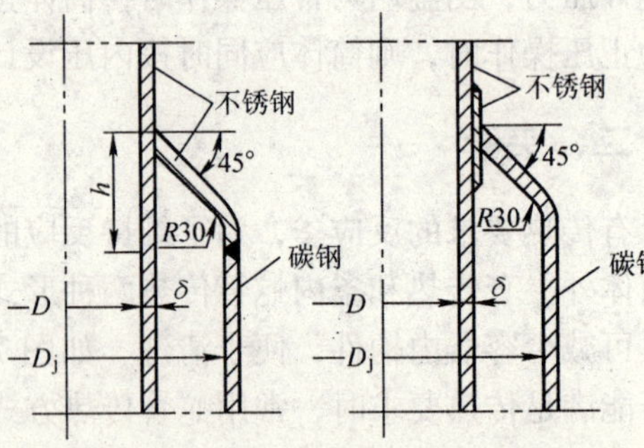

a)　　b)

图 7-10　整体夹套与筒体不可拆连接结构

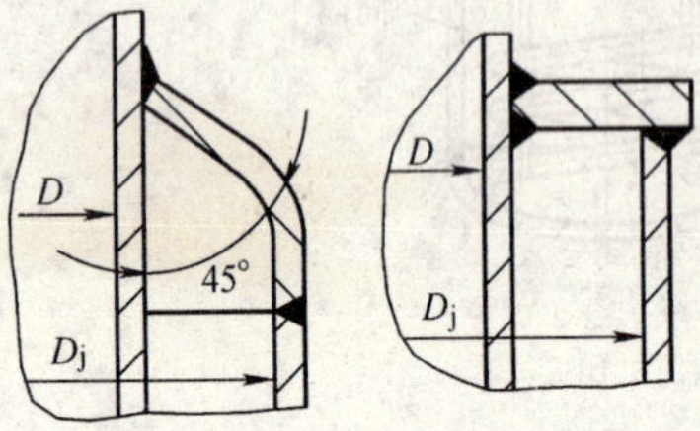

a)　　b)

图 7-11　夹套肩与筒体的连接

a）封口锥　b）封口环

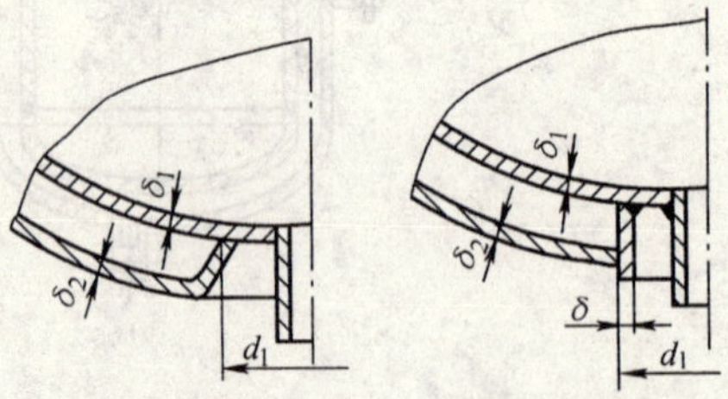

a)　　b)

图 7-12　夹套底与封头连接结构

a）封口锥　b）封口环

夹套上设有蒸汽、冷却水或其他加热、冷却介质的进出口。当加热介质是蒸汽时，进口管应靠近夹套上端，冷凝液从底部排出；当加热（冷却）介质是液体时，则进口管应设在底部，使液体下进上出，有利于排出气体和充满液体。

载热介质流过夹套时，流道面积大、流速低、传热性能差。为提高传热效率，常采取在筒体外焊接螺旋导流板，以减小流道截面积，增加冷却水流速，如图 7-5 所示；也可以在进口处安装扰流喷嘴，使冷却水呈湍流状态，提高传热系数；或在夹套的不同高度处安装切向进口，提高冷却水的流速，增加传热系数。

当夹套内介质压力较高，或反应器直径较大时，可以采用型钢夹套、半圆管夹套或蜂窝夹套的结构。

2. 型钢夹套

型钢夹套一般用角钢与筒体焊接组成，如图 7-13 所示。角钢主要有两种布置方式：沿筒体外壁轴向布置和沿筒体外壁螺旋布置。型钢刚度大，不易弯曲成螺旋形。

3. 半圆管夹套

半圆管夹套用半圆管或弓形管与筒体焊接组成，如图 7-14 所示。半圆管在筒体外既可螺旋形缠绕在筒体上（图 7-14a），也可沿筒体轴向平行焊接在筒体上或沿筒体圆周方向平行焊接在筒体上（图 7-14b）。半圆管或弓形管由带材压制而成，加工方便。当载热介质流量不大时，宜采用弓形管。半圆管夹套制造安装时焊接工作量大，焊缝多，有时需用专用夹具进行焊接，筒体较薄时易造成焊接变形。

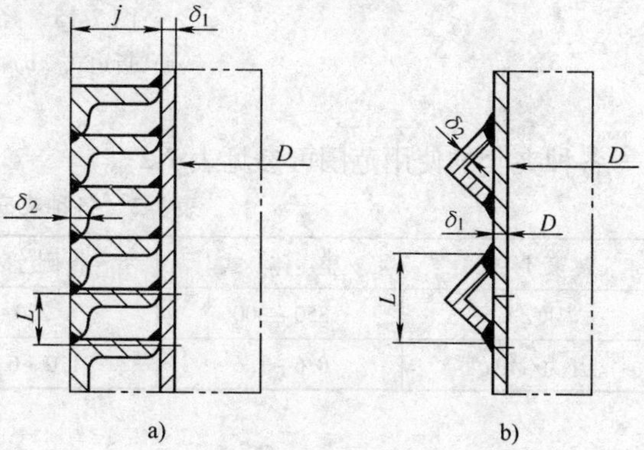

图 7-13　型钢夹套

a）螺旋形角钢互搭式　b）角钢螺旋形缠绕

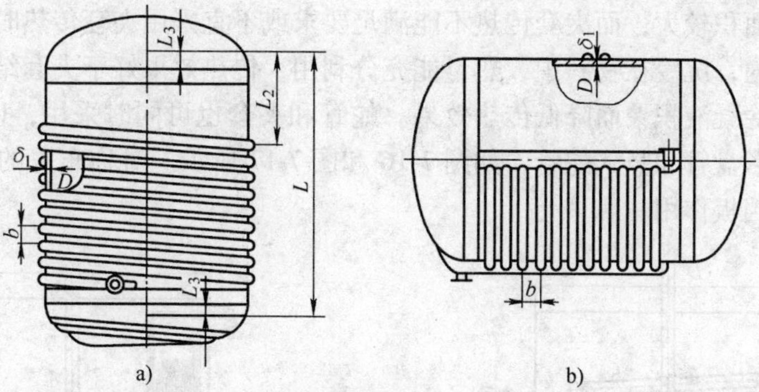

图 7-14　半圆管夹套的安装

a）螺旋形缠绕　b）平行排管

4. 蜂窝夹套

蜂窝夹套是以整体夹套为基础，采取折边或短管等加强措施，提高筒体的刚度和夹套的承压能力，减少流道面积，从而减薄筒体厚度，强化传热效果。常用的蜂窝夹套有折边式和拉撑式两种形式。前者是夹套向内折边、与筒体贴合好再进行焊接的结构，如图 7-15a 所示；后者是用冲压的小锥体或钢管做拉撑体。图 7-15b 所示为短管支承式蜂窝夹套，蜂窝孔在筒体上呈正方形或三角形布置。

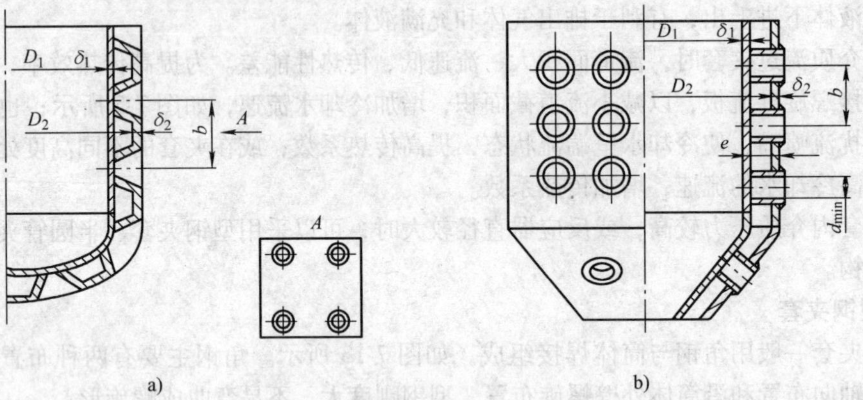

图 7-15　蜂窝夹套

a）折边式　b）短管支承式

各种夹套的使用范围可参见表 7-2。

表 7-2　各种夹套的使用范围

夹套形式	整体式	半圆管式	型钢式	蜂窝式
温度/℃	350～300	280	225	250
压力/MPa	0.6～1.6	1.0～6.4	0.6～2.5	2.5～4.0

三、蛇管

当所需传热面积较大，而夹套传热不能满足要求或不宜采用夹套传热时，可采用蛇管传热。蛇管置于釜内，沉浸在物料中，热量能充分利用，传热效果好于夹套结构。但蛇管检修困难，还可能因冷凝液积聚而降低传热效果。蛇管和夹套也可同时采用，以增大传热面积。蛇管可分为螺旋形盘管和竖式蛇管，如图 7-16 和图 7-17 所示。对称布置的几组竖式蛇管除传热外，还起到挡板作用。

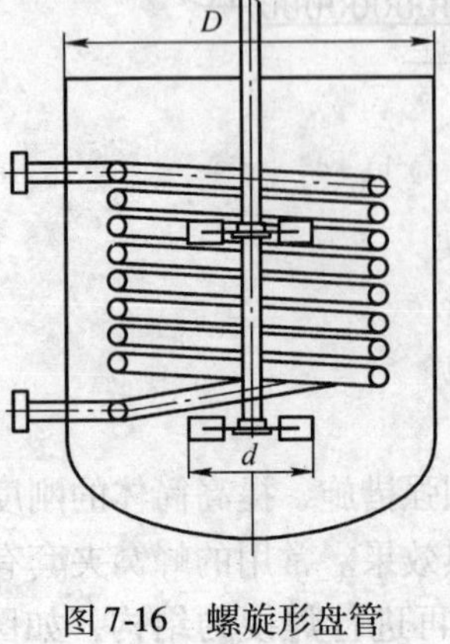

图 7-16　螺旋形盘管

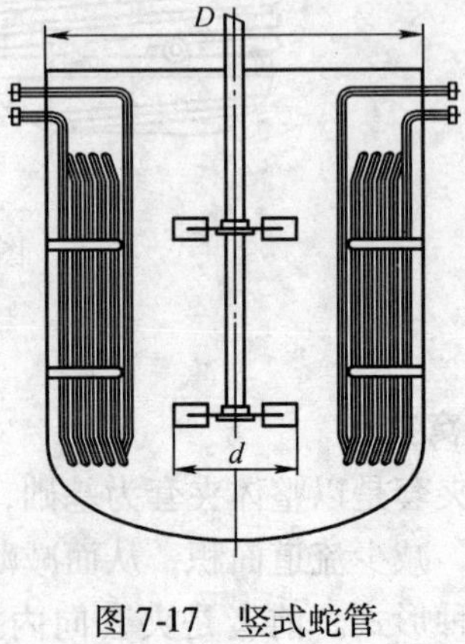

图 7-17　竖式蛇管

蛇管一般由公称直径为 $\phi25 \sim \phi70$mm 的无缝钢管绕制而成，常用的结构形状有圆形螺旋状、平面环形、U 形立式、弹簧同心圆组并联形式等。如果所需传热面积很大时，可将数排同心圆蛇管组沉浸于釜内（图 7-18），其内外圈距离 $t=(2\sim3)d_o$，d_o 为蛇管外径，各圈垂直距离 $h=(1.5\sim2)d_o$，最外圈直径 $D_o=D_i-(200\sim300)$mm。

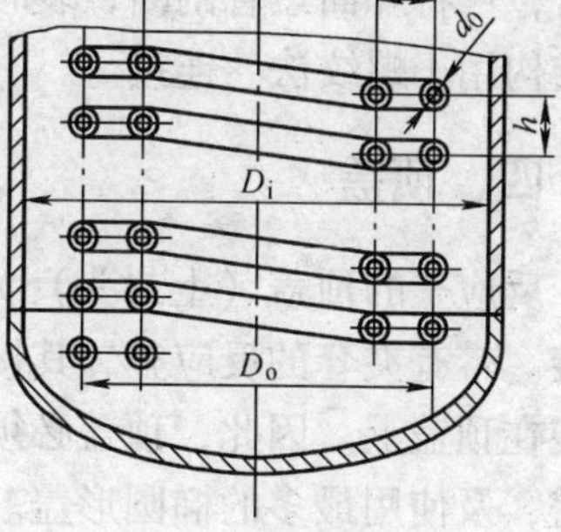

图 7-18 蛇管传热

蛇管在筒体内需要固定，固定方式有多种。当蛇管中心直径较小、圈数较少时，蛇管可利用进、出口管固定在釜盖或釜底上；若中心直径较大、圈数较多、重量较大时，则应设立固定支架支承。常见的几种固定方式如图 7-19 所示。

图 7-19a 所示是蛇管支承在角钢上，用半 U 形螺栓固定，制造简单，但难以锁紧，适用于振动小、蛇管公称直径小的场合。图 7-19b 和图 7-19c 所示的蛇管支承在角钢上，用 U 形螺栓固定，适用于振动较大和蛇管公称直径较大的情况，其中图 7-19b 所示采用一个螺母锁紧，安装简单，图 7-19c 所示采用两个螺母锁紧，固定可靠。图 7-19d 所示是蛇管支托在扁钢上，不用螺栓紧固，适用于热膨胀较大的蛇管。图 7-19e 所示是通过两块扁钢和螺栓夹紧并支承蛇管，用于紧密排列的蛇管，并可起到导流筒的作用。图 7-19f 所示也是利用两块扁钢和螺栓来固定蛇管的，此结构适用于振动较大的场合。

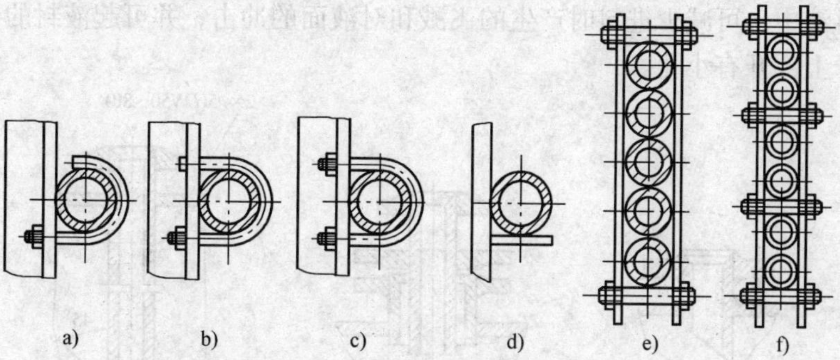

图 7-19 蛇管的固定方式

蛇管的进、出口最好设在同一端，一般设在上封头处，以使结构简单、装拆方便。蛇管常用的几种进出口结构如图 7-20 所示。其中，图 7-20a 所示结构可将蛇管与封头一起取出。

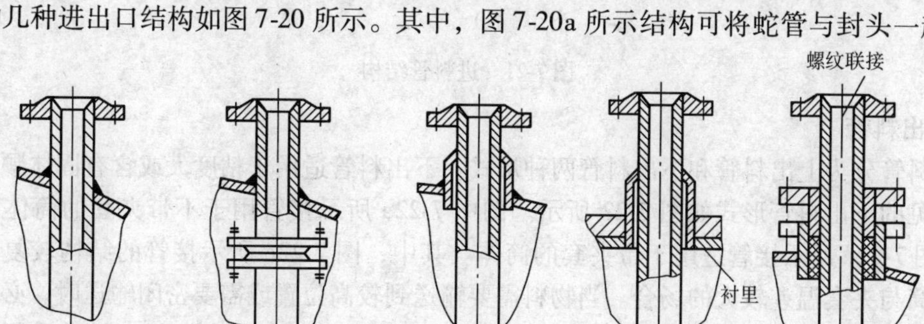

图 7-20 蛇管的进、出口结构

图 7-20b 所示结构用于蛇管需要经常拆卸的场合。图 7-20c 所示结构简单，使用方便，需拆卸时，可将外面短管割断，装时再焊上。图 7-20d 所示结构用于有衬里的设备。图 7-20e 所示结构用于螺纹法兰连接。

四、顶盖

反应釜的顶盖（上封头）为满足装拆需要常做成可拆式的，即通过法兰将顶盖与筒体连接。带有夹套的反应釜，其接管口大多开设在顶盖上。此外，反应釜传动装置也大多直接安装在顶盖上。因此，顶盖必须有足够的强度和刚度。顶盖的结构形式有平盖、碟形盖、锥形盖，及使用最多的椭圆形盖。

五、筒体上的接管

反应釜筒体的接管主要有：物料进、出所需要的进料管和出料管；用于安装检修的人孔或手孔的接管；观察物料搅拌和反应状态的视镜接管；测量反应温度用的温度计接管；保证安全而设立的安全装置接管等。

1. 进料管

进料管一般设在顶部，其常用结构如图 7-21 所示。进料管的下端一般成 45°的切口，以防物料沿壁面流动。其中，图 7-21a 所示为一般常用结构；图 7-21b 所示为套管式结构，便于装拆、更换和清洗，适用于易腐蚀、易磨损、易堵塞的介质。图 7-21c 所示结构管子较长，沉浸于料液中，可减少进料时产生的飞溅和对液面的冲击，并可起液封的作用，为避免虹吸，在管子上部开有小孔。

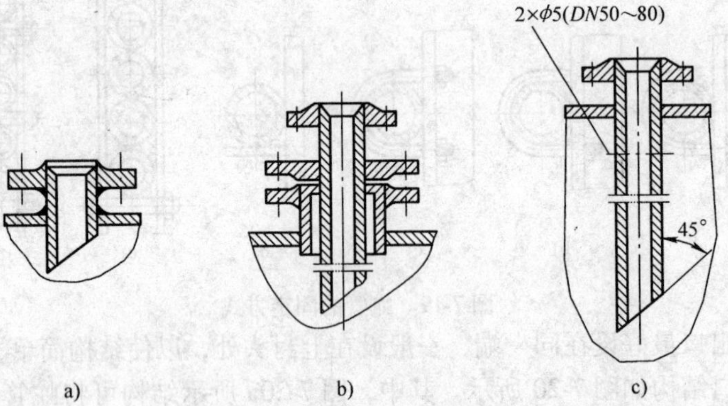

图 7-21　进料管结构

2. 出料管

出料管分为上出料管和下出料管两种形式。下出料管适用于粘度大或含有固体颗粒的介质，常见的下出料管形式如图 7-22 所示。图中 7-22a 所示接管用于不带夹套的筒体，图 7-22b 和图 7-22c 所示接管适用于带夹套的筒体。其中，图 7-22c 所示接管的结构较复杂，多用在内筒与夹套温差较大的场合。当物料需要输送到较高位置或需要密闭输送时，必须装设压料管，使物料从上部排出。压料管及其固定方式如图 7-23 所示。上部出料常采用压缩空气或其他惰性气体，将物料从釜内经压料管压送到下一工序设备。为使物料排除干净，应使压料管下端位置尽可能低些，且底部做成与釜底相似的形状。

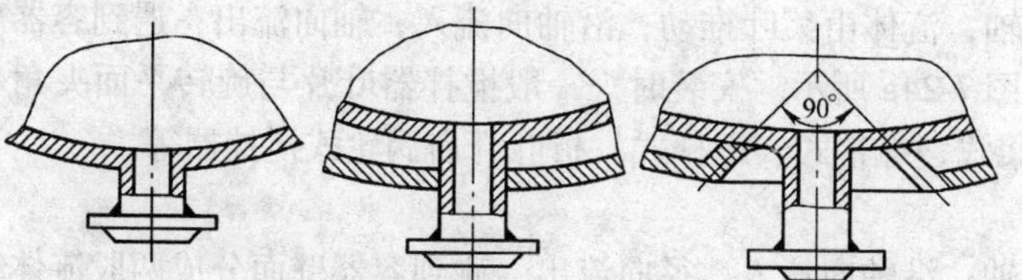

图 7-22 下部出料管

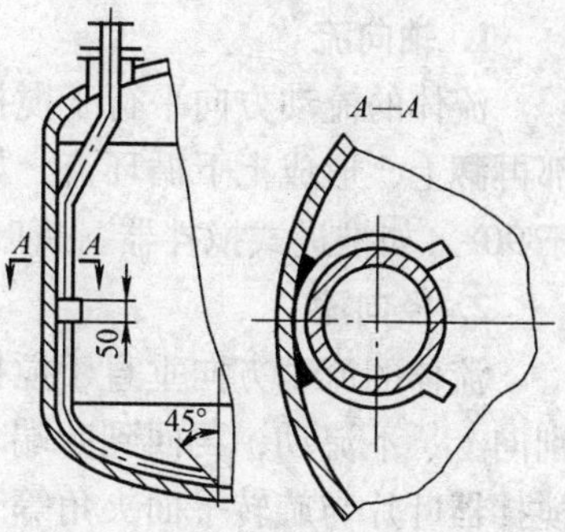

图 7-23 上部出料管

任务 3 搅拌装置的结构认知与选型

一、搅拌装置的作用

搅拌装置是反应釜的关键部件，其功能是提供反应过程所需要的能量和适宜的流动状态。釜内的反应物借助搅拌器的机械搅拌，达到物料充分混合、增强物料分子碰撞、加快反应速率、强化传质与传热效果、促进化学反应的目的。搅拌器还可以防止悬浮物料的沉降，防止粘稠物料的“挂壁”现象。因此，设计和选择合理的搅拌装置是提高反应釜生产能力的重要手段。搅拌装置通常包括搅拌器、搅拌轴、支承结构以及挡板、导流筒等搅拌附件。搅拌装置的结构形式多种多样，我国对搅拌装置的主要零部件均已实行标准化生产，供使用时选用。

二、搅拌器与流型

搅拌器旋转时将机械能传递给流体，在搅拌器附近形成高湍动的混合区，并推动流体沿一定的路径在釜内循环流动，形成不同的流型。流型与搅拌效果、搅拌功率的关系十分密切，搅拌器的改进和新型搅拌器的开发往往从流型着手。形成何种流型取决于搅拌器的形式、搅拌容器和内构件的几何形状、流体性质及搅拌器的转速等因素。立式容器中心搅拌反应釜主要有三种基本流型，分别为轴向流、径向流、切向流，如图 7-24 所示。

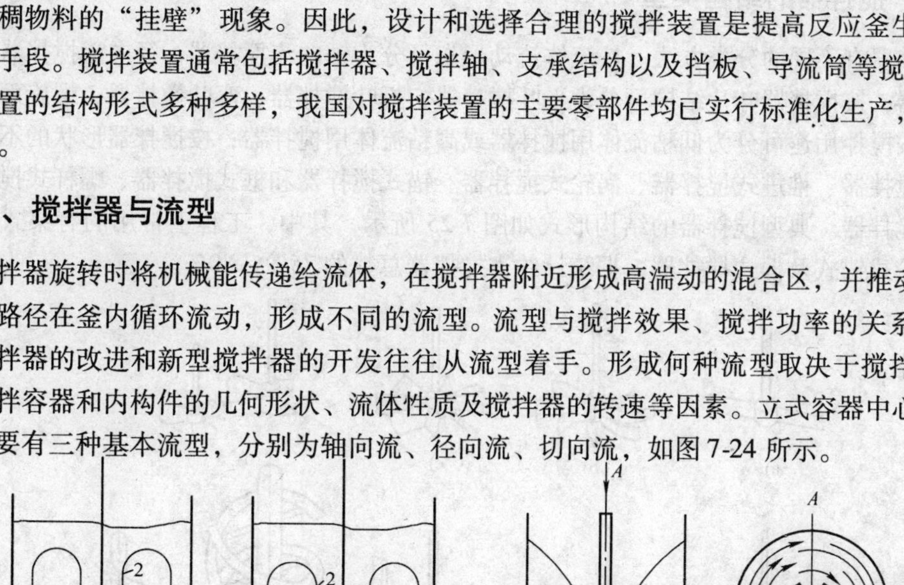

图 7-24 三种基本流型

a）轴向流 b）径向流 c）切向流

1. 轴向流

流体的流动方向平行于搅拌轴，流体由桨叶推动，沿轴向流入，轴向流出，遇到容器底部再翻上，形成上下循环流，如图7-24a 所示。安装时，一般搅拌器叶片与旋转平面夹角小于90°，如推进式搅拌器、折叶桨式、螺带式、螺杆式、折叶开启涡轮式搅拌器等。

2. 径向流

流体的流动方向垂直于搅拌轴，沿轴向流入，径向流出，碰到容器壁面分成两股流体分别向上、下流动，再回到叶端，不穿过叶片，形成上、下两个循环流动，如图7-24b 所示。搅拌器叶片与旋转平面夹角等于90°，如平、弯叶开启涡轮式搅拌器，平、弯叶圆盘涡轮式搅拌器，平桨式搅拌器及其衍生类型。

3. 切向流

无挡板的容器内，当物料粘度较低而搅拌器旋转速度较高时，流体围绕搅拌轴旋转运动，表面形成旋涡，这种流型称为切向流，如图7-24c 所示。此时，流体从桨叶周围周向卷吸至桨叶区的流量很小，混合效果很差。为避免流体绕轴的旋转运动，通常在釜内设置挡板。

上述三种流型通常同时存在，其中轴向流和径向流有利于混合，而切向流不利混合，应加以抑制，设置挡板可削弱切向流，增强轴向流和径向流。

搅拌器除可以中心安装外，还有偏心式、底插式、侧插式、斜插式、卧式等安装方式。显然，不同方式安装的搅拌器产生的流型也各不相同。

三、搅拌器的结构类型

搅拌器有不同的分类方法。按流体流动形态可分为轴向流搅拌器、径向流搅拌器、混合流搅拌器；按搅拌器叶片结构可分为平叶搅拌器、折叶搅拌器、弯叶搅拌器、螺旋面叶搅拌器等；按搅拌用途可分为低粘流体用搅拌器或高粘流体用搅拌器；按搅拌器形状的不同可分为桨式搅拌器、推进式搅拌器、涡轮式搅拌器、锚式搅拌器和框式搅拌器、螺杆式搅拌器和螺带式搅拌器。典型搅拌器的结构形式如图7-25 所示，其中，工程上常用的有桨式、推进式、涡轮式锚式及框式搅拌器，据统计约占搅拌器总数的75%～80%。

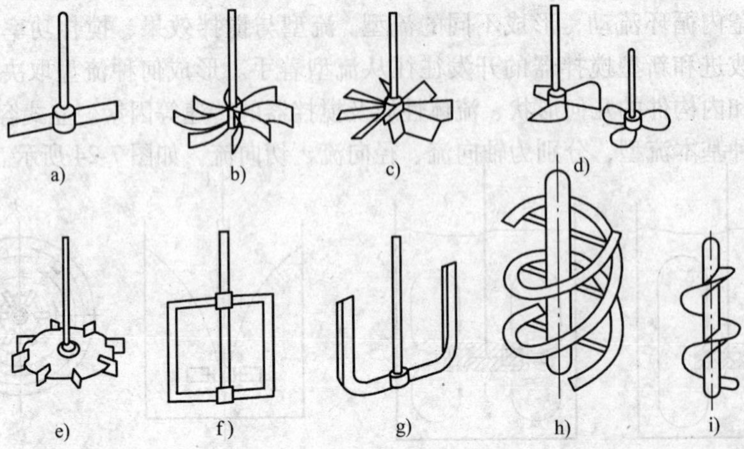

图7-25 典型搅拌器的结构形式

a）桨式 b）弯叶开启涡轮 c）折叶开启涡轮 d）推进式
e）平直叶圆盘涡轮 f）框式 g）锚式 h）螺带式 i）螺杆式

1. 桨式搅拌器

桨式搅拌器结构最简单，其外形及流型如图 7-26 所示。桨式搅拌器一般由扁钢或角钢加工制成，也可由合金钢、有色金属等制造，叶片用焊接或用螺栓固定在轮毂上，叶片数是 2、3 或 4 片。桨式搅拌器的叶片形式可分为平直叶式和折叶式两种，如图 7-27 所示。

平直叶片与旋转方向垂直，低速时以水平环流为主，高速时为径向流，若设有挡板也可产生一定程度的轴向搅拌作用。折叶式叶片则与旋转方向成一倾斜角度（常为 45°或 60°），产生的轴向分流比平直叶片多，综合搅拌效果较好，且功耗少、费用低，故折叶桨使用较多。小型桨的叶片与轴的连接常采用焊接，即将叶片直接焊在轮毂上，然后用键、止动螺钉将轮毂连接在搅拌轴上。直径较大的桨叶与搅拌轴的连接多采用可拆连接。连接时，将桨叶的一端制出半个轴环套，两片桨叶对开地用螺栓将轴环套夹紧在搅拌轴上。

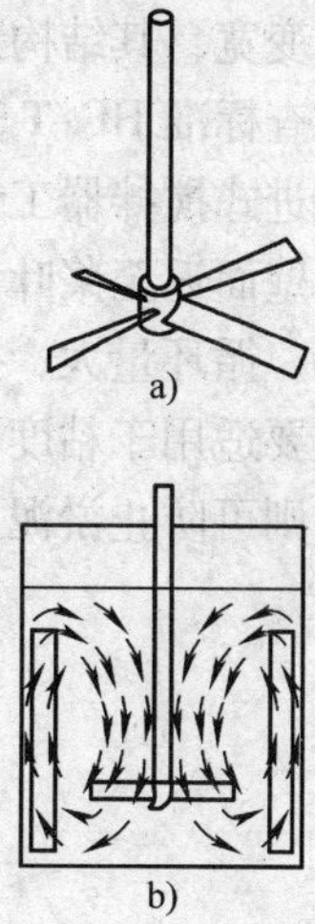

图 7-26 桨式搅拌器及流型

a）外观图 b）流型

桨式搅拌器的直径一般为筒体内径的 0.35 ~ 0.8 倍。当液层较高时，常装多层桨叶，且相邻两层桨叶交错 90°安装。搅拌桨转速较低，一般为 20 ~ 80r/min，搅拌器外缘圆周速度为 1.5 ~ 3m/s，其具体结构尺寸可查标准 HG/T 3796.3—2005《桨式搅拌器》。

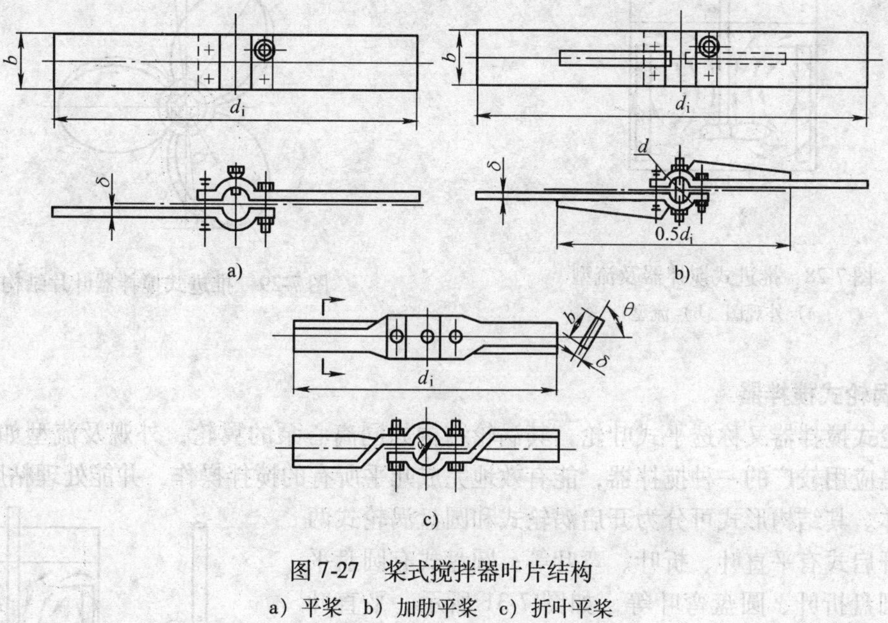

图 7-27 桨式搅拌器叶片结构

a）平桨 b）加肋平桨 c）折叶平桨

桨式搅拌器主要用于流体的循环，在液-液物系中用于防止分离、使罐的温度均一，在固-液物系中多用于防止固体沉降，但不能用于气-液分散操作中。其通常适用于中低粘度液体的混合、均匀、调和、溶解、传热或结晶。粘度较高时，采用多层大直径低速搅拌器，促进流体的上下交换，代替价格高的螺带式叶轮，能获得良好的效果。

2. 推进式搅拌器

推进式搅拌器浆的形状与船舶用螺旋桨相似。推进式搅拌器一般采用整体铸造方法制成，常用材料为铸铁或不锈钢，也可采用焊接成形。桨叶上表面为螺旋面，叶片数一般为三个，如图 7-28a 所示。桨叶直径较小，一般为筒体内径的 1/3 左右，宽度较大，且从根部向外逐渐变宽，其结构形式如图 7-29 所示。叶端速度一般为 7 ~ 10m/s，最高达 15m/s，具体参数可查标准 HG/T 3796. 8—2005《推进式搅拌器》。

推进式搅拌器工作时，流体由桨叶上方吸入，下方以圆筒状呈螺旋形排出，流体至容器底再沿壁面返至桨叶上方，形成轴向流动（图 7-28b）。搅拌时流体的湍流程度不高，剪切作用小，循环量大，搅拌功率小，上下翻腾效果好。推进式搅拌器结构简单、制造加工方便，主要适用于粘度低、流量大的场合，也用于液-液系混合，使温度均匀，在低浓度固-液物系中则可防止淤泥沉降等。

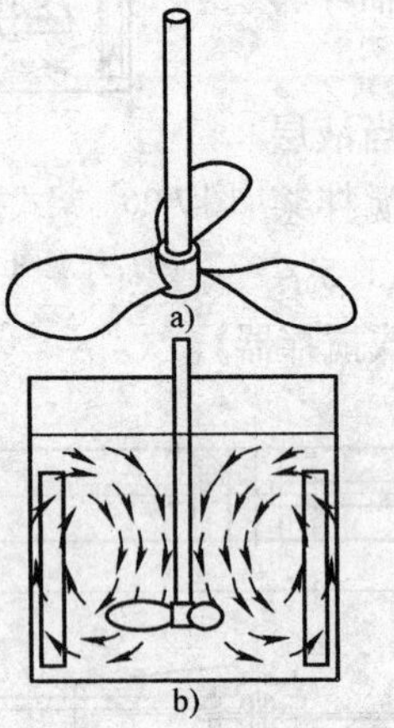

图 7-28　推进式搅拌器及流型

a）外观图　b）流型

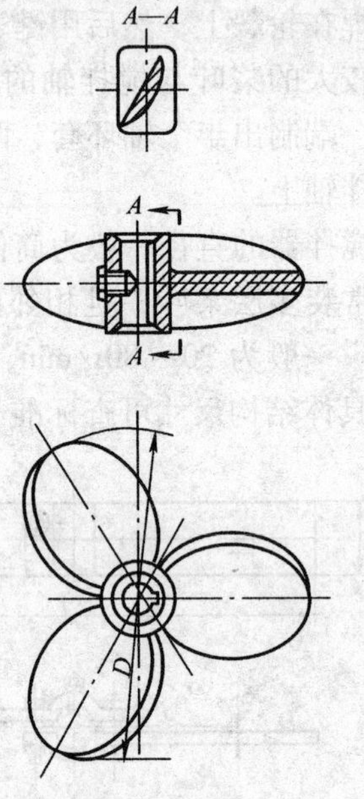

图 7-29　推进式搅拌器叶片结构

3. 涡轮式搅拌器

涡轮式搅拌器又称透平式叶轮，其涡轮结构如同离心泵的翼轮，外观及流型如图 7-30a 所示，是应用较广的一种搅拌器，能有效地完成几乎所有的搅拌操作，并能处理粘度范围很广的流体。其结构形式可分为开启涡轮式和圆盘涡轮式两大类。开启式有平直叶、折叶、弯叶等；圆盘式有圆盘平直叶、圆盘折叶、圆盘弯叶等，如图 7-31 所示。平直叶和弯叶涡轮搅拌器主要产生径向流，折叶涡轮搅拌器主要产生轴向流。涡轮式搅拌器的桨叶直径一般为筒体内径的 0. 25 ~ 0. 5 倍，且一般在 ϕ700mm 以下，涡轮的标准转速为 2 ~ 10m/s，参数可查标准 HG/T 3796. 4—2005《开启涡轮式搅拌器》和 HG/T 3796. 5—2005《圆盘涡轮式搅拌

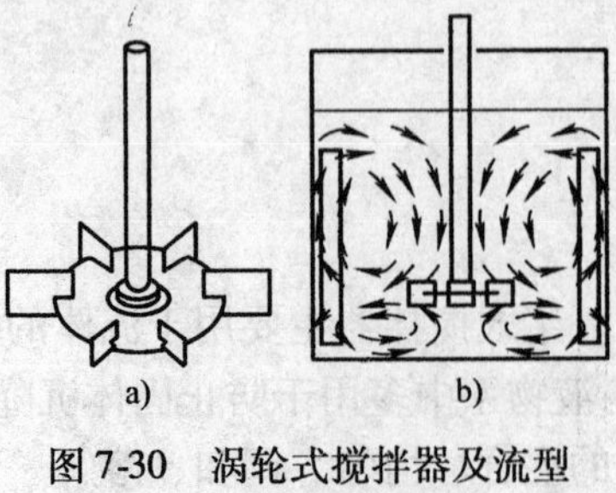

图 7-30　涡轮式搅拌器及流型

a）外观图　b）流型

器》。

涡轮式搅拌器有较大的剪切力，可使流体微团分散得很细，适用于低粘度到中等粘度流体的混合、液-液分散、液-固悬浮，以及促进良好的传热、传质和化学反应。

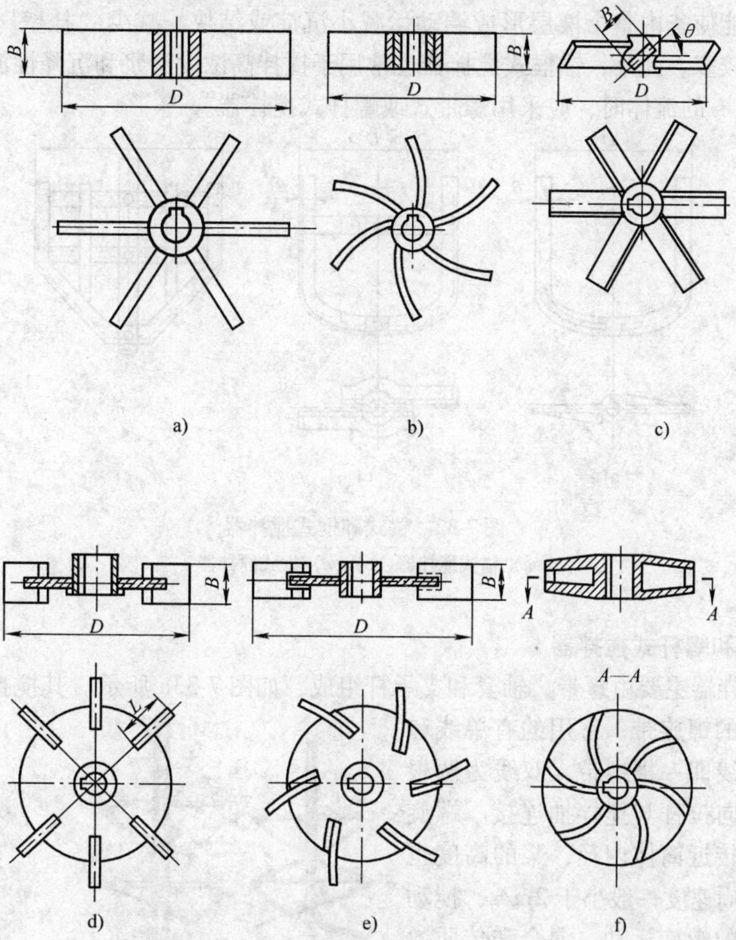

图 7-31 涡轮式搅拌器的结构形式

a）开启直叶涡轮式 b）开启弯叶涡轮式 c）开启折叶涡轮式

d）圆盘平直叶涡轮式 e）圆盘弯叶涡轮式 f）闭式弯叶涡轮式

4. 锚框式搅拌器

锚式搅拌器结构较简单，由垂直桨叶和形状与底封头形状相同的水平桨叶所组成（图7-32a），适用于粘度在 100Pa · s 以下的流体搅拌。对于大直径反应器或流体粘度在 10 ~ 100Pa · s时，可在锚式桨中间设一加固横梁，即为框式搅拌器，以增加容器中部的混合，如图 7-32b 和图 7-32c 所示，其中图 7-32b 所示为单级式，图 7-32c 所示为多级式。搅拌叶可用扁钢或钢板弯制，小直径的搅拌器整个旋转体可铸造或焊接而成，而大直径搅拌器与轴的连接常做成螺栓连接的可拆式，以便于检修和安装。搅拌器可先用键固定在轴上，然后从轴的下端拧上轴端盖帽即可。锚式和框式搅拌器形式和应用工况接近，合称为锚框式搅拌器，其共同特点是旋转部分的直径较大，可达筒体内径的 0.9 倍以上，一般取 $D/B=10\sim14$，其外缘圆周速度为0.5~1.5m/s，参数可查标准 HG/T 3796.12—2005《锚框式搅拌器》。锚框式搅拌器混合效果并不理想，只适用于对混合要求不太高的场合。由于锚框式搅拌器在容器壁附近的流速比其他搅拌器大，能得到大的表面传热系数，故常用于传热、晶析操作。由于其直径较大，能使釜内整个液层形成湍动，减小沉淀或结块，减少“挂壁”的产生，故在反应釜中应用较多。此外，锚框式搅拌器也常用于搅拌高浓度淤浆和沉降性淤浆。当搅拌粘度大于100Pa·s的流体时，应采用螺带式或螺杆式搅拌器。

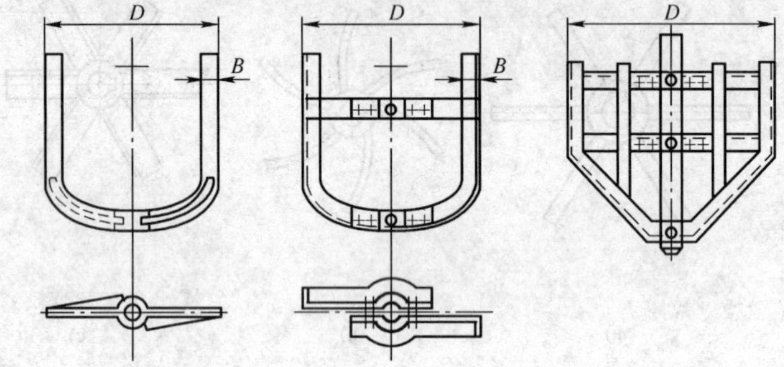

a)　b)　c)

图 7-32　锚式和框式搅拌器

a）锚式搅拌器　b）、c）框式搅拌器

5. 螺带式和螺杆式搅拌器

螺带式搅拌器主要由螺带、轴套和支承杆组成，如图7-33a所示。其搅拌桨叶是一定宽度和一定螺距的螺旋带，常用的有单线和双线两种，单线即一根螺带，双线为两根螺带，通过横向拉杆与搅拌抽连接。螺旋带外径较大，接近筒体内径，桨的高度也较大，外缘圆周速度一般小于2m/s，搅动时液体做复杂的螺旋运动，混合和传质效果较好，常用于高分子化合物的聚合反应器内，也可用于高粘度、低转速的情况。螺杆式搅拌器结构与此类似，但其直径较小。螺带式搅拌器和螺杆式搅拌器的参数可分别查标准 HG/T 3796.11—2005《螺带式搅拌器》和 HG/T 3796.10—2005《螺杆式搅拌器》。

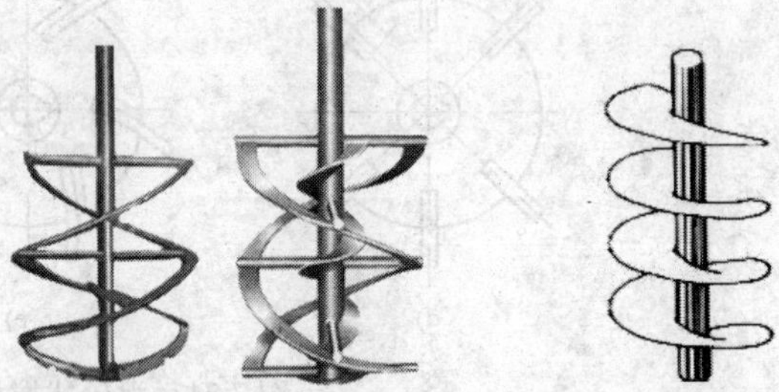

a)　b)

图 7-33　螺带式和螺杆式搅拌器

a）螺杆式　b）螺带式

四、搅拌器的选用

由于搅拌过程种类繁多，操作条件各不相同，介质情况千差万别，所以使用的搅拌器形式多种多样。为了确保搅拌器的生产质量，降低制造成本，增加零部件的互换性，我国对几种常用搅拌器的结构形式制定了相应标准，并对标准搅拌器制定了技术条件。搅拌器标准的内容包括：结构形式、基本参数和尺寸、技术要求、图样目录等几个部分。在需要时可根据生产要求选用标准搅拌器。

影响搅拌过程与效果的因素极其复杂，涉及流体的流动、传质、传热等诸多方面，所进行的物理和化学过程对搅拌效果的要求也不同，目前搅拌器的选用带有很大的经验性。此外，也可以通过小型试验，取得数据，进行比拟放大的设计方法。搅拌器选型时一般需考虑搅拌目的、物料粘度、搅拌容器容积的大小三个方面，还应考虑反应过程的特性、搅拌效果和搅拌功率的要求（在达到同样的搅拌效果时，要求尽可能少地消耗动力），以及操作费用、制造、维护和检修等因素，即一个完整的选型方案必须满足经济与安全的要求。总之，不论哪种选型方法，都离不开最初的搅拌目的和不同搅拌器造成物料不同流动状态而产生的不同搅拌效果等这些根本出发点。实际选用时，可根据流动状态、搅拌目的、搅拌容量、转速范围及液体最高粘度等，查表 7-3 综合确定。

由表 7-3 可见，随着介质粘度增高，各种搅拌器使用的顺序是：推进式、桨叶式、涡轮式、框式和锚式、螺杆（带）式。对低粘度流体的混合，推进式搅拌器由于循环能力强，动力消耗小，可应用到容积很大的搅拌容器中。涡轮式搅拌器应用范围较广，各种搅拌操作都适用，但流体粘度不宜超过 50Pa · s。桨式搅拌器结构简单，在小容积的流体混合中应用较广；对大容积的流体混合，则循环能力不足。对高粘流体的混合，锚框式、螺杆式、螺带式搅拌器更合适。

表 7-3　搅拌器形式和适用条件

搅拌器形式	流动状态			搅拌目的									搅拌容器容积/m^3	转速范围/(r/min)	最高粘度/(Pa · s)
	对流循环	湍流扩散	剪切流	低粘度混合	高粘度液混合传热反应	分散	溶解	固体悬浮	气体吸收	结晶	传热	液相反应			
涡轮式	◆	◆	◆	◆	◆	◆	◆	◆	◆	◆	◆	◆	1 ~ 100	10 ~ 300	50
桨叶式	◆	◆	◆	◆	◆		◆	◆		◆	◆	◆	1 ~ 200	10 ~ 300	50
推进式	◆	◆		◆		◆	◆	◆		◆	◆	◆	1 ~ 1000	10 ~ 500	2
折叶开启涡轮式	◆	◆		◆		◆	◆	◆			◆	◆	1 ~ 1000	10 ~ 300	50
布鲁马金式	◆	◆	◆	◆	◆		◆				◆	◆	1 ~ 100	10 ~ 300	50
锚式	◆				◆		◆						1 ~ 100	1 ~ 100	100
螺杆式	◆				◆		◆						1 ~ 50	0.5 ~ 50	100
螺带式	◆				◆		◆						1 ~ 50	0.5 ~ 50	100

注：有◆者为可用，空白者不详或不适用。

五、搅拌轴

搅拌轴是连接减速机和搅拌器而传递动力的构件。搅拌轴属于非标准件，需要自行设计。

选择搅拌轴材料时需考虑材料具有足够的强度、刚度和韧性，优良的切削加工性能，耐腐蚀要求，加工后的直线度的要求等。常用的碳钢材料为 45；当介质具有腐蚀性或不允许铁离子污染时，可采用不锈耐酸钢或采取防腐措施。

搅拌轴的结构与一般机械传动轴相同。搅拌轴一般采用圆截面实心轴或空心抽，其结构形式视轴上安装的搅拌器类型、轴的支承形式、轴与联轴器连接等要求而定。搅拌轴通常依靠减速箱内的一对轴承支承，支承形式为悬臂梁。由于搅拌轴往往细而长，而且要带动搅拌器进行搅拌操作，且搅拌轴工作时承受着弯扭联合作用，如变形过大，将产生较大离心力而

不能正常转动，甚至使轴遭受破坏，所以为保证轴的正常运转，悬臂支承的条件为（图7-34）

$$L_1/B = 4 \sim 5$$

$$L_1/d = 40 \sim 50$$

式中 L_1——悬臂轴的长度（m）；

B——轴承间距（m）；

d——搅拌轴直径（m）。

若轴的直径裕量大，搅拌器经过平衡检验且转速较低时可取偏大值。如不能满足上述要求，则应考虑安装中间轴承或底轴承。

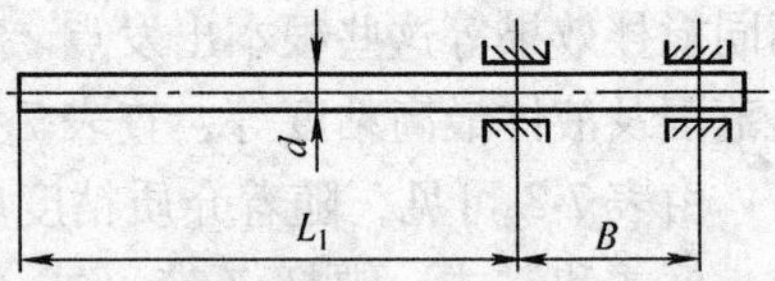

图7-34 搅拌轴的支承

搅拌轴的直径设计，要经过强度计算、刚度计算、临界转速和允许径向位移验算，还要考虑介质腐蚀情况。

1）按强度条件计算搅拌轴的直径。搅拌轴在扭转和弯曲联合作用下，若轴截面上切应力过大，将使轴发生剪切破坏，故应将最大切应力限制在材料许用切应力之内。搅拌轴的强度条件为

$$\tau_{\max} = \frac{M_{te}}{W_p} \leqslant [\tau] \tag{7-5}$$

式中 $\tau_{\max}$——轴截面上最大剪应力（Pa）；

M_{te}——轴上扭转和弯曲联合作用时的当量弯矩（N·m），$M_{te} = \sqrt{M_n^2 + M^2}$；

M_n——扭矩（N·m）；

M——弯矩（N·m），$M = M_R + M_A$；

M_R——由水平推力引起的弯矩（N·m）；

M_A——由轴向力引起的弯矩（N·m）；

W_p——抗扭截面模量（m^3），对空心轴 $W_p = \frac{\pi D^3}{16}(1-\alpha^4)$，对实心轴 $W_p = \frac{\pi D^3}{16}$；

D——实心轴直径或空心轴外径（m）；

α——空心轴内外径之比，$\alpha = d/D$；

$[\tau]$——轴材料的许用剪应力（Pa），$[\tau] = \frac{\sigma_b}{16}$；

σ_b——轴材料的拉伸强度（Pa）。

由式（7-5）可计算出空心轴的直径为

$$d = 1.72\left(\frac{M_{te}}{[\tau](1-\alpha^4)}\right)^{\frac{1}{3}} \tag{7-6}$$

2）按刚度条件计算搅拌轴直径。搅拌轴受扭矩和弯矩联合作用，扭转变形过大会造成轴的振动和扭曲，使轴的密封失效，故应限制单位长度上的最大扭转角在允计的范围内。轴扭转的刚度条件为

$$\gamma = \frac{583.6 M_{n\max}}{G d^4 (1-\alpha^4)} \leqslant [\gamma] \tag{7-7}$$

式中 G——轴材料剪切弹性模量（Pa）；

M_{nmax}——轴传递的最大扭矩（N·m），$M_{nmax}=9.55\times10^3\dfrac{P_e}{n}\eta$；

P_e——电机功率（kW）；

n——搅拌轴转速（r/min）；

η——传动装置效率；

$[\gamma]$——许用扭转角，对于悬臂梁$[\gamma]=0.35°/m$，对于单跨梁$[\gamma]=0.7°/m$。

则搅拌轴的直径为

$$d=4.92\left(\frac{M_{nmax}}{[\gamma]G(1-\alpha^4)}\right)^{\frac{1}{4}} \tag{7-8}$$

由以上强度条件和刚度条件确定的搅拌轴的直径是最危险截面处的直径。实际上，由于搅拌轴上因安装零部件和制造需要，常开有键槽、轴肩、螺纹孔、倒角、退刀槽等结构，削弱了横截面的承载能力，因此轴的直径应按计算直径适当放大，同时还要进行允许径向位移的验算。当搅拌轴转速 $n\geq200$r/min 时，还应进行临界转速的验算。轴径应圆整到标准公称轴径系列，如 ϕ30mm、ϕ40mm、ϕ50mm、ϕ65mm、ϕ80mm、ϕ95mm、ϕ110mm 等。

六、搅拌器附件

1. 挡板

挡板是固定在釜体内壁上的长条形板。挡板宽度为筒体内径的 1/12 ~ 1/10。挡板数视容器直径而定，当 $D_i<1$m 时为 2 ~ 4 块；当 $D_i>1$m 时为 4 ~ 6 块，一般装 4 块。安装时，挡板上边缘可与静止液面平齐，下边缘可至釜底。当流体粘度较小时，挡板可紧贴内壁安装，如图 7-35a 所示。当流体粘度较大或含有固体颗粒时，挡板应与壁面保持一定距离，以防物料粘结和堆积，如图 7-35b 所示。对高粘度流体，挡板离开壁面并与壁面倾斜一定角度安装，如图 7-35c 所示。如物料粘度高且使用桨式搅拌器，还可装横向挡板，如图 7-35d 所示。

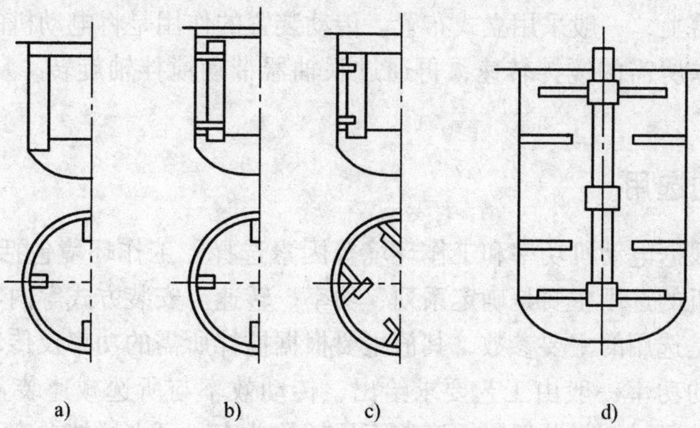

图 7-35 挡板安装方式

a）挡板紧贴内壁 b）挡板与内壁保持一定距离 c）挡板与壁面倾斜 d）横向安装挡板

釜体内安装挡板后，可使流体的切向流动转变为轴向与径向流动，同时增大液体的湍动程度，从而改善搅拌效果。

当再增加挡板数和挡板宽度，功率消耗不再增加时，称为全挡板条件。传热蛇管可部分或全部代替挡板，装有垂直换热管时，一般不再安装挡板。

2. 导流筒

导流筒是上下开口圆筒，安装在搅拌器外面，在搅拌混合中起导流作用，常用于推进式、桨叶式和涡轮式搅拌器（图 7-36 和图 7-37）。导流筒的作用是使从搅拌器排出的液体在导流筒内部和外部形成上下循环的流动，以增加流体湍动程度，减少短路机会，增加循环流量和控制流型。

对于涡轮式或桨叶式搅拌器，导流筒刚好置于桨叶上方。对于推进式搅拌器，导流筒套在桨叶外面，或略高于桨叶。通常上端都低于静液面，且筒身上开孔或槽。

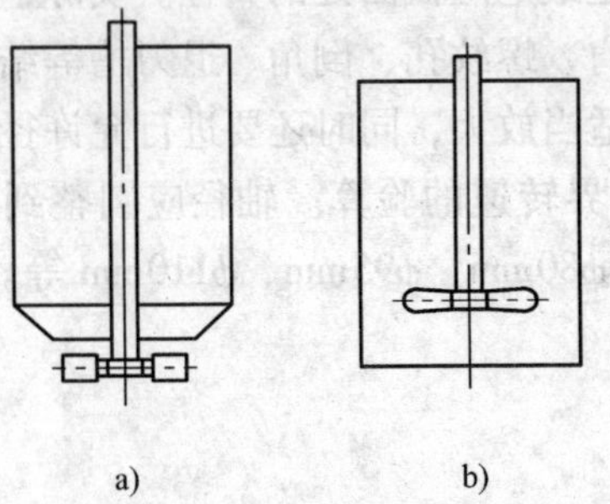

图 7-36 导流筒

a）涡轮式搅拌器 b）推进式搅拌器

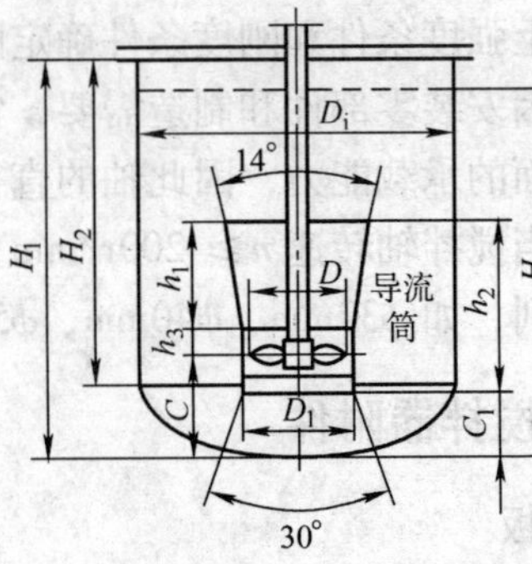

图 7-37 推进式搅拌器的导流筒

任务 4 传动装置的结构认知与选型

反应釜传动装置包括电动机、减速器、支架、联轴器等，如图 7-38 所示。传动装置通常设置在反应釜顶盖上，一般采用立式布置。传动装置的作用是将电动机的转速，通过减速器，调整至工艺要求所需的搅拌转速，再通过联轴器带动搅拌轴旋转，从而带动搅拌器工作。

一、电动机的选用

电动机型号应根据电动机功率和工作环境等因素选择。工作环境包括防爆、防护等级、腐蚀情况等。电动机的选用主要是确定系列、功率、转速、安装方式等内容。

电动机的功率是选用的主要参数，其值主要根据搅拌所需的功率及传动装置的传动效率来确定。搅拌所需的功率一般由工艺要求给出，传动效率与所选减速装置的结构有关。此外，还应考虑搅拌轴通过轴封装置时因摩擦而损耗的功率。可由搅拌功率计算电动机的功率 P_e

$$P_e = \frac{P + P_s}{\eta} \tag{7-9}$$

式中 P——工艺要求的搅拌功率（kW）；

P_s——轴封消耗功率（kW）；

η——传动系统的机械效率，可参考相关资料选取。

反应釜的电动机大多与减速器配套使用，因此电动机的选用一般可与减速器的选用配套进行。在许多场合下，电动机与减速器一并配套供应，设计时可根据选定的减速器选用配套的电动机。

二、减速器的选用

减速器的作用是传递运动和改变转动速度，以满足工艺条件的要求。目前，我国已制定了相应的标准系列，并由相关厂家定点生产。需要时，可根据传动比、转速、载荷大小及性质，再结合效率、外廓尺寸、重量、价格和运转费用等各项参数与指标，进行综合分析比较，以选定合适的减速器类型与型号，外购即可。

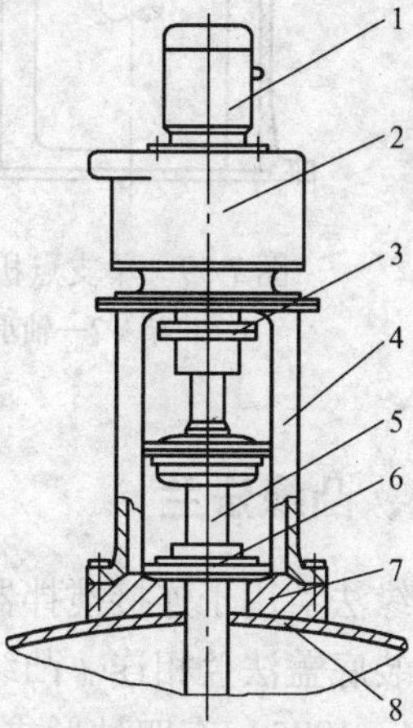

图 7-38 传动装置

1—电动机 2—减速器 3—联轴器 4—支架 5—搅拌轴 6—轴封装置 7—凸缘 8—顶盖（上封头）

搅拌反应釜用减速器常用的有摆线针轮行星减速器、两级齿轮减速器、V 带减速器以及圆柱蜗杆减速器等多种标准釜用立式减速器。例如，摆线针轮减速器标准为 HG/T 3139.2—2001；LC 型两级同轴式圆柱齿轮减速器标准为 HG/T 3139.3—2001；圆弧齿圆柱蜗杆减速器标准为 HG/T 3139.8—2001；带传动减速器标准为 HG/T 3139.9—2001 等，其传动原理及特点参阅相关标准，根据标准进行选用。

反应器用减速器往往是通过类比方法进行选择的，选择前一般已知搅拌所需转速及高速轴功率（或所配电动机功率）和应用场合的特殊要求等条件。在无使用经验的情况下，可参考釜用立式减速器总系列初选，然后再根据现场经验类比确定减速器的类型和特征参数，再查阅相关标准确定具体参数尺寸。

三、机架

搅拌反应釜的传动装置是通过机架安装在釜体顶盖上的。机架的结构形式要考虑安装联轴器、轴封装置以及与之配套的减速器输出轴径和定位结构尺寸的需要。釜用机架的常用结构有单支点机架（图 7-39）和双支点机架（图 7-40）两种。

单支点机架用以支承减速器和搅拌轴，适合电动机或减速器可作为一个支点，或容器内可设置中间轴承和底轴承的情况。搅拌轴的轴径应在 30 ~ 160 mm 范围。

当减速器中的轴承不能承受液体搅拌所产生的轴向力时，应选用双支点机架，由机架上的两个支点承受全部的轴向载荷。对于大型设备，或对搅拌密封要求较高的场合，一般都采用双支点机架。

单支点机架和双支点机架都已有标准系列产品。标准对机架的用途和适应范围、结构形式、基本参数和尺寸、主要技术要求等作出了相应规定。单支点机架标准为 HG/T 21566—1995；双支点机架标准为 HG/T 21567—1995。

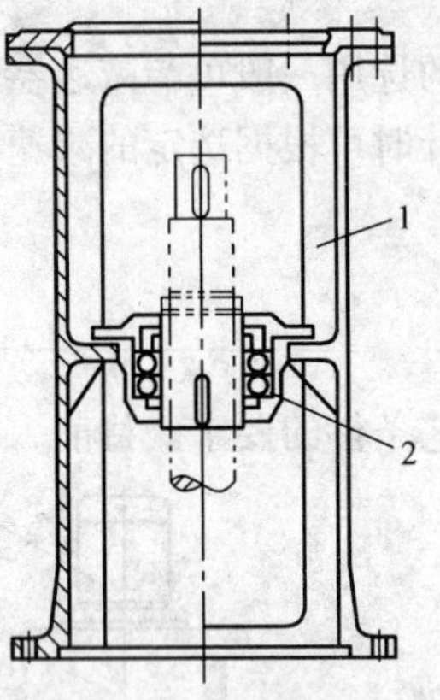

图 7-39　单支点机架

1—机架　2—轴承

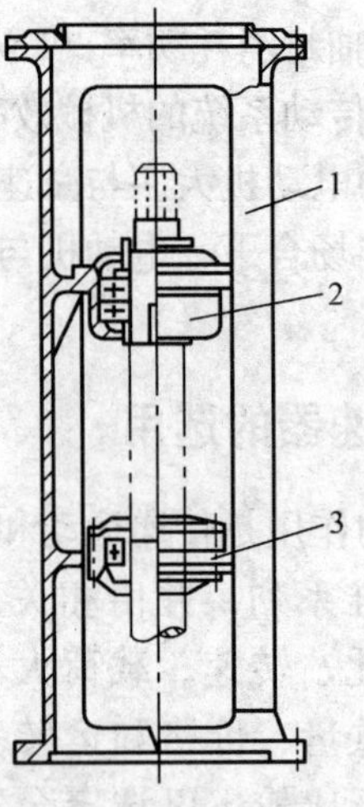

图 7-40　双支点机架

1—机架　2—上轴承　3—下轴承

四、凸缘法兰

凸缘法兰用于连接搅拌器传动装置的安装底盖。凸缘法兰下部与釜体顶盖焊接连接，上部与安装底盖法兰相连。凸缘法兰可以自行设计，也可以选用标准件。标准凸缘法兰（HG/T 21564—1995）有四种形式，见表 7-4，适应设计压力为 0.1～1.6MPa、设计温度为 -20～300 ℃的反应釜。

表 7-4　凸缘法兰形式

形式	结构特征	公称直径 DN/mm	形式	结构特征	公称直径 DN/mm
R	突面凸缘法兰	200～900	LR	突面衬里凸缘法兰	200～900
M	凹面凸缘法兰	200～900	LM	凹面衬里凸缘法兰	200～900

五、安装底座

安装底座用于支承机架和轴封。轴封和机架定位于底座，有一定的同心度，从而保证搅拌轴既与减速器连接，又穿过轴封，还能顺利运转。视釜内物料的腐蚀情况，底座有不衬里和衬里两种，安装方式分为上装式（传动装置设立在釜体上部）和下装式（传动装置设立在釜体下部）两种形式，安装底座、机架、凸缘法兰、轴封的装配关系如图 7-41 和图 7-42 所示。

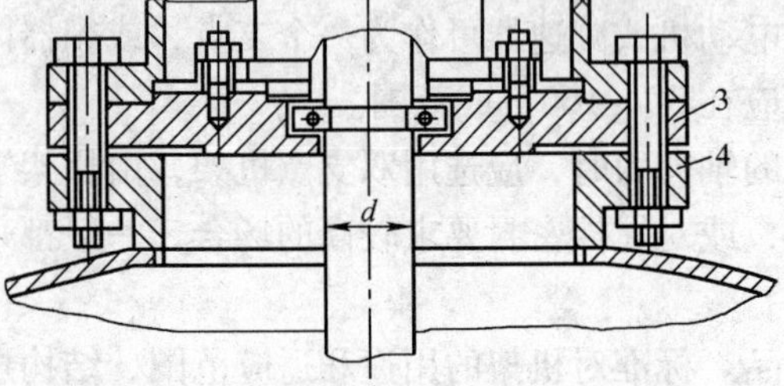

图 7-41　上装式

1—轴封　2—机架　3—安装底座　4—凸缘法兰

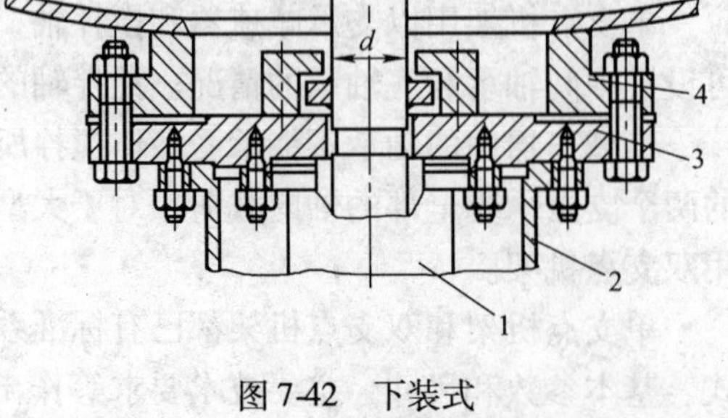

图 7-42　下装式

1—轴封　2—机架　3—安装底座　4—凸缘法兰

任务5　轴封装置的结构认知与选型

搅拌反应釜的密封除了各种接管的静密封外，搅拌轴伸出反应釜封头处也必须进行密封，即轴封，以阻止釜内介质向外泄漏，或阻止空气和杂质进入釜内。由于搅拌轴是转动的，而反应釜封头是静止的，这种运动件和静止件之间的密封称为动密封。

对动密封的基本要求是：结构简单、密封可靠、维修装拆方便、使用寿命长。搅拌反应釜常用的动密封有填料密封与机械密封两种。

一、填料密封

填料密封又称压盖密封，是搅拌反应釜最早采用的一种转轴密封形式。填料密封结构简单、易于制造。适应非腐蚀性和弱腐蚀性介质及密封要求不高、可定期维护的低压、低速搅拌设备。

填料密封由填料、本体、压盖、双头螺柱、油杯、油环、底环等组成，结构如图7-43所示。

1. 填料密封结构及密封原理

填料箱本体固定在顶盖的底座上，在压盖压力的作用下，装在搅拌轴与填料箱本体之间的填料被压缩，对搅拌轴表面产生径向压紧力。由于填料中含润滑剂，因此，在对搅拌轴产生径向压紧力的同时，形成一层极薄的液膜。它一方面使搅拌轴得到润滑；另一方而又阻止设备内流体的溢出或外部流体的渗入，达到密封的目的。填料中所含润滑剂是在制造填料时加入的，在使用过程中将不断消耗，所以需在填料密封装置中设置油杯，便于适时加油以确保搅拌轴和填料之间的润滑。

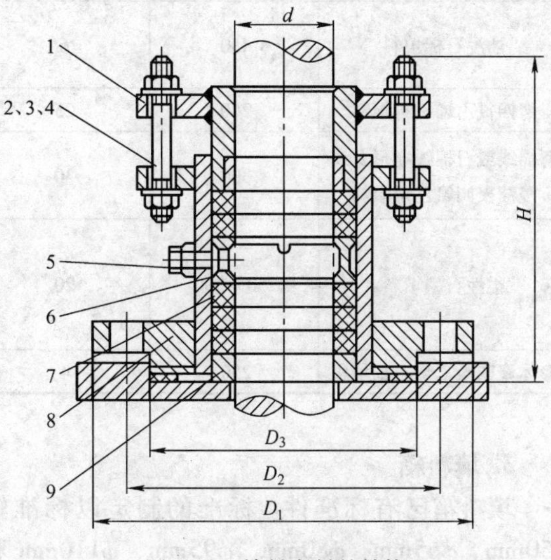

图7-43　填料密封的结构

1—压盖　2—双头螺柱　3—螺母　4—垫圈　5—油杯　6—油环　7—填料　8—本体　9—底环

填料密封是通过压盖施加压紧力使填料变形来获得的，不可能绝对不漏。压紧力过大，将使填料过紧地压在转动轴上，会加速轴与填料间的磨损，导致间隙增大反而使密封快速失效；压紧力过小，填料未能贴紧转动轴，将会产生较大的间隙泄漏。因此，工程上从延长密封寿命考虑，允许有一定的泄漏量，一般为150～450ml/h。泄漏量和压紧程度通过调整压盖的压紧力来实现，并需定期更换填料，以确保密封效果。

2. 填料

填料是形成密封的主要元件，其性能优劣对密封效果起关键性作用。对填料的基本要求是：

1）具有足够的塑性，在压盖压紧力下能产生较大的塑性变形。

2）具有良好的弹性，吸振性能好。

3）具有较好的耐介质及润滑剂浸泡、腐蚀性能。

4）耐磨性好．使用寿命长。

5）摩擦因数小，降低摩擦功的消耗。

6）导热性能好，散热快。

7）耐温性能好。

填料的选用应根据介质特性、工艺条件、搅拌轴的轴径及转速等情况进行。对于低压、无毒、非易燃易爆等介质，可选用石棉绳作填料。对于压力较高且有毒、易燃易爆的介质，一般可用油浸石墨石棉填料或橡胶石棉填料。对于高温高压下操作的反应釜，密封填料可选用铅、纯铜、铝、镍合金、不锈钢等金属材料作填料。

常用的非金属填料选用见表7-5。

表7-5 常用非金属填料选用表

填料名称	介质极限温度/℃	介质极限压力/MPa	线速度/(m/s)	适用条件(接触介质)
油浸石棉填料	450	6		蒸汽、空气、工业用水、重质石油产品、弱酸液等
聚四氟乙烯石棉填料	260	25	1	酸碱、强腐蚀性溶液、化学试剂等
石棉线或石棉线与尼龙线浸渍聚四氟乙烯填料	300	30	2	弱酸、强碱、各种有机溶剂、液氨、海水、纸浆废液等
柔性石墨填料	250~300	20	2	醋酸、硼酸、柠檬酸、盐酸、硫化氢、乳酸、硝酸、硫酸、硬脂酸、水钠、溴、矿物油料、汽油、二甲苯、四氯化碳等
膨体聚四氟乙烯石棉填料	250	4	2	强酸、强碱、有机溶液

3. 填料箱

填料箱已有标准件。标准的制定以标准轴径为依据，轴径系列有 ϕ30mm、ϕ40mm、ϕ50mm、ϕ65mm、ϕ80mm、ϕ95mm、ϕ110mm 和 ϕ130mm 八种规格，已能适应大部分厂家的要求。填料箱的材质有铸铁、碳钢、不锈钢三种，结构形式有带衬套及冷却水夹套和不带衬套与冷却水夹套两种。当操作条件符合要求时，可直接选用。

4. 压盖与衬套

压盖的作用是盖住填料，并在压紧螺母拧紧时将填料压紧，从而达到轴封的目的。压盖的内径应比轴径稍大，而外径应比填料室内径稍小，使轴向活动自由，以便于压紧和更换填料。

有时常常在填料箱底部加设一衬套，它的作用如同轴承。衬套与箱体通过螺钉沿周向固定。衬套上开有油槽和油孔。油杯中的油通过油孔润滑填料。衬套常选用耐磨材料较好的球墨铸铁、铜或其他合金材料制造，也可采用聚四氟乙烯、石墨等抗腐蚀性能较好的非金属材料。

二、机械密封

机械密封是把转轴的密封面从轴向改为径向，通过动环和静环两个端面的相互配合并作相对运动达到密封的装置，又称端面密封。机械密封是一种功耗小、泄漏率低、密封性能可靠、使用寿命长的转轴密封形式，广泛应用于各个技术领域。与填料密封相比，机械密封的泄漏率大约为填料密封的百分之一。机械密封在运转时，除了装在轴上的浮动环由于磨损需作轴向移动补偿外，安装在浮动环上的辅助密封则随浮动环沿轴表面作微小的轴向移动，故轴或轴套被磨损是微不足道的，因而可免去轴或轴套的维修。由于机械密封有很多优点，因此在搅拌设备上已被大量采用。

1. 密封结构与密封机理

机械密封装置主要由动环、静环、弹簧压紧装置和辅助密封圈等四部分组成，其结构如图 7-44 所示，静环 7 利用防转销 6 与静环座 4 联接起来，中间加密封圈 5，利用弹簧 2 把动环 3 压紧于静环上，使其紧密贴合形成一个回转密封面，弹簧还可调节动环以补偿密封面磨损产生的轴向位移。动环内有密封圈 8 以保证动环在轴上的密封，弹簧座 1 靠紧定螺钉（或键）固定在轴（或轴承）上。动环、动环密封圈、弹簧及弹簧座随轴一起转动。

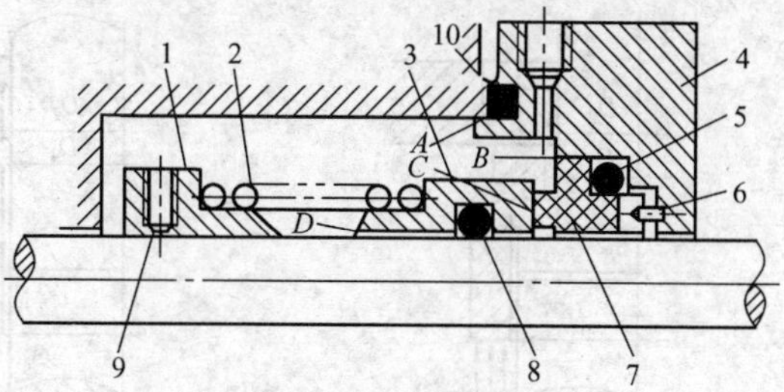

图 7-44　机械密封

1—弹簧座　2—弹簧　3—动环　4—静环座　5—静环密封圈　6—防转销　7—静环　8—动环密封圈　9—紧定螺钉　10—静环座密封圈

机械密封在结构上要防止四个泄漏途径，形成了四个密封点 *A*、*B*、*C*、*D*，如图 7-44 所示。*A* 点是静环座与设备之间的静密封，密封元件是静环座密封圈 10；*B* 点是静环与静环座之间的静密封，密封元件是静环密封圈 5；*D* 点是动环与轴（或轴套）之间的静密封，密封元件是动环密封圈 8；*C* 点是动环与静环之间有相对运动的两个端面的密封，属于动密封，是机械密封的关键部位。它依靠介质的压力和弹簧力使两端面紧密贴合作相对运动，并形成一层极薄的液膜起密封作用。机械密封常因轴的尺寸和使用压力增加而使结构趋于复杂。在机械密封中，由于运转时密封环须作相对运动，因而产生磨损和热，为了使密封得到润滑和冷却，必须使冷却润滑液在密封腔中不断循环。

2. 机械密封的分类

机械密封通常依据动环和静环的对数、弹簧的个数等结构特征以及介质在端面上引起的压力情况等加以区分。常见的结构形式有如下几种：

（1）单端面与双端面　根据密封面的对数分为单端面密封和双端面密封。当密封装置中只有一对摩擦副（即一个动环、一个静环）时称为单端面，其结构如图 7-44 所示；有两个摩擦副的（即有两个动环、两个静环）称为双端面，其结构如图 7-45 所示。

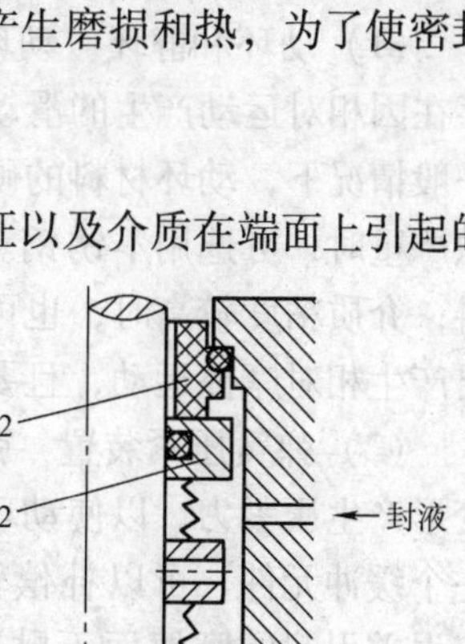

图 7-45　双端面密封

单端面密封结构简单，制造与装拆方便，但密封效果不如双端面结构，适合于密封要求不太高，介质压力较低的场合。双端面密封的两对摩擦副间的空腔注入压力略大于操作压力的中性液体，能起到密封和润滑的双重作用，故密封效果好；但双端面密封结构复杂，制造、装拆较困难，同时还需要配备一套封液输送装置。

（2）平衡型与非平衡型　根据接触面负荷平衡状况，机械密封又可分为平衡型与非平衡型两种，其结构如图7-46所示。平衡型与非平衡型是以液体压力负荷面积对端面密封面积的比值大小判别的。经过适当的尺寸选择，可将比值设计成$K<1$，$K=1$，$K>1$。当$K<1$时称为平衡型机械密封，如图7-46a所示；$K\geqslant1$时为非平衡型，如图7-46b、c所示。通常平衡型机械密封的K值为0.6～0.9，适宜于压力较高或压力波动较大的场合；非平衡型机械密封的K值为1.1～1.2，空载运转时负荷面受力不平衡，将引起端面的磨损和发热，甚至使密封失效，故非平衡型仅适用于介质压力较低的场合。

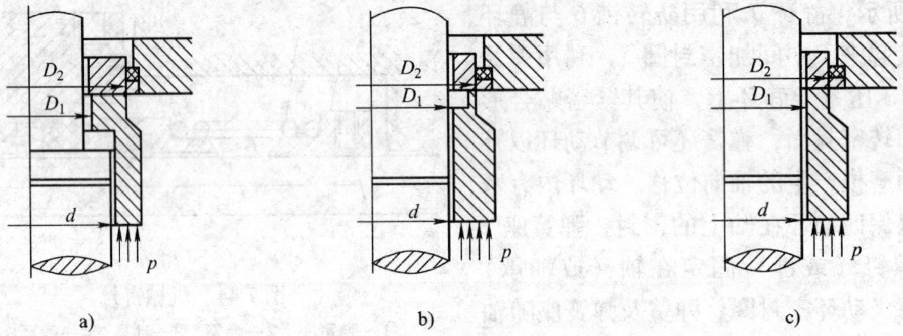

图7-46　机械密封的K值
a) $K<1$　b) $K=1$　c) $K>1$

（3）大弹簧与小弹簧　大弹簧又称单弹簧，即在密封装置中仅有一个与轴同心安装的弹簧。只有大弹簧时结构简单、安装简便，但作用在端面上的压力分布不均匀，且难于调整，适应轴径较小的场合。小弹簧又称多弹簧，即在密封装置中装设数个沿圆周分布的小弹簧。小弹簧弹力分布均匀、缓冲性能好，适应轴径较大、密封要求高的场合。

3. 主要零部件

（1）动环和静环　动环和静环是机械密封中最重要的元件。由于工作时，动环和静环存在因相对运动产生的滑动摩擦，因此动静环要选用耐磨性、减摩性和导热性能好的材料。一般情况下，动环材料的硬度要比静环高，可用铸铁、硬质合金、高合金钢等材料，介质腐蚀严重时，可选用不锈钢。当介质粘度较小时，静环材料可选择石墨、氟塑料等非金属材料；介质粘度较高时，也可采用硬度比动环材料低的金属材质。由于动环与静环两接触端面要产生相对摩擦运动，且要保证密封效果，故两端面的加工精度要求很高。

（2）弹簧压紧装置　弹簧压紧装置由弹簧、弹簧座、弹簧压板等组成。弹簧通过压缩变形产生压紧力，以使动环和静环两端面在不同工况下都能保持紧密接触。同时，弹簧又是一个缓冲元件，可以补偿轴的跳动误差及加工误差引起的摩擦面不贴合。此弹簧还能起到传递转矩的作用。

（3）静密封元件　静密封元件是通过在压力作用下自身的变形来形成密封条件的。釜用机械密封的静密封元件形状常用的有“O”形、“V”形、矩形等，如图7-47所示。

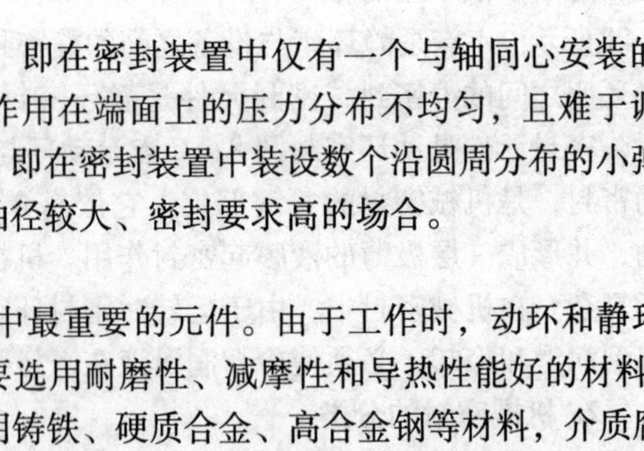

图7-47　静密封元件
1—O形元件　2—V形元件　3—矩形元件

4. 机械密封的选用

当介质易燃、易爆、有毒物料时，宜选用机械密封。机械密封已标准化，其使用的压力和温度范围见表7-6。

表7-6 机械密封使用的压力和温度范围

密封面对数	压力等级/MPa	使用温度/℃	最大线速度/(m/s)	介质端材料
单端面	0.6	-20150	3	碳素钢
双端面	1.6	-20300	23	不锈钢

设计压力小于0.6MPa且密封要求一般的场合，可选用单端面非平衡型机械密封。设计压力大于0.6MPa时，常选用平衡型机械密封。

密封要求较高，搅拌轴承受较大径向力时，应选用带内置轴承的机械密封，但机械密封的内置轴承不能作为轴的支点。当介质温度高于80℃，搅拌轴的线速度超过1.5m/s时，机械密封应配置循环保护系统。

模块三 反应设备的使用与维护

【学习目标】 熟悉反应设备的使用与维护方法。

【问题引导】

1. 搅拌釜式反应器的操作有什么特点？
2. 固定床反应器的操作有什么特点？如何调控压力和温度？催化剂如何再生？

任务1 搅拌釜式反应器的操作

搅拌釜式反应器常用的操作方式有两种：简单批操作和连续操作。

1. 简单批操作

简单批操作的特点是：反应物一次装料，反应完成后将料全部放完，中间既不添料，也不卸料。这种操作适合的反应类型包括气相反应、液相反应和液固多相反应，适合的生产类型包括一次性生产（一次生产完成后进行其他的生产）、小规模生产。很多制药反应过程和生物发酵过程都采用这种操作方式。

这种操作方式的优点有：可以通过延长反应时间的办法，用较小的反应空间实现较高的转化率；操作弹性大，使用同一反应器可以生产多个产品，市场上大部分多功能反应器属于这种操作方式；反应器结构简单，便于清洗，只需反应完成后进行一般的清洗即可。

这种方式也有缺点：首先操作成本高，因为是间歇操作，在反应进程中参数随时间变化，必须随时监测和控制；其次是无法将参数固定在最优条件下，每次反应完成后还需要清洗等；最后，产品质量和收率存在批间差异，这给生产控制带来困难。尽管如此，简单批操作仍是搅拌釜式反应器经常采用的一种操作方式。

2. 连续操作

搅拌釜式反应器连续操作的特点是：反应物和产物以同样的速率连续进出，这样反应器内的物料量始终保持不变；达到稳定后，反应器内各点充分混合，组成均匀，且不随时间而变；反应器出口的物料组成和内部的相同。

这种操作适用的反应类型包括：液相反应，即只有液体参加的反应；气固多相反应；液固多相反应。适用的生产类型包括：连续生产，且需要充分搅拌的场合；连续生产，且需要通过调节反应物进口和产物出口流量来调节转化率的场合，在其他条件不变的情况下，可调小反应物进口流量和产物出口流量，增大反应物的停留时间，提高生产率。这在某些条件下很有用，如当进口中反应物的浓度降低，就可适当增加流量，减少反应时间；反之需要减小流量，延长反应时间。

（1）这种操作方式的优点

1）由于连续操作，稳定时罐内各点参数不随时间变化，反应速率也不发生变化，便于将反应控制在最佳的条件下，反应器内的温度也容易控制，不需要频繁地进行调节。

2）这种方式可进行两相液体逆流反应。互不相容的两个液相进行反应时，密度较轻的可从反应器底部进入，较重的从上部进入，使两相在逆流接触过程中进行反应。

3）操作成本低。因为连续进、出料不仅省去了每批装料和卸料、清洗的操作，而且控制也变得容易，操作人员的劳动强度降低。

4）产品质量、规格稳定，没有批间差异。

（2）这种操作方式的缺点

1）与间歇操作比，连续进出限制了物料在反应器内的停留时间，达到相同的转化率需要较大的反应器体积。

2）如果搅拌不充分，容易发生沟流现象，即反应物不经反应直接进入出口。发生沟流将严重影响反应效率，甚至导致反应失败。

除上述两种方式外，搅拌釜式反应器还可以进行半连续操作，即反应物分批加料，反应完成后一次放料。

任务2　固定床反应器的操作

固定床反应器是催化反应过程中最常用的反应器之一。下面以加氢裂化反应器为例，介绍固定床反应器的日常运行和操作要点。

一、正常操作及控制

1. 反应温度的调控

对加氢裂化来说，催化剂床层温度是反应部分最重要的工艺参数。提高反应温度可使裂解反应速度加快，原料的裂解程度加深，生成油中低沸点组分含量增加，气体产率增高；但反应温度的提高，又会使催化剂表面积炭结焦速度加快，影响使用寿命。因此，温度条件的选择一般受催化剂活化、操作温度限定值、产气分布等诸多因素的影响。通常在催化剂活性允许的条件下，采用尽可能低的反应温度。调控反应温度应注意以下几个方面。

1）控制反应器入口温度。以加热炉式换热器提供热源的反应，要严格控制反应器入口物流的温度，即控制加热炉出口温度或换热器终温，这是装置重要的工艺指标。如果有两股以上物料同时进入反应器，则还可通过调节两股物料的比例，达到反应器入口温度恒定的要求。加氢裂化反应器就可以通过加大循环氢量或减少新鲜进料，来降低反应器的入口温度。

2）控制反应床层间的急冷氢量。加氢裂化是急剧的放热反应，如热量不能被及时地移走，将使催化剂温度升高；而催化剂床层温度的升高，又加速了反应的进行。如此循环，会使反应器的温度在短时间内急剧升高，使反应失控，造成严重的操作事故。正常的操作中，用调节急冷氢量来降低床层温度。

3）原料组成的变化会引起温度的变化。原料组成发生变化，在加氢条件下，反应热也会变化，从而会引起床层温度的变化。例如，原料中硫和氮含量增加，床层温度会上升；原料中杂质增多，床层温度也会上升；原料变重，温度升高；而原料含水量增加，则床层温度会上下波动。

4）注意反应器初期和末期温度的调控。通常在开工初期，催化剂的活性较高，反应温度可低一些。随着开工时间的延续，催化剂活性有所下降，为保证相对稳定的反应深度，可以在允许范围内适当提高反应温度。不同的介质和不同的催化剂活性，反应初期的温度有所不同。

5）限制反应温度。不同的反应过程，对温度的限制是不一样的。加氢裂化反应器规定，反应器床层任何一点温度超过正常温度15℃时即停止进料，超过正常温度28℃时，则要采取紧急措施，起动高压放空系统。因为压力下降，反应剧烈程度减缓，使温度不至于进一步剧升，从而防止造成反应失控。

2. 反应压力的调控

加氢裂化是在氢气存在下的高压反应，反应压力主要是氢气的分压。提高氢分压，可以促使加氢反应的进行，烯烃和芳烃的加氢反应加快，脱硫率、脱氮率提高，对胶质、沥青质的脱除有好处。反应压力的选择与处理的原料性质有关，原料中含有多环芳烃和杂质越多，则所需的反应压力越高。压力波动对整个反应的影响较大，为了维持压力的恒定，在高压分离器上装有一套压力调节系统。

压力的选择除了考虑安全因素外，还受到高压系统的设备条件限制，不能随意改变。压力调节注意如下几个方面。

（1）氢气压缩机的压力调节　加氢裂化的氢气压缩机分新氢压缩机和循环压缩机两种。其中，新氢压缩机主要用来补充系统氢气压力，循环压缩机主要是保持系统压力，整个系统压力的维持依靠这两种压缩机的综合平衡。压力的调节主要依靠高压分离器的压力调节器来控制。一般情况下，不要改变循环压缩机的出口压力，也不要随便改变高压分离器压力调节器的给定值，如果压力升高，通常通过压缩机每一级的返回量来调节，必要时可通过增加排放量来调节。当压力降低时，一般是增加新氢的补充量。

（2）反应温度的影响　反应温度升高，会导致裂化深度加大，耗氢量增加，压力下降。应注意调节反应温度。

（3）原料变化的影响　原料改变，耗氢量变化，则装置压力及循环氢压缩机入口流量随之改变，所以应及时调整新氢气量。如果原料带水，系统压力会上升，系统压差增大。

（4）其他影响　如果高压分离器液面控制失灵，高分串压，这时高分压力下降，低分压力上升。如果高压系统设备泄漏，会造成压力下降。

3. 其他因素

（1）氢油比　氢油比的大小或反应物循环量大小直接关系到氢分压和油品的停留时间，并且还影响油品的汽化率。循环气量的增加可以保证系统有足够的氢分压，有利于加氢反应。此外，过剩的氢气有保护催化剂表面的作用，在一定的范围内可以防止油料在催化剂表面缩合结焦。同时氢油比增加，可及时地将反应热从系统带走，有利于反应床层的热平衡，从而使反应器内温度容易控制平稳。但过大的氢油比会使系统压力降增大，油品和催化剂接触的时间缩短，导致反应深度下降，循环压缩机负荷增大，动力消耗增加。因此，选择适当的氢油比并在反应过程中保持恒定是非常重要的。一般氢油比指循环氢气量/进料量，有体积比和质量比之分。

循环氢压缩机是最主要的设备之一，经常改变循环氢气量是不可能的，要求在整个操作周期应保持恒定。因此改变进料量，将会影响氢油比，故操作原则是根据工艺条件，选择在最佳氢油比的范围内操作，一般不作为调节参数。如果条件允许，可以通过改变氢气循环压缩机压力或改变进料量来调节。原则上氢油比低于设计值的1/2时，必须停止进料，加热炉熄火。

（2）空速　单位时间内通过单位催化剂床层的反应物料量称空速，有体积空速和质量空速之分。

降低空速，原料反应时间延长，深度加大，转化率提高；但空速过低，则二次反应加剧，副产物增加，反应物纯度下降。空速增加，处理能力增大，但空速的增加是受到设备设计负荷和相应温度等限制的。

空速一般不作为调节手段，这是由原料特性及处理量大小、催化剂的性质来决定的。通常要求最小实际空速不得低于实际值的1/2。空速的大小就是油品在催化剂上停留时间的长短，直接影响反应和转化率、生焦等，可用进料量来调节。在操作中，需要进行提温提空速时，应“先提空速后提温”，而降空速降温的情况则“先降温后降空速”。如果违背这个原则，就会造成剧烈的加氢裂化反应，使氢纯度下降，增加催化剂表面的积炭。在不正常的情况下，应尽量避免空速大幅度下降，防止引起反应温度超高。

二、催化剂的再生

固定床催化剂经过一个周期的运行，随着催化剂表面结炭的积累，催化剂活性下降，无法继续运行，因而需要进行再生或重新活化，才能继续运行。固定床催化剂的再生操作，一般都是间歇式的，即停止物料后才能进行再生。再生的方式有器内再生和器外再生两种。

1. 器内再生

器内再生即是反应物料停止进反应器后，催化剂保留在反应器内，而将再生介质通过反应器，进行再生操作。这种再生方式，避免了催化剂的装卸，缩短了再生时间，是一种广泛使用的方式。

（1）再生前的预处理　遵循“先降温后降量”的原则，严格按照工艺要求的降温速度进行。温度降到规定要求，并且停止进料后，就可以用工业氮气之类的惰性气体，对系统进行吹扫，将反应系统的烃类气体和氢气吹扫干净，直至反应器出口气体内烃类和氢气的含量（体积分数）小于1%即可。有特殊要求的催化剂，应在反应系统充上氮气，以保护催化剂。

（2）再生的进行　催化剂表面的结炭，一般用氧气燃烧来消除。为了控制烧炭的速度，以免在燃烧过程中产生的热量烧毁催化剂，常配以一定量的氮气，以调节进料气体的氧浓度。再生过程中应注意控制升温速度，不能太快，如发现温升超过70℃，应立即调整再生稀释气体控制温升。一般催化剂床层最高温度不能超过500℃，否则对催化剂有损坏。

（3）再生的结束　随着烧焦的进行，催化剂结炭在减少，这时增加空气中的氧含量，床层没有明显的温升，说明烧焦过程基本结束。逐步增加空气量，如控制床层温度不大于500℃，空气中氧的体积分数可提高到10%，在最大空气量时，保持4小时，无明显温升，即烧焦再生过程结束。在降温过程中，降温速度不能过快，以25～30℃/h为宜，并且需小心观察床层内各点温度，如有任何燃烧现象，应立即减少空气量或停止送入空气，并增加蒸汽量，控制燃烧。

2. 器外再生

器外再生即反应物料停止进入后，经过降温、吹扫等正常处理后，将催化剂移出反应器外进行的再生过程。这种方式的优点是可以较好地保护反应器，不至于在器内再生时由于超温或燃烧的酸性气体对器壁产生腐蚀。另外催化剂移出器外，可以采用条件比较苛刻的再生手段，以达到最理想的再生效果，甚至可以送催化剂工厂或专门的催化剂再生装置，能较好地保证再生质量，有一定的优越性。

在进行卸催化剂操作时，尽量缩短卸剂时间，防止未经再生的催化剂接触空气后发生二次燃烧。卸出的催化剂要求有专门的容器盛装，并配备氮封，严禁空气进入。在整个运输过程都要求氮气保护。卸出催化剂的反应器，要根据专门的要求，进行专门的清洗，以保护催化剂。

典型项目实施

本项目是：实验室有一台100L机械搅拌磁力密封的反应釜，为其选配合适的搅拌器结构，并对整个釜体进行拆装实训。

实施步骤：

1）根据给定的工艺条件，物料特性、搅拌功率和转速，搅拌目的等要求，选择圆盘涡轮式搅拌器。

2）教师讲解并示范拆装反应釜釜体及传动和轴封装置，学生分组按规定的顺序拆解釜体和各零部件，不可拆的焊接连接不需要拆解，观察并了解各零部件的结构及在反应釜中的作用，了解搅拌装置、传动装置的工作过程以及轴封的工作原理和密封点。

3）按规定的步骤装配反应釜。整个实训过程尤其要注意安全装拆卸。

4）分析反应釜工作时，搅拌器与流型的关系，并结合该实训项目进行简单阐述。

知识扩展

搅拌反应器的操作性能直接与产品的质量、能耗和生产成本有关，为此，对搅拌混合的研究得到了工程界和学术界的异常重视，进行了大量的工作，取得了一些新的研究成果。

一、搅拌器结构优化与组合

1. 新型搅拌器的开发

每一种搅拌器只有在某一特定的应用范围内才是高效的，都不是万能的。最近开发的几种适用于低、中粘度流体的高效轴流型搅拌器，由于叶片的宽度和倾角随径向位置而变，称为变倾角变叶宽搅拌器。这种搅拌器非常适合于均相混合、固液悬浮操作，典型的如图7-48所示的轴向流搅拌器。高效的径向流型有Scaba搅拌器（图7-49），其特点是弧形叶片形状可消除叶片后面的气穴，使通气功率下降较小，常用于发酵罐的底层搅拌，提高气体分散能力。图7-50所示的最大叶片式、泛能式、叶片组合式搅伴器，适用的粘度范围宽，对于混合、传热、固液悬浮以及液液分散等操作都比常用的搅拌器效率高。这些搅拌器具有高效节能、造价低廉而且易于大型化的优点，正在传统的搅拌设备改造中发挥着重要作用。

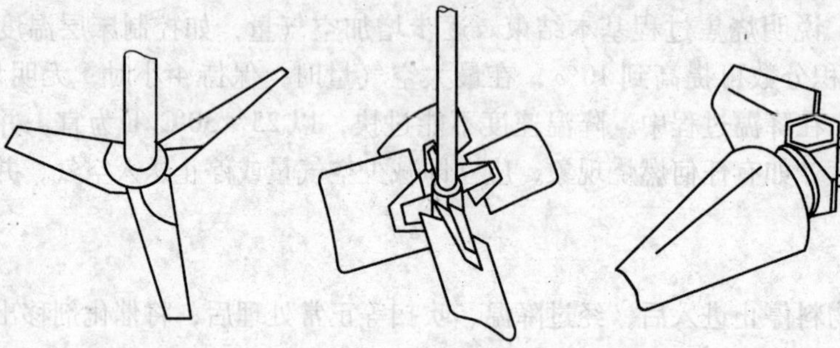

a)　　b)　　c)

图7-48　新型轴向流搅拌器

a）310　b）A315　c）HPM

图7-49　Scaba搅拌器

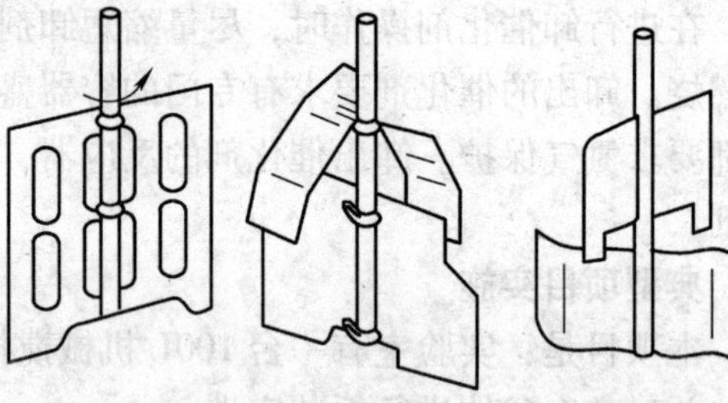

a)　　b)　　c)

图7-50　三种新型搅拌器

a）最大叶片式　b）泛能式　c）叶片组合式

2. 组合式搅拌器的应用

在一个搅拌容器内设置不同构形、不同转速的搅拌器以达到全罐搅拌与混合的目的。例如，用于化妆品、牙膏等生产的搅拌设备，其介质为高粘物料，含有大量固体粉末，混合要求较高，常在一个容器内设有齿片式、锚式和螺杆式三个不同转速的搅拌轴。齿片式搅拌器高速回转，高剪切打碎和分散固体粒子；慢速旋转的锚式搅拌器不断把流体输送到齿片搅拌器产生的高剪切区；螺杆式搅拌器使流体上下循环。三个搅拌器的配合使用，使全罐物料更快地达到均匀混合。这种组合式搅拌器可减少混合时间，大量节省能耗，提高产品质量。

传统的好氧发酵生物发酵罐都是采用相同构形、相同几何尺寸的多层搅拌器。例如三层六平直叶、六箭叶、六弯叶等圆盘涡轮搅拌器，剪切性能好，但各层之间分区明显，流体的循环性能较差，不利于整个罐流体的混合。采用底层为径流型搅拌器，起剪切和分散气体的作用，上面二层配以轴流型搅拌器，促进整罐流体的循环，增加气、液接触面积，延长气泡停留时间，起到高效节能的效果。这种同一个搅拌轴上安装不同形式、不同几何尺寸搅拌器的组合，已在青霉素发酵、柠檬酸发酵等制药工业上试验成功，取得了明显的节能效果，正推广应用。

二、搅拌器传动方式的改变和高效节能的实现

回转兼上下往复运动的搅拌反应器已在很多场合应用，其机构的运动过程为：由曲轴带动连杆来完成上下往复运动，通过在曲轴上挂一副锥齿轮并辅以万向联轴器产生回转运动，合理地设计锥齿轮副，使转动和上下往复运动之间有一个小的相位差，桨叶每次不走重复路线，提高了混合效果。由于使用了曲轴连杆机构，转速太高会产生振动，一般适合于转速低于100r/min、中粘流体的混合，以及固体粉末在中粘流体中的溶解。

传统搅拌设备中，搅拌器的旋转是固定在一根轴上，只能是一种转速。研究开发的双轴异桨复动式搅拌设备，由低速的大循环量搅拌器和高速高剪切的齿盘式搅拌器组成，双搅拌器绕各自的轴相反方向旋转的同时，在液压活塞带动下作上下往复运动。该搅拌设备处理的物料粘度可达50Pa·s，含固量达70%，混合效果好，节省能耗20%以上，已应用在涂料、壁纸、油墨、橡胶等行业。

三、搅拌设备的多功能化与智能化

搅拌设备操作灵活方便，特别适合于批量小、更新快、工艺流程用计算机控制的间歇操作的精细化工生产。对于干扰因素多的搅拌反应器，应用传感器测控，对反应过程进行预测图控制和模糊控制，使设备运行更加稳定可靠，产品质量更好。

搅拌操作往往与反应、蒸发、真空等过程相联系。对特定的工艺，可以把几个功能集中在一起，在同一个搅拌设备内完成，实现多功能一体化。这种设备具有结构紧凑，无连接管道，损耗少，效率高，易于满足卫生要求等优点。这类集多功能于一体的搅拌装置已在制药行业中获得应用。

搅拌反应器是化学工程和生物工程中常见的也是最重要的单元设备之一。目前，反应器的选型和内构件的设计还在很大程度上依赖于实验和经验，对放大规律还缺乏深入的认识，对于能耗和生产成本只能在一定规模的生产装置上对比后才能得出结论。由于对产品的回收率和质量要求越来越高，对搅拌反应器的研究日趋深入，已从早期对搅拌功率和混合时间的研究，进入到搅拌釜内三维流场的数值模拟研究。流场数值模拟必须在深入进行流体力学研究的基础上，综合考虑其流动的三维性、随机性、非线性和边界条件不确定性。通过数值模拟不但可以解决反应器的放大机理，而且可以优化设计，开发新型、高效的搅拌器，使机械搅拌反应器的设计理论更加完善。

思考练习题

7-1　简述搅拌反应釜各部分构件的组成及特点。

7-2　以机械搅拌反应器为例，说明在确定筒体内径与高度时，应考虑哪些因素。

7-3　夹套的高度是如何确定的？在结构上还应当考虑哪些因素？

7-4　搅拌反应器的传热元件有哪些？它们与筒体的安装或连接有哪些结构形式？

7-5　分析桨叶式、推进式、涡轮式、锚式搅拌器的结构特点和适用场合。

7-6　搅拌轴主要承受什么载荷？如何确定搅拌轴直径？

7-7　搅拌器可通过哪几种方式与搅拌轴连接？

7-8　为什么在搅拌反应器内常设置挡板和导流筒？

7-9　搅拌反应器常用的减速器有哪几种？各有什么特点？各适应什么场合？

7-10　填料密封与机械密封的密封原理是什么？如何在结构上实现密封的要求？

7-11　有一个反应釜（表7-7），物料容积是14m^3，装料系数是0.8，物料为液-液悬浮分散，适宜的长

径比为 1 ~ 1.3，试确定该釜的内径和高度。

表 7-7　反应釜筒体和封头的设计比例

公称直径 DN/mm	直边高度 h_0/mm	封头容积 V/m^3
2400	40	2.00
	50	2.05
2500	40	2.25
	50	2.30
2600	40	2.51
	50	2.56

7-12　设计一台容积为 $1m^3$ 的聚醚聚合釜，采用夹套传热、平浆式搅拌，已知搅拌轴功率为 5kW，转速 $n = 60r/min$，釜体材料选用 1Cr18Ni9Ti，夹套用 Q235B，设计压力：釜体 $P = 0.6MPa$；夹套内 $P = 0.6MPa$。设计温度：釜体内 $t = 140℃$；夹套内 $t = 150℃$。釜内物料为液-固相，有腐蚀，夹套内为水蒸气。试设计此聚合釜的釜体、夹套和封头并校核搅拌轴强度。

第八单元　其他化工常用设备

学习要点：

- 了解干燥设备、过滤设备、分离设备、混炼设备的基本原理和工作过程。
- 了解干燥设备、过滤设备、分离设备、混炼设备的基本结构、类别和应用条件。

能力目标：

- 能根据工艺条件和常用化工设备的结构特性选择合适的设备。

化工生产的复杂性决定了所用设备的多样性，除了前面已讨论的几大典型设备以外，还有一些设备在过程生产中也有着广泛的应用，如干燥设备、过滤设备、分离设备等。本单元主要介绍这些设备的类型、使用范围、代表性结构及选用等。

模块一　干燥设备的结构认知与选型

【学习目标】　了解各种干燥流程，熟悉干燥设备的结构、工作过程及选用方法。

【问题引导】

1. 物料的干燥机理和干燥流程是怎样的？
2. 各种干燥设备的适用条件是什么？

为了减少产品体积，便于加工、运输，防止成品在保存过程中变性、变质，保持产品的性能，产品的加工需要经过干燥过程，将物料的湿分降低到适当的范围内。干燥是利用热能除去固体物料中湿分（水分或其他溶剂）的单元操作。

干燥通常为完成产品生产过程中的最后工序，因此往往与最终产品的质量有密切关系。干燥方法的选择对于保证产品的质量至关重要，化学工业中常用的干燥方法有气流干燥、喷雾干燥、冷冻干燥、真空干燥等。本单元主要讨论上述干燥过程的设备。

任务1　认识固体物料的干燥机理

物料中所含水分的性质与物料内部的结构有关，且取决于水分与物料的结合方式。根据物料中水分除去的难易程度，将其分为游离水分和结合水分。游离水分与物料的结合力极弱，干燥过程中易于除去。结合水分主要有渗透水分、结构水分等，它与物料的结合力较强，在干燥过程中更难以除去。在干燥过程中，首先排除的是结合力弱的游离水，其次是结合水。

湿物料的干燥操作中，有两个基本过程同时进行：一是热量由气体传递给湿物料，使温度升高；二是物料内部的水分向表面扩散，并在表面汽化被气流带走。因此，干燥操作属传热、传质同时进行的过程。干燥过程中，空气既是载热体，又是载湿体，干燥速率既与传质速率有关，也与传热速率有关。

生物制品一般为热敏性物质。物料在干燥过程中温度高或受热时间长，都将影响产品的稳定性或使产品受到不同程度的破坏。因此，用于生物工业产品干燥的设备必须是快速高效的，加热温度不宜过高，产品与干燥介质的接触时间不能太长，且干燥产品应保持一定的纯度，在干燥过程中不得有杂质混入。例如酶制剂等细胞蛋白产品的干燥，如果干燥条件不当，会使酶活力下降，产品质量受到损失。

干燥过程所引起产物的失活或变质与干燥温度、维持时间、活化能有关。显然，干燥的时间越长、温度越高，产品失活后的活化能越低，则其变质的可能性越大。

任务2 干燥设备的选型

干燥设备有瞬时快速干燥设备和低温干燥设备两大类。瞬时快速干燥设备，如滚筒干燥设备、喷雾干燥设备、气流干燥设备、沸腾干燥设备等，这类设备干燥时间短，气流温度高，但被干燥的物料温度不会太高。低温干燥设备，如真空干燥设备、冷冻干燥设备，其特点是在真空低温下进行，更适用于高热敏性物料的干燥，但干燥时间较长。另外还有其他类型的干燥设备，如红外干燥器、微波干燥器等。对于大多热敏性物质，干燥设备最好选择快速瞬时干燥设备或低温干燥设备。

一、气流干燥及设备

气流干燥是利用热气流将物料在流态下进行干燥的过程。干燥操作中，湿物料在热气流中呈悬浮状态，每个物料颗粒都被热空气所包围，因而使湿物料在流动过程中最大限度地与空气充分接触，气体与固体之间进行传热和传质，达到干燥的目的。气流干燥适用于潮湿分散状态颗粒物料的干燥，如生物工业中味精、柠檬酸、四环类抗生素等的干燥。

气流干燥有如下特点：

1）气流干燥时间极短，一般为0.5～2s，最长也不过5～7s，适用于热敏性物料的干燥。

2）设备简单，操作容易，投资少，干燥过程伴随着颗粒的空气输送，整个过程都是连续的，便于与前后工序衔接。

3）干燥器结构紧凑，散热面积小，风量损失及热损失都少。

4）适用性广，可用于各种粉粒状、碎块状物料的干燥，粒径范围约为0.1～10mm。湿含量可达30%～40%。

5）不适用于对晶形有严格要求的产品以及粘度大的物料干燥。

1. 长管式气流干燥器

典型的长管式气流干燥器是一根几米至十几米的垂直管。如图8-1所示，湿物料由加料斗4经螺旋加料器5送入干燥管3，空气通过空气过滤器1滤去灰尘，经预热器2加热到一定温度后送入干燥管3。由于热气流的高速流动，物料颗粒分散于气流之中，气、固两相之间发生传热和传质作用，使物料获得干燥。已干燥的物料随气流带出，经旋风分离器6分离气体和固体，产品通过锁气管8从出口9卸出。废气经风机7排走。由此流程可知，气流干燥装置中除了干燥器本身外，还包括空气过滤器、风机、加料斗、卸料器、分离器等附属设备。

干燥装置中最常用的气-固分离器是旋风分离器，其结构简单，占地面积小，清洗方便，颗粒大于5μm时可获得较高的分离效率。为了提高效率，可在旋风分离器后再串联一个袋式过滤器作为第二级分离。湿法净化在干燥装置中很少采用，这是因为干燥的目的是为了获得干固体产品，仅当放空的废气要求严格净化时才采用。

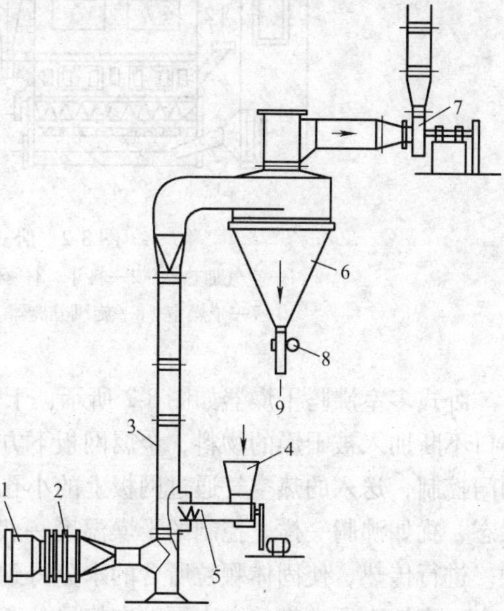

图8-1　长管式气流干燥器流程图
1—空气过滤器　2—预热器　3—干燥管　4—加料斗　5—螺旋加料器　6—旋风分离器　7—风机　8—锁气管　9—出口

2. 旋风式气流干燥器

旋风式气流干燥器没有长管式那样的长管，因此不需要高层的厂房，操作也较简便。旋风式气流干燥器只具有一个圆筒形的筒身，带有物料的气流在上部以切线方向进入干燥器，在干燥器内呈螺旋状向下至底部后再折向中央排气管排出。筒身处必要时也附有蒸汽夹套。由于湿物料是在旋风干燥器前的风管中加入的，湿物料从加料口至旋风干燥器入口间的这段管道中已开始干燥，这段管道具有加速段的性质，因此物料在进入干燥器前已有相当数量的水分被除去。对于抗生素类的干燥，根据实测，在物料进入干燥器前约有50%的水分被除去。

旋风式干燥器一般用不锈钢板制成，内壁要光滑，外部有良好的保温层，常用石棉泥保温。

二、沸腾干燥及设备

沸腾干燥是利用流态化技术，即利用热的空气使孔板上的粒状物料呈流化沸腾状态，使水分迅速汽化，达到干燥目的。干燥时，使气流速度与颗粒的沉降速度相等，当压力降与流动层单位面积的重量达到平衡时（此时压力损失变成恒定），粒子就在气体中呈悬浮状态，并在流动层中自由地转动，流动层犹如正在沸腾，这种状态是比较稳定的流态化。沸腾干燥也称为流化床干燥。

沸腾干燥的特点是：传热、传质速率高，由于是利用流态化技术，使气体与固体两相密切接触，虽然气、固两相传热系数不大，但由于颗粒度较小，接触表面积大，故容积干燥强度为所有干燥器中最大的一种，这样需要的床层体积就大大减少，无论在传热、传质、容积干燥强度、热效率等方面都较气流干燥优良；干燥温度均匀，控制容易；干燥、冷却可连续进行，干燥与分级可同时进行，有利于连续化和自动化；由于容积干燥强度较大，所以设备紧凑，占地面积小，结构简单，设备生产能力高，而动力消耗少。但是，当连续操作时，物料在干燥器内停留时间不一，干燥度不够均匀，对结晶物料有磨损作用。

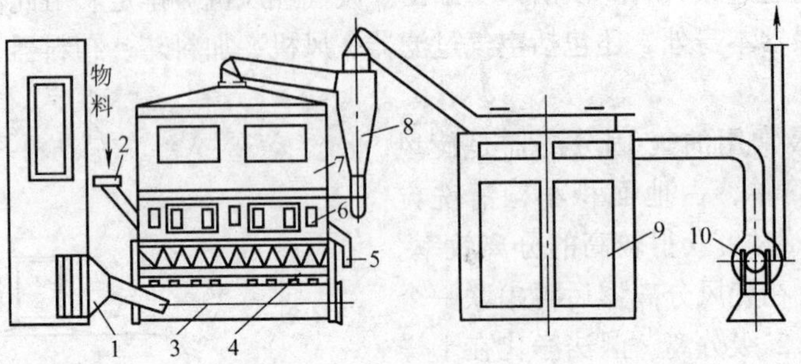

图 8-2　卧式多室沸腾干燥器

1—空气加热器　2—料斗　3—风道　4—风口　5—成品出口　6—视镜
7—干燥室　8—旋风分离器　9—细粉回收器　10—离心通风机

卧式多室沸腾干燥器如图 8-2 所示，干燥箱内平放有一块多孔金属网板，在板上面的加料口不断加入被干燥的物料，金属网板下方有热空气通道，不断送入热空气，每个通道均有阀门控制，送入的热空气通过网板上的小孔使固体颗粒悬浮起来，并激烈地形成均匀的混合状态，犹如沸腾一样。控制的干燥温度一般比室温高 3 ~ 4℃，热空气与固体颗粒均匀地接触，进行传热，使固体颗粒所含的水分得到蒸发。吸湿后的废气从干燥箱上部经旋风分离器排出，废气中所夹带的微小颗粒在旋风分离器底部收集，被干燥的物料在箱内沿水平方向移动。在金属网板上垂直地安装数块分隔板，使干燥箱分为多室，使物料在箱内平均停留时间延长，同时借助物料与分隔板的撞击作用，使它获得在垂直方向的运动，从而改善物料与热空气的混合效果。热空气是通过散热器用蒸汽加热的。

三、喷雾干燥及设备

喷雾干燥是利用不同的喷雾器，将悬浮液和粘滞的液体喷成雾状，形成具有较大表面积的分散微粒，同热空气发生强烈的热交换，迅速排除本身的水分，在几秒至几十秒内获得干燥。成品以粉末状态沉降于干燥室底部，连续或间断地从卸料器排出。

1. 喷雾干燥的优点

1）干燥速度快，一般为 3 ~ 30s，由于料液雾化成 10 ~ 60μm 的雾滴，其表面积相应高达 100 ~ 600m^2，物料水分极易汽化而干燥。

2）干燥温度较低。虽然采用较高温度的热空气，但由于雾滴中含有大量水分，其表面温度不会超过加热空气的湿球温度，一般为 50 ~ 60℃，加之物料在干燥器内停留时间短，因此物料最终温度不会太高，非常适合于热敏性物料的干燥。

3）可由料液直接获得粉末，省去蒸发结晶、分离粉碎等工序。

4）可以控制成品质量，如成品细度、水分等。

2. 喷雾干燥的缺点

（1）喷雾干燥的容积干燥强度小，故干燥室体积大。

（2）热量消耗多，一般蒸发 1kg 水分约需 6000kJ 热量，相当于消耗 2.5 ~ 3.5kg 的蒸汽。

（3）会发生产品粘壁情况。

3. 喷雾干燥流程

喷雾干燥流程如图 8-3a 所示，压缩空气从切线方向进入喷雾器外面的套管，由于喷头处有螺旋线，因此形成高速度旋转的圆锥状空气涡流，并在喷嘴处形成低压区，吸引液体在内部或外部混合后，使之微粒化。由空气加热器加热的热风，经过滤器从干燥塔的上部经空气分配盘进入，与喷雾后的液体微粒相遇，使之干燥，干燥后的物料由塔底部排出，废气沿回风管导入袋式过滤器或旋风分离器，收集随废气带走的粉末状产品，然后经排风机排入大气中。这种设备的特点是结构简单，操作方便和可靠，产品质量好。

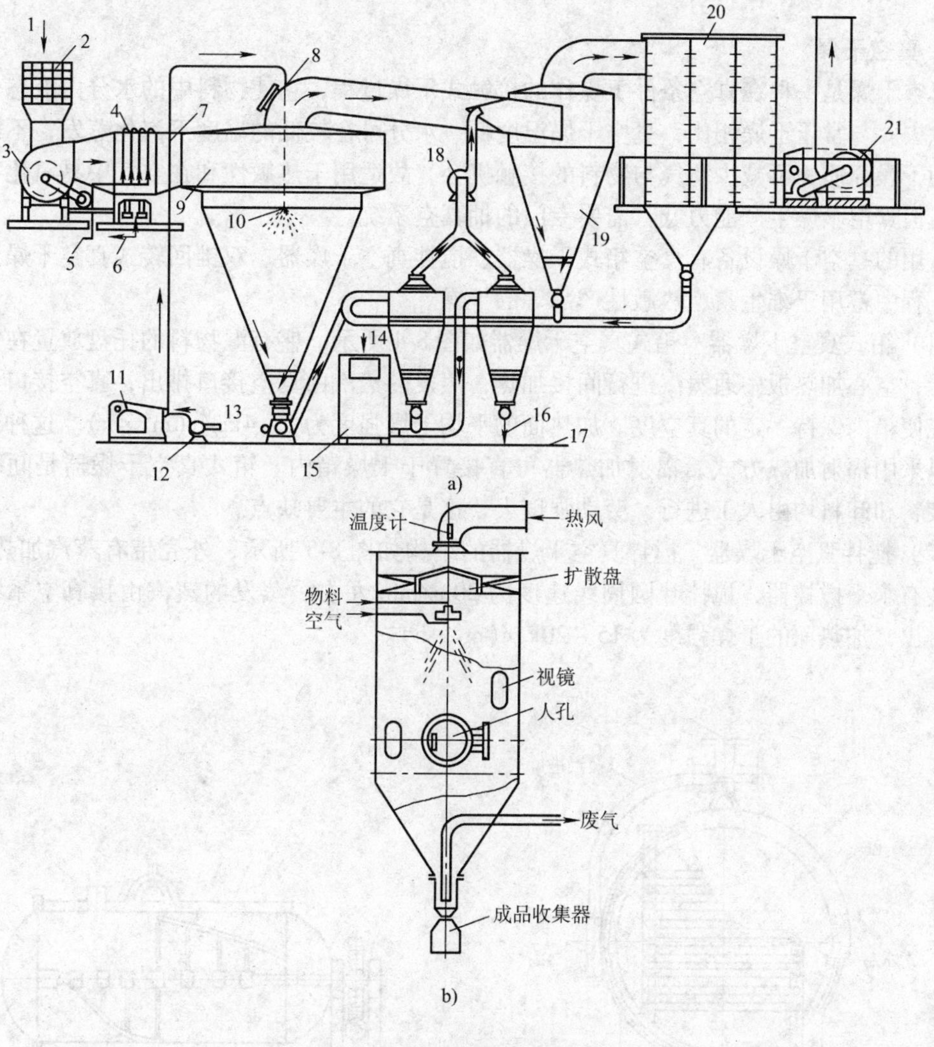

图 8-3　喷雾干燥装置

a）喷雾干燥器流程图　b）喷雾干燥塔

1—压缩空气　2—空气过滤器　3—主风机　4—空气加热器　5—蒸汽　6—冷凝水　7—热风道　8—喷雾管导向套　9—干燥室　10—雾化器，雾化喷头　11—高压泵　12—增压泵　13—进料　14—环境空气　15—空气调节器　16—产品　17—地平面　18—输送风机　19—干粉旋风分离器　20—袋式过滤器　21—排风机

4. 气流喷雾干燥塔

气流喷雾干燥塔是由圆柱、圆锥形筒体构成，如图 8-3b 所示。塔直径与高度比为 1:(2.4~3)，直径与锥体高度之比为 1:(1.3~1.6)，空塔时的气流速度约为 0.15~0.2m/s，回风管空气流速约为 10~12m/s。干燥室由 1mm 左右厚度的不锈钢衬里焊接而成，顶部装有空气分配盘。分配盘的形式有旋风扩散式、叶片旋风式，其作用是使空气形成旋流与雾滴接触，提高干燥效果。

四、真空干燥与冷冻干燥及设备

1. 真空干燥

真空干燥是一种在真空条件下操作的接触式干燥过程，它使物料中的水分由液态变成气态后除去。与常压干燥相比，真空干燥温度低，水分可在较低的温度下汽化蒸发，不需要空气作为干燥介质，可减少空气与物料的接触机会，故适用于热敏性和在空气中易氧化物料的干燥。但真空干燥生产能力低，需要专门的抽真空系统。

常用的真空干燥设备有真空箱式干燥器、搅拌真空干燥器、双锥回转式真空干燥器，在生物工程中常用于维生素、热敏性产品等的干燥。

（1）箱式真空干燥器　箱式真空干燥器如图 8-4 所示，盛有湿物料的托盘放置在空心加热板上，空心加热板中通蒸汽进行间接加热，蒸发的蒸汽由真空接口排出，真空接口连接真空系统使箱内保持一定的真空度。加热面的平均干燥强度为 1~4kg/（$m^2\cdot h$）。这种干燥箱也可以采用辐射加热方式，辐射加热器可直接置于干燥箱内。箱式真空干燥器是间歇操作的，装料和卸料均由人工进行，劳动强度大，这是它的主要缺点。

（2）搅拌真空干燥器　搅拌真空干燥器的结构如图 8-5 所示，外壳带有蒸汽加热夹套，内部装有水平搅拌器，搅拌叶圆周线速度为 20m/min 左右。蒸发的蒸汽由接真空系统的排气口排出，加热面的干燥强度为 15~20kg/($m^2\cdot h$)。

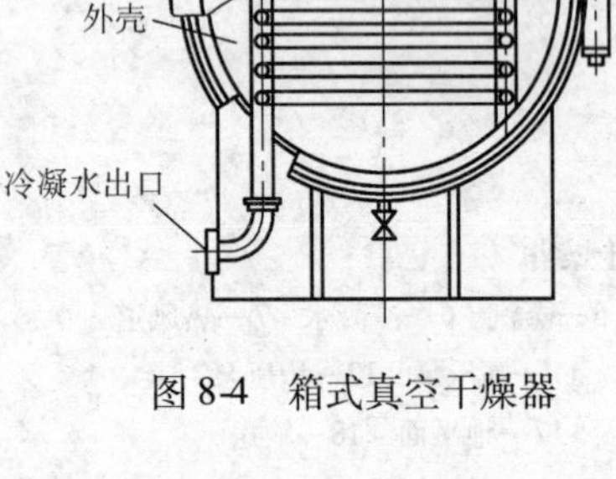

图 8-4　箱式真空干燥器

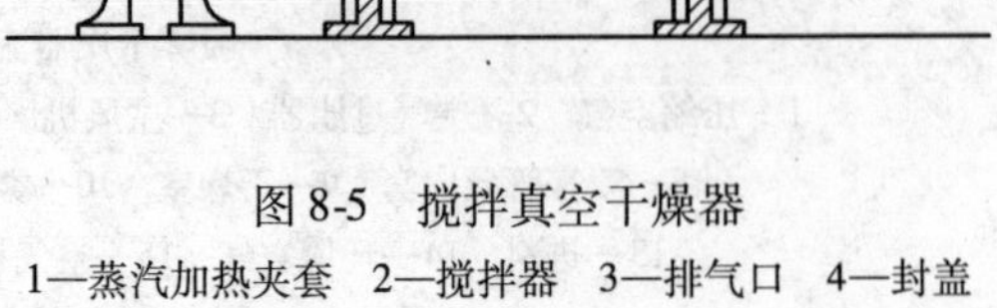

图 8-5　搅拌真空干燥器

1—蒸汽加热夹套　2—搅拌器　3—排气口　4—封盖

2. 冷冻干燥

冷冻干燥就是把含有大量水分的湿物料冷到冰点以下，预先使其中水分进行降温冻结成固态冰，然后在较高真空的条件下使水蒸气直接升华除去，而物质本身剩留在冻结时的冰架中，因此它干燥后体积不变，疏松多孔。在升华时要吸收热量，引起产品本身温度的下降而减慢升华速度，为了增加升华速度，缩短干燥时间，必须要对产品进行适当加热。整个干燥是在较低的温度下进行。

（1）冷冻干燥的特点

1）干燥温度低，特别适合于高热敏性物料的干燥，如抗生素类生物制品等活性物质的干燥。它又是在真空下操作，氧气极少，物料中易氧化物质得到了保护，因此，制品中的有效物质及营养成分损失很少。

2）能保持原物料的外观形状。物料在升华脱水前先进行预冻，形成稳定的固体骨架。干燥后体积形状基本不变，不失原有的固体结构，无干缩现象。

3）冻干制品具有多孔结构，因而有理想的速溶性和快速复水性。干燥过程中，物料中溶于水的溶质就地析出，避免了一般干燥方法中因物料水分向表面转移而将无机盐和其他有效成分带到物料表面，产生表面硬化现象。

4）冷冻干燥脱水彻底，质量轻，产品保存期长，若采用真空密封包装，常温下即可运输、保存，十分简便。但冷冻干燥需要昂贵的专用设备，存在干燥周期长、能耗大产量小等缺点。

（2）冷冻干燥流程　冷冻干燥过程分为两个阶段：第一阶段，在低于熔点的温度下，使物料中的固态水分（游离水）直接升华，大约有98%～99%的水分在这一阶段除去；第二阶段中，将物料温度逐渐升高甚至高于室温，使水分汽化除去，此时水分可以减少到0.5%。待干燥的物料放入干燥室内，开动预冷用冷冻机对物料进行冷冻，随之开启冷凝器和真空装置，实现升华干燥操作。

冷冻干燥设备主要由冷冻、真空、水汽去除、加热-干燥室四部分组成，如图8-6所示。预冷冻和干燥均在一个箱内完成。待干燥的物料放入干燥室1内，开动预冷用冷冻机10对物料进行冷冻，随之冷凝器2和真空装置5、6、7，实现升华干燥操作。加热器8有冷凝器内化霜之用。第一阶段升华干燥结束后，开启油循环泵11对干燥室加热升温，使之汽化，排出剩余水分。这种冷冻干燥系统为间歇式操作。

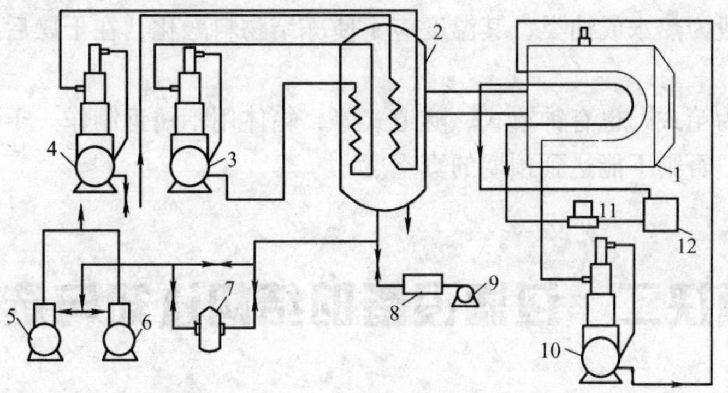

图8-6　LGJ-A型冷冻干燥机流程图

1—干燥室　2—冷凝器　3、4—冷凝器用冷冻机　5、6—前级泵　7—后级泵

8—加热器　9—风扇　10—预冻用冷冻机　11—油循环泵　12—油箱

1）冷冻部分。真空冷冻干燥中冷冻及水汽的冷凝都离不开冷冻的过程。常用的制冷方式有蒸汽压缩式制冷、蒸汽喷射式制冷、吸收式制冷三种方式，其中最常用的是蒸汽压缩式制冷。图 8-7 所示为单级蒸汽压缩制冷流程，整个过程分为膨胀、蒸发、压缩和冷凝四个阶段。液态的冷冻剂经过膨胀阀后，压力急剧下降，因此进入蒸发器后急剧吸热汽化，使蒸发器周围空间温度降低；蒸发后的冷冻剂气体被压缩机压缩，压力增大，温度升高；被压缩后的冷冻剂气体经过冷凝后又重新变为液态冷冻剂，在此过程中释放热量，由冷凝器中的水或空气带走。这样，冷冻剂便在系统中完成一个冷冻循环。常用的冷冻剂有氨、氟利昂、二氧化碳等。

2）真空部分。真空冷冻干燥时干燥箱中的压力应为冻结物料饱和蒸汽压的 1/4 ~ 1/2，干燥箱的绝对压力约为 1.3 ~ 13Pa，质量较好的机械泵可达到的最高真空极限约为 0.1Pa，多级蒸汽喷射泵也可以达到较高的真空。但蒸汽喷射泵不太稳定，且需大量 1MPa 以上的蒸汽，其优点是可直接抽出水汽而不需要冷凝。扩散泵是可以达到更高真空度的设备。为了提高真空泵的性能，可在高真空泵排出口再串联一个粗真空泵等。

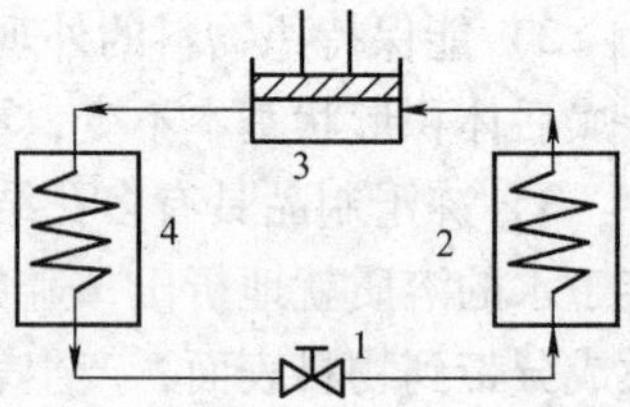

图 8-7　单级蒸汽压缩制冷流程

1—膨胀阀　2—蒸发器

3—压缩机　4—冷凝器

3）水汽去除部分。冷冻干燥中冻结物料升华的水汽，主要是用冷凝法去除。所采用的冷凝器有列管式、螺旋管式或内有旋转刮刀的夹套冷凝器，冷却介质可以是低温的空气或乙醇，最好是用冷冻剂直接膨胀制冷，其温度应该低于升华温度（一般应比升华温度低 20℃），否则水汽不能被冷却。冷却介质应在冷凝器的管程或夹套内流动，水汽则在管外或夹套内壁冻结为霜。

带有刮刀的夹套冷凝器可连续地把霜除去，一般冷凝器则不能，故在操作过程中霜的厚度不断增加，最后使水汽的去除困难。因此，冷冻干燥设备的最大生产能力往往由冷凝器的最大负霜量来决定，一般要求霜的厚度不超过 6mm。冷凝器还常附有热风装置，以作干燥完毕后化霜之用。

4）加热-干燥室部分。加热的目的是为了提供升华过程中的升华热（溶解热 + 汽化热）。加热的方法有夹层加热板的传导加热、热辐射面的辐射加热及微波加热三种。传导加热的加热介质一般为热水或油类，其温度应不使冻结物料融化，在干燥后期，允许使用较高温度的加热剂。

干燥室一般为箱式，也有钟罩式、隧道式等，箱体用不锈钢制作。干燥室的门及视镜要求十分严密可靠，否则不能达到预期的真空度。

模块二　过滤设备的结构认知与选型

【学习目标】 了解液-固过滤原理，熟悉过滤设备的结构、工作过程及选用方法。

【问题引导】

液-固过滤设备有哪几种形式？如何选用？

许多单元操作需要将液-固、气-固相进行分离，而这些分离都是通过过滤设备来完成的。本节主要讨论液-固过滤设备的类型、工作流程、使用范围、基本结构及选用等。

任务1　液-固过滤设备的认知

在化工生产过程中，各种料液常常是由固相和液相组成的，而这种悬浮液的固-液分离是化工产品生产过程中经常遇到的重要单元操作之一。固-液分离的方法很多，有分离筛、重力沉降、浮选分离、离心分离和过滤等，其中最常用的主要是过滤和离心分离。不同性状的处理液应选用不同的固、液分离方法和设备。在生化物质液-固分离时，我们常需考虑的重要参数有：分离粒子的大小和尺寸，介质的粘度，粒子和介质之间的密度差，固体颗粒的含量，粒子聚集或絮凝作用的影响，产品稳定性，助滤剂的选择，料液对设备的腐蚀性，操作规模及费用等。同时，在选择分离方法时，还需考虑它对后续工序的影响，尽量不要带入新的杂质，以免给后道工序的操作带来更多困难。

1. 过滤机理

过滤的基本原理是在压力差的作用下，悬浮液中的液体透过可渗性介质（过滤介质），固体颗粒被介质截留，从而实现液体和固体的分离。有以下两种过滤机理：

（1）滤饼过滤　过滤时悬浮液置于过滤介质的一侧，过滤介质常用多孔织物，其网孔尺寸不须小于被截留的颗粒直径。在过滤操作开始阶段，会有部分颗粒进入过滤介质网孔中，发生架桥现象，也有少量颗粒穿过介质而混于滤液中。随着滤渣的逐步堆积，在介质上形成一个滤渣层，称为滤饼。不断增厚的滤饼才是真正有效的过滤介质，而穿过滤饼的液体则变为清净的滤液。通常，在操作开始阶段所得到滤液是浑浊的，须经过滤饼形成之后返回重新过滤。滤饼过滤如图8-8所示。滤饼过滤适用于处理颗粒含量较高（液体中颗粒体积大于1%）的悬浮液。

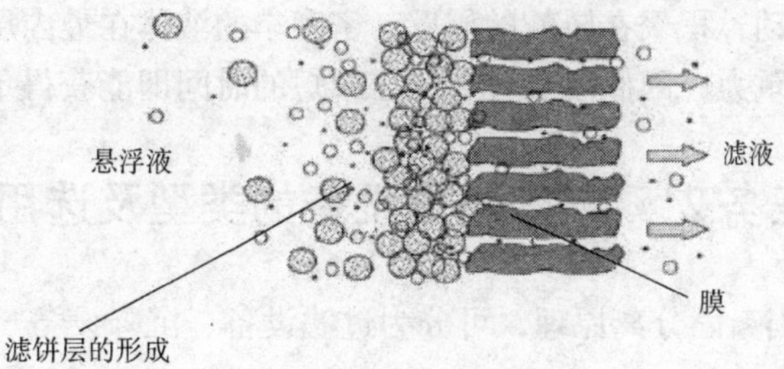

图8-8　滤饼过滤

（2）深层过滤　悬浮液中的颗粒直径小于床层直径，当颗粒随流体在床层的曲折孔边穿过时，靠静电及分子力作用粘附在孔道壁上，即固体颗粒沉积于过滤介质床层内部。介质表面无滤饼形成，过滤是在介质内部进行的，如图8-9所示。深层过滤适用于悬浮液中颗粒甚小且含量甚微（液体中颗粒体积小于0.1%）的场合。

2. 过滤介质

工业常用过滤介质有以下几种：

（1）织物介质　即棉、毛、麻或各种合成材料制成的织物，也称为滤布。

（2）粒状介质　包括细纱、木炭、碎石等。

（3）多孔固体介质（一般要能够再生的才行）　包括多孔陶瓷、多孔塑料、多孔玻璃等。

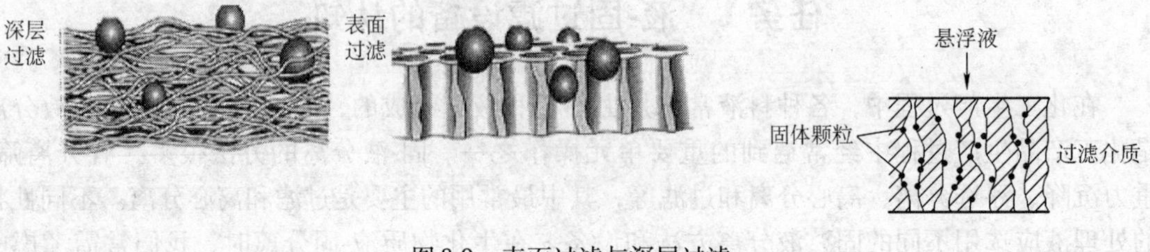

图 8-9　表面过滤与深层过滤

3. 助滤剂

悬浮液中的颗粒过于细小将会使通道堵塞，或颗粒受压后变形较大，滤饼的孔隙率大为减小，造成过滤困难，可通过加助滤剂以增加过滤速率。助滤剂是一种坚硬而形状不规则的小颗粒，能形成结构疏松而且几乎是不可压缩的滤饼。常用作助滤剂的物质有：硅藻土、珍珠岩、炭粉、石棉粉等。

助滤剂的加法有两种：①用助滤剂配成悬浮液，在正式过滤前用它进行过滤，在过滤介质上形成一层由助滤剂组成的滤饼。②直接将助滤剂以一定比例加到滤浆中一起过滤。

4. 沉降原理

利用混合液中具有不同密度且互不相溶的液相和固相，在离心力场或重力场中获得不同的沉降速度的原理，达到使液体中的固体颗粒沉降的目的。在重力场中称为重力沉降，在离心力场中称为离心沉降。

5. 离心分离原理

混合液在高速旋转的转鼓内，具有不同密度的多组分在离心力的作用下呈圆环状，密度最大的固体颗粒向外运动，积聚在转鼓的周壁，密度小的液体在最内层，由于转鼓高速旋转产生的离心力远远大于重力，因此离心分离只需较短的时间即能获得重力沉降的效果。

任务 2　液-固过滤设备的类型及选用

液-固分离设备按照液-固分离原理，可分为过滤设备、沉降设备、膜分离设备等，如图 8-10 所示。

液-固分离设备
- 沉降设备
  - 重力沉降　重力沉降槽、增稠器
  - 离心沉降　管式离心机、碟片式离心机、卧式螺旋式离心机、三足式离心机
- 过滤设备
  - 常压过滤机
  - 加压过滤机　板框压滤机、板滤机
  - 真空过滤机　真空转鼓过滤机、叶滤机
  - 离心过滤机　三足式过滤机
- 膜分离设备　微波器、超滤器、反渗透器

图 8-10　液-固分离设备的类型

（一）过滤设备

1. 板框压滤机

（1）板框压滤机的结构 板框压滤机由机架、压紧机构、过滤机构三部分组成，其结构和外形如图 8-11 所示。

1）机架。机架是压滤机的基础部件，两端是止推板和压紧头，两侧的大梁将二者连接起来。大梁用以支承滤板、滤框和压紧板。止推板与支座连接将压滤机的一端坐落在地基上。厢式压滤机的止推板中间是进料孔，四个角还有四个孔，上面两角的孔是洗涤液或压榨气体进口，下面两角的孔为出口（暗流结构还是滤液出口）。压紧板用以压紧滤板、滤框，两侧的滚轮用以支承压紧板在大梁的轨道上滚动。大梁是承重构件，根据使用环境防腐的要求，可选择硬质聚氯乙烯、聚丙烯、不锈钢包覆或新型防腐涂料等涂覆。

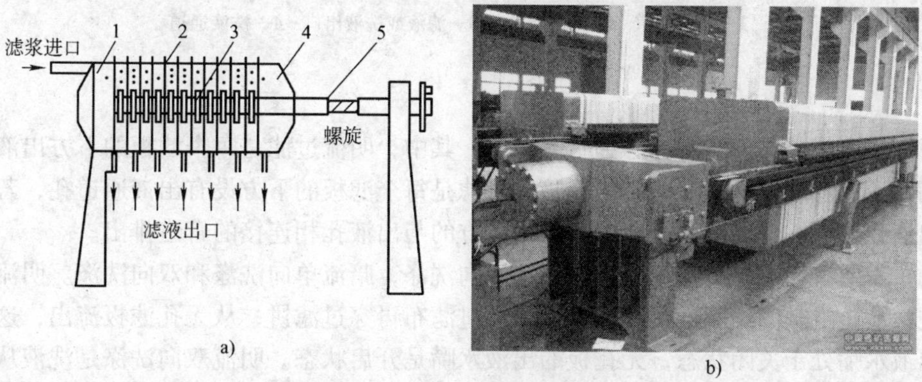

图 8-11 板框过滤机结构及外形

a）板框压滤机结构图 b）板框压滤机外形图

1—止推板 2—滤布 3—板框支座 4—压紧板 5—大梁

2）压紧机构。板框压滤机的压紧机构分为手动式、电动式和液压式三种类型。手动式以螺旋式机械千斤顶推动压紧板将滤板压紧，压紧力较小，只用于尺寸较小的板框压紧。电动式采用电动机（配置先进的过载保护器）代替手动，当压紧至一定程度后因电流增大，继电器切断电源使电动机停止压紧；松开时，使电动机反转即可。液压式采用液压缸压紧，操作灵敏，新型的全自动板框式压滤机都采用这种装置。

3）过滤机构由滤板、滤框、滤布、压榨隔膜组成。滤板两侧由滤布包覆，需配置压榨隔膜时，一组滤板由隔膜板和侧板组成。隔膜板的基板两侧包覆橡胶隔膜，隔膜外边包覆滤布，侧板即普通的滤板。物料从止推板上的进料孔进入各滤室，固体颗粒因其粒径大于过滤介质（滤布）的孔径被截留在滤室里，滤液则从滤板下方的出液孔流出。滤饼需要榨干时，除用隔膜压榨外，还可用压缩空气或蒸汽，从洗涤口通入，气流冲去滤饼中的水分，以降低滤饼的含水率。滤板和滤框间隔排列，框两侧覆以滤布，形成空腔以支承、压紧滤板。滤板为正方形，角端开有小孔，两面制成沟槽，与滤出口和洗水孔道连通。滤板和滤框的作用：其一是支承滤布，提供滤液流出的通道；其二是提供滤浆进入的空间，容纳滤饼。

将过滤板编号为 1、滤框为 2、洗涤板为 3，则板框在机架上的排列方式为：1—2—3—2—1—2—3，如图 8-12 所示。

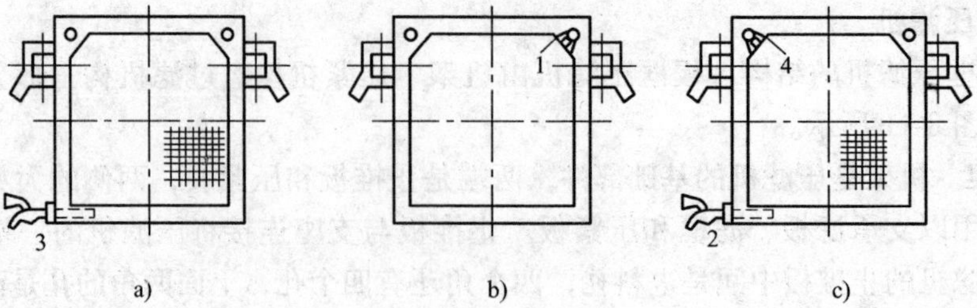

图 8-12 滤板和滤框

a）过滤板 b）滤框 c）洗涤板

1—料液通道 2—滤液出口 3—滤液或洗液出口 4—洗液通道

滤液流出的方式分明流过滤和暗流过滤。其中，明流过滤是每个滤板的下方出液孔上装有水嘴，滤液直观地从水嘴里流出。暗流过滤是每个滤板的下方设有出液通道孔，若干块滤板的出液孔连成一个出液通道，由止推板下方的与出液孔相连接的管道排出。

滤饼需要洗涤时，有明流单向洗涤和双向洗涤，暗流单向洗涤和双向洗涤。明流单向洗涤是洗液从止推板的洗液进孔依次进入，穿过滤布再穿过滤饼，从无孔滤板流出，这时有孔板的出液水嘴处于关闭状态，无孔板的出液水嘴是开启状态。明流双向洗涤是洗液从止推板上方的两侧洗液进孔先后两次洗涤，即洗液先从一侧洗涤再从另一侧洗涤，洗液的出口同进口是对角线方向，所以又叫双向交叉洗涤。暗流单向洗涤是洗液从止推板的洗液进孔依次进入有孔板，穿过滤布再穿过滤饼，从无孔滤板流出。暗流双向洗涤是洗液从止推板上方的两侧的两个洗液进孔先后两次洗涤，即洗涤先从一侧洗涤，再从另一侧洗涤，洗液的出口是对角线方向，所以又叫暗流双向交叉洗涤。

滤布是一种主要过滤介质，滤布的选用和使用对过滤效果有决定性的作用。选用时，要根据过滤物料的 pH 值、固体粒径等因素选用合适的滤布材质和孔径，以保证低的过滤成本和高的过滤效率。使用时，要保证滤布平整不打折，孔径畅通。滤布的材质及性能参数见表 8-1。

表 8-1 滤布的材质及性能参数

性能	涤纶	尼龙	丙纶	维纶
耐酸	强	较差	良好	差
耐碱	耐弱碱	良好	优	优
耐热	150℃	120℃	70℃	80℃

（2）板框压滤机的工作流程 板框压滤机属于间歇工作的压滤机械，其工作循环包括加料、过滤、洗涤、卸渣、清洗滤布五个阶段。操作一般采用先恒速后恒压的方式。压滤机工作时，首先用容积式泵将悬浮液泵入滤框内，待悬浮液充满滤框空间后，过滤过程开始。由于容积式泵的流量不随压力变化，因此，打入滤框的悬浮液体积等于流出滤框的滤液体积，过滤初期阶段压滤机的过滤速度保持不变。但是随着过滤过程中滤框内的滤饼增厚，过

滤阻力增大。为了避免因压力过高造成压滤机泄漏、滤布破损，在过滤装置中设有回路旁通阀，过滤过程中当悬浮液压力增高到一定值时，回路旁通阀自动打开，部分悬浮液经旁通回路返回泵的入口，使进入压滤机的流量减小，滤框内的压力保持不变，过滤速度减慢，直到滤饼充满滤框后过滤停止。

过滤阶段，压滤机内的悬浮液进入滤框后，其中所含的滤液穿过滤框两侧的滤布，再经相邻滤板汇集后从滤液出口流出，固体颗粒则截留在滤框内。在过滤即将结束时，滤液通过的滤饼层厚度为滤框厚度的一半，过滤面积则为两侧滤布面积之和。

过滤结束后，为了进一步除去附着在滤饼颗粒上的粘液，需要对滤饼进行洗涤，洗涤液在泵提供的压力作用下，进入洗涤板板面与滤框一侧滤布之间后，再穿过滤布和整个滤饼层及另一侧滤布，最后从过滤板下部的洗涤液出口流出。由于洗涤液是单向穿过滤框的，因此，穿过滤饼厚度为整个滤饼厚度，但洗涤面积仅为过滤面积的一半。

洗涤结束后，松开压紧装置并将板框拉开，卸出滤饼，清洗滤布，然后重新用压紧装置将板框压紧，压滤机又进入下一个工作循环。

（3）板框压滤机的特点及应用　板框压滤机的优点是结构紧凑，过滤面积大，操作压力一般在0.3～0.8MPa的范围内。滤板和滤框的数目，可根据生产任务自行调节，一般为10～60块，过滤面积为2～80m^2。板框压滤机在生产中可广泛用于各种悬浮液的过滤，如石油添加剂产品的过滤等。它的主要缺点是间歇操作，生产效率低，且滤布易破损。

2. 真空转鼓过滤机

真空转鼓过滤机是连续式操作的过滤机械，其结构主体是一个由筛板组成的能转动的水平圆筒，表面有一层金属丝网，网上覆盖滤布，肋板分隔成若干个空间，分配头内沿径向隔离成三个室。真空转鼓过滤机的工作流程如图8-13所示。

真空转鼓过滤机的工作原理如图8-14所示。转鼓下部浸没于待处理的料液中，因过滤室与真空系统相连，料液中的固体颗粒在滤布表面形成滤渣，滤液排至滤液储罐。转鼓从料液槽中转出后，滤渣层被洗涤，在真空情况下残余水分被抽入鼓内，引入到洗涤液储罐。经过洗涤和脱水的滤渣层在压缩空气或蒸汽的作用下与滤布脱离，随后由刮刀将其刮下。刮下滤渣的滤布继续吹以压缩空气或蒸汽，使上面的残余固体物脱落，滤布再生。

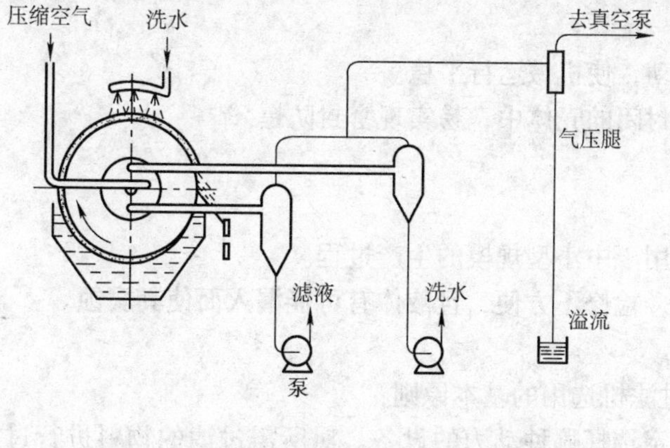

图8-13　真空转鼓过滤机的工作流程示意图

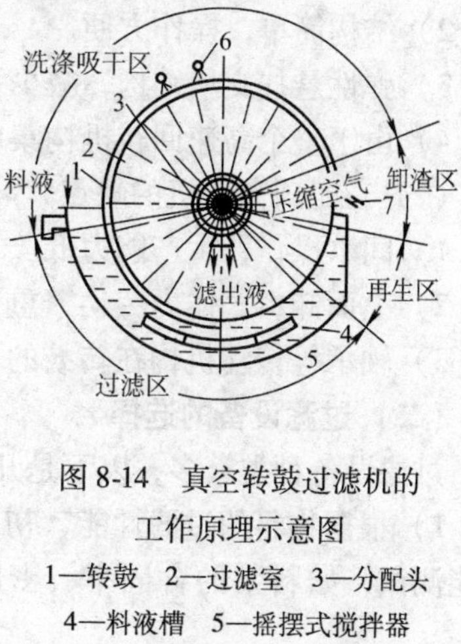

图8-14　真空转鼓过滤机的工作原理示意图

1—转鼓　2—过滤室　3—分配头　4—料液槽　5—摇摆式搅拌器　6—洗涤液喷嘴　7—刮刀

3. 离心过滤机

利用过滤原理，以离心力迫使液体通过过滤介质，使液、固分开，这种设备称为离心过滤机。其对液、固两相没有密度差的要求，分离原理是使悬浮液中固相颗粒截留在过滤介质上，并不断堆积成滤饼；与此同时，液体由于离心力作用透过过滤介质成为滤液。常见的离心过滤机有三足式离心机、上悬式离心机、卧式刮刀卸料离心机、卧式活塞推料离心机及离心力卸料离心机等。

SS 型三足式离心机为人工上部卸料、间歇操作的过滤式离心机，其结构如图 8-15 所示，适合分离含固相颗粒≥0.01mm 的悬浮液，固相颗粒可为粒状、结晶状或纤维状等形态，也可供成件物品（如纱束、纺织品等）的脱水。

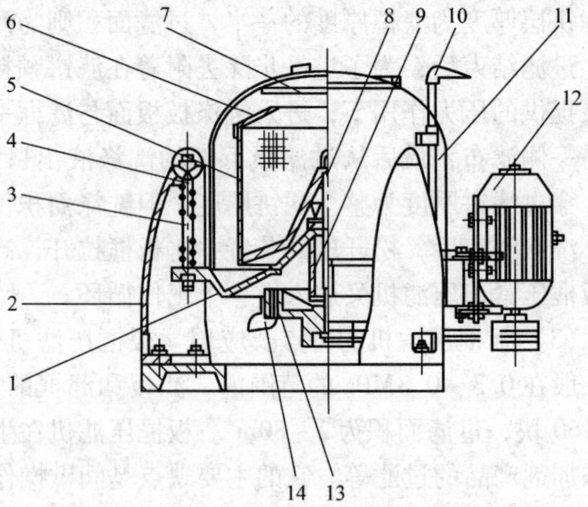

图 8-15 人工卸料三足式离心机的结构

1—底盘 2—支柱 3—缓冲弹簧 4—摆杆 5—转鼓壁 6—转鼓底 7—拦液板 8—主轴 9—轴承座 10—制动器手把 11—外壳 12—电动机 13—制动轮 14—滤液出口

三足式离心机是应用转鼓高速回转所产生的离心力，使悬浮液或其他脱水物料中的固相与液相分离开来，所以过滤能力强，滤饼干。在分离浆料时，为使悬浮液在转鼓内分布均匀，必须在离心机达到额定转速后才能逐渐进料。被分离的悬浮液在离心力场作用下，固相趋向于转鼓内壁并沉积于鼓壁形成滤饼，液相在离心力作用下通过滤饼，由滤液口排出，完成固-液分离。当滤饼形成一定厚度时，停止加料并将滤饼甩干，也可加入洗涤液洗涤并甩干，停机后由人工将滤饼从转鼓上部卸出。

（1）三足式离心机的优点

1）对物料的适应性强，可用于多种物料和工艺过程。

2）结构简单，操作方便。

3）弹性悬挂支承结构，减少了振动，使机械运行平稳。

4）由于整个高速回转机构集中在封闭的壳体中，易实现密封防爆。

（2）三足式离心机的缺点

1）间歇操作，生产能力低。

2）上面卸料，体力劳动繁重，仅用于中小型规模的生产过程。

3）轴承等传动机构在转鼓的下方，检修不方便，且液体有可能漏入而使其腐蚀。

（二）过滤设备的选择

过滤设备种类繁多，以下是几条过滤机选用的基本原则：

1）根据物料的过滤性能，初步确定选择哪种动力的设备。对所需过滤的物料进行过滤性能测试，如料浆的含固率、密度、固体颗粒的平均粒径和粒度分布、颗粒的沉降速度等。

2）根据处理物料的化学性质，检查所选择的过滤机类型是否正确。例如，对于易挥发、易燃物料一般不使用真空过滤设备，有毒或有放射性的物料，一般应当选择可以进行密闭操作的过滤设备。

3）根据工艺过程的特点和生产规模可对选择的过滤设备进行筛选。一般当生产规模大时，应选择连续式，劳动强度小的设备。过滤设备的处理能力还应与工艺系统的生产能力相平衡。根据所选择的设备，物料的基本特性数据进行设备生产能力和最佳操作条件的计算，以确定设备的大小，投资费用，操作费用。若有几种设备可供选择，则在此基础上可以进行技术经济评价，以确定一种最佳的选择。

模块三　分离设备的结构认知与选型

【学习目标】 了解液-固、气-固、液-液分离原理，熟悉分离设备结构、工作过程及选用方法。

【问题引导】

1. 液-固分离设备有哪几种形式？如何选用？
2. 气-固分离设备有哪几种形式？如何选用？
3. 液-液分离设备有哪几种形式？如何选用？

任务1　离心沉降设备的认知

离心沉降是利用互不相溶的固、液两相的相对密度差，在离心机无孔转鼓或管子中进行悬浮液的分离操作。由于离心力通常比重力大1000~20000倍，因此，在不使用过滤介质的情况下，离心沉降能将很细小的固体沉淀下来，可用于溶液的澄清，也可替代过滤操作。离心沉降适合从悬浮液中分离固体，或者对固体含量较低的油性悬浮液进行固、液分离，或者对油性浆状悬浮液进行固、液分离，而这些分离操作难以用过滤设备进行。

离心沉降设备有管式、螺旋式和碟片式等多种类型。

一、管式离心机

为提高分离效果，必须增加颗粒所受的离心力，但是离心机转速的增加，转鼓直径必须更小，否则转鼓面所受到的应力对转鼓极为不利。根据力学原理，设计了一种高速管式离心机，其转速可达15000~50000r/min，转筒直径为45~150mm。显然，由于其转筒容量有限，处理量比较小。这类离心机可分为两类，一种是GF型，用于处理乳浊液而进行的液-液分离操作；另一类是GQ型，用于处理悬浮液而进行液-固分离的澄清操作。用于液-液分离操作的是连续的，而用于澄清操作的是间歇的。澄清操作时沉积在转鼓壁上的沉渣由人工排出。管式高速离心机如图8-16所示，由转鼓、分离盘、机壳、机架、传动装置、挡板等组成，其分离盘结构如图8-17所示。

操作时，将待处理的料液在一定的压力下由进料管经底部中心轴进入鼓底，靠圆形挡板分散于四周，受到高速离心力作用而旋转向上。轻液位于转筒的中央，呈螺旋形运转，向上移动；重液则靠近筒壁。至分离盘时，轻液沿轻液孔道进入集液槽后排出收集，固体则在离心力场的作用下沉积于鼓壁上，达到一定数量后，停机人工除渣。

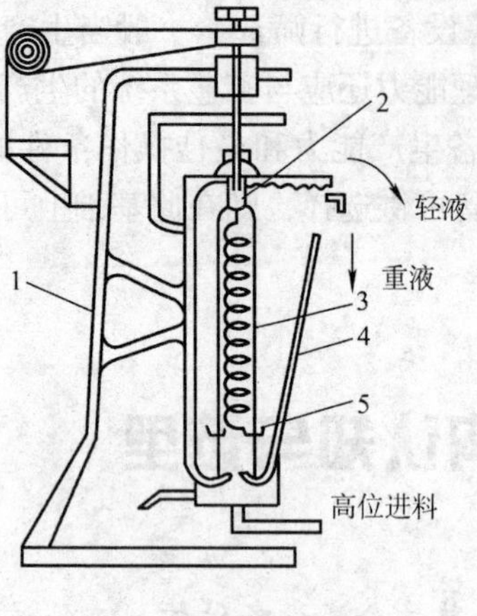

图 8-16　管式离心机

1—机架　2—分离盘　3—转鼓

4—机壳　5—挡板

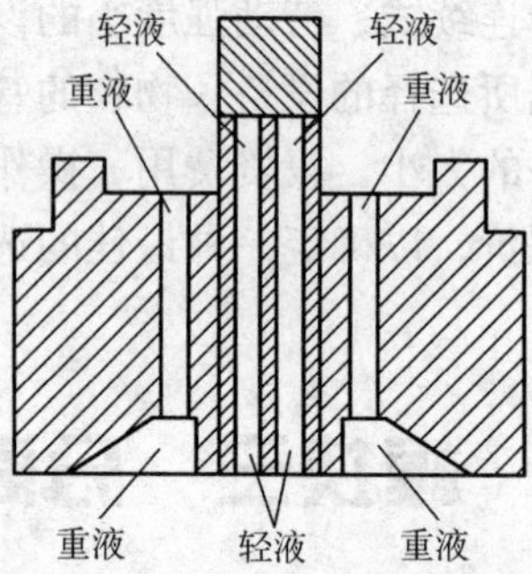

图 8-17　管式离心机分离盘结构

管式高速离心机设备简单，操作稳定，分离纯度高，可用于液-液分离和微粒较小的悬浮液分离，分离效果也较好，常用于微生物菌体和蛋白质的分离，但生产能力较低。

二、螺旋卸料离心机

沉降式螺旋卸料离心机是一种连续操作的分离设备，各工序在同一时间内连续进行，不需要控制机构，整个操作期间内功率消耗是均匀而无波动的。这是一种效率高、适应性强，应用广的离心机。

如图 8-18 所示，LW450×18010 卧式螺旋卸料沉降离心机的转动部分是由转鼓和螺旋两个部件组成的。转鼓两端水平支承在轴承上，螺旋两端用两个推力轴承装在转鼓内，螺旋与转鼓内壁间有微量间隙。转鼓一段装有带轮，由电动机带动，螺旋与转鼓间用一差动变速器使二者维持约 1% 的转差。料液由中心管加入，进料位置约在螺旋的中部，其前面部分为沉降区，后面部分为甩干区。在离心力的作用下，固体被沉降在转鼓壁上，由螺旋从大端推向小端，同时被甩干，落入外壳的排渣口排出；液体由左侧溢流孔排出。固体在甩干区可以洗涤。调节溢流挡板上溢流口的位置、转鼓转速和进料速度，可以改变固体的湿含量和液体的澄清度，生产能力也随着进料速度而改变。

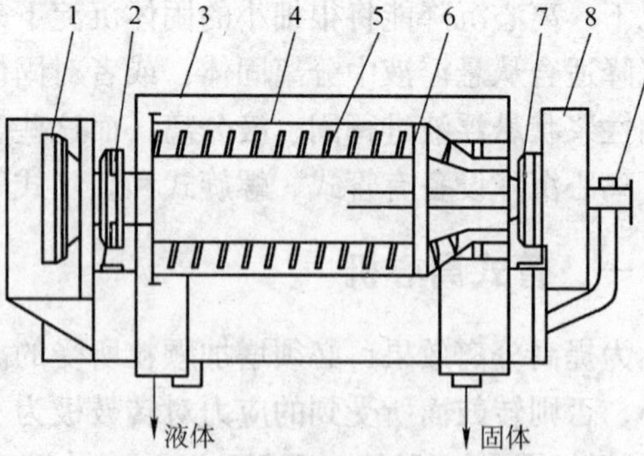

图 8-18　LW450X1810 卧式螺旋卸料沉降离心机结构简图

1—差速器　2—左主轴承座　3—机壳　4—转鼓

5—螺旋输送器　6—挤压机构　7—右主轴承座

8—防护罩　9—进料机构

三、碟片式离心机

碟片式离心机是在管式离心机的基础上发展起来的，在转鼓中加入许多重叠的碟片，使颗粒的沉降距离缩短，分离效率大为提高。

碟片式离心机一般具有坚固的外壳，底部凸出，与外壳铸在一起，壳上有圆锥形盖，由螺母紧固在外壳上。壳由高速旋转的倒锥形转鼓带动，其内设有数十片乃至上百片锥角为60°～120°的锥形碟片。碟片一般用0.8mm的不锈钢或铝制成形，一般碟片之间的间隙为0.5～2.5mm。在转鼓直径最大处（ϕ100mm），装有直径ϕ=1.0mm的喷嘴。各碟片有孔若干，各孔的位置相同，于是各碟片相互重叠时形成一个通道。其结构如图8-19所示。

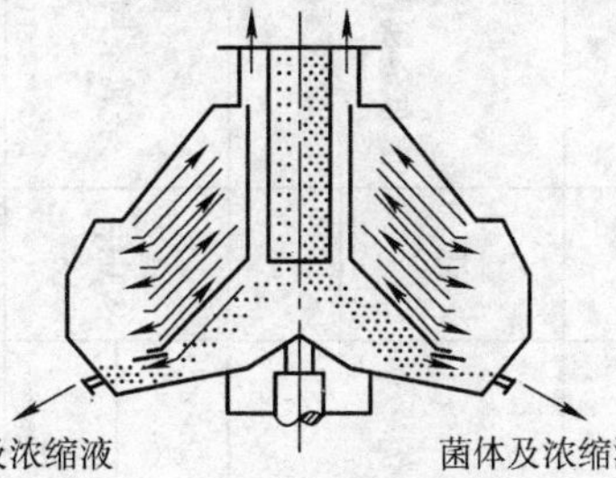

图8-19　碟片式离心机示意图

工作原理：发酵液由转鼓中心进入高速旋转的转鼓内，因固、液密度不同，在碟片空隙内受到离心力的作用下，发酵液被分成固、液两相。密度小的清液有规律地沿碟片上表面的碟片轴线方向移动，在轻液出口处排出；而密度大的浓缩物或菌体，则有规律地沿着上一个碟片的底表面下滑到碟片外边缘，经转鼓壁上的喷嘴喷出，从而达到离心分离的目的。

离心机类型和性能的选择见表8-2，综合性能选用见表8-3。

任务2　膜分离设备的认知

膜分离过程的实质是小分子物质透过膜，而大分子物质被截留。因此，膜必须是半透膜。膜分离的推动力可以是多种多样的，一般有浓度差、压力差、电位差等。常见的膜分离过程有透析、反渗透、纳滤、超滤、微滤、电渗析、气体透过等。

一、膜的分类

膜分离过程是依据滤膜孔径大小而达到物质分离的目的，故而可以按分离粒子大小进行分类：

①微滤（MF）：孔径分布范围为0.1～10μm，可截留细菌。

②超滤（UF）：孔径分布范围为0.001～0.1μm，可截留相对分子质量为300～50000的大分子。

③反渗透（RO）：是一种以压力差为推动力，从溶液中分离出溶剂的膜分离操作，孔径范围为0.0005～0.0015μm（由于分离的溶剂分子往往很小，不能忽略渗透压的作用，故而成为反渗透）。

④纳滤：以压力差为推动力，从溶液中分离相对分子质量为300～1000的膜分离过程，孔径分布为平均2nm。

表 8-2 离心机型式和性能选择表

项目	典型机型	操作特点	卸渣方式	分离因数 Fr	用途	固相浓度（%）	固相粒度	分离效果	洗涤效果	晶粒破碎度	过滤介质	代表性分离物料
三足式	SS	间歇	人工	500～1000			0.05～5			低		硫铵、药、糖
上悬式	XZ		重力刮刀			10～60		优	优		滤布金属网	
卧式刮刀卸料	WG	连续	刮刀	0～2500	固相脱液洗涤					高		硫铵、糖
活塞卸料	WH		活塞	300～700		30～70	0.1～5		良	中	金属条网	碳酸氢铵
	WH2								优			硝化棉
离心力卸料	L1、W1		自动	1500～2500		≤80	0.4～1		可	中	金属板网	硫铵、糖
螺旋卸料	LL、WLL		螺旋			<80				高		洗煤、盐类
圆锥形柱锥式	WL		螺旋	0～3500	固相浓缩	5～50	0.01～1	优	两相密度差≥0.05	中		聚氯乙烯树脂、污泥
					固相浓缩液相澄清			良				
管式	GF、GQ	间歇	人工	10000～6000								油
室式	S	间歇	人工	0～8000	乳浊液分离澄清	>0.1	0～0.001	优				啤酒、电解液
人工排渣	DRL、DRY	间歇	人工	0～8000		<1	0.001～0.015	渣呈流动状	≥0.02	中		油、奶油
喷嘴排渣	DPJ	连续	喷嘴	0～8000	乳浊液分离固相浓缩	<10						酵母淀粉
活塞排渣	DHY	连续	液压活塞	0～8000	乳浊液分离液相澄清			优				抗生素、油

表 8-3　离心机综合性能选用表

项　目		过滤离心机						沉降离心机		分　离　机				
		间歇式		活塞式		连续式		螺旋卸料		管　式	室　式	碟　式		
		三足、上悬	卧式刮刀、三足自动、上悬	单级	双级	离心力卸料	螺旋卸料	圆锥型	柱锥型			人工排渣	喷嘴排渣	活塞排渣
分离因数		500～1000	～2500	300～	300～	1500～	1500～	～3500	～3500	10000～	～8000	～8000	～8000	～8000
用途	澄清							可	良	优	优	优	良	优
	液—液分离									优		优	优	优
	沉降浓缩							可	优	优	优	优	良	优
	脱液	优	优	优	优	优		可	可					
	应用	固相脱液洗涤	固相脱液洗涤	固相脱液洗涤	固相脱液洗涤	固相脱液	固相脱液	固相浓缩	固相浓缩液相澄清	浮浊液分离液相澄清	液相澄清	乳浊液分离液相澄清	乳浊液分离液相澄清	乳浊液分离液相澄清
生产能力	干渣/(t/h)	～5	～8	～10	～14	～10	～6	～5	～5					
	悬浮液/（m^3/h）									～6	～18	～10	～100	～90
料液物性	固相浓度（%）	10～60	10～60	30～70	30～70	≤80	<80	5～30	3～30	<0.1	<0.1	<1	<10	1～5
	固相粒度/mm	0.05～5	0.1～5	0.1～5	0.1～5	0.04～1	0.04～1	0.01～	0.01～1	～0.001	～0.001	0.001～0.	0.001～0.	0.001～0.
	两相相对密度差	相对密度差不影响						≥0.05	≥0.05	≥0.02	≥0.02	≥0.02	≥0.02	
分离效果		优	优	优	优	优	优	优	良	优	优	优	渣呈流动状	优
洗涤效果		优	优	良	优	可	可	可	可					
晶粒破碎度		低	高	中	中	中	高	中	中					
代表性分离物料		糖、棉纱、硫铵	碘胺药	碳铵	硝化棉	碳铵	洗煤	聚氯乙烯	树脂污泥	动植物油润滑油	啤酒电解液	奶油、油	酵母淀粉	抗菌素、油

1. 膜过滤膜和预过滤膜

（1）膜过滤膜　具有一定大小的微孔，结构均匀。此种膜的使用一般在过滤链的终端，如产品除菌、产品澄明度的提高、产品生物负荷度的降低等。

（2）预过滤膜　过滤介质由杂乱无章的纤维组成，其主要作用是去除料液中的颗粒，以保护膜过滤膜。

2. 亲水性过滤膜和疏水性过滤膜

（1）亲水性过滤膜：过滤膜的材质能被水湿润。此种膜与水接触后，水会逐渐平铺开来，其液、固接触角是锐角，适用于以水相为主的过滤料液。

（2）疏水性过滤膜　该种膜与水接触后，过滤膜材不能被水湿润，水不会逐渐平铺开来，其液、固接触角是钝角，适用于有机溶剂及气体的过滤料液。

二、膜的性能

表征膜性能的参数有：通量，即单位时间通过单位面积膜的料液体积流量；截流率，指一定截留孔径下透过膜的溶质占原液中溶质的百分数；膜的孔径，单位是微米（μm）。

对于不同种类的膜都有一个基本要求：

（1）耐压　膜孔径小，要保持高通量就必须施加较高的压力，一般的膜操作压力范围为0.1～0.5MPa，反渗透膜的压力更高，约为1～10MPa。

（2）耐高温　高通量带来的温度升高和清洗的需要要求膜耐高温。

（3）耐酸碱　可防止分离和清洗过程中的水解。

（4）化学相容性　可保持膜的稳定性。

（5）生物相容性　可防止生物大分子的变性。

（6）成本低。

制造过滤膜的材料主要有：纤维素酯类、再生纤维、聚酰胺、聚氯乙烯、聚四氟乙烯、聚丙烯、聚碳酸酯等。

三、超滤技术

超滤是一种能够将溶液进行净化、分离、浓缩的膜分离技术。超滤过程通常可以理解成与膜孔径大小相关的筛分过程，以膜两侧的压力差为驱动力，以超滤膜为过滤介质。在一定的压力下，当水流过膜表面时，只允许水及比膜孔径小的小分子物质通过，达到溶液的净化、分离与浓缩的目的。超滤技术可应用医药行业、食品行业、环保废水处理等。

以超滤膜净化水的流程为例。如图8-20所示，自来水先进入超滤膜管内，每米长的超滤膜丝管壁上约有60亿个0.01μm的微孔，在水压差的作用下，其孔径只允许水分子、水中的有益矿物质和微量元素通过而成为透过液。而最小细菌的直径都在0.02μm以上，因此细菌以及比细菌直径大得多的胶体、铁锈、悬浮物、泥沙、大分子有机物等都能被超滤膜截留在膜的进液侧，成为浓缩液，从而实现了净化过程。

超滤膜使用一段时间后，被截留下来的有害物质会依附在超滤膜的内表面，使超滤膜的产水量逐渐下降，尤其是自来水质污染严重时，更易引起超滤膜的堵塞，定期对超滤膜进行冲洗可有效恢复膜的产水量。超滤膜冲洗流程如图8-21所示。

将成束的超滤膜丝经过浇铸工艺后制成图8-22a所示的滤芯，滤芯由ABS外壳、外壳两端的环氧封头和成束的超滤膜丝三部分组成。环氧封头填充了膜丝与膜丝之间的空隙，形成原液与透过液之间的隔离。如图 8-22b 所示，原液首先进入超滤膜孔内，经超滤膜过滤后成为透过液，防止了原液不经过滤直接进入到透过液中。原液先进入中空丝内部，经压力差驱动，沿径向由内向外渗透过中空纤维成为透过液，浓缩液则留在中空丝的内部，由另一端流出。

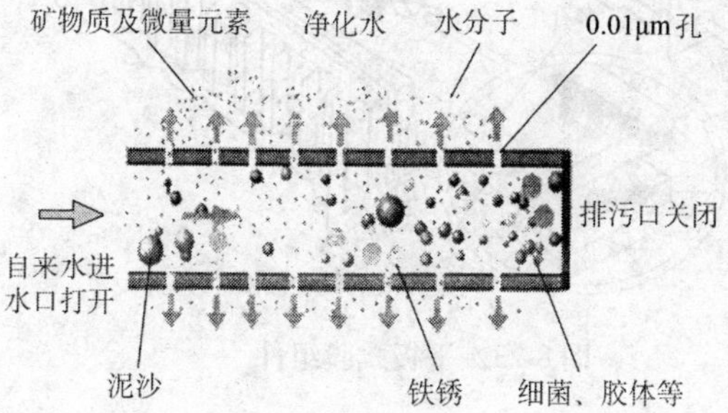

图 8-20　超滤膜制水流程

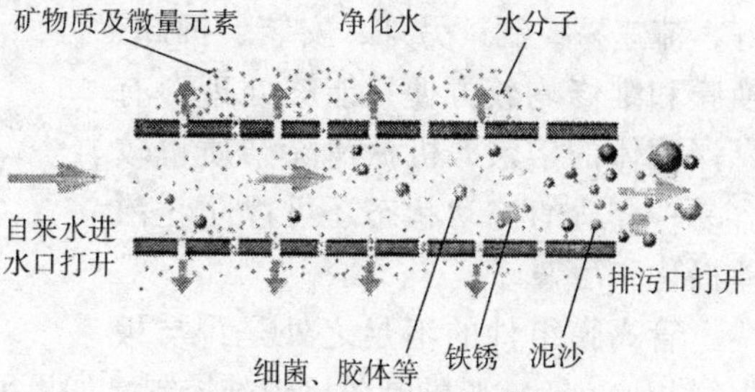

图 8-21　超滤膜冲洗流程

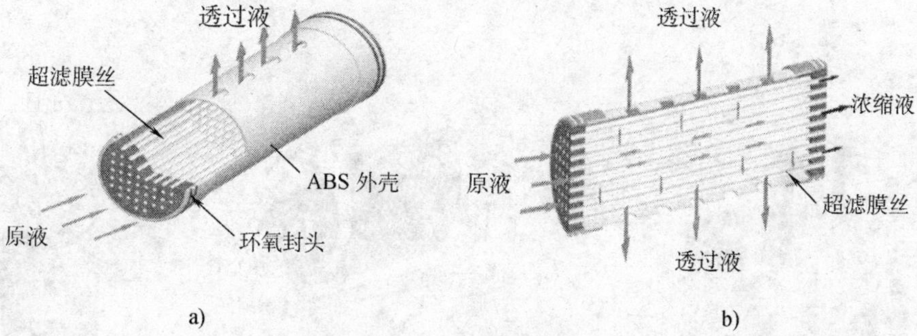

图 8-22　中空纤维超滤膜

a）中空纤维超滤膜滤芯　b）中空纤维超滤膜工作示意图

四、膜过滤装置——工业膜组件

1. 板框膜组件

板框膜组件由板框式压滤机衍生而来。它们的区别在于板框式过滤机的过滤介质是帆布、棉饼等，而这里所用的是膜，其在结构设计上也不尽相同。

板框膜组件的基本构造是膜，如图 8-23 所示，原液流道和透过液流道，彼此相互交替重叠压紧，结构紧凑。增大处理量，可以通过改变膜的层数来调整，膜越多，则处理量越大。由于组装简单、比较坚固，用于压力变动或现场作业的可靠性较大。

2. 螺旋卷式膜分离器

这种膜的结构是双层的，中间为多孔支承材料，两边是膜，其中三边被密封成膜袋状，另一个开放边与一根多孔中心产品收集管密封连接，在膜袋外部的原液侧再垫一网眼型间隔材料，也就是把膜—多孔支承体—膜—原液侧间隔材料依次叠合，绕中心产品水收集管紧密地卷起来形成一个膜卷，再装入圆柱形压力容器里，就成为一个螺旋卷组件。膜的卷绕方式和料液组成如图 8-24 所示，卷式膜结构和卷式膜商品组件如图 8-25 所示。

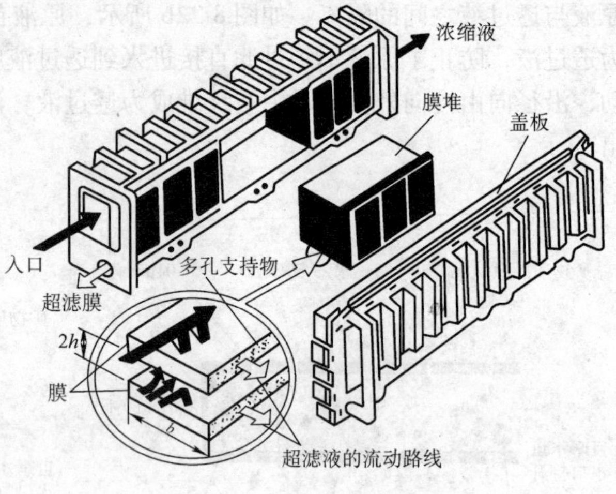

图 8-23　平板式膜组件

3. 管式膜分离器

管式膜组件的优点是：流动状态好，流速易控制；另外，安装、拆卸、换膜和维修均较方便；能够处理含有悬浮固体的溶液，机械清除杂质也较容易；合适的流动状态还可以防止浓差极化和污染。

管式膜组件的不足之处是：与板框膜相比，管式膜的制备比较难控制。如果采用普通的管径（1.27cm），则单位体积内有效膜面积的比率较低。此外，管口的密封也比较困难。

管式膜组件截面图及列管式膜过滤系统如图 8-26 所示。

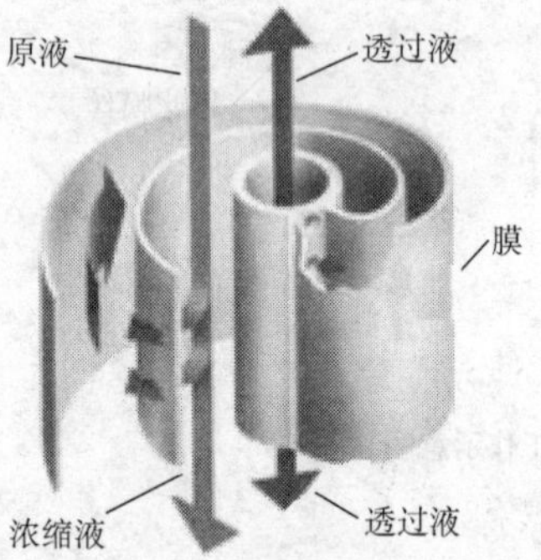

图 8-24　膜的卷绕方式和料液组成

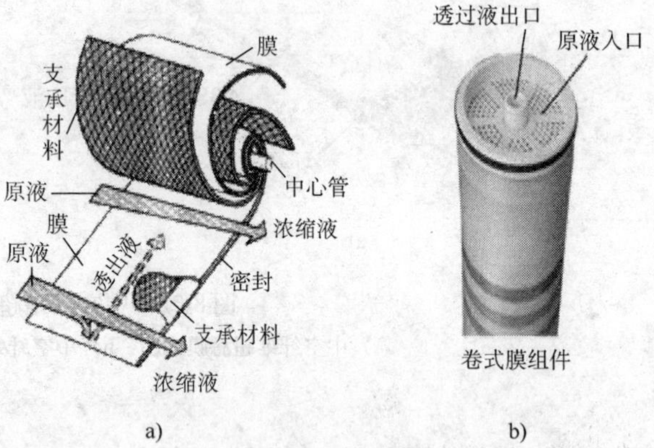

图 8-25　卷式膜结构及商品组件

a）卷式膜结构　b）卷式膜商品组件

4. 中空纤维膜组件

中空纤维膜组件的组装方法是，把几十万（或更多）根中空纤维弯成“U”形并装入圆柱形耐压容器内，纤维束的开口端密封在环氧树脂的管板中。在纤维束的中心轴处安置一个中心分布管，使原液径向流过纤维束。纤维束外面包以网布，以使形状固定，并能促进原液形成滞流状态。透过液透过纤维管壁后，沿纤维的中空内腔流经管板而引出，浓缩液在容器的另一端排出。列管式中空纤维膜系统如图 8-27 所示。

a)

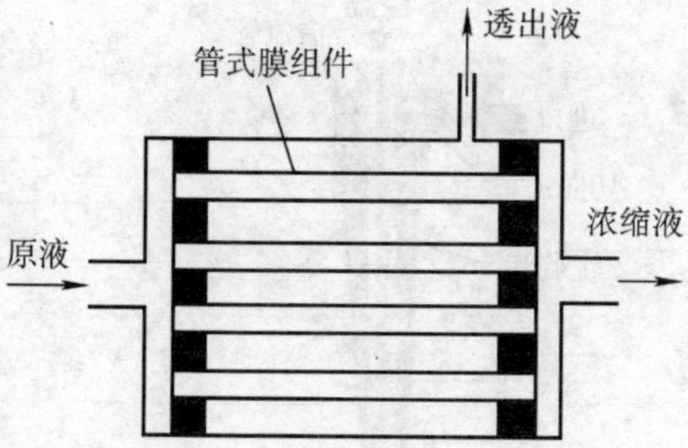

b)

图 8-26　管式膜组件及列管式膜过滤系统
a）管式膜组件截面图　b）列管式膜过滤系统

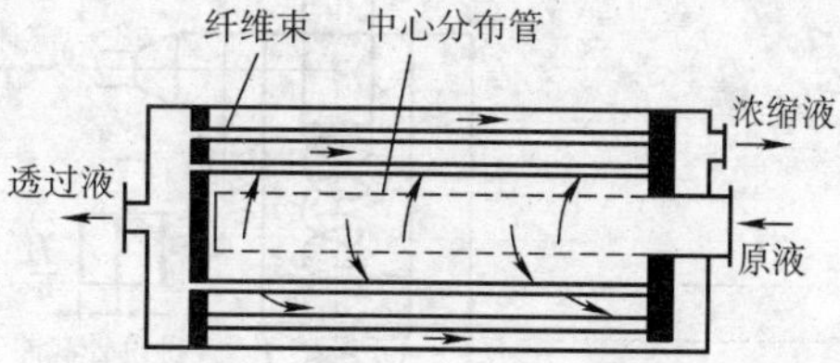

图 8-27　列管式中空纤维膜系统

任务 3　气-液/气-固分离器的认知

气-液分离器采用的分离结构很多，其分离方法也有重力沉降、折流分离、离心力分离、丝网分离、超滤分离、填料分离等。但综合起来其分离原理只有两种：

1）利用组分质量（重量）不同对混合物进行分离，如重力沉降、折流分离、离心力分离、填料分离。气体与液体的密度不同，相同体积下气体的质量比液体的质量小。

2）利用分散系粒子大小的不同对混合物进行分离，如丝网分离、超滤分离。液体的分子聚集状态与气体的分子聚集状态不同，气体分子距离较远，而液体分子距离要近得多，所以气体粒子比液体粒子小些。

现有的分离方法存在如下优缺点：重力沉降的设备体积庞大，分离效率低，分离负荷低，分离范围窄，但设备简单不需要内件；离心力分离和折流分离效率较低（可分离较小液滴），分离负荷较高，分离范围较宽，设备体积较小，可用于高压设备；填料分离、丝网分离和超滤分离效率较高（可分离小液滴），但分离负荷低，分离范围窄，容易将已着网的液体带走，而且容易堵。

分离器的结构与原理相辅相成，图 8-28 和图 8-29 所示为立式旋风分离器和立式旋液分离器。分离器不止可分离气体和液体，也分离气体和固体，如旋风除尘器的原理就是利用离心力分离气体中的固体。

气-液分离器，根据分离器的结构不同，有旋涡分离器，折留板分离器，丝网除沫器等。例如，气液分离罐是利用丝网除沫，或折流挡板之类的内部构件，将气体中夹带的液体进一步凝结，排放，以去除液体，分离效果更好，可在后工序对气体要求更高时选用。

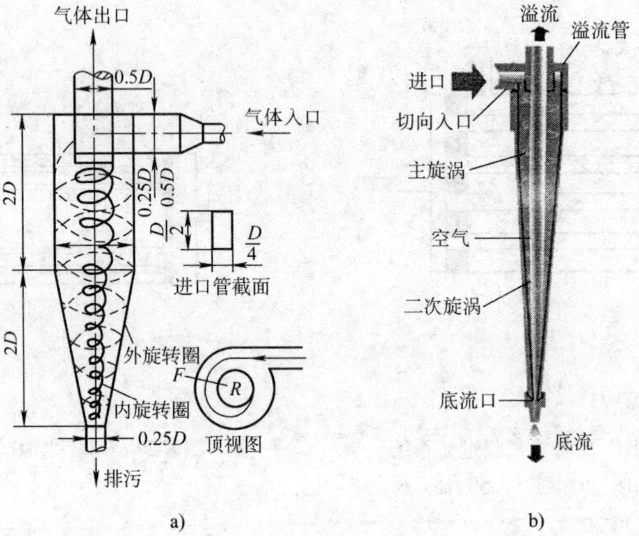

图 8-28　立式旋风分离器和旋液分离器

a）立式旋风分离器　b）立式旋液分离器

化工厂中的分离器大都是丝网分离气液，这种方法属于机械式分离，气体分子小，可以通过丝网空隙，而液态分子大，被阻分离开。还有一种属于螺旋式分离，气体夹带的液体由分离器底部螺旋式上升，液体被碰撞“长大”，最终依靠重力下降，有时依靠降液管引至分离器底部。

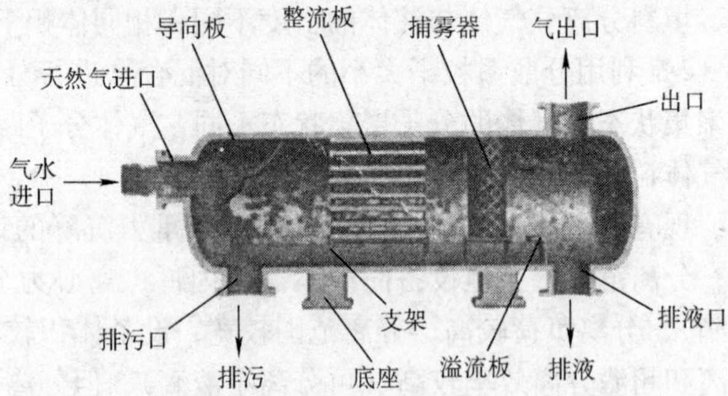

图 8-29　卧式两相分离器

单纯的气-液分离并不涉及温度和压力的关系，而是对高速气流（相对概念）夹带的液体进行拦截、吸收等，从而实现分离。旋流挡板等在导流的同时，为液体的附着提供途径，就好像空气中的灰尘要依靠物体才能停留下来一样。而不同分离器在设计时，还优化了分离性能，如改变温度、压力、流速等。

工厂里有的气-液分离器是利用闪蒸的原理。闪蒸就是介质进入一个大的容器，瞬间减压、汽化并实现气-液分离，出口气相中含饱和水，而游离的水和密度大的液滴会由于重力作用分离出来。另外，分离器一般带捕雾网，通过捕雾网可将气相中部分较大的液滴脱去。

使用气-液分离器一般跟后系统有关，因为气体降温、减压后会出现部分冷凝，而后系统设备处理需要纯气相或液相，所以主反应后装一个气-液分离器，静止分离出气相和液相，给后系统创造条件。

任务4　液-液分离（萃取）设备的认知

萃取操作是利用物质溶解于某种液体的一种提取方法。将选定的某种溶剂加入到混合物中，因混合物中的各组分在同种溶剂中的溶解度不同，因此就可将所需提取的组分加以分离出来，这个操作过程叫做萃取。萃取有液-液萃取和液-固萃取。其中，若萃取的混合物料是液体，则此过程是液-液萃取；被处理的物料是固体，则此过程称为液-固萃取（也称提取或浸取），即应用溶液将固体原料中的可溶组分提出来的操作。

在化学合成工业上，萃取是一个重要的提取方法和分离混合物的单元操作。这是因为萃取法具有以下优点：传质速度快，生产周期短，便于连续操作，容易实现自动控制；分离效率高、生产能力大等；能量消耗较少，设备投资费用不高；采用多级萃取可使产品达到较高纯度，便于下一步处理，减少以后工序的设备和操作费用，因此，萃取应用相当普遍。

萃取的缺点是需要消耗大量有机溶剂，需配备离心机及溶剂回收设备，厂房须防爆等。

一、溶剂萃取法概述（图8-30）

1. 相关概念

原溶液：将要分离的原料溶液，其中原溶液中欲萃取组分称为溶质A，其余称稀释剂B。

溶剂S：为萃取A而加入的溶剂，也称萃取剂。

萃取相：原溶剂和稀释剂混合萃取后，分成两相，含溶剂S较多的一相。

萃余相：主要含稀释剂B的一相。

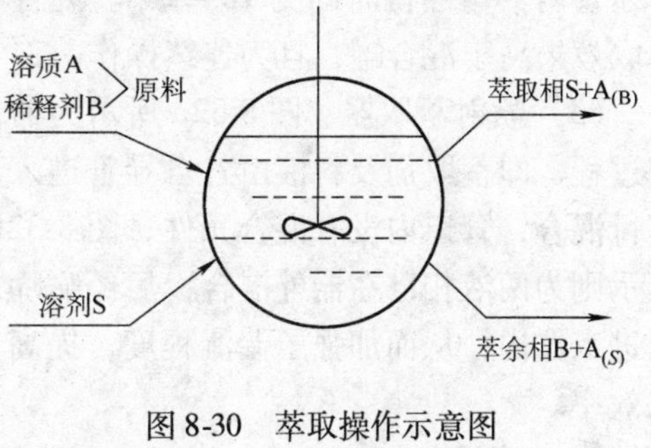

图8-30　萃取操作示意图

2. 萃取过程的条件

1）萃取剂和原料液完全不互溶或部分互溶。

2）溶质组分和稀释剂在两相中分配比不同。

3）溶剂S对A和B的溶解能力不一样，溶剂具有选择性。

二、溶剂萃取设备

液-液萃取设备由两类设备组成：①混合设备：将溶媒及料液进行充分混合；②分离设备：将经过萃取后的萃取相和萃余相进行分离。

萃取过程有两种操作方式：①分段式萃取：混合与分离分别在独立的设备中完成；②多级萃取设备：混合与分离两个操作在一个设备中完成。

（一）分段式萃取设备

1. 混合设备

（1）混合罐　采用螺旋桨式搅拌器，转速为400～1000r/min；若用涡轮式搅拌器，转速为300～600r/min，为防止中心液面下凹，在罐壁设置挡板，罐顶上有萃取剂、料液、调节pH值的酸（碱）液及去乳化剂的进口管，底部有排料管，料液在罐内的平均混合停留时间约1～2min，如图8-31a所示。

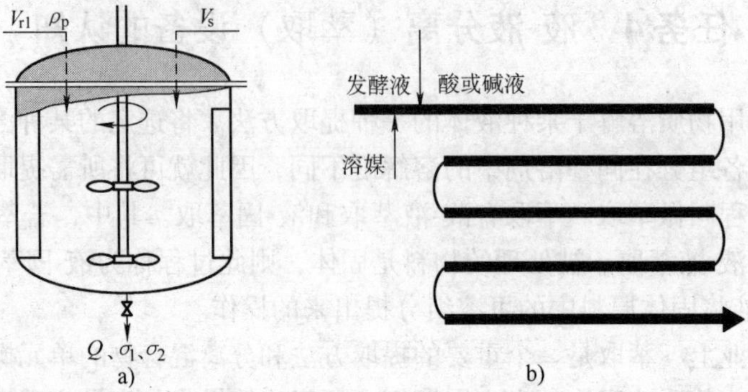

图 8-31　混合罐与混合管

a）混合罐　b）混合管

（2）混合管　混合管如图 8-31b 所示，萃取剂及料液在一定流速下进入管道一端，混合后从另一端导出。为了保证较高的萃取效果，料液在管道内应维持足够长的停留时间，并使流动呈完全涡流状态，强迫料液充分混合。流体在管内平均停留时间为 10～20s。混合管的萃取效果高于混合罐，且为连续操作。

（3）喷射萃取器　图 8-32a 所示为器内混合过程，即萃取剂及料液由各自导管进入器内进行混合，管道内没有混合元件；图 8-32b、c 所示则为两液相已在器外混合，后经喷嘴或孔板进入器内，从而加强了湍流程度，提高了萃取效率。

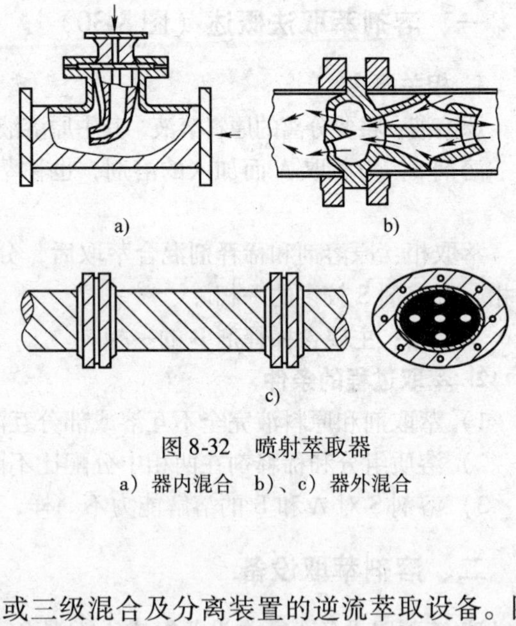

图 8-32　喷射萃取器

a）器内混合　b）、c）器外混合

2. 分离设备

分离设备如前所述。

（二）多级离心萃取机

多级离心萃取机是在一台设备中装有两级或三级混合及分离装置的逆流萃取设备。图 8-33 所示是 Luwesta EK10007 三级逆流离心萃取机的流程示意图。流程分上、中、下三段，下段是第一级混合与分离区，中段是第二级，上段是第三级。每一段的下部都是混合区域，中部是分离区域，上部都是重液相引出区域，新鲜的萃取剂由第三级加入，待萃取料液则由第一级加入，萃取轻液相在第一级引出，萃余液则在第三级引出。操作时转鼓转速为 4500r/min，料液最大处理量为 $7m^3/h$，料液进口压力为 0.5MPa，萃取剂进口

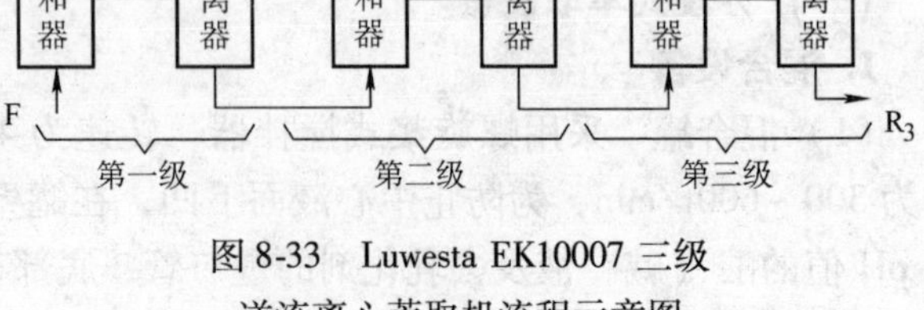

图 8-33　Luwesta EK10007 三级逆流离心萃取机流程示意图

F—料液　S—溶媒　L—萃余液　下标 1，2，3—级别

压力为0.3MPa。

（三）连续逆流离心萃取机

1. 卧式离心萃取机

转鼓水平放置，鼓中有数十个从小到大的同心圆筒，筒面上均匀开有小孔，两相连续接触分离。转轴处有空隙，为轻液的澄清区；鼓壁处有空隙，为重液的澄清区。重液由鼓中心的通道进入，逐层向外缘流出，轻液由鼓的外缘进入，逐层向内流动，最后由鼓中心流出。轻液进口压强最高，出口压强称为背压；重液进口压强应大于背压，出口为常压。要求鼓内轻液多时，可增加背压。图8-34所示是Podbielniak卧式离心萃取机示意图。

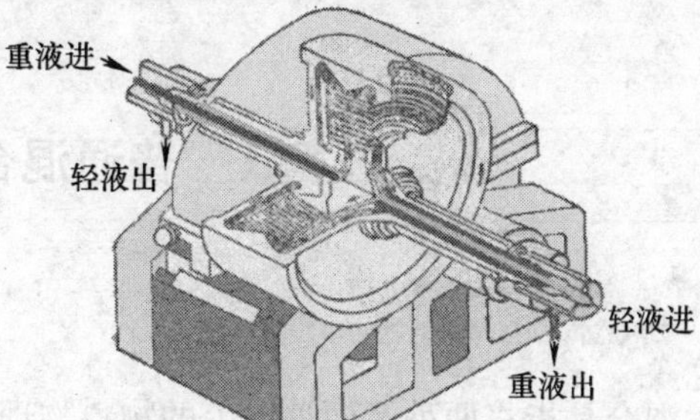

图8-34　Podbielniak卧式离心萃取机示意图

2. 立式离心萃取机

操作时，重液相（料液）由底部轴周围的套管进入转鼓后，沿螺旋形通道由内向外顺次流经各筒，最后由外筒经溢流环到向心泵室被排出。轻液（萃取剂）则由底部的中心管进入转鼓，流入第十圆筒，从下端进入螺旋形通道，由外向内顺次流过各筒，最后从第一筒经出口排出。

如图8-35所示，Alfa-Laval ABE-216型离心萃取机的主要部件为一由11个不同直径的同心圆筒组成的转鼓（从中心往外排序为1，2，……，11），每个圆筒上均在一端开孔，单数筒的孔在下端，双数筒的在上端，作为料液和萃取剂流动的通道。由于相邻筒之间开孔位置上下错开，使液体曲折流动。从中心向外数第4～11筒的外壁上均焊有螺旋形导流板，这样就使两个液相的流动路程大为加长，从而延长了两液相的混合与分离时间。在螺旋形导流板上又开设大小不同的缺口，使螺旋形长通道中形成很多短路，增加了两液相之间的接触机会。在转鼓的两端，各有轻重液的进、出口。

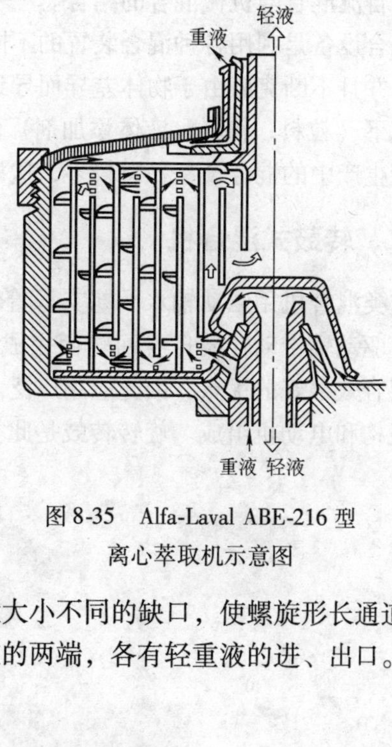

图8-35　Alfa-Laval ABE-216型离心萃取机示意图

模块四　混合与混炼设备

【学习目标】　了解混合与混炼原理，熟悉混合设备、混炼设备的结构、工作过程及选用方法。

【问题引导】

1. 常用混合设备有哪几种形式？如何选用？

2. 常用硅橡胶捏合机、开炼机、密炼机设备有哪几种形式？如何选用？

完成橡胶生产的基本工艺为塑炼、混炼、挤出、压延、成型、硫化。混炼之前的初始混合和塑化需要在混合机或捏合机上完成，混合、塑炼、混炼就需要在开炼机或者密炼机上完成。

任务1 普通混合设备的认知与选型

一、概述

混合是指将两种及两种以上的物料物理地掺合在一起，不发生任何化学变化。混合包括自流混合和机械混合。自流混合指物料间运动，通过自身摩擦达到最后的均匀混合；机械混合指物料通过机械强制作用达到最后的均匀混合。一般气体混合为自流混合，三维混合设备混合为自流混合与机械混合的结合。

混合设备是利用各种混合装置的不同结构，使物料之间产生相对运动，不断改变其相对位置，并且不断克服由于物体差异而导致物料分层的趋势。初混合设备主要用于物料在非熔融状态下（粒料、粉料、液体添加剂）的混合。混合是硅橡胶生产中的基本单元操作之一。硅橡胶生产中的混合设备种类较多，这里讨论常用的容器转鼓式混合机。

二、转鼓式混合机

这类混合机用驱动轴水平地支承着转鼓，如图8-36所示，转鼓内放入两种以上的粉粒物料，驱动轴带动转鼓自身回转而完成物料的混合，是间歇操作的混合机械，具有机构简单，混合效果好的优点，因此应用广泛。转鼓式混合机由旋转转鼓及驱动转轴、机架、减速传动机构和电动机组成。旋转转鼓是此类混合机的重要构件，它的形状决定了混合操作的效

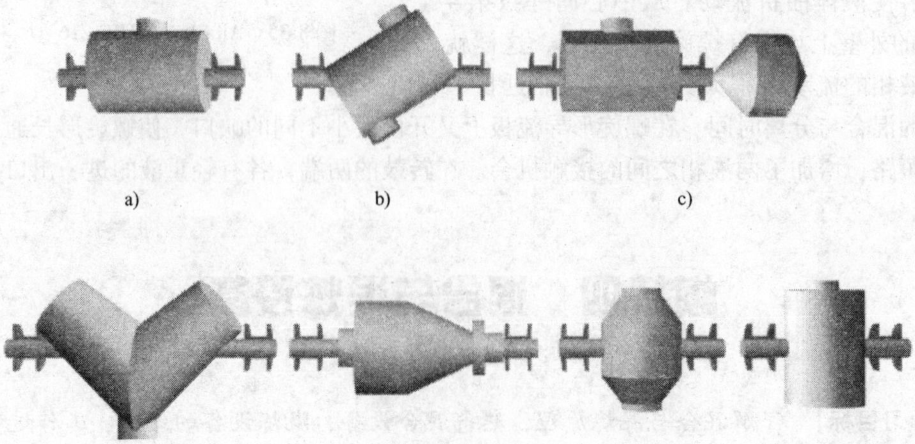

图8-36 转鼓式混合机

a）筒式 b）斜形筒式 c）六角形式 d）双筒式 e）锥式 f）双锥形 g）颠覆锥式

果。转鼓的内表面要求光滑平整，以减少器壁对物料的摩擦、粘附作用，旋转转鼓内部无搅拌工作部件。正常工作时，转鼓内物料在转鼓的带动下向上运动，然后在自重作用下回落，造成上、下翻动和侧向运动，从而不断进行扩散，达到混合的目的。为了加强物料的混合，减少混合操作时间，有时在转鼓内安装几个固定档板。

图 8-36d 所示为双筒式混合机，又称 V 形混合机。该机由两个长短不一的圆筒按 V 形焊接而成，容器的形状相对于轴而言是非对称的。一端装有电动机与减速机，工作时，电动机功率通过皮带传给减速机，减速机再通过联轴器传给 V 形桶，使 V 形桶连续运转，装在桶内的干物料随着混合筒转动，不停地进行混合和分离运动，在较短的时间内达到混合。

两个圆筒的夹角一般为 80°，装料量为两个圆筒体积的 10% ~30%。其转速为 6 ~25r/min，适用于物料流动性良好、物性差异小的粉体粒的混合，以及混合度要求不高而又要求混合时间短的物料。其外形如图 8-37a 所示。

图 8-36f 所示为双锥形混合机，其容器由两个锥底相连的圆锥体构成，驱动轴固定于锥底部分。一个锥顶为原料的入口，另一个锥顶为已混合物料的出口。由于容器呈圆锥形，所以物料能产生强烈的滚动作用，具有易流动和混合较快的优点，同时物料排出彻底。为了混合得彻底，容器内可设有搅拌桨叶。双锥型混合机的转速为 5 ~20r/min。其外形如图 8-37b 所示。

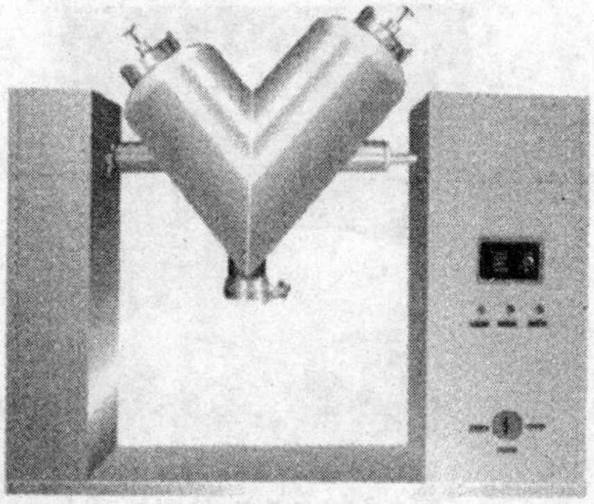

a)

b)

图 8-37　V 形混合机和双锥形混合机

a）V 形混合机　b）双锥形混合机

任务 2　硅橡胶专用捏合机的认知与选型

一、概述

硅橡胶专用捏合机是针对硅橡胶、模具胶的特点而专门设计搅拌形式和结构的设备，是捏合硅橡胶、模具胶的理想设备。这类捏合机容器固定，内部设有回转的搅拌桨叶或绞龙螺旋，强制性地分散、切断物料，适用于物料性质差别较大及混合比较大、混合精度要求高的场合，也是各种高粘度的弹塑性物料的混炼、捏合、破碎、分散及重新聚合各种化工产品的理想设备。硅橡胶捏合机具有搅拌均匀、无死角、捏合效率高的优点，广泛应用于高粘度密封胶、硅橡胶、中性酸性玻璃胶、纤橡胶等行业，亦用于电池、油墨、颜料、染料、医药、树脂、塑料、纸浆、化妆品等行业。图8-38 所示是一种橡胶捏合机的外形。

图 8-38　橡胶捏合机

二、工作原理

捏合机工作时，一对互相配合和旋转的叶片（通常呈 Z 形）产生强烈的剪切作用而使半干状态的或橡胶状粘稠塑性材料迅速反应，从而获得均匀的混合搅拌。

捏合机的桨叶形式一般有 Z 形搅拌桨和 Σ 形搅拌桨，此外还有鱼尾形搅拌桨和切割形搅拌桨。

（1）Z 形搅拌桨，如图 8-39 所示，又称简单型搅拌桨，它形状简单。在高粘度情况下，采用 Z 型双桨搅拌（图 8-40），能使物料迅速反应，均匀混合。

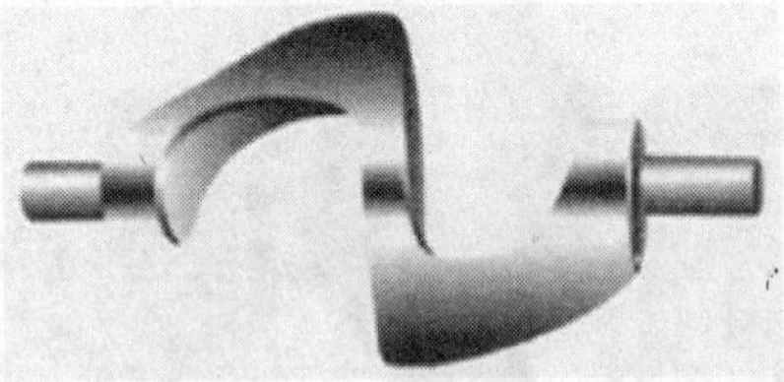

图 8-39　Z 形搅拌桨

图 8-40　Z 形双桨搅拌形式

（2）Σ 形搅拌桨是最一般的形式，它适用于在捏合槽内必须有较大移动的处理物质的捏合操作，主要用于二桨重叠的排列方式。特别是挤压脱水操作的情况，最适合使用 Σ 形搅拌桨。其适用的物料有印刷油墨、巧克力、碳素材料等。

（3）鱼尾形搅拌桨　适用于对纤维素物质的捏合操作，如图 8-41 所示。

（4）切割型搅拌桨　是一种最强韧的搅拌桨，适用于在大功率、重负荷的情况下，对超高粘度物质的捏合操作。使用切割形搅拌桨时，大都采用二桨切线形的排列方式。适用材料：橡胶、氧化铁、磁性记录材料等，如图 8-42 所示。

图 8-41　鱼尾形搅拌桨

图 8-42　切割形搅拌桨

三、常见类型

捏合机可制成普通型、压力型、真空型、高温型四种，如图 8-43 ~ 图 8-45 所示。根据材质，捏合机可分为碳钢捏合机、不锈钢捏合机及特种材质捏合机。调温方法可采用夹套蒸汽加热、电加热、油加热、水冷却等。出料方式有液压翻缸倾倒式、球阀出料式、螺杆挤压式、液压翻板出料式等，并可通过 PLC 实时控制及记录生产中的温度、时间、粘度等相关数据。缸体及桨叶与物料的接触部分可采用不锈钢、碳钢、合金钢、锰钢等材质制成，能确保制品的纯度和质量。

图 8-43　高温捏合机

图 8-44　XDN-2000 真空捏合机

图 8-45　加重真空加热型硅橡胶混炼胶专用捏合机

四、结构特点

硅橡胶捏合机的主要结构由捏合部分、机座部分、液压系统、传动系统、真空系统和电控系统等六大部分组成。其中，捏合部分由缸体、桨轴、墙板、缸盖等组成。液压系统由一台液压站操纵液压缸，来完成启闭大盖、翻动搅拌缸功能。电控系统有手动、自动电控系统，由用户任意选择和要求，操作方便、可靠。传动系统由电动机、减速机和齿轮组成，根据捏合机型号配套电动机。在传动过程中，可由电动机同步转速，经弹性联轴器至减速机后，由输出装置传动快桨，使其达到规定的转速，也可由变频器进行调速。图 8-46 所示是一捏合机侧面示意图。

五、维护和保养

1. 一般原则

1）硅橡胶捏合机安装后首先进行清理、去污及擦拭防锈油脂，检查各润滑点，注入润滑油（脂）。

2）开机前检查V带张紧程度，通过调节螺栓将电动机移至适当位置。

3）检查紧固件是否松动，蒸汽管道是否泄漏，电路及电器设备是否安全。电加温型捏合机一定要有接地装置。

4）试车前将捏合机室清理干净，作10～15min空运转，确认机器运转正常后再投入生产。通常新捏合机的齿轮（含减速机）初期使用时噪声较大，待磨合一段时间后自然减小。

图8-46　捏合机侧面示意图

5）使用蒸汽加温时，进管道处应装有安全阀及压力表，蒸汽压力不得超过标牌标识的拌缸使用压力要求。

6）搅拌桨捏合时应减少使用反转次数。

7）各润滑部位应经常注油。

8）墙板密封部不应有原料泄漏现象。

9）带的松紧程度适宜，定期检查调整或更换。

10）蒸汽管道不允许泄漏，机器停用时应关闭阀门，并保证安全阀压力表的可靠性。

2. 日常保养

一部好的设备最需要的是日常的保养，具体事项如下：

（1）传动系统

1）V带为易损件，V带的松紧应适宜，伸长后，调整电动机座即可。

2）圆柱齿轮减速机使用齿轮油，第一次保养为500工作小时，其余参考减速机使用说明书。

3）捏合机传动齿轮应定期加入润滑脂。

4）主机轴端轴承处应定期加入润滑脂。

（2）液压系统　液压系统应定期更换油品，并注意油质是否变色，约每年换油一次。液压缸的保养要注意是否漏油并保证活塞杆的清洁。

（3）真空泵　真空泵的保养请参照真空泵使用说明书，切忌无水运转，缓冲罐内应定期排水。

（4）加热系统　应定期检查蒸汽加热系统各阀门管路，最重要的是安全阀的检查，避免搅拌缸夹套过载承压。对于导热油加热系统，严禁电热罐干烧，并注意检查夹套内的导热油量，应随着导热油的损耗，随时添加。

（5）轴封部分　轴封采用四氟乙烯V形环或四氟盘根，或其二者的组合使用。日常检查轴封部位不可太松，应调整至略具压紧的状态，但不可强力太紧。轴封部位应每半年大保养一次。保养时，拆下密封座，并用硅油清洁轴颈与密封座室，更换V形环或四氟盘根，应采用斜切口。

（6）每班捏合结合，应清洗拌缸口，合好上盖。

任务3 混炼设备的认知与选型

混炼设备是用以将生胶和配合剂进行混炼的炼胶设备，同时还可塑炼天然橡胶。混炼机分为开放式炼胶机（简称开炼机）和密闭式炼胶机（简称密炼机）两种。当胶料在开炼机上进行薄通时，配合剂是在炼胶辊隙中加入的。

混炼方法通常分为开炼机混炼和密炼机混炼两种。这两种方法都是间歇式混炼，这是目前最广泛的方法。开炼机塑炼时温度一般在80℃以下，属于低温机械混炼方法。密炼机和螺杆混炼机的排胶温度在120℃以上，甚至高达160～180℃，属于高温机械混炼。

一、开炼机

1. 概述

开炼机主要用于塑炼、混炼、热炼、压片、供胶（挤出，压延）、再生胶破胶、再生胶精炼，用途广泛，是橡胶、塑料加工厂的主要设备。开炼机结构简单，历史最长，是一种通用的混炼设备（1820年开始）。现在虽然有了密炼机，但开炼机不会被淘汰，而是相对用得少了。

开炼机依据用途的不同又可分为塑（混）炼机、压片机、热炼机、破胶机、洗胶机、精炼机、粉碎机、实验用开炼机等。图8-47所示为一精密开炼机外形。

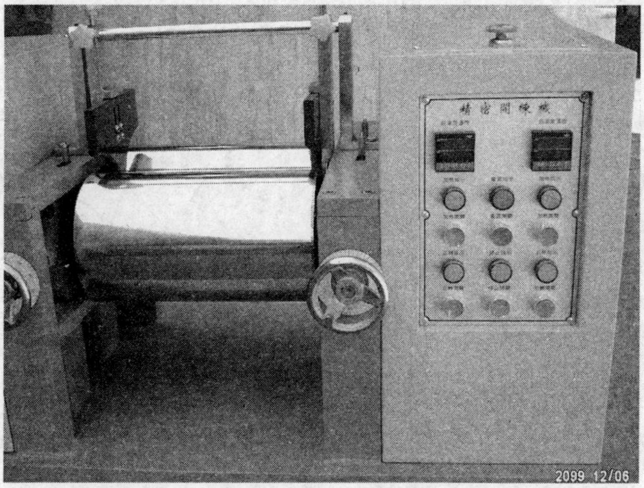

图8-47 精密开炼机

开炼机的混合过程分为三个阶段，即包辊（加入生胶的软化阶段）、吃粉（加入粉剂的混合阶段）和翻炼（吃粉后使生胶和配合剂均达到均匀分散的阶段）。

开炼机混胶依胶料种类、用途、性能要求不同，工艺条件也不同。混炼中要注意加胶量、加料顺序、辊距、辊温、混炼时间、辊筒的转速和速比等各种因素，既不能混炼不足，又不能过炼。

我国国产开炼机已经系列化，其水平与国际水平相当，开炼机无需再从国外进口，国产开炼机除满足国内需求以外，尚有出口。

开炼机的规格型号用“辊筒工作部分直径（mm）×工作部分长度（mm）”表示，如 $\phi650\text{mm}\times2100\ \text{mm}$，$\phi400\text{mm}\times1000\text{mm}$ 等。

2. 工作原理

开炼机工作时，物料投放于两个相对回转的辊筒上，在摩擦力的作用下，被拉入到辊筒的间隙中，受到强烈的挤压和剪切作用，反复多次使物料充分混合，最后达到混炼物料的目的。挤压作用是由于物料通过逐渐减小的辊筒间隙形成的，剪切作用是由于前后辊筒有速比，产生速度梯度而形成的。

挤压使物料密实，更利于剪切；剪切使物料产生大形变，增加各组分间的界面，产生分散混合，提高挤压和剪切作用就能提高混合塑炼效果。为了缩短混炼时间，提高生产效率，在开炼机操作过程中，采用切割料片和翻捣的方法，促使物料分配置换，破坏封闭回流，加速物料的混炼、塑化作用。这是开炼机的基本操作方法。

如图 8-48 所示，物料在辊筒上，对辊筒产生一个正压力 N（通过圆心）辊筒也对物料产生一个大小相等方向相反的反作用力 F（F 垂直于辊筒表面且通过圆心）。F 可分解为两个分力：切向分力 F_t 和水平分力 F_x。

由于辊筒回转，其与物料之间存在一个阻止物料（作切向）运动的摩擦力 T。如图 8-48 所示，T 与 F_t 共线，反向。物料在辊隙受到强烈的挤压和剪切，如图 8-49 所示。其中，摩擦力 T 的作用是企图阻止物料作切向运动，将物料拉入辊缝；切向分力 F_t 使物料按切线方向推出；水平分力 F_x 对物料产生一个挤压作用（径向力）。若要使物料拉入辊缝中，显然必须 $T\geqslant F_t$，这就是开炼机操作的必要条件。

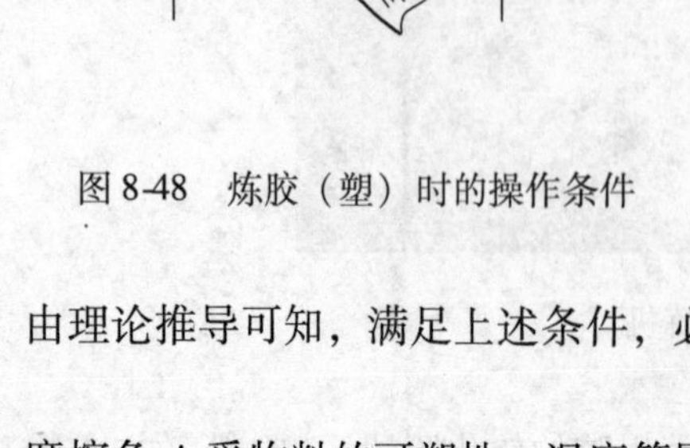

图 8-48　炼胶（塑）时的操作条件

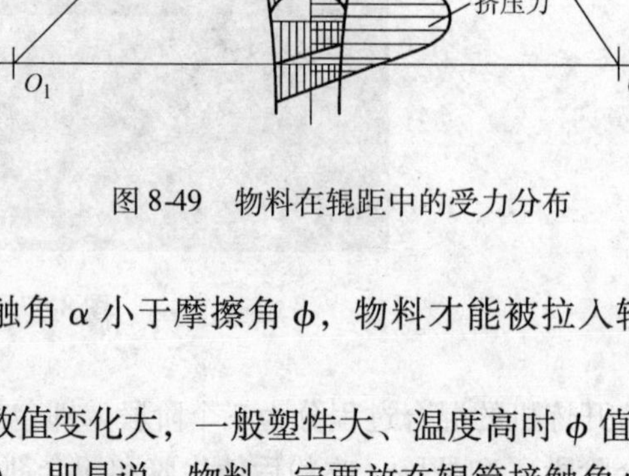

图 8-49　物料在辊距中的受力分布

由理论推导可知，满足上述条件，必须接触角 α 小于摩擦角 ϕ，物料才能被拉入辊缝中。

摩擦角 ϕ 受物料的可塑性、温度等影响，数值变化大，一般塑性大、温度高时 ϕ 值大。一般情况下，$\phi=38°\sim50°$（通常 $\phi=38°\sim40°$），即是说，物料一定要放在辊筒接触角小于 38°以内，才可能被拉入辊筒内。否则加多物料也无济于事，也不会被压入。

3. 结构特点

（1）整体结构与传动装置　开炼机由辊筒、辊筒轴承、机架和横梁、机座等主要零部件及传动装置、调距装置、安全制动装置、辊温调节装置、润滑装置等组成，如图8-50所示。两个平行安放且能相对回转的空心辊筒，穿过辊筒轴承安装在机架上，横梁用螺栓与机架固定。后辊筒另一端装有速比齿轮，它与前辊筒上的速比齿轮啮合，使前、后辊筒同时相对回转。通过调距螺杆与前辊筒轴承体连接，转动螺杆可进行辊距的调整。开炼机的传动装置主要包括电动机、联轴器、减速机、大小驱动齿轮和速比齿轮等。工作时，后辊主动，前辊被动，后辊速度比前辊速度大，依靠速比齿轮形成速比。速比齿轮的作用有：后辊快，前辊慢，便于操作；使胶料包前辊；增大剪切效果。

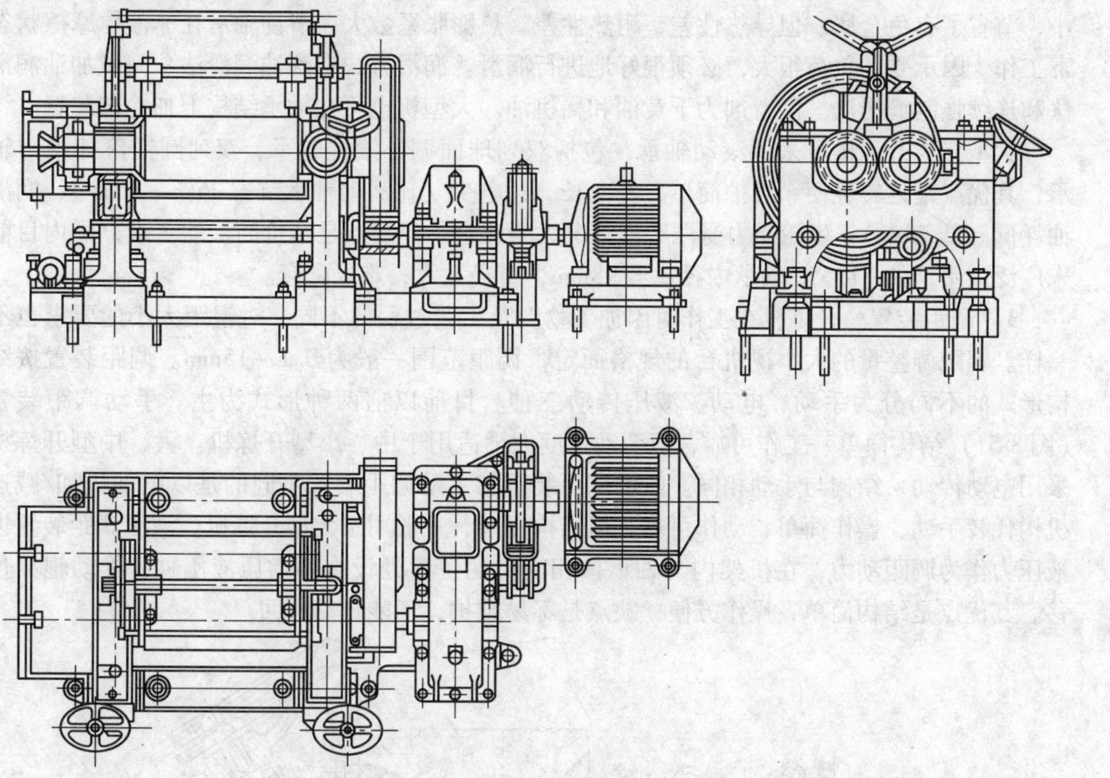

图8-50　开炼机结构示意图

对某一机台来说，速比、线速是定值，为了增加速度梯度，常采用减小辊距 e 的办法来增加剪切效果，这也是工艺上采用薄通的原因。

（2）主要零部件　开炼机的主要零部件包括：辊筒、滚筒轴承、调距装置、安全装置、辊温调节装置、机架与横梁及翻胶装置等。根据开炼机的使用特点和主要零部件在机台中所发挥作用的重要程度的差异，这些零部件设置有不同的承载能力。安全系数的选用原则是：机架5.0＞横梁4.0~5.0＞辊筒2.5~3.1＞调距螺杆2.3＞调距螺母2.0＞安全垫片1.5。

1）辊筒。辊筒是开炼机直接承担与完成炼胶作业的主要零部件。由于辊筒在工作时要承受很大的负荷力、物料的强烈摩擦及较大的温度变化，因此在技术性能上其应具备足够的力学强度和刚度，工作表面应具有较高的耐磨性、耐化学腐蚀性、抗剥落性、良好的导热性能及合理的几何形状，且制造简单，价格便宜。辊筒一般用冷硬铸铁制造，其特点是表层坚硬，耐磨损，内部韧性好，强度大，导热性能好，耐磨蚀，制造简单，造价低。辊筒的结构分为辊筒体、轴颈部分、传动部分。

2）辊筒轴承。开炼机运行特点是低速、重载、温升高，对轴承需特别考虑。因此，轴承要求承载能力高、耐磨、使用寿命长、安装维修方便等。辊筒轴承普遍采用滑动轴承，对一些性能较优的大型、快速开炼机也可用滚动轴承。

滑动轴承由轴承体和轴衬两部分组成。轴承体用铸铁或铸钢制造，而轴衬用铸锡青铜或尼龙来制造。滑动轴承耐磨性能好、重量轻，具有良好的储油能力和自润滑性能，且结构简单、制造方便、成本低。尼龙轴衬制造方便，成本低，耐磨，单位压力大，摩擦因数反而小，节省了有色金属，但导热性差，耐热性差，热膨胀系数大。滑动轴承在非液体摩擦状态下工作。因承受的负荷很大，必须很好地进行润滑。润滑方式有滴油润滑法、间歇加油润滑法和连续强制润滑法。润滑剂为干黄油和稀机油。大型机也可在轴承结构上加冷却装置。

大型新式开炼机可采用滚动轴承，包括双列球面调心滚柱轴承、双列圆锥滚柱推力轴承，其优点是运转轻便、维护简单、寿命长、耗电少（比滑动轴承节省25%～40%）、润滑油耗低（低75%），齿轮受力受压磨损状况大为改观。但缺点是造价高、配套难，国内目前未广泛应用，如XK-550轴承内径 $d=398$mm，直径太大，难以配套。

3）调距装置。开炼机在工作时因加工物料及工艺过程的不同，对辊距大小的要求也不一样。辊距调整量的大小视机台的规格而定，调距范围一般为0.1～15mm。调距装置按结构形式的不同分为手动、电动、液压传动三种。目前以前两种形式为主。手动调距装置（图8-51）结构简单、工作可靠，但劳动强度大，适用于中、小型开炼机。大、中型开炼机采用电动传动，结构与手动相同。电动调距装置与手动调距装置不同的是以电动机加/减速机构代替手动，操作简单、动作可靠，但结构复杂，一般用于大型开炼机。液压调距装置以液压力作为调距动力，在机架内与轴承体相对应的位置处设有两增压液压缸，推动辊筒位移。其优点是结构简单，操作方便；缺点是不易维护，不能自动退回。

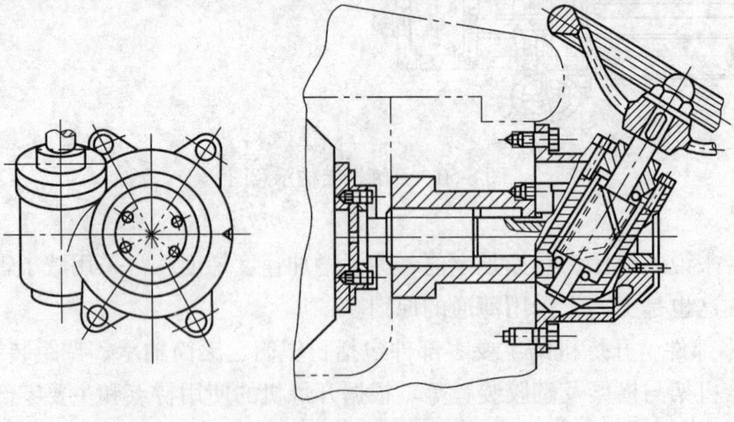

图8-51　手动调距装置

4）安全制动装置。开炼机属于开式、手工操作的机台，工作负荷大，工作过程中很容易发生人身及机械事故，所以安全制动装置显得尤为重要。制动装置是利用机械或液压制动，在机器发生突发性故障时不遭破坏而断开动力的装置。

①安全装置有安全垫片和液压安全装置。为保护炼胶机主要零部件当机器过载时不受损坏，在辊筒轴承前端设有安全装置。安全垫片装在前辊轴承与调距螺杆之间，其灵敏性高。

安全垫片可用铸铁或碳素钢制成。用铸铁制造的垫片，破坏时灵敏性高，但制造质量不易保证；且铸铁制垫片容易被破坏，若峰值负荷或有硬物超过安全垫片的剪切强度极限，安全垫片即被剪断，在炼胶时，前辊筒便向调整螺杆方向移动，使辊距增大而避免炼胶机辊筒或机架的损坏，起到安全保护的作用。用碳素钢制造的垫片，制造质量好，但破坏时灵敏性差，有延续作用。

安全垫片制造容易，更换方便，成本低；但在冲击载荷下，承载能力降低，更换频繁，而且需要停机更换，影响生产。因此，在新型开炼机上开始采用液压安全装置。

液压安全装置的工作原理是当压力超过某一定预定值时，电接点压力表两接头接触，开关处于通的状态，控制电源，使电动机停止。其优点是工作可靠，误差小，停机以后不必更换零件即可恢复工作，省时，正常操作时可随时观察横压力变化。其缺点是维修不易，密封要求高。

②制动装置的作用就是要克服电动机的惯性转动，使开炼机迅速制动。常用的制动方法有安全拉杆和电磁控制制动法。近年来，在小型开炼机的设计中有采用电动机能耗制动法。

安全拉杆位于开炼机的横梁上。紧急停机时，拉动拉杆使行程开关动作，完成两个动作，即切断主机电源和接通制动器电源。切断主机电源后，电动机因惯性转动而使炼胶机辊筒不能立即停止转动，所以都设有制动装置，使炼胶机在紧急停机时迅速停止转动。故在空运转制动后，前辊筒继续回转，不能超过辊筒圆周的1/4。

电磁控制制动装置有块式和带式两种。块式制动器又称电磁抱闸制动器。电磁抱闸制动法简单可靠，为大部分开炼机采用。

能耗制动的原理是在停机时，先切断主电动机电源，同时在电动机定子两相绕组中通入直流电源，便产生与电动机转向相反的转矩，从而达到制动。

5）辊温调节装置。为确保物料的有效捏炼，开炼机的辊筒表面需要保持一定温度。工作温度对开炼机的加工性能有很大的影响，而且温度因物料与工艺的不同而不同，如橡胶塑炼温度在30～50℃，天然胶在60℃左右，混炼时一般不超过75～90℃，以防止早期硫化。这就需要辊温调节装置。

常见的调温装置有两种。一种是开式调温装置，主要用在需要冷却的炼胶机上；一种是闭式调温装置，主要用在需要加热的炼塑机上。

辊筒内腔设有加热或冷却装置，用通入蒸汽、热水或冷却水来调节辊温。加工塑料时用蒸汽加热。炼胶时产生大量摩擦热，常通冷却水冷却。

6）翻胶装置。翻胶装置位于压片机的上方，可机械翻动胶料，以代替人工割胶、翻胶及打胶包等，使胶料进一步混炼均匀。它可降低劳动强度，增大机器的加料容量，减少废料，提高胶料工艺质量，减少能耗。图8-52所示为一带翻胶装置的开炼机。

4. 使用与维护

（1）开炼机安全操作规程

1）开机前要穿戴好劳保用品，工作服要做到三紧，禁止腰系绳、带、胶皮等，严禁赤臂、披衣操作。

2）开机前必须检查大、小齿轮及辊筒间有无杂物。

3）每班首次开机，必须试验紧急制动是否灵敏可靠，制动后辊筒空车回转不准超过1/4周，平时严禁用紧急制动装置停机。

图 8-52　带翻胶装置开炼机

4）两人以上操作时，必须相互呼应，确认无危险后方可开机。

5）调整辊距要平衡进行，严禁超范围调距，严禁偏辊操作。

6）加料时先将小块胶料靠大齿轮一侧加入，不得超量投料，以防设备超负荷运转。

7）胶料上车包辊后，操作时要先划刀，后上手拿胶。若胶未划下，不准硬拉硬扯。严禁一手在辊筒上投料，一手在辊下接料。

8）如遇胶料的跳动，辊筒不易扎胶时，严禁用手压胶料。

9）推胶时必须用手半握拳，不准超过辊筒顶端水平线，摸测辊温时手背必须与辊筒转动方向相反。

10）割刀必须放在安全的地方，割胶时必须在辊筒的下半部进刀，割刀口不准对着自己的身体方向。

11）打三角包时，禁止带刀操作，打卷时胶卷重量不得超过规定标准。

12）辊筒运转中发现胶料中或辊筒间有杂物，挡胶板、轴瓦等处有积胶时，必须停机处理，严禁在运转辊筒上方传送物件。

13）严禁在设备转动部位和料盘上倚靠、站、坐。

14）遇到突然停机，应按顺序切断电源，关闭水、汽的阀门，严禁带负荷开机。

15）工作完毕，切断电源，关闭水、汽阀门。

16）清理机台上、下及周围灰尘、油污和杂物，做到工完、料净、场地清。

（2）开炼机维护规程

1）开机前的检查维护工作

①检查挡胶板、辊筒、辊距和调距装置等有无异常现象。

②检查各联接件和紧固件，联接要良好、紧固无松动。

③检查进、排水管要畅通无阻，并无泄漏。

④检查减速机箱油位，要在规定的油标高度。

⑤检查油泵，油泵要畅通无泄漏，集油箱内油位要保持在规定的位置。

⑥检查油泵、传动齿轮、速比齿轮、各轴承，要加足油量，对各润滑油杯、油嘴及各传动部位及时加油。

⑦检查安全制动装置要灵活可靠，制动带和制动轮的表面要吻合良好，间隙调整到1～2mm。

2）运行中的检查和维护

①注意设备在运转中的声音要正常、无杂音和振动。

②检查油泵、输油管路要保持畅通、连续供油，接头处无漏油。油箱内保持规定的油量，滤网要清洁，各传动轴承油圈要保持能带上足够的油量。

③检查减速机及各轴承温度最高不得超过60℃，辊筒轴承温度不得超过70℃。

④检查管路系统要无漏汽、无漏水。

⑤辊筒加热或冷却，要在机器运转中逐渐地进行，停机时辊筒温度必须低于60～70℃方可停机。

⑥调节辊距的大小两端，要保持均匀前进和后退，调大辊距时应多调3～4mm，然后再调至所需辊距，调好辊筒两端间距一致，方可加胶。

⑦禁止加过冷（低于室温）、有水分、有杂质的胶或其他杂、硬胶（不是正常使用的未经设备部门允许的胶）。

⑧不准带负荷起动，如中途停机，必须将辊筒上的胶料消除后方可开机。

3）润滑加油规定。各轴承油杯使用2号钙基脂润滑，每班加两次，每次约15g。

4）停机后的工作

①工作结束时取下胶，然后停机断开电源，关闭水阀门、汽的阀门。

②清除机台上、下和地面周围灰尘、杂物。

③向下班交接机台运转中所发现的情况并作记录。

二、密炼机

1. 概述

密炼机是在开炼机的基础上发展起来的一种高强度间歇式混炼设备。密炼机是橡胶、塑料厂的主要炼胶（塑）设备。它有一对特定形状并相对回转的转子，在可调压力和温度的密闭状态下间歇性地对聚合物进行塑炼和混炼。

1916年美国Farrel公司Banbury博士发明了密炼机，并将其应用于工业化生产。开始时它只在橡胶行业应用，以后推广用于许多行业，如塑料、油漆、树脂和搪瓷等。密炼机的出现是炼胶机械的一项重要成果，至今仍然成为塑炼和混炼中的典型设备，并处于不断发展完善中。据国外资料统计，在橡胶工业中有88%的胶料是由密炼机制造的，塑料、树脂行业亦广泛应用密炼机。

现代密炼机发展的标志之一是高速、高压和高效能机台。近年来，出现了转速达80r/min甚至更高的密炼机，亦有对工艺和效能有广泛适应性和处理手段的双速、三速、变速密炼机，也有转子速比可调节的密炼机。其操作时间大大缩短，从过去慢速机台的8～15min缩短至1.5～3.5min，甚至有的达1～1.5min（包括采用密炼法与补充混炼法配合的工艺过程等）。

密炼机在橡胶工业中主要用于天然橡胶及其他高聚物弹性体的塑炼，橡胶与炭黑及其他配合剂的混炼，以制备塑炼胶或混炼胶。

在塑料加工工业中，密炼机主要用于各种树脂与稳定剂、增塑剂、着色剂等各种配合剂的混炼、塑化，使其达到所要求的分散度，并具有良好的塑性，以获得各种性质不同的塑化料。

密炼机有多种分类方法。根据密炼机转子断面形状不同可分为：椭圆形转子密炼机、圆筒形转子密炼机、三棱形转子密炼机；根据转子转速可分为：慢速密炼机（20r/min 以下）、中速密炼机（30r/min 以下）、快速密炼机（40r/min 以上）；根据转速可变与否，分为：单速密炼机、双速密炼机（转子具有两个速度）、变速密炼机；根据密炼机的容量分为大、中、小容量和试验用密炼机；根据速比可分为异步转子和同步转子密炼机。目前规范使用的是椭圆形转子密炼机，圆筒形可作为对前者工作方式的补充和发展。

密炼机的规格型号用混炼室工作总容量和长转子转速表示，冠以符号表示机器类型，如 XM-253/20，X 表示橡胶，M 表示密炼机，253 表示密炼室总容量（L），20 表示长转子转速（r/min）；如 SM-250/40，S 表示塑料，40 表示长转子转速（r/min）。

2. 工作原理

在密炼室内，生胶的混炼和混炼胶的混炼过程比开炼机的塑炼和混炼要复杂得多。物料加入密炼室后，在两个具有螺旋棱、有速比、相对回转的转子与密炼室壁，上、下顶栓组成的混炼系统内受到不断变化、反复进行的强烈剪切和挤压作用，产生剪切变形，被进行了强烈的捏炼。由于转子有螺旋棱，在混炼时胶料反复地进行轴向往复运动，起到了搅拌作用，致使混炼更为强烈。

胶料在密炼室中的混炼过程：生胶和配合剂由加料斗加入，首先落入两个相对回转的转子口部，在上顶栓的压力及摩擦力的作用下，被带入两转子之间的间隙处，受到一定的捏炼作用，然后由下顶栓的尖棱将胶料分开，进入转子与密炼室壁的间隙中，在此处经受强烈的剪切捏炼作用后，被破碎的两股胶料又相会于两个转子口部，然后再进入两转子间隙处，如此循环往复。物料在混炼室中的捏炼情况如图 8-53 所示。

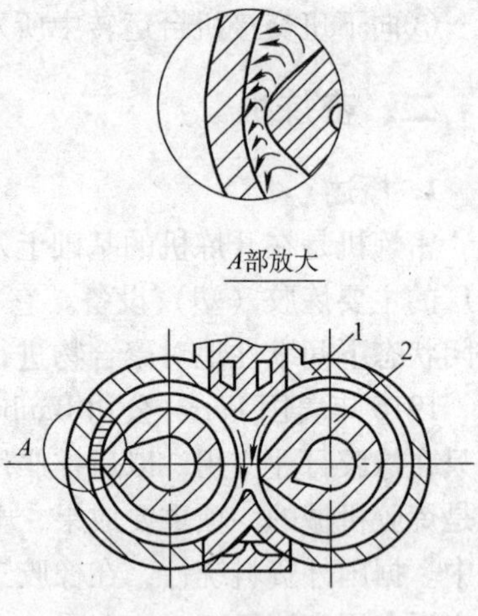

图 8-53　物料在混炼室中的捏炼情况
1—密炼室　2—转子

胶料在密炼机密炼室里受到的作用比开炼机复杂得多。密炼机对物料的捏炼作用可分为转子突棱顶与密炼室内壁之间及两个转子之间两方面的四种作用来讨论。不同形状的转子其作用不尽相同。

（1）转子外表面与密炼室内壁之间的高剪切作用　转子表面与密炼室内壁间形成了一个环形间隙，当胶料通过此环形间隙时，则受到捏炼作用。由于转子表面制有螺旋突棱，它与密炼室形成的间隙是变化的，最小间隙在转子棱峰与密炼室内壁之间。当胶料通过此最小间隙时，受到强烈的挤压、剪切、拉伸作用，这种作用与开炼机两辊距的作用相似，但比开炼机的效果要大得多。这是由于转动的转子与固定不动的室壁之间胶料的速度梯度比开炼机大得多，而且，转子突棱与密炼室壁所形成的透射角尖锐。胶料在转子突棱尖端与密炼室内壁之间边捏炼，边通过，同时还受到转子其余表面的类似滚压作用。

（2）转子间的搅拌、折卷作用　两转子的椭圆形表面各点与转子轴线的距离不等，因而具有不同的圆周速度。因此，两转子间的间隙和速比不是一个恒定值，而是处处不同、时时变化的。速度梯度最大值和最小值相差达几十倍，可使胶料受到强烈的剪切、挤压、搅拌作用。又由于两转子转速不同，其相对位置也是时刻变化的，使胶料在两转子间的容量也经常变化，产生强烈的混合、搅拌作用。

（3）转子的轴向往返切割、搅拌作用　胶料在转子上不仅会随转子作圆周运动；同时由于转子的螺旋突棱对物料产生轴向的推移作用，因此胶料还会沿轴向移动。每个转子都有两个方向不同、长短不一的螺旋棱，它们的螺旋角大小不同，当转子旋转时，转子螺旋棱表面对胶料产生一个轴向分力，这样胶料在转子的轴向往复移动就形成了切割捏炼的作用。

（4）上、下顶栓分流、剪切和交换作用　由于上、下顶栓顶部的分流作用，及两转子的转速不同，可使胶料在左、右密炼室中进行折卷捣换。其中一侧转子前面的部分胶料（高压区）被挤压到对面密炼室转子后面（低压区），并随之带入料斗中。彼此往复捣换，与两台相邻开炼机连续倒替混炼时相似。为了有效交换，一个转子必须把胶料直接拨到相对应的转子棱峰后部间隙中；否则，因压力平衡性阻止交换。这就要求两转子转到适当位置进行交换，这取决于速比。

此外，在转子外形的设计上要将突棱的工作面的圆弧曲率半径选的小些，这样就会使棱的圆弧面与密炼室内壁形成的工作区的容积由大逐渐变小，胶料通过时，挤压力增加；棱的另一面设计成凹形的，工作区的容积由小变大，更易流动，增加了紊流态。此即“S”转子。

3. 结构特点

密炼机的主要结构如图 8-54 和图 8-55 所示，主要零部件有转子与密炼室、密封装置、加料及卸料装置、传动装置、气动控制系统、液压系统、加热冷却系统、润滑系统及电控系统等五部分和五个系统。

图 8-54　X（S）M-50/42 密闭式炼胶（塑）机

（1）转子　转子要有足够的强度、刚度、耐磨性、耐化学腐蚀性和良好的传热性，多用 45 钢铸造，壁厚为 60 ~ 80mm，并在突棱处堆积焊 5 ~ 8mm 厚的耐磨硬质合金，其硬度 55 ~ 60HRC，其余工作表面堆焊或喷涂 2 ~ 3mm 厚的耐磨合金。转子螺旋突棱可分双棱转子和四棱转子。实践证明：四个突棱转子与二个突棱转子比较，其生产能力高，功率消耗低，

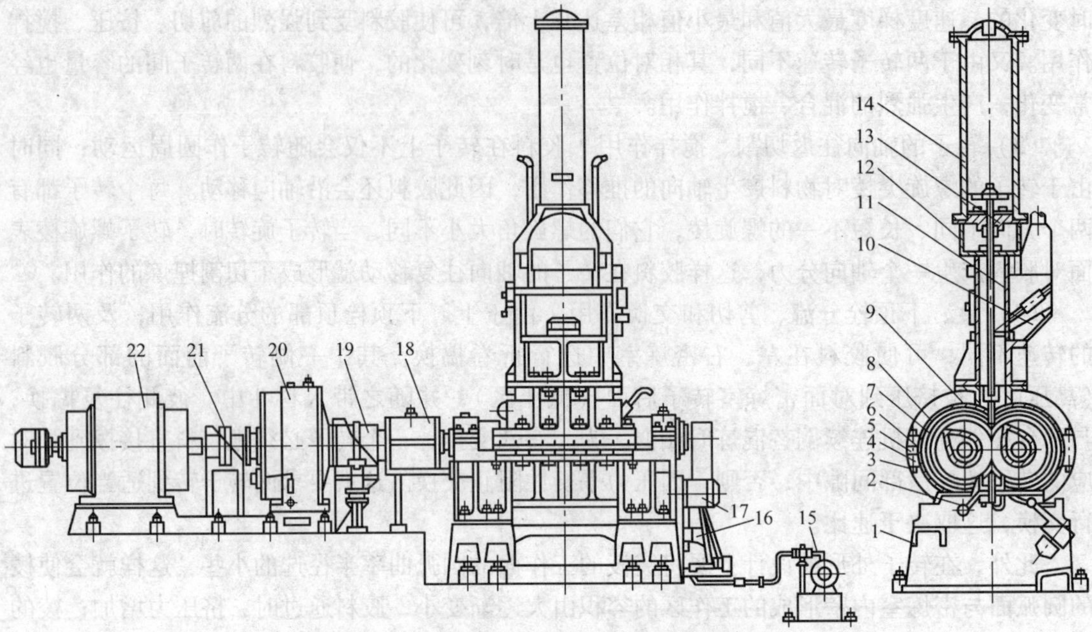

图 8-55　XM-250/40 椭圆形转子密炼机结构图

1—机座　2—卸料门锁紧装置　3—卸料装置　4—下机体　5—下密炼室　6—上机体　7—上密炼室　8—转子　9—压料装置　10—加料装置　11—翻板门　12—填料箱　13—活塞　14—气缸　15—双联叶片泵　16—管道　17—旋转液压缸　18—速比齿轮　19、21—联轴器　20—减速器　22—电动机

炼胶质量好。转子内部均铸成腔，以便通入蒸汽或冷却水进行加热或冷却。炼塑时，转子需通入蒸汽加热；炼胶时，转子需通入冷却水冷却。

（2）密封装置　炼胶（塑）在密炼室中进行，物料和粉末溢出和散失比开炼机少，对环境污染大为减少。但转子轴颈处环形空隙仍会泄料，为防止漏料，要设密封装置。高压快速混炼机，密封尤为重要。密封装置有三种：

（ⅰ）外压端面密封装置结构简单，密封可靠，使用寿命长，低压慢速机多用。

（ⅱ）自动端面密封装置结构复杂，密封性能好，寿命长，多用于高压快速密炼机。

（ⅲ）反螺纹填料式复合密封装置结构简单，换、填料方便，密封性能好，寿命不长。

（3）加料及卸料装置　加料装置的作用是向密炼室加料，混炼时加压（上顶栓气筒加气，上顶栓压下，加压于物料表面）。卸料装置的作用是混炼时将卸料口关严，防止物料流失，卸料时打开，分为滑动式和摆动式。滑动式仅用于慢速密炼机上；摆动式开关速度快（3～6s），密封性好，高速高压密炼机普遍采用。

（4）传动系统　按采用不同的减速机构可分为：

（ⅰ）带大驱动齿轮的传动有三个支点，安装找正费事，现少采用。

（ⅱ）无大驱动齿轮的传动，减速机结构庞大，承载能力大。

（ⅲ）行星齿轮减速机传动，结构复杂，但传动部分先进。

4. 发展动向

在将来一段时间内，密炼机不会淘汰，而是不断改进、提高，完善配套系统，其结构也在不断发展。密炼机工作过程及整个机组的机械化、自动化水平也在不断提高。发展密炼机目的在于其可以大大强化混炼过程，提高机台效能，减轻体力劳动和改善工作环境等。密炼机的发展总趋势是实现混炼工序全封闭，采用程序控制，更加灵活和准确，运行指令在电控室集中管理，现在大型引进机台均采用计算机控制。也就是说，密炼机主要向高压、快速、大容量、连续混炼和自动化方向发展。

在这种剧烈的混炼过程中，当然会带来许多新问题。因此，对机械研究设计来说，从机台的捏炼系统、冷却系统、密封系统、加料及压料系统、卸料系统、传动系统、控制系统、主要零部件、材料到各种参数的技术决定以及理论，都需要相应的发展，以使机台性能优良，为生产过程提供可能的适应性和调节性。

密炼机改进的重点在于提高转速、提高上顶栓压力、提高输入功率、改进冷却系统、改进转子结构、改进密封装置、改进卸料系统、改进控制系统等方面。

5. 使用与维护

（1）密炼机安全操作规程

1）开机前必须检查混炼室转子间有无杂物，上顶栓、翻斗、仪表、信号装置等是否完好，方可准备开机。

2）投料前要先关闭好上顶栓，塑炼胶、合成胶、小料、混炼胶等要逐个投入；禁止一次投料；粉料要轻投轻放；炭黑袋要口朝下逐个投入。

3）设备运转中，严禁往密炼室里探头观看。

4）操作时要经常检查限位开关，以防出现失控，发生事故；听到异常响声，立即按急停按钮，停机处理。

5）如遇突然停机，应先将上顶栓提起，切断电源，关闭水、风和汽的阀门。

6）上顶栓被胶料挤（卡）住时，必须立即切断电源，停机处理。

7）上顶栓漏出的胶料，不准用手拉，要用铁钩取出。

8）操作时，要站在配电盘前；排料时，不准把手伸到翻斗内去扒料。

9）停机时，要落下上顶栓，关闭风、水、汽的阀门，切断电源。

（2）密炼机维护规程

1）开机前的维护检查

①检查各部件有无损坏，各联接件、紧固件要齐全、紧固、可靠。

②检查各润滑部位和减速机油量，并要按要求进行。

③检查各管路、阀门要完好无泄漏。

④检查上顶栓、加料门是否完好、启动灵活。

⑤检查气缸和各密封装置是否完好无泄漏。

⑥检查各压力表、电压表、电流表、温度计是否灵敏准确。

⑦起动主机电动机前必须提起压砣，翻转密炼室检查转子间无杂物后，方可开机，检查各部件后试开机，检查有无阻卡，电动机是否正常。

⑧开机前必须将润滑点充满润滑油脂。

2）运转中的维护、检查、使用

①运转中要经常注意各部件有无不正常的声音、振动和阻卡，发现问题要及时检查、处理。

②检查各轴承和电动机温度及减速机温度，最高不得超过70℃。

③检查各联接件和紧固件要紧固，联接完好无脱落。

④检查各管路、阀门和密封处要完好无泄漏。

⑤混炼室温度要预热到35℃以上。

3）润滑规定，见表8-4。

表8-4　密炼机各部位润滑规定

序　号	润滑部位	采用润滑剂	润滑周期
1	减速机	20号齿轮油	平时加足，6个月清洗换油一次
2	蜗轮箱	20号齿轮油	平时加足，6个月清洗换油一次
3	速比箱	20号齿轮油	平时加足，6个月清洗换油一次
4	转子轴承	3号钙基脂	5天加一次，一次加足
5	轨道及滑杆	46号机械油	4小时加一次
6	气缸	38号气缸油	每5天一杯
7	翻转轴承	3号钙基脂	3天加油一次，一次加足

4）停机结束工作

①排净混炼室内胶料，清理各部位卫生，做到工完、胶净、场地清。

②关闭电源及水、风、汽阀门。

③向下班交待本班的运转情况。

三、平板硫化机

1. 概述

硫化机是为了让胶固化而用的，其实它就是一个加热设备。例如轮胎上用的硅胶，一般是氟硅混炼胶，氟硅混炼胶是不能在常温下固化的，它必须升温硫化。将胶放入固定的模具中放在硫化机上加热，即可获得固定形状的橡胶制品。

平板机在硫化机当中是最简单的机型，主要用于硫化平型胶带（如输送带、传动带，简称平带），它具有热板单位面积压力大，设备操作可靠和维修量少等优点。平板硫化机的主要功能是提供硫化所需的压力和温度。压力由液压系统通过液压缸产生，温度由加热介质（通常为蒸汽）所提供。平带平板硫化机按机架的结构形式主要可分为柱式平带平板硫化机和框式平带平板硫化机两类；按工作层数有单层和双层之分；按液压系统工作介质则有油压和水压之分。

在橡胶工业中，柱式平带平板硫化机是使用较早的一种机型，我国过去使用的平带平板硫化机也多为柱式结构，但目前则多采用框式结构。框式平带平板硫化机与柱式平带平板硫化机相比，具有以下优点：

1）在一定的中心距下，允许安装较大直径的液压缸，从而可减少液压缸数量，并且结构简单，维修量少。

2）上横梁受力合理，所需的断面模量远比柱式的小，可以减轻重量。

3）制造安装简单，管路配置隐蔽，整机外形整齐美观。

框式平带平板硫化机单个框板的侧向刚度比立柱差，但是由于框式平带平板硫化机的机架均由多个框板组合而成，因此整机具有足够的侧向刚度。

2. 主要机构

平板硫化机由恒温箱、升降机构、压重组件、恒温控制器、计时报警器组成。

（1）压重组件　它和工作平台装于恒温箱内。加压重锤由升降机构控制，按动扳手，即可操纵凸轮，使加压重锤在轴线方向上下滑动。百分表固定于箱顶支架上，测量因试样变形加压重锤位移的数值。

（2）恒温控制器　恒温控制器由电热器、铂热电阻、升/恒温切换器、数字式温度显示调节仪组成。

（3）计时报警器　平板硫化机采用了进口计时集成电路，因而具有结构紧凑，可靠性高，耗电省等优点。在计满试验规定时间 3min 后，自动停止计时，提起重锤，计时器自动复零，可随时进行再次操作。

几种硫化机如图 8-56 ~ 图 8-61 所示。

图 8-56　实验室平板硫化机

图 8-57　1600t 大型平板硫化机

图 8-58　全自动上压式平板硫化机

图 8-59　框式平板硫化机

图 8-60　全自动平板硫化机

图 8-61　双联全自动平板硫化机

3. 硫化机的使用与维护

（1）平板硫化机的安全操作规程

1）操作时穿戴好防护用品，送取模具要带好手套，防止烫伤。不得使用湿手套。

2）所有模具放入平板时必须居中，手不得伸入平板间，以防烫手、挤伤。使用的模具要摆放平稳，以防跌落砸伤。

3）硫化时先预热平板，检查平板层间有无杂物，严禁在平板中积压不平的板材。检查其他部位是否正常。

4）压力表、温度计要保持灵敏、有效。根据安全及工艺条件，按模具尺寸和规定的单位压力调整压力表，严格掌握气压、油压及硫化温度，严禁超压硫化。

5）用硫化板切取试样时必须垫好保护胶板。

6）设备有故障时，必须切断电源后再处理。

7）从模具内取试片时，注意模腔及模面光面，保护防止出现划痕。

8）严禁在平板上升时取拿模具或清理杂物。

9）不准在超出规定温度的情况下使用平板硫化机。

10）操作完毕，切断电源，关闭水、汽、油的阀门，将模具放回指定地方。

（2）平板硫化机的维护规程　硫化机作为输送带接头工具，在使用过程中和使用结束后，也要同其他工具一样，进行维护和保养，以延长使用寿命。硫化机的维护保养时应注意以下问题：

1）硫化机存放环境应保持干燥、通风良好，避免因潮湿导致电器线路潮湿。

2）不要雨天在室外使用硫化机，防止电控箱及加热板进水。

3）如果工作环境潮湿、多水，在拆卸搬运硫化机时，应在地面用物品垫高，不要让硫化机同水直接接触。

4）如果在使用过程中，因操作不当导致加热板进水，应首先联系厂家进行维修。如果需要进行应急抢修，可将加热板上盖板打开，先将水倒出，然后将电控箱设置为手动操作，加温到100℃，保持恒温半个小时，将线路烘干，在手动状态下进行皮带胶接；同时应及时联系生产厂家，进行线路的整体更换。

5）硫化机在较长时间内不需要使用的情况下，应每隔半个月对加热板进行加热（温度设置在100℃），保持温度半个小时左右。

6）每次使用结束后，应当将水压板内的水放干净，尤其是冬季。如果水不能放干净，往往导致水压板胶皮过早老化，水压板使用寿命降低。正确的放水方式是：在硫化保温结束后，硫化机未拆卸前进行。如果在机器拆卸后放水，有可能导致水压板内的水无法彻底排出。

思考练习题

8-1　工业常用的干燥器按构造可以分为几类?

8-2　简述各种常用干燥器的结构特点和适用条件。

8-3　简述过滤设备的工作原理和类别。

8-4　对比分析板框式压滤机和转鼓式真空过滤机的特点。

8-5　试分析过滤离心机和沉降离心机的异同点。

8-6　简述三足式离心机和沉降离心机的特点。

8-7　简述膜分离设备的工作原理和类别。

8-8　简述捏合机、开炼机、密炼机的工作原理及类别。

8-9　试分析捏合机、开炼机、密炼机结构特点及选用方法。

第九单元　化工设备的运行管理

学习要点：

- 了解工业生产中安全教育和安全培训的内容。
- 了解压力容器超压泄漏的原因及预防措施。
- 熟悉压力容器使用登记和技术档案的内容。
- 掌握压力容器安全操作和紧急停运的方法。

能力目标：

- 能够在技术人员的指导下，实现化工设备的安全平稳操作。

模块一　化工设备的安全使用

【学习目标】 了解工业生产中安全教育和安全培训的内容；熟悉压力容器安全使用的内容和方法。

【问题引导】

1. 安全教育与培训的内容有哪些？如何保证化工设备的安全运行？
2. 压力容器的安全状况等级是如何划分的？
3. 压力容器的操作人员应具备哪些知识和技能？

任务1　安全教育与培训

在现代工业生产过程中，大多数操作人员并未经历过可怕的灾难，难以自然而然地建立危机意识，因此除了对其进行不断的训练和强化意识外，必须将安全作业程序及步骤融于一般操作规程中，以建立合理的安全意识。合理的安全意识应被视为员工的基本理论，安全管理工作成败的关键是管理层的态度。许多企业过于追求盈利目标而往往忽视安全设施投资及安全意识的加强，不知不觉就会埋下事故发生的种子。只有员工的安全意识提高了，才能确保生产的安全，想要使员工的安全意识得到增强，只有不断地进行安全教育与培训。

一、安全教育

安全教育的内容一般包括：安全生产思想教育、安全生产知识教育和安全管理理论及方法教育。生产经营单位应根据不同的教育对象，侧重于不同的教育内容，提出不同的教育要求。

1. 安全生产思想教育

安全生产思想教育主要包括安全生产方针政策教育、法制教育、典型经验及事故案例教育。通过学习方针、政策，提高生产经营单位各级领导和全体职工对安全生产重要意义的认识，使其在日常生活中坚定地树立“安全第一”的思想，正确处理好安全与生产的关系，确保安全生产。

通过安全生产法制教育，使各级领导和全体职工了解和懂得国家有关安全生产的法律、法规和生产经营单位各项安全生产规章制度，使生产经营单位各级领导能够依法组织安全生产经营管理，贯彻执行“安全第一，预防为主”的方针，使全体职工依法进行安全生产，依法保护自身安全与健康权益。

通过典型经验和事故案例教育，可以使人们了解安全生产对企业发展、个人和家庭幸福的重要意义，了解事故给企业、个人、家庭带来的巨大损失和不幸，从而坚定安全生产的信念。

2. 安全生产知识教育

安全生产知识教育主要包括一般生产技术知识教育、一般安全技术知识教育和专业技术安全知识教育。就是说，通过教育，提高生产技能，防止误操作；掌握一般职工必须具备的、最起码的安全技术知识，以适应对工厂通常危险因素的识别，防止受特殊危险因素的危害。

3. 安全管理理论及方法的教育

通过教育，提高各级管理人员的安全管理水平，总结以往安全管理的经验，推广现代安全管理方法的应用。

二、安全培训

安全培训是确保员工熟悉安全法规、标准、合理的操作步骤及适当的应急救援方案的必需的工作。训练计划应具系统性和层次性，所要达到的目标必须有明确的界定，否则就流于形式化、表面化，徒然浪费人力、物力。

训练方式可分为几种形式：课堂讲解；现场实习，如消防、应急处理、人员疏散等；阅读资料；定期举行安全会议；使用多媒体教材；计算机模拟等。

训练手册应准备充分，并定期进行修订，训练计划主要可分为以下三类。

（1）新进人员训练　新进人员训练包括安全法规标准介绍、警示符号辨认、紧急疏散路径辨识、基本消防常识、工业卫生介绍、卫生及医疗设施、简单急救箱的使用、危害传播介绍等。其目的在于协助新进员工了解和掌握有关的基本安全规范及应变原则。

（2）定期性员工训练　定期性训练计划包括安全意识的建立，生产过程中的主要危害，如静电、火花、爆炸、毒性物质排放等介绍，紧急应变措施及人员疏散计划，个人防护用品的选择及使用，灭火器的介绍与使用，现场救火实习，安全设计方法，危害后果等介绍。

（3）管理阶层训练　管理阶层训练注重于简易风险评价方法介绍、安全作业流程、紧急应变措施、安全管理会议、事故及灾害演习，训练计划以1~3年为一个周期，反复举行，以加强职工印象及效果。训练记录应妥善保管，并列入考评记录。

任务2　化工设备的安全运行

石油、化工行业物料的易燃易爆性、毒性、腐蚀性，生产的高温高压和连续性等特点，决定了作为化工设备主体的压力容器容易发生恶性事故。压力容器运行情况的好坏，将直接影响生产的连续性、稳定性和安全性。因此，加强设备管理，确保压力容器的安全运行是化工生产中必不可少的一项重要工作。本任务主要讨论压力容器超压及泄漏的原因和预防措施。

压力容器是一种承压设备，其承压能力（最大允许工作压力）与容器的材质、壁厚、直径等因素有关。在使用中如果由于某些物理或化学反应过程中的因素使容器内的实际工作压力超过了容器的最大允许工作压力，即出现超压现象，使容器壁的应力增高，产生过度的塑性变形而引起破坏。另外，由于材质不良、制造缺陷、密封不严等原因使得在使用过程中，容器内的易燃、易爆或高温、高压介质泄漏出来，也是很危险的。因此，无论是超压还是泄漏，都是压力容器安全运行所不允许的。

1. 压力容器产生超压的原因

压力容器超压的原因是多方面的，可以是物理因素引起的，如液化气体的热膨胀、气体的机械压缩等，也可以是化学因素引起的，如容器内气体的燃烧反应、物料的放热或分解反应、反应失控等。综合国内外压力容器超压爆炸事故的实例，容器的超压主要有以下几个方面的原因：

（1）操作失误或零件破损　在实际的操作过程中，工艺要求容器的进气压力是一定的，而且容器能够承受的压力也是一定的，但有时为了利用现有的高压气体，会在容器气体进口管上安置减压阀，使高压气体经过减压阀降压后进入容器内。如果减压阀损坏或误操作打开了旁通阀，就会使高压气体直接进入容器内造成容器超压。另外，有些容器因化学反应或液体蒸发而产生了气体，这时如果容器的出口阀损坏或因操作失误而被关闭，容器内压力不断增加也会引起超压。

（2）容器内化学反应失控　在化工生产中许多反应是放热反应，如聚合反应、氧化反应、氯化反应、中和反应等，进行这些反应的容器一般都装有搅拌装置及夹套或蛇管等冷却装置，以排除反应热，防止容器内温度和压力过度升高。但如果由于投料过快过多、原料不纯、催化剂使用不当，停电、停水使搅拌装置停止搅拌或冷却水停止循环等原因，都会使容器在短时间内温度、压力骤增，导致反应失控而引起容器超压。

（3）液化气容器充装过量或意外受热　液化气容器设计时为了防止物料受热膨胀设定了“充装系数”，也就是不允许装满，要留有一定的气相空间。若过量充装，致使容器内在较低温度下被液体充满，当容器内液体受环境影响温度升高时，压力就会急剧增大而引起容器超压。在允许的装料范围内，如果由于操作失误、自动调节阀失灵、容器周围发生火灾等，也可使容器内的温度和压力增高引起容器超压。

（4）容器内燃烧爆炸　可燃性介质，无论是气态、液态还是固态，在适宜的条件下，都可以在容器内发生燃烧、爆炸等激烈的氧化反应，使容器内压力升高引起超压。这一般有两种情况，一是盛装可燃性气体的容器混入了助燃性气体，当混合气体中可燃气体的浓度在一定的爆炸范围内时，若遇静电火花、冲击、摩擦及绝热压缩或是自燃等因素则引起燃烧爆炸；二是如果容器内同时存在固体或液体的可燃性介质和助燃性气体（空气或氧气），则在一定的条件下会迅速进行氧化反应，产生大量的燃烧热，使容器内的气体受热膨胀，压力急剧升高。

2. 防止压力容器超压的方法

为了防止压力容器超压，在有超压可能的容器上应装设安全泄压装置。安全泄压装置也是一种设备，也有失灵和出现故障的时候，所以即使安装了安全泄压装置的容器，在使用中也要根据不同的超压可能采取相应的预防措施。

1）对压力来自于气体压缩机、蒸汽锅炉等外部压力源的容器，超压大多数是由于操作失误引起的，所以应实行安全操作挂牌制度，牌上注明阀门的开闭方向、开闭状态、注意事项等。

2）对由于化学反应而产生压力的容器，必须严格控制每次的投料量及原料的纯度，并有防止超量投料的严密措施。

3）对盛装液化气的容器，应严格按照规定的充装量进行充装，并严防容器意外受热。

4）对装有易发生聚合反应的碳氢化合物的容器，应在物料中加入阻氢剂，并防止混入能促进聚合的杂质。容器内物料储存的时间也不宜过长。

3. 压力容器发生泄漏的原因及预防措施

容器发生泄漏的原因是多方面的，综合起来有以下几方面：

(1) 设备本身的原因　设备由于腐蚀、裂痕、变形、疲劳、脱碳和渗碳引起材质的变化；设备和配管的伸缩和热膨胀、低温脆性等产生了泄漏点。

(2) 运转和控制方面的原因　设备在运行过程中温度和压力异常升降，流速和流量异常，堵塞、结水垢、冻堵、水锤作用，热平衡或原料平衡被破坏，停电、停水、停气等引起泄漏。

(3) 使用和维修方面的原因　设备在试验和检查时观察、判断失误，保养和维修方法不当，安装和调配不良引起受力不均匀等导致泄漏。

防止容器泄漏要根据泄漏的类型、泄漏物的状态、泄漏压力及时间等综合考虑，选择适当的方法，采取相应的对策。常用的设备、配管的泄漏类型、原因及预防措施见表 9-1。

表 9-1　设备、配管的泄漏类型、原因及预防措施

设备或配管	泄漏部位	泄漏原因	预防措施
塔、槽、换热器的配管、阀等	接头	法兰 ①垫片材质选择不当 ②固定不良 ③松动 ④腐蚀	①减少接头（采用焊接） ②防止振动 ③消除热应力（使用膨胀结构） ④选用耐腐蚀材料 ⑤修正配合表面的平行度误差 ⑥加强紧固（冷锁紧和热锁紧）
阀门	滑动部分	阀的密封压盖 ①磨损 ②使用条件变化 ③垫片选择不良	①修正不均匀紧固 ②更换密封类型 ③改变垫片等级 ④清除异物并防止其进入
安全装置	排放部位	泄漏部位 ①型号选择不当 ②设计方法不好 ③操作不良 ④使用条件变化	①选择合适的型号 ②正确设置、消除背压 ③除去杂物、即时修理 ④改造成凸凹面结构 ⑤回收（冷却、加压凝缩、吸收等）

任务3　压力容器的安全使用

一、压力容器的使用登记与技术档案

压力容器的使用登记是在容器检验和核实安全状况等级的基础上，对压力容器进行的注册和发放使用证。其目的是为了限制无安全保障的压力容器的使用，建立容器的技术档案，为正确、合理使用压力容器提供依据。通过压力容器的技术档案，容器的管理部门、使用与维护人员可以全面掌握容器的技术状况，了解和掌握其运行规律，提高容器的安全管理水平。因此，每台压力容器都应进行登记和建立技术档案。

1. 压力容器的使用登记

（1）使用登记的依据　根据国务院颁发的《特种设备安全监察条例》和《特种设备行政许可实施办法》的规定，压力容器的使用单位应向当地市级质量技术监察部门办理使用登记。国家质量监督检验检疫总局锅炉压力容器安全监察局根据《特种设备安全监察条例》的规定，规定了《锅炉压力容器使用登记管理办法》，据此，每台锅炉压力容器在投入使用前或投入使用后30日内，使用单位应当向所在地的登记机关申请办理使用登记，领取使用登记证。

（2）使用登记的要求　使用单位申请办理使用登记时，需逐台向登记机关提交压力容器及其安全阀、爆破片及紧急切断阀等安全附件的文件，如安全技术规范要求的设计文件、产品质量合格证明、安装及使用维修说明、制造和安装过程监督检验证明、压力容器安全性能监督检验报告、压力容器安装质量证明书、压力容器使用安全管理的有关规章制度等。

压力容器安全状况发生变化、长期停用、移装过户的，使用单位应向登记机关申请变更登记。

使用单位申请办理使用登记时，应当逐台填写《压力容器登记卡》。登记卡内容包括容器注册登记机构、设备注册代码；使用单位及地址；安全管理部门；容器的名称、类别、设计、制造和安装单位；产品监检单位；产权单位；容器的设计参数；容器的主要安全附件及附属设备等详细内容，犹如一台容器的身份档案。

（3）使用登记的审核　登记机关经审核合格，办理使用登记证，并按照《锅炉压力容器注册代码和使用登记证号码编制规定》，编写注册代码和使用登记证号码。登记机关在发证后5个工作日内将登记消息传送使用地县级质检部门。县级质检部门接到登记信息后，应当及时对新增锅炉压力容器的使用情况实施安全监察。

2. 压力容器的技术档案

压力容器的技术档案是正确、合理使用压力容器的主要依据，建立健全压力容器技术档案是搞好压力容器管理的基础工作。完整的技术档案可以防止人们盲目地使用压力容器，从而有效地控制压力容器事故的发生。压力容器技术档案包括如下主要内容。

（1）压力容器登记卡。

（2）压力容器设计技术文件。

（3）压力容器的制造、安装技术文件和相关资料。

（4）压力容器的定期检验、检测记录以及检验的相关技术文件和资料。

（5）压力容器安全附件的校验、修理及更换记录。

（6）压力容器修理方案、实际修理情况记录以及相关技术文件和资料。

（7）压力容器技术改造的方案、图样、材料质量证明书，施工质量检验及技术文件和资料。

（8）压力容器有关事故的记录和处理报告。

3. 压力容器的安全状况等级

为了掌握每一台使用的压力容器的安全状况，在新容器使用前及在用容器定期检验后，都要核定其安全状况等级。新容器安全状况等级的核定工作是在使用单位办理容器使用登记手续时，由登记机关认定；在用容器是在定期检验后，根据《在用压力容器检验规程》所规定的评定标准，由检验单位签发的检验报告认定。压力容器的安全状况共分为5个等级，见表9-2。

表9-2　压力容器安全状况等级的划分与含义

安全状况等级	出厂资料是否齐全	设计与制造质量是否符合有关法规和标准的要求	缺陷的具体情况	能否在法定的检验周期内在原计划或规定的条件下安全使用
1	齐全	符合	无超标缺陷	能够
2	齐全（对新容器），基本齐全（对在用容器）	基本符合	存在某些不危及安全可不修复的一般性缺陷	能够
3	不够齐全	主体材质、结构，强度基本符合	存在不符合标准要求的缺陷，但该缺陷没有在使用中发展扩大；焊缝中存在超标的体积性缺陷，检验确定不需修复；存在腐蚀磨损、变形等缺陷，但仍能安全使用	能够
4	不全	主体材质不符合或材质已老化，主体结构有较严重的不符合标准之处	存在不符合法规和标准的缺陷，但该缺陷没有在使用中发展扩大；焊缝中存在线性缺陷；存在的腐蚀、损伤、变形等缺陷已不能在原条件下安全使用	必须修复有缺陷处，提高安全状况等级，否则只能在限定的条件下监控使用
5			缺陷严重，难于修复；无修复价值，修复后仍难以保证安全使用	不能使用，予以报废

二、压力容器的安全操作

实践经验和理论研究表明，正确合理地操作和使用压力容器，是保证其安全可靠运行的重要条件。设计合理、制造质量优良的压力容器，如果使用不当、违反操作规程及年久失修等，同样会发生爆炸等破坏事故。使用过程中若操作不当也会损伤容器，可能使某些微小的缺陷扩大和产生新的缺陷，最终造成破坏。因此，压力容器的使用单位应根据设计和制造中所确定的使用条件，制定的工艺操作规程，控制操作参数，使容器在操作规程的规范下运行。

1. 压力容器使用单位的职责

要做好压力容器的安全技术管理工作，首先要从组织上予以保证，企业要有专门的机构，配备专业技术及管理人员，具体负责压力容器的技术管理和安全监察工作。企业装备厂长或总工程师是压力容器安全技术管理的总负责人，并指定具有压力容器专业知识的工程技术人员负责安全技术工作。企业的设备动力部门是企业对压力容器安全技术管理的职能部门，石油、化工行业的生产车间由设备主任和设备管理员负责。压力容器使用单位对容器进行技术管理工作主要包括如下几个方面：

1）贯彻执行《特种设备安全监察条例》、《固定式压力容器安全技术监察规程》等压力容器的技术法规，编制压力容器的安全规章制度。

2）参与压力容器安装的验收和试运行工作，检查容器的检验、维修和安全附件的校验情况。

3）编制压力容器的定期检验计划，并负责实施；对容器的检验、修理、改造和报废等进行技术审查。

4）向主管部门报送当年压力容器数量和变动情况的统计表、容器定期检验计划的实施情况及存在的主要问题等。

5）负责压力容器的检验、焊接及操作人员安全技术培训的管理，容器使用登记和技术资料的管理。

6）负责或协助进行压力容器事故的调查和处理工作。

2. 压力容器安全操作的基本要求

1）严格遵守操作规程，认真填写操作记录。压力容器操作人员应了解容器的来源和历史，掌握其基本技术参数和结构特征，熟悉操作工艺条件。严格遵守操作规程，压力容器的操作规程是根据生产工艺要求和容器的技术特性而制定的指令性技术法规，一经制定，操作人员必须严格执行。压力容器的原始操作记录和交接班记录对保障容器的安全生产至关重要，因此操作人员应认真及时、准确真实地记录容器的实际运行情况。

2）平稳操作，严禁超温超压运行。容器的压力、温度在使用过程中应力求稳定，防止温度、压力经常急剧变化导致容器的疲劳破坏和突发事故。因此，加载和卸载、升温和降温都应缓慢进行，并在运行期间保持压力和温度的相对稳定。严禁超温、超压运行，由于容器允许使用的压力、温度及介质的充装量等都是根据工艺要求和设计条件来确定的，所以只有在设计条件范围内操作才可保证运行安全。如果容器超温、超压运行，就会造成容器的承受能力不足，有可能导致爆炸事故的发生。

3）坚持运行期间巡回检查，防止异常情况发生。压力容器的操作人员在容器运行期间，应经常进行检查，观察压力、温度、液位是否在操作规程规定的范围内，容器各连接部位有无泄漏，容器有无明显的变形，基础和支座是否有松动，安全装置是否完好等，以便及时发现操作中或设备上出现的不正常现象，采取相应的措施进行调整或消除，防止异常情况的扩大和延续，保证容器的安全运行。容器在运行过程中，如果突然发生故障，严重威胁安全时，操作人员应立即采取紧急措施，停止容器运行，并报告有关部门。

4）压力容器作业人员应具备的知识和技能。压力容器使用单位应对操作人员进行安全教育和技能培训，经考核合格并取得“压力容器操作人员合格证”后，方可上岗工作。操作人员应具备以下知识和技能：

①掌握压力容器的基本知识，了解化工设备的技术特性、结构特点和安全操作知识。

②了解所在工段的工艺流程、工艺参数，熟知岗位操作法，熟悉并严格执行本岗位工艺操作规程。

③能正确使用设备，如容器的开、停操作和安全注意事项。

④掌握各种安全装置的型号、规格、性能及用途，会检查、判断设备安全附件是否正常。

⑤针对可能发生的事故采取防范措施，在设备出现异常情况时，能及时、正确地进行紧急处理。

3. 压力容器的维护与保养

压力容器的维护保养工作包括防止腐蚀和消除“跑、冒、滴、漏”等方面。容器通常会受来自内部的工作介质，外部的大气、水或土壤等的腐蚀。目前，大多数容器都采用防腐层进行防腐，如金属涂层、化学涂层、金属内衬及搪瓷玻璃等。如果容器的防腐层脱落或损坏，腐蚀介质与容器本体直接接触就会使腐蚀速度加快，因此检查和维护防腐层的完好情况是做好防腐工作的关键。在日常巡检时应特别注意，及时发现问题消除影响；同时也应及时清除积附在容器、管道、阀门及安全附件上的灰尘、油污和腐蚀性物质等，经常保持其清洁和干燥。

容器的“跑、冒、滴、漏”现象不仅浪费原料和能源、污染环境，而且也会造成设备的腐蚀。因此，正确选择连接方式、垫片材料及填料，减轻振动和摩擦，及时消除“跑、冒、滴、漏”现象，也是做好容器保养工作的重要内容。

压力容器在停运期间的保养工作也不容忽视。容器停运后应将内部的介质排放干净，对腐蚀性介质要经过排放、置换（或中和）清洗等技术处理，有条件的应采用氮气封存。根据停运时间的长短、设备情况及周围环境，可采用在容器内外表面涂刷油漆或放置吸潮剂等方法进行保存、保养。

三、压力容器的紧急停运

压力容器在运行中若出现超温、超压，采取措施仍无效果，而且有继续恶化的趋势，或出现裂纹、变形、严重泄漏以及安全装置失效，操作岗位附近发生火灾等直接威胁到容器的安全时，作业人员应立即采取紧急措施，停止容器运行并报告有关部门。

1. 压力容器紧急停止运行的条件

压力容器在运行中，出现下列情况之一时，作业人员应立即采取紧急停运措施。

1）容器的工作压力、介质温度或壁温超过规定值，采取措施仍不能得到有效控制。

2）容器的主要受压元件发生裂缝、鼓包、变形、泄漏等危及安全的缺陷。

3）容器的安全附件失效。

4）接管、紧固件损坏，难以保证设备安全运行。

5）发生火灾直接威胁到压力容器的安全运行。

6）容器充装过量。

7）容器的液位失控，采取措施仍得不到有效控制。

8）容器与管道发生严重振动，危及设备的安全运行。

9）低温绝热压力容器外壁局部存在严重结冰，介质的压力和温度明显上升。

2. 压力容器紧急停止运行的操作

压力容器紧急停运时，应先切断外来原料，再有效撤除处于危险状态的容器内的物料。首先应迅速切断电源，使容器内输送物料的运转设备，如泵、压缩机等停止运行，同时联系有关岗位停止向容器内输送物料；其次迅速打开出口阀，泄放容器内的气体或其他物料，必要且可行时可打开放空口将气体排入大气中；对于系统连续生产的设备，紧急停止运行时必须做好与前、后有关岗位的联系工作；操作人员在处理紧急情况的同时，应立即与上级主管部门及有关的技术人员、领导取得联系，以便有效地控制险情，避免发生更大的事故。

模块二 典型化工设备常见事故及案例

【学习目标】 了解典型化工设备常见事故的原因及防范措施。

【问题引导】

化工工艺设备常见事故有哪些？发生这些事故的主要原因是什么？

任务1 压力容器、锅炉及压力管道常见事故及案例分析

压力容器、锅炉及压力管道由于其本身的结构特点、内部介质、工作条件和环境等因素决定了属于事故多发设备。此类设备不仅事故率高而且危害性极大，所以与锅炉、压力容器及压力管道有关的部门，特别是使用单位对此应予以足够的重视。

1. 压力容器发生事故案例及原因

引起压力容器发生事故的因素很多，主要有三个方面的原因：一是材料选择不当，结构设计不合理，制造质量，特别是焊接质量低劣；二是安全附件不全或失灵，违章操作、管理不善及维护不善等；三是介质易燃、易爆、有毒、有腐蚀，操作条件高温、高压等。下面举几个压力容器发生事故的案例。

案例1：联合碳化物印度有限公司（UCIL）异氰酸甲酯毒气泄漏

1984年12月4日，美国联合碳化物公司在印度博帕尔（BhoPal，India）的农药厂发生异氰酸甲酯（CH_3NCO，简称MIC）毒性泄漏事故，造成2000人死亡、200000人受伤的让世界震惊的重大事故。MIC是生产氨基甲酸酯类杀虫剂的中间体。

MIC极不稳定，需要在低温下储存。博帕尔的MIC存储在两个地下冷冻储槽中，第三个储槽存储不合格的MIC。三个MIC储槽的进料是带氮气夹套的不锈钢管从精制塔送来，并用普通管道将其送到氨基甲酸酯反应器，在反应器上装有安全阀。不合格的MIC循环至储槽，含MIC的废物送至放空气体洗涤器（VGS）中被中和。每个MIC储槽都有温度和压力显示仪表，以及液位指示和报警，如图9-1所示，MIC储槽上装有固定的水监视器和制冷单元。当VGS中有大量释放时可使用燃烧系统，VGS和燃烧系统的排放高度为15～20m。

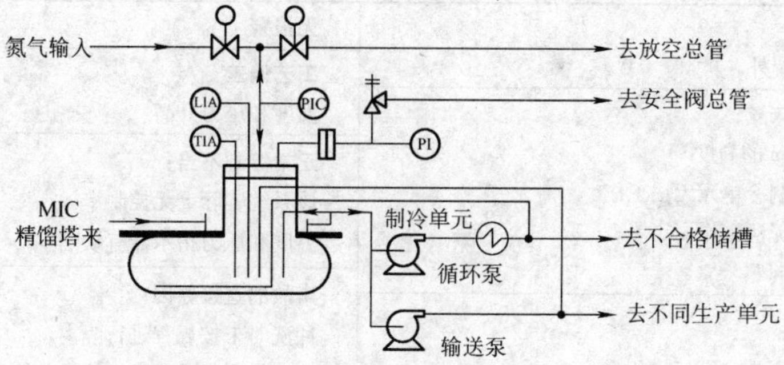

图 9-1　MIC 储槽装置示意图

1984 年 12 月 2 日，第二班负责人命令 MIC 装置的操作工用水清洗管道，在操作前应该进行隔离。但这一命令被忽略了，而且因几天前刚刚进行了检修，再加上其他因素，冲洗水进入了其中一个储槽。

当天 23 时，储槽的压力在正常范围内；23 时 30 分，操作工发现 MIC 和污水从 MIC 储槽的下游管道流出；0 时 15 分，储槽的压力升至 206. 84kPa，几分钟后达到 379. 21 kPa，即最高极限；当操作工走近储槽时，他听到了隆隆声并且感受到储槽的热辐射；在控制室操作工试图启动 VGS 系统，并通知总指挥；当总指挥到来时命令将装置关闭；水喷淋系统已打开但只能达到 15m 的高度，MIC 的排放高度为 33m。他们还试图启动制冷系统，但是因为制冷剂缺乏而告失败。至此，系统开始向社区发出了毒气报警。但几分钟后报警声停止，只能用汽笛向 UCIL 的工人发出警报。据称开始时汽笛引起误会，人们以为是装置发生了火灾而且准备参加灭火；而 UCIL 的工人则错误地顺着毒气云的方向逃生。

安全阀一直开了两个小时，气、液、固三相以超过 200℃的温度、124106 kPa 的压力释放到空气中。因为博帕尔城市发展很快，人口多，短时间内无法疏散；加上贫民区已建到 UCIL 的围墙下面，简陋的屋子一点也起不到保护作用，城市的基础设施（如医院等）无法应付这么巨大的灾难，仅有的两所医院其设施只能容纳千余人，而中毒人数是其 10 倍。表 9-3 和表 9-4 是这次事故的详细过程和根本原因。

表 9-3　事故的详细过程及原因

后果—伤害和破坏： 2000 余人死亡，200000 人受伤，公司停产 公司赔偿将近几百万美元，股票暴跌，财政危机，联合碳化物公司从世界排名第 37 位降至 200 位	**恢复系统失效：** 放空系统洗涤器能力不足 MIC 装置出现危险故障： 储槽温度和压力不足
装置外保护设施失效： 无应急计划 报警系统关闭 当地居民区无保护设施 医疗设施有限	**紧急控制系统失效：** 泄放阀放空高度 33m MIC 储槽上无在线监视系统或高温报警 **危险偏差：** 因 MIC 催化聚合引起温度和压力升高 **控制系统失效（报警）：**

（续）

释放升级： MIC 蒸气云逸出装置外	无报警 **工艺偏差：** 温度和压力升高
装置内的保护设施失效： 消防水只能达到 15m 的高度 因无制冷剂，所以制冷单元无法工作 因为维修燃烧系统无法工作 近两个小时未察觉问题	**正常控制不当：** 该系统实际上无控制 温度和压力指示器有缺陷
大量有毒物质放出： 36t MIC 放出（气、液、固）	**事故的直接原因：** 冲洗时未按规程进行隔离 水可能在管道冲洗过程或其他地方进入 MIC 储槽

根据该公司的事故调查报告，这次事故是因为储槽中含有水和三氯甲烷，从而发生剧烈反应而引起的。储槽中含有水和三氯甲烷的原因不太清楚，但是用危险与可操作性分析（HAZOP）方法能够找出可能的原因，并采取必要的措施避免水与异氰酸甲酯接触而导致的剧烈反应。当储槽的安全阀打开后，应有一个独立的洗涤系统吸收所放出的蒸气；同时燃烧系统应将未洗涤下来的毒气燃烧掉；冷却系统应使储槽保持低温。另外一个重要问题是为什么要储存大量的异氰酸甲酯，因为异氰酸甲酯是中间体，完全没有必要储存那么多，如果进行 HAZOP 分析就完全能够分析到是否需要这个中间储槽。

表 9-4　事故的根本原因

子系统	可能发生事故的条件	子系统	可能发生事故的条件
外部系统	装置附近人口激增而基础设施建设严重滞后 当发生紧急情况时与外界的联系不当 可能存在人为破坏	工程完整性	安全系统不足且无法工作 修改不当而且修改后未进行分析 管道、阀门及仪表缺乏维修
系统环境	检查结果未得到落实 可能有更为安全的工艺路线 市政府的决定被地区政府否决 因需求不足生产不正常 扩大生产工艺过程而进入相对不太安全的领域	管理控制	目标、责任、制度不明确 对修改的管理不当，而且未选择安全的工艺流程 安全责任不明确，缺乏安全训练和技术经验 无应急计划
组织和管理	未承担足够的安全义务 应对紧急情况的准备不足 印度政府安全检查不够 对公众面临的危险失察 与设在美国的总公司联系有限 员工水平不高	通信和资料	无 MIC 的毒性资料 总公司发来的警告未得到落实
		规程和实践	对操作规程的认证不充分 未按照规程对装置进行冲洗 缺乏紧急情况处置规程
位置和装置设备	无区域规划政策 对工艺过程的预分析不当 在不当条件下长时间大量储存工艺物料 储槽未隔离，而且未安装阀门位置指示器 过量水进入 MIC 储槽	工作环境	操作员工裁员 50%，缺乏有经验的人员
		操作工的操作	操作工无足够的技术知识 员工因对装置的状况不定而心里紧张

案例 2：制造质量低劣，使用管理混乱，液氨储罐爆炸

1988 年 7 月 17 日 9 时 10 分，福建省某县制冰厂门口外，许多等候挑冰的群众在排队。这时，制冰厂的一个直径为 800mm，长为 3m 的液氨储罐突然发生爆炸。在储罐爆炸的瞬间，罐内的液氨和氨气以高速喷出，直接喷向排队的群众，其中有不少老人和小孩，造成严重的氨中毒和冻伤。与此同时，液氨储罐平封头被炸飞，撞击到钢管制的铁门后落地，共飞出 17m 远。爆炸产生的冲击波将厂房前墙推倒，有六块大方石被炸飞到约 15m 的另一座建筑石墙下，最大的一块重 97kg。大方石因撞到该建筑的石墙上，被撞断成两块。厂房的侧墙方石部分倒塌，房顶石板震裂。这起爆炸事故造成 5 人死亡，34 人受伤。

事故发生的直接原因主要是设备制造质量低劣。爆炸后检查炸毁的液氨储罐，发现平板封头和筒体的环焊缝为搭接焊缝，焊缝几乎全部为未熔合，纵向焊缝存在严重未焊透，制造质量十分低劣。实际上，这台设备是业主凭经验口头授意制造的，既没有设计图纸，也没有强度计算，焊接结构采用搭接形式，选用的材料是 Q235AF，也不符合标准的规定。同时，这台设备的制造是由无制造许可证的某农械厂非法制造的，没有任何制造工艺和检验检测手段。加工完的设备没有进行水压试验。由此可见，这台设备的制造质量低劣是这台液氨储罐爆炸的直接原因。

其次设备的使用管理混乱也是这次事故的原因之一。该设备投入使用，只运行了 28 天。设备投用前到发生爆炸，没有到劳动部门办理使用登记手续，操作工未经过上岗前的培训，操作时没有操作规程，也没有操作记录。

防范同类事故的措施有：

1）加强压力容器的安全监察，严格按国务院发布的《锅炉压力容器安全监察暂行条例》执行。压力容器的设计、制造和使用等环节都必须符合有关规定，要杜绝无证设计，无证制造，压力容器投入使用前应先办理使用登记手续，领取使用证。操作人员必须先经培训，懂得有关的基础知识，严格按规程操作。

2）提高人员素质，消除不安全隐患。对各企业内的压力容器要进行普查，要查清设备状况和事故隐患，消除不安全因素；要提高人员素质，以保证压力容器的安全使用。

3）抓住典型事故，向有关人员进行宣传，加强安全意识，并从事故中吸取教训，防止同类事故发生。

案例 3：操作失误，引发蒸压釜爆炸

1988 年 9 月 30 日 9 时 50 分，某建筑材料总厂蒸压釜爆炸。爆炸时，养护车间七号蒸压釜釜门被冲开，高压气浪的冲击力将釜内 15 车半成品和养护小车一齐冲出釜外，造成框架断裂，转动轴弯曲。爆炸后车间砖机风扇、机座和 4 辆小车被撞坏。死 1 人，伤 3 人，直接经济损失 2.4 万元，间接经济损失 5 万元。

事故主要原因在于操作人员违章操作。操作人员未将釜门关到操作规程要求的位置，就通知送气，加上釜门与釜之间摩擦力不够，造成釜门被冲开，这是事故形成的直接原因。由于操作人员对设备维护不及时，工作责任心差，也间接地导致了事故的发生。

防止同类事故的措施有：

1）除设计、制造单位严格按国家有关规定进行设计制造保证质量外，使用单位要加强对操作人员的安全教育，使其了解设备的特殊性和危害性，加强责任心。

2）要建立健全必要的规章制度，特别是维护保养制度和定期检验制度并贯彻执行，及时处理事故隐患。

案例4：设备附件质量不合格，造成磺化器爆炸

国外某企业，在1-氨基蒽醌磺化过程中，由于反应物质中水分含量偏高，1-氨基蒽醌未发生磺化，在从反应物中蒸馏出水分后，重新装入与第一次装料时同等数量的氯磺酸。对反应物质进行分析表明，1-氨基蒽醌未完全磺化，又第二次装入氯磺酸，过了一段时间发生了爆炸。

事故原因：水分通过安装在悬浮器和磺化器之间的气密性差的封闭阀进入磺化器，故1-氨基蒽醌磺化过程未能发生，这就导致浓硫酸的形成。浓硫酸在132h内在130℃与1-氨基蒽醌发生作用，因此很大一部分1-氨基蒽醌变成了组分不定的树脂产物，这些树脂产物即为爆炸的起因。

为防止类似事故的发生，应采取以下几项防范措施：

1）应当定期对封闭阀的气密性进行检查，更换气密性不合格的阀，以杜绝水分进入反应器，与反应物质发生剧烈反应的可能性。

2）保证磺化器的平稳加热状态和有效冷却。

3）要为磺化器设置向反应物中均匀装填磺化剂的设备。

4）在磺化装置中安装自动控制反应物温度的仪表。

5）安装自动联锁系统，以便在磺化物质突然停止搅拌时切断向磺化器供应磺化剂或磺化有机原料，并同时发出事故报警信号。

6）有可能的话，应当设置一些装满冷却水的大容器设备（事故容器），以便在发生事故的情况下接受从磺化器排出的反应物，事故容器的容积应当能够冷却所有磺化器排出的反应物，而不致溢出事故容器。

案例5：对新工艺缺乏科学知识，未经试验投产，造成黄磷酸洗锅爆炸

1980年6月30日13时23分，浙江某化工厂五硫化二磷车间黄磷酸洗锅在生产中发生爆炸，死亡8人，伤9人，直接经济损失三十余万元，产值损失达七十三余万元。爆炸后，炸塌厂房三百余平方米，五硫化二磷车间全部毁坏，全厂停产。黄磷酸洗工艺是新工艺，目的是通过酸洗，提高黄磷纯度。

事故原因分析：

1）对黄磷酸洗工艺缺乏科学知识，特别是对黄磷与硫酸反应会引起爆炸没有认识。这次事故是由于黄磷在浓硫酸中清洗时发生放热反应，在特定条件下引起的化学爆炸。

2）厂领导对这一重大的新工艺没有引起充分重视，认为是小改小革，没有专门成立班子，考虑经济报酬也没有争取科研部门支持，也不积极争取上级部门的帮助，没有经过小试、中试，直接移交生产。

3）没有充分收集国内外科技情报，仅根据杂志上的简要报道就组织试制工作，自行设计制造，直接投入生产。投产后，又没有认真制订和掌握操作规程，试用只有5天就发生爆炸。

4）酸洗锅上无压力表、安全阀、防爆装置等安全附件，只看到生产出来的产品质量有提高，而未注意生产中的许多不正常现象，急于下达生产计划。

防止同类事故的措施有：

1）采用新生产工艺一定要通过试验研究，不能蛮干。

2）试验用的压力容器设计制造要求要符合国家法规、标准的规定。

2. 锅炉发生事故案例及原因

锅炉是石油化工行业必不可少的热力设备，用它可生产较高压力的动力设备，也可回收废热。锅炉在运行过程中，由于制造，特别是焊接质量低劣或安装错误，安全阀、压力表、水位监控仪表、自动上水装置等失灵，积垢过多堵塞炉管，排污阀泄漏、关闭不严或忘记关闭，违章操作或误操作，使用、维护、修理及管理不善等可能引起事故，如炉膛、壳体爆炸，炉管爆裂、变形和失效，锅炉严重缺水、烧干等。锅炉事故案例见表9-5。

表9-5　锅炉事故案例

序号	发生时间	发生单位	事故简况
1	1982. 3. 2	黑龙江某糖厂	因安全附件及监测仪表安装位置不利于司炉工观察水位，造成锅炉严重缺水，引起爆管事故，全厂停电停产，经济损失9万元
2	1985. 11. 20	哈尔滨某饮料厂	因非法粗制滥造锅炉，结构、质量存在严重问题，司炉工无证误操作，而且在出现异常现象时，不能觉察和及时排除故障，导致热水锅炉爆炸，死1人，锅炉房被炸毁
3	1987. 7. 6	河北某化工厂	为了多出产品，擅自将锅炉工作压力提高运行，发生超压爆炸，造成死亡1人，重伤1人，摧毁200m^{2}成品库及锅炉报废
4	1990. 4. 22	北京人民大会堂	司炉工对业务不熟悉，工作不认真，在上点火燃烧器未点着火的情况下，先打开上主燃烧器的阀门，再打开下燃烧器的阀门，这时炉内的气体已达到了爆炸的临界点，当下主燃烧器一点着，造成锅炉炉膛爆炸。因锅炉位于重要的场所，其影响和后果甚大
5	1988. 10. 21	河南某卷烟厂	因司炉工严重失职，违章操作，未认真观察到水位表的水位情况下，误认为满水而关闭了给水泵，导致锅炉烧坏爆炸，造成直接损失9.5万元，间接损失15万元
6	2004. 8. 2	江苏某公司	因司炉工操作方式不正确、防爆门设计不合理，导致大量可燃气体存留在烟道内，诱发锅炉炉膛爆炸，经济损失近十万元

3. 压力管道发生事故案例及原因

在石油化工生产中，管道主要用于介质的输送、分离、混合、排放以及控制流体流动等方面。管道和压力容器类似，在许多情况下运行在高温高压、易燃易爆、介质腐蚀性强及有毒害的恶劣工况下，而这些都对管道的安全运行带来一定的威胁。

管道的事故主要是破裂和爆炸，引起管道事故的原因是多方面的。其中操作失误、违章作业和使用维护不周是主要原因。例如，误操作造成可燃性气体的混合、超标、含氧浓度激增及超压等，从而引起管道的爆炸事故；腐蚀使管壁减薄、强度不足而破裂，气流脉动引起管道的剧烈振动会产生疲劳断裂，安全阀、压力表失灵使管道不能及时得到准确测量和监控，会引起超压事故。其次是设计、制造、安装及检修不合理等方面的原因，如设计不合理使热补偿不到位，管道挠性不足，应力过大引起断裂，选材不当、焊接质量低劣，强度不足引起破裂等。压力管道事故案例见表9-6。

表 9-6 压力管道事故案例

序号	发生时间	发生单位	事故简况
1	1980. 7. 30	四川某化工厂	因管道长期埋入地下腐蚀严重，车辆压轧使管内压力上升，致使 ϕ159mm×5.5mm、长 140mm 管道多处破裂
2	1981. 2. 27	贵州某化肥厂	因误操作，关闭生产罐进口阀后未及时打开备用罐出口阀，导致超压使输氨总管的连通管爆炸
3	1981. 9. 3	江西某化工厂	安装硫化钠成品输出管道时丝口部位未切除，因其强度不够，正常使用期内突然断裂，大量硫化钠喷出灼伤人
4	1982. 8. 16	辽宁某化工厂	因冷凝器入口混合管线材质低劣，结构设计不合理，焊缝未焊透而爆裂着火
5	2003. 10. 30	辽宁某化工公司	因反应釜出口处一聚四氟乙烯软连接件被擅自拉长，强度降低，破裂，致大量甲苯泄漏，遇火源发生爆炸，重伤 2 人，损失四十多万元

任务 2 塔、槽、釜设备常见事故及案例分析

塔、槽、釜设备通常操作条件比较苛刻，如高温高压且压力和温度是经常变化的，工作介质往往也是易燃易爆、有毒、有腐蚀的，故容易因泄露而引起爆炸事故。塔、槽、釜类设备事故的主要原因有以下几方面：

1. 违章作业或操作失误

未对设备进行置换或置换不彻底就试运行或打开人孔进行焊接检修，空气进入塔内形成爆炸性混合物而引起的爆炸；置换清扫时顺序错误；操作中错开阀门或开、关阀门顺序错误等引起设备憋压或气体倒流超压，从而引发物理爆炸；盲目追求产量而超压、超负荷运行；用可燃气体试压、试漏；操作人员离岗、脱岗未能及时发现设备工艺参数的变化情况，致使系统过氧爆炸。

2. 维护不周或严重腐蚀

由于设备遭受严重腐蚀，使局部壁厚减薄、穿孔或材质变脆，零部件断裂等引发事故；密封不严引起可燃性气体泄漏，安全装置损坏或失灵，如氢气自动放空装置损坏导致空气进入，不凝性气体没有排出或排尽等引发事故。

3. 设计不合理或制造缺陷

设计参数与实际操作情况不符，结构设计不合理使设备局部应力过大等导致强度不足而发生爆炸事故；自制或改造设备选材不符合要求，或未按有关规定和技术要求进行加工，制造质量、特别是焊接质量低劣，存在超标缺陷等引发事故。

下面举几个塔、槽、釜类设备事故案例。

案例 1：氨合成塔使用不当，钢材变脆造成低应力脆断爆炸

1979 年 1 月 1 日 18 时 24 分，四川省某氮肥厂氨合成塔发生爆炸，伤 2 人，直接经济损失 7.5 万元，间接经济损失 18 万元。爆炸后，厂房损坏严重。由于该塔爆炸，引起全系统迅速泄压，造成并联生产的另一台合成塔内件和冷交换器内部因压差过大而损坏，合成车间靠合成塔一方的照明、仪表信号和电加热器线路被烧坏或震断，操作盘上的仪表损坏严重，合成塔进气总管和精炼补充总管及部分高压总管管线均被烧坏，精炼铜液再生器（不锈钢）

裂缝长达330mm，碳化一号氨水槽被震裂，水柜产生裂纹，明显向外渗水。

该塔1971年5月投用，到爆炸为止共运行48762h。在此期间塔内件更换3次，检修5次，但对塔筒体从未进行过技术检验。在使用中也存在着以下问题，即：超压使用，超温使用，因经常停电而引起操作压力波动，3次带进铜液，塔外壁曾发生过3次着火等。

事故产生的经过是：1978年12月18日22时50分，发现塔中上部位外筒壁漏气着火（最后一次着火），用蒸汽将火扑灭继续生产至12月21日全厂停车中修，但仍未把此塔泄漏列为正式检修项目，只是非常粗糙地进行了检查，用氮气、氢气对该塔加压到16.7MPa，在外壁打掉保温层，用肥皂水检漏，未找到泄漏点，就没有进一步分析检查。1978年12月29日再次开车使用，31日生产转入正常，元月1日4时负荷全部开满，到18时24分左右就发生爆炸。

经分析认为该塔属于低应力脆性破坏。其破坏过程是：裂纹产生后会逐步扩展直到裂纹穿透塔壁，达到临界值时才发生爆炸。具体原因有：合成塔使用不当，使塔壁局部超温，引起氢腐蚀，使钢材脆化，这也是事故的主要原因；钢管存在缺陷，由于该塔所采用的钢管是普通无缝钢管，质量很差，外观有明显的槽痕、凹坑、折叠、夹渣等缺陷，内外表面有脱碳现象；使用中长期超压运行，加之频繁停电，引起压力、温度波动，加速了裂纹的扩展速度。

案例2：违章操作，高压反应釜爆炸

1991年10月8日6时50分，江苏某有机化工厂中试室，一台生产高分子聚醚的100L高压反应釜突然发生爆炸，联接釜盖和釜体的紧固螺栓被拉断，重量约为80kg的釜盖飞落到离原地80m远的地方，高压反应釜上安装的安全阀、压力表等也被炸毁。爆炸产生的气浪将房顶掀掉，约20m^{2}的中试室完全倒塌，3名操作人员当场被炸死。

经事后调查分析，该起高压反应釜的爆炸是由超温超压引起的。以环氧乙烷和环氧丙烷为原料生产高分子聚醚的生产工艺要求操作者严格按规程操作，在加料时应采用“滴”加法，控制加料量，以避免反应剧烈后失控造成危害。但该厂操作人员违反了操作工艺，采用了“批”加法，一次投料过多，反应速度过快。1991年9月以前，该反应釜在生产过程中曾发生过超压现象，因采取了紧急放空措施，没有发生爆炸。但该厂并没有从中吸取教训，制订严格的操作工艺，按规定调好安全阀的起跳压力，也没有按规定定好爆破片压力。该厂没有对操作人员进行必要的安全教育。10月8日的高压反应釜爆炸完全是由于操作人员违章操作造成的，是一起责任事故。

案例3：自制容器质量差、使用不当、管理不善，环氧乙烷计量槽爆炸

2000年7月10日12时20分，陕西省某饲料添加剂厂内一环氧乙烷计量槽突然开裂，致使液态环氧乙烷喷出汽化发生大爆炸，造成2人死亡，4人重伤，11人轻伤，直接经济损失640万元，其他损失178万元。

2000年7月7日16时，该饲料添加剂厂因环氧乙烷原料短缺而全厂停车待料。7月9日晚，由辽宁省辽阳市某有限责任公司运送的351环氧乙烷到货，运输工具为汽车槽车。7月10日11时许，汽车槽车进入饲料添加剂厂储罐区即开始卸料。12时30分，合成车间二楼环氧乙烷1号计量槽突然从下封头和筒体连接环焊缝处撕裂150mm长的焊缝，液态环氧乙烷在计量槽内（0.196～0.294）MPa压力下高速喷出后急剧汽化，使周围空间迅速达到爆炸极限，喷出的高流速物料与裂缝处的槽壁摩擦产生大量静电，加之合成车间的设备管道无静电跨装置，静电火花引燃了环氧乙烷，随即发生了第一次爆炸并引发火灾。一次爆炸使合成车间二层部分建筑倒塌，两名操作工被埋在废墟中。12 时 30 分，大火蔓延烘烤距合成车间仅 4.5m 处的 $50m^3$ 环氧乙烷储罐，引起罐内约 9t 物料大量吸热汽化，罐内压力急剧上升，储罐终因超压而爆炸。

由于爆炸造成大量环氧乙烷泄漏燃烧，使距该储罐仅 6m 的汽车槽车被引燃（因槽车当时出料阀没有关闭）。13 时 20 分，汽车槽罐发生爆炸，爆炸冲击波及热辐射造成现场的消防官兵、周围群众 30 人受伤，厂内及周围建筑物不同程度受损，爆炸飞溅物同时引起厂区内多处起火。

造成这次严重事故的直接原因有：

1）环氧乙烷 1 号计量槽属非法自制容器，制造质量低劣，焊缝、钢板存在着严重缺陷，是造成此次事故的主要原因。

2）合成车间属于四类易燃易爆生产作业场所，没有按规范设计、安装防静电接地装置，环氧乙烷泄漏汽化后，集聚电荷无法排除，静电火花引发环氧乙烷爆炸而酿成事故。

3）装有环氧乙烷的液化气槽车，没有及时脱离事故现场，导致事故扩大。

4）该饲料添加剂厂对本厂的压力容器、压力管道的安全管理，没有执行国家的有关法律、法规、标准，非法设计、制造、使用造成各个环节严重失控。

造成事故的间接原因有：该厂擅自在技改项目中增添氯化胆碱合成车间，整体设计布局不合理；安全意识淡薄，对环氧乙烷的危险性认识不足，安全管理机构、规章制度、操作规程不健全；各级部门管理不善、监督检查不力、对查出问题的整改没有跟踪管理到位；对人员培训教训不到位、责任没有落实等。

案例 4：操作不当，引起甲醇储槽爆炸

1989 年 3 月 5 日，贵州某有机化工厂有机合成分厂在聚合工段的甲醇储槽外安装浮球液位计，在动火作业时发生爆炸，致 2 人死亡。

该储槽虽在 1988 年 12 月 10 日停产后，经物料倒空、清洗置换、分析合格，并将相连的甲醇管道吹干处理，但没有与回收罐区的物料管线用盲板彻底隔离。该厂卸料站在 2 月 24 日和 3 月 4 日 2 次向罐区送甲醇，由于阀门内漏，使甲醇渗入该储槽。该储槽在检修工作未结束前，过早将人孔盖封上，而 3 月 5 日动火作业时又未将人孔盖打开进行检查，动火分析取样不是槽内的气样，致使在动火点焊浮球液位计定滑轮时，槽内气体发生爆炸。

事故原因分析：停用或报废设备未与生产在用设备管道隔绝；取样点没有代表性。

任务 3　换热设备常见事故及案例分析

石油和化工生产中使用的换热设备和其他设备一样，大多也都在高温高压、易燃易爆、有毒有腐蚀的条件下运行，因此发生事故的概率也是比较高的。换热设备的事故主要有燃烧爆炸、严重泄漏及管束失效三类。

换热设备由于设计不合理，制造质量，特别是焊接质量低劣，严重泄露、腐蚀、违章操作或操作失误等都会引起燃烧爆炸事故。最易发生泄漏的部位是焊接接头处、封头与管板的连接处、管束与管板连接处及法兰的连接处。对管壳式换热器而言，频繁开停机、温度变化过大及振动等也会引起泄漏。另外管壳式换热器在运行中，管束在管孔中易产生腐蚀，管壁结垢也是常见的，这不仅降低传热效果，严重时甚至堵塞管道，当壳程流体流速增大时会诱导和引发管束的振动等。这些都会不同程度地导致结构破坏甚至引发事故。换热设备事故案例见表9-7。

表9-7　换热设备事故案例

序号	发生时间	发生单位	事故简况
1	1980.10.20	安徽某化肥厂	因多年腐蚀，变换冷凝塔的壁厚由10mm减少到8mm仍带病运行，致使该塔在0.7MPa压力下爆炸
2	1985.7.24	天津某硫酸厂	因高压省煤器水管严重腐蚀，漏水与通过其中的SO_3反应生成稀硫酸，此酸与换热器壳体金属铁反应生成的氢气达到一定的浓度，遇明火使换热器爆炸
3	1986.3.15	上海某化工厂	因气密性试验时违章操作，减少设计所需紧固螺栓数量且螺栓长度不够，使实际螺栓承载量大大超过设计规定的承载能力，致使螺栓被拉断，换热器发生爆炸，死亡4人，直接经济损失5.6万元
4	1987.2.16	山东某橡塑厂	因无证设计、制造加热器，未作强度计算，也无正规图样，设计结构不合理，粗制滥造；加热器上无安全附件；使用单位违章操作，带压补焊发生爆炸，伤3人，死亡4人，直接经济损失约4.1万元
5	1989.1.14	新疆驻军某部	非法制造热水交换器，设计、结构、焊接均不符合国家标准规定，且制造质量差、结构不合理，事故隐患未能根除，封头与短管连接处三处焊缝爆裂，致使蒸汽和热水喷出，5人因严重烫伤致死亡

思考练习题

10-1　工业生产中的安全教育、安全培训有哪些内容？

10-2　压力容器超压的原因是什么？如何防止超压运行？

10-3　压力容器的技术档案主要包括哪些内容？

10-4　结合化工生产的特点，说明化工设备事故率高的主要原因和事故特点。

参考文献

[1] 余国琮，等. 化工机械工程手册［M］. 北京：化学工业出版社，2003.

[2] 全国压力容器标准化技术委员会. GB 150—1998 钢制压力容器［S］. 北京：中国标准出版社，1998.

[3] 全国压力容器标准化技术委员会. GB 151—1999 管壳式换热器［S］. 北京：中国标准出版社，1999.

[4] 中国国家质量监督检验检疫总局. 固定式压力容器安全技术监察规程［S］. 北京：新华出版社，2009.

[5] 刁玉玮，王立业，喻健良. 化工设备机械基础［M］. 6 版. 北京：化学工业出版社，2006.

[6] 郑津洋，董其伍，桑芝富. 过程设备设计［M］. 北京：化学工业出版社，2001.

[7] 赵军，张有忱，段成红. 化工设备机械基础［M］. 2 版. 北京：化学工业出版社，2007.

[8] 董大勤. 化工设备［M］. 北京：化学工业出版社，2001.

[9] 汤善甫，朱思明. 化工设备机械基础［M］. 上海：华东理工大学出版社，2004.

[10] 王志文. 化工容器设计［M］. 2 版. 北京：化学工业出版社，1998.

[11] 卓震. 化工容器及设备［M］. 北京：中国石化出版社，1998.

[12] 杨林娟，李维英. 工程力学教程［M］. 北京：化学工业出版社，2009.

[13] 聂清德. 化工设备设计［M］. 北京：化学工业出版社，1991.

[14] 潘家祯. 压力容器材料实用手册——碳钢及合金钢［M］. 北京：化学工业出版社，2000.

[15] 王绍良. 化工设备基础［M］. 2 版. 北京：化学工业出版社，2009.

[16] 马秉骞. 化工设备［M］. 北京：化学工业出版社，2009.

[17] 马秉骞. 化工设备使用与维护［M］. 北京：高等教育出版社，2007.

[18] 邢晓林. 化工设备［M］. 北京：化学工业出版社，2005.

[19] 王村林. 化工机械与设备维修技术［M］. 北京：化学工业出版社，2004.

[20] 朱方鸣. 化工机械制造技术［M］. 北京：化学工业出版社，2004.

[21] 张涵. 化工机器［M］. 北京：化学工业出版社，2006.

[22] 高安全，王迪，崔金海. 化工设备机械基础［M］. 北京：化学工业出版社，2007.

[23] 丁伯民，蔡仁良. 压力容器设计——原理及工程应用［M］. 北京：中国石化出版社，1992.

[24] 陈国豪. 生物工程设备［M］. 北京：化学工业出版社，2006.

[25] 刘书志. 制药工程设备［M］. 北京：化学工业出版社，2008.

[26] 秦叔经，叶文邦，等. 化工设备设计全书：换热器［M］. 北京：化学工业出版社，2003.

[27] 王凯，虞军，等. 化工设备设计全书：搅拌设备［M］. 北京：化学工业出版社，2003.

[28] 路秀，王者相，等. 化工设备设计全书：塔设备［M］. 北京：化学工业出版社，2004.

[29] 全国锅炉压力容器标准技术委员会. JB/T 4710—2005 钢制塔式容器［S］. 北京：机械工业出版社，2005.